能源與永續

Energy and Sustainability

華 健　吳怡萱　編著

能源科技
永續發展
系列叢書

The Energy Science and Technology, Sustainable Development

五南圖書出版公司 印行

序

「冰姑、雪姨」──懷念水家的兩位美人
　　　　　　　　──余光中

冰姑你不要再哭了
再哭，海就要滿了
北極熊就要淹了
許多島就要沉了
不要哭了，冰姑

以前怪你太冷酷了
可遠望，不可以親暱
都說你是冰美人哪
患了自戀的潔癖
矜持得從不心軟
不料你一哭就化了

雪姨你不要再逃了
再逃，就怕真失蹤了
一年年音信都稀了
就見面也會認生了
不要再逃了，雪姨

以前該數你最美了
降落時那麼從容
比雨阿姨輕盈多了
潔白的芭蕾舞鞋啊
紛紛旋轉在虛空
像一首童歌，像夢

不要再哭了，冰姑
鎖好你純潔的冰庫

關緊你透明的冰樓
守住兩極的冰宮吧
把新鮮的世界保住
不要再哭了，冰姑
不要再躲了，雪姨
小雪之後是大雪
漫天而降吧，雪姨
曆書等你來兌現
吧，親我仰起的臉
不要再躲了，雪姨

作者序

　　進入二十一世紀，人類所面對的一大挑戰，在於為地球上每一個人提供安全、潔淨且永續的能源。儘管一直到工業革命開始前不久，人類從太陽、材火、水、和風當中擷取能量的技術，一直都在進步當中，但煤和石油這兩樣最多、最早的化石燃料的好處，卻隨著時代的演進，而愈發顯現。其問世以來，即很快取代了原先工業國家在家裡、工業、和交通系統上，所用的木材、風、和水。

　　有史以來，能源的使用在人類社會的發展與運作當中，一直扮演著關鍵角色。十九、二十世紀間，人類學會了從化石燃料當中，擷取高度密集的能量。這驅動了工業革命，也為全世界數百萬人，提供了在那之前所無以比擬的財富與生產力。而直到進入第三個千禧年，人類愈發清楚意識到，若要長久維繫能源供應，便必須在全世界能源體系上，做出巨大的變革。

　　照目前趨勢預測，全世界初級能源的需求到2050年將至少倍增，此勢將伴隨著高昂的投資成本與排放、氣候變遷風險與核災的威脅、以及石油與天然氣所帶來地質戰略衝突。另一方面，迄今全世界有大約二十億人，仍無以享用現代化、負擔得起的能源，而這些窮人卻往往必須為了別人使用能源，承擔最高昂的代價。從低風險來源，將負擔得起的能源供給窮人，並為全世界成長中的人口提高生活水準，本為永續能源系統的終極目標。而藉由結合能源效率與再生能源的潛在效益，人類可望達此目標。

　　我們常聽到週遭人們對氣候變遷議題的反應是：這件事要再過幾十年，才會真的對我們造成影響，所以沒有立即的威脅。對於這種說法，我們當然很難說對或不對。問題是，如果幾十年之後，就有嚴重的變化和連帶的後果，那不正等於是一個比較長的明、後天以後的事？何況放遠來看，今天活著的人當中有大約70%，到了2050年還會是活著的。也就是說，氣候變遷與其效應，確實會在今後幾十年當中，持續影響當今每個家庭。

　　在這本書當中，我們力圖以通俗的說法，介紹世界能源體系及其所涉及的可持續性問題，和這些問題的一些可能答案，以及我們在二十一世紀可能有的作為。

目 錄

綜觀能源

　　工業革命之前，在農業社會中用以提供人類食物、衣服、及住屋，所需用到的大量機械功，所依賴的，不外乎人類本身以及動物。經過持續的發明與科技發展，風、潮汐、及海流提供了輾穀、伐木、及海上運送貨物所需要的機械動力。當工業革命初期發明了蒸汽機，工業化國家即得以大幅擴張其機械動力，藉以生產貨物和運送人、貨，進而促進了經濟發展。來到十九世紀末期，機械動力更進一步涵蓋了蒸汽渦輪機和汽、柴油引擎的生產力，以及其在陸上與海上交通工具的用途。此時，用來產生機械動力的主要燃料已不再是木頭，而是煤和石油。雖然在二十世紀初，人力和獸力以及風和水流等再生能源（renewable energy）仍很重要，但很顯然化石燃料的機械引擎，才是工業能源當中最主要和成長最快速的。

① 什麼是能源？

　　能源（energy）在今日生活當中居關鍵地位。它涵蓋了電、熱和其他形式，用來帶動我們的住家、商業及交通的能量。而從科學的角度來看，能量可以有許多來源和形態，其可定義為做功（work）的能力。

　　能量所呈現出的兩種初級狀態（primary state），一個是位能（potential energy），一個是動能（kinetic energy）。位能屬儲存的能量，動能則在於釋出位能以產生動作，最後完成做功。舉一個將位能轉換成動能做功的實例：將水泵送到高處加以儲存，再讓此水洩至低處發電的抽蓄水力發電廠。洩放

圖 1-1　薪材在空氣當中燃燒

之前的水，在高處水庫當中具有位能，得以做功。而在洩放的同時，水的流動即為動能，得以做功。位於下游的水輪機（hydro turbine），隨著水的做功而旋轉、發電。

　　其實人類是可以用最少的能量，來維繫生命與生活的。對人而言，食物當中的能量是最主要的部分，不過烹煮還是需額外用到燃料的能量。另外在有些氣候條件下，住家也需要用到燃料來取暖。而在有些農業社會當中，會額外用能源來種植、處理和儲存糧食，製衣及建造住屋。至於現代工業社會，用來提供廣大人口所不可或缺的食品、衣物、交通、通訊、照明、材料、及許許多多的各種服務，所需用到的能源，比起前面所述最起碼的消耗，就要多得多了。

　　物理學當中的一個基本原理告訴我們，能量不會被消滅掉，但卻可以從一種形態轉換成另一種型態。例如圖 1-1 當中的薪材燃料在空氣當中燃燒的同時，藉由對燃料與氧原子進行重組以形成燃燒產物，所產生的化學能，即為被轉換成了熱的燃燒產物分子的無序能量（random energy）。當食物在我們的胃腸當中消化的同時，一些食物的能量即轉換成了營養分子的能量，並讓身體暖活、舒適和運動。當能源在人類社會當中消耗掉的同時，被人從一種較為有用的形態轉換成較沒用的形態，在這樣過程當中，提供了維繫人的生活和整個社會運作所需要的物品和服務。

1.1　能源的型態

　　有關什麼是能量，最常看到的是一個聽起來很科學的定義便是前面所提到的：做功的能力。至於功指的則是，將某物體移動一段特定距離，所傳遞

的能量。而做功的比率則稱為功率（power），也就是功和時間的比率，可用來決定所用的出力。比方說，兩個人從山底起步，以山頂作為目標，第一個人在短時間內就來到了山頂；另一個人搬了大石頭，花了較長的時間來到山頂。結果，兩人雖然做了相同的功（都從山底最後來到了山頂），但頭一個人卻有較大的功率，因為他在較短的時間內，走完了相同的距離。

雖然技術上，在大多數情況下這個說法相當正確，但對許多讀者來說，恐怕仍不知所以然。這主要恐怕是因為，能量有以下三個在我們的現實生活當中很重要，卻又難以一言以蔽之的特性：

・能量可以很多不同的型態呈現。
・能量是可以量化的。

第三個特性，更重要的，是大家所耳熟能詳的能量守恆定律：

・能量無論從任何一種形態改變成另一種形態，其總量永遠維持一定。

比方說，輸入到某發電廠的能量或許是某種燃料（化石燃料、生質燃料、或核燃料等）的燃燒、水或空氣的移動、來自太陽或甚至是來自地心，但無論來源為何，我們大體上，都能將某一段時間（一小時乃至一年）當中所輸入的能量測出來。而整個的量，也就等於是在這發電廠當中，隨著轉換過程，各種形態能量的總和。

1.2 能量形態的轉換

能量，會在不同的場合與時間，以動態或位態等不同形態出現。這些形態之間可相互轉換，以產生做功所需要的能量。我們在生活當中，往往依賴著許多不同類型的能量轉換。以下先略舉一些能量轉換的定義和實例：

電能（electrical energy） 為延著一條迴路流動的電子。隨著電子的移動，電流得以產生，電亦得以發出。此電能接下來可轉換成：

・機械能（mechanical energy），例如藉由升降機。
・熱能（thermal energy），例如藉由電暖器。

熱能（thermal energy） 指的是透過熱作為能量的來源。透過一部蒸汽機，熱能可轉換成機械能。

化學能（chemical energy） 源自於化學反應。物質可因為其中的化學鍵斷掉並重組，而形成能夠提供能量的新分子。該化學能可以：

・藉由木材的燃燒，轉換成熱能。

．透過我們體內的消化，轉換成機械能。

．藉著燃燒煤等化石燃料轉換成電能。

輻射能（radiation） 源自於太陽等光源。光子（photons）為由太陽所釋出的能量。這些人類肉眼所看不見的微小粒子，以如同波的形式移動。輻射能可藉由太陽能板（solar panel）轉換成電能。

機械能（mechanical energy） 指的是某物體可藉著移動，進行做功的能力。機械能可以：

．藉由一台風機（wind turbine）轉換成電能。

．透過一台電冰箱轉換成熱能。

核能（nuclear energy） 是一些特定材質，在某個受控制的環境當中，一部份原子在分裂的過程中所產生的。在這過程當中，可作為包括發電在內的許多用途的熱也隨之產生。核能可以：

．在分裂反應器當中轉換成熱能。

．在一核能發電廠當中轉換成電能。

1.2.1　動能與位能

在科學上，能量的觀念最早起源於運動的現象。一個運動的物體有什麼特別的地方呢？是什麼讓它持續運動的？

十七世紀稱得上是現代科學之始。那時的伽利略和牛頓建立了，運動物體必然擁有靜止物體所缺少的某樣東西的概念。至於這裡所謂的某樣東西，則有很多種說法。直到 1807 年湯瑪士楊（Thomas Young）才提出「能量」一詞。

名稱雖然一直不能確定，但能量的觀念卻是日漸清晰。首先是愛沙克牛頓（Issac Newton）（圖 1-2）所提出的，某運動物體會持續其既有的運動狀態，也就是有名的「動者恆動」的牛頓第一運動定律。接下來，我們想要弄清楚的，應該不在於是什麼讓它運動，而是什麼會讓它停下來；或者，什麼會改變它的運動狀態？牛頓所提出的答案是：讓某運動物體產生改變的是力（牛頓第二運動定律）。讓物體加速掉向地面的是重力。這也正如伽利略所證明的，所有物體從相同高度掉下，到達地面所花的時間，和最終達到的速度均相同（在沒有空氣阻力的情形下）。

圖 1-2　愛沙克牛頓（Issac Newton）（1642-1727）

　　這些向下掉的物體，一定是獲得了可以稱之為能量的某種東西。它又是從何而來的？這時，能量是一種維持著恆定數量的想法也就自然產生了。最初是將此能量解釋成重力，也就是將物體往下拉的力量，所做的功。而這功，正是讓物體產生運動的能量。儘管這是個很重要的觀念，但也直到 1850 年代，才有了真正革命性的想法。將某物體丟向空中，它會漸漸慢下來，然後停止，喪失了其運動的能量。這能量到哪去了？威廉郎肯（William Rankine）（圖 1-3），觀察到該物體獲得運動的潛能，於 1881 年提出：「藉著這種改變，實際能量消失，取而代之的是位能（potential）或潛能（latent energy）」。郎肯的說詞很快就被廣泛接受，沒幾年位能（potential energy）也就正式成了一種新的能量形態。前面所提到的，讓一物體運動的能量則為另一種能量形態，我們稱之為動能（kinetic energy）。接著陸續又有了更多的能量形態。

　　想要清楚了解這些能量形態，便少不了要量化這些能量。其如何隨著該物體的質量、速度或是位置而有所差異？回到前面某力做功的概念，郎肯藉著將某物體位能的變化與其所做的功之間畫上等號，來找出位能與其質量和高度之間的關係。接著，要表示某物體從空中落下總能量仍維持守恆，便得寫出一道用質量與速度表示動能的公式。

圖 1-3　威廉郎肯（William Rankine）（1820-1872）

永續小方塊 1

功、位能及動能

　　牛頓解釋蘋果落下及物體在月球和地球上的現象當中，提出了兩個重點：

　　・用來讓某物體產生一特定的加速度，所需要的力（F）與該物體的質量（m）和該加速度（a）成正比：F＝m×a。

　　・將某物體拉向地球的重力（重量，W）也和其質量成正比。

　　於此，力的單位必然是質量的單位乘上加速度的單位，亦即 kg m s^{-2}。不過若能量的單位用的是焦爾（joule），則力的單位有一個特定名稱——牛頓（newton, N）。以下先簡單介紹幾個由此力所衍生出的基本力學名稱。

　　功　　郎肯所提出的，某力推動某物體所做的功（W），等於某力（F）乘上順著該力的方向移動的距離（d），即：W＝F×d。

　　位能　　依照郎肯的說法，將某物體提高所改變的位能，就等於用來提高物體的力所做的功。而假使你要將某物體以一定的速度提高，便需要用到和該物體重量（w）相同的力，因此，抵抗重力以提高一物體到某高度 H，所做的功便是：w×H＝m×g×H。此式最後一項的量通常寫成 mgH，也就是增加的位能。

　　動能　　假設能量是守恆的，則一個自由落體所喪失的位能必然等於其

所獲得的動能。所以某物體從靜止狀態（零動能）落下 H 高度，將獲得等於 mgH 的動能。

若問起最終的動能和該物體最終的速度 v 之間有什麼關係？我們先考慮三件事實：

・若落下所費時間為 t，加速度為 g，則最終速度為 g×t。

・在落下過程中，平均速度等於落下總旅程除以所費時間，即 H/t。

・隨著穩定加速，落下的平均速度等於最終速度的一半。

如此一來，我們得到：$g×H = 1/2 v^2$；而該運動物體的動能便是 $1/2 mv^2$。

簡而言之，某質量 m 的物體在垂直距離上的位移若為 H，其位能變化為 mgH。某質量 m 移動速度為 v 的物體，其動能為 $1/2 mv^2$。

永續小方塊 2

一部風機如何利用風的動能

評估風能，是規劃風力電場的第一步，假設我們已有某個場址的風速數據，也知道擬架設的風機尺寸，則應該可初步算出，究竟可在當地以該風機擷取到多少風能與電力，以作為決定是否值得設置該風機的參考。

在風速為每秒 12 米的情形下，一部直徑 20 米的風機，能夠從風獲取多少電力？

空氣有其質量，所以移動的空氣—風，具有其動能，一部先進風機的設計，便在於將風轉換成電能。在此我們要來看看，這大致上是怎麼計算出來的。當然，實際上我們應該要將風隨時間的變化考慮在內。不過為了簡化計算起見，我們在此僅單純考慮一個風速。

首先，我們得釐清一些問題。風既然是持續送來能量，我們要先知道其在一定時間內提供了多少能量：也就是每秒的焦爾數，而非焦爾數。技術上，這稱為功率。如前面的方塊當中所介紹的，功率為所轉換或輸送能量的比率，單位是瓦特（watt, W），一瓦等於每秒一焦爾。

欲知風所提供的能量，我們須知道每秒抵達風機的空氣的質量。其估算考慮如下：

・假設風速（v）為每秒 12 公尺，則每一秒鐘內，會有長度為 12 公尺柱體的空氣，通過風機所掃過的面積（A），如圖 1-4 所示。

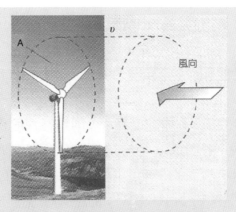

圖 1-4　空氣通過風機所掃過的面積

‧風機葉輪直徑為 20 公尺，因此其掃過圓圈的面積為 $\pi \times 10^2$ 平方米。

‧因此該風柱的體積 V 即為 $12 \times \pi \times 10^3 = 3770$ 立方米。

‧欲知該空氣的質量，我們須知道空氣的密度，每立方米的質量。在一正常空氣壓力下，此為 1.29 kg m^{-3}，所以每秒中所到達的空氣質量 m 為：$1.29 \times 3770 = 4863 \text{ kg}$。

‧如前面所得，某質量 m 以速度 v 移動，動能為 $1/2 \text{ mv}^2$，可得每秒抵達的能量為

$$1/2 \text{ mv}^2 = 1/2 \times 4863 \times 12^2 = 350{,}000 \text{ 焦爾／秒} = 350{,}000 \text{ 瓦特}$$

而此 350 kW（瓩）即為輸入的功率。

　　同樣的算法，在風速減半的情形下，輸入的功率會減到只剩下 44 kW，即上述的八分之一。同樣，假設風速加倍，則輸入的功率會增為原來的八倍。換言之，功率和風速的立方成正比。很顯然，一部風機的輸出功率強烈取決於風速，無論是在評估風力場址和風速變化的影響上，都很重要。

　　當然，以上由風所送達的功率，並非可以完全藉由風機擷取到。一方面，在風機後方的流動空氣會帶走一部分動能，何況任何機器在運轉當中都會因摩擦生熱，而造成能量損失。即便是在理想的風的情況之下，一部風機所產生的電功率輸出，往往都還不到輸入風力的一半。例如上述 20 米直徑的風機在每秒 12 米的風速之下，輸出功率大約是在 100 至 150 瓩之譜。

永續小方塊 3

抽蓄以利用位能

假設日月潭抽蓄發電系統（pumped storage system）的高位水庫的水面面積為 8 平方公里，位於低位水庫上方 370 公尺。假使該系統在晚上，趁用電離峰將水從低位水庫泵送到高位水庫，一整晚將水庫水位泵送升高一米，則可藉此儲存多少能量？

抽蓄發電系統藉由將水泵送到高位水庫，以儲存一發電廠在夜間過剩的電力輸出，保存到下一波電力需求上升時再釋出發電，以滿足尖峰用電期間所需要的電。本例在於說明這類系統所儲存能量，和該高位水庫所在位置與面積之間的關係。

我們首先要看看泵送上去的水有多少？

該水庫的面積，8 平方公里，即 8 百萬平方米，而所需泵高一米的水的體積則為 $8 \times 10^6 \, \text{m}^3$。

水的密度為 $1 \times 10^3 \, \text{kg m}^{-3}$，所以儲存的水質量為：

$$8 \times 10^6 \, \text{m}^3 \times 10^3 \, \text{kg m}^{-3} = 8 \times 10^9 \, \text{kg}，亦即八十億公斤。$$

從永續小方塊 1 當中的計算得知，質量 m 提升高度 H，所獲得的位能為 mgH。因此，以重力常數 g 的近似值 $10 \, \text{ms}^{-2}$ 計算，位能為：

圖 1-5　詹姆士焦爾（James Joule）（1818-1889）

9

$$8 \times 10^9 \times 10 \times 370 = 30 \times 10^{12} \text{ J} = 30 \text{ TJ}（30 兆焦爾）$$

這大概足以供應五十萬用戶一天的用電。

1.2.2　熱

大約四百年前，英人貝肯（Francis Bacon）就把熱描述成物質粒子的悸動，這其實已相當接近今天我們對熱的看法。只可惜，貝肯的想法在當時稍嫌前衛了些。接著下來的 200 年當中，另一套相當不一樣的理論，卻是將熱視為某種流體，一直持續到十九世紀。直至該世紀末，才總算有人接受了貝肯的看法，提出了物質的原子理論（atomic theory of matter）。原子理論主張，任何東西都僅由有限數目，稱為原子的粒子所組成。

繼此物質的概念建立之後，熱的動力理論（kinetic theory of heat）亦迅速發展起來。諸如氦等簡單氣體，被發現是由許許多多完全一樣的原子所組成，並且漫無目標的運動著。等到後來發現原子的動能僅僅取決於溫度時，接下來，只在相當短的時間內，就再度認清熱實為動能。如果是較為複雜的材質，像是金屬分子，其與原子之間的力相關的能量，亦須一併納入考慮。總之，某簡單氣體的熱含量（heat content）也不過就是其原子的動能。同時，溫度的上升也正是因為這些原子的速度提升使然：愈快就愈熱。

永續小方塊 4

熱的使用：儲存式加熱器

一定量的水，從 20℃ 加熱到 80℃，需要以方塊 3 的發電廠，以熱的形態輸出儲存多少能量？

以熱的型態儲存過剩的能量的概念，其實已經很老了。早在 1950 年代，就有儲存夜間較廉價的電，作為白天加熱之用的做法。而直到最近，因為太陽加熱愈發熱門的關係，引起許多將熱儲存在建築物石材（masonry）當中的想法。

針對此問題，我們先從一個定義和一些有關水的數據著手。

．用來將 1 kg 的任何物質提高 1℃ 所需要的熱能，稱為比熱容

（specific heat capacity）。

· 水的比熱容為 4200 J kg⁻¹ K⁻¹（每公斤每克爾文焦爾數）

· 水的密度為 1000 kg m⁻³

因此，將一立方米的水從 20℃ 提升到 80℃ 需要的能量為：

$$1000 \times 4200 \times 60 = 252 \text{ MJ（百萬焦爾）}$$

在永續小方塊 3 當中，水庫所儲存的總熱能為 30 兆焦爾，所以要加熱的水的體積為 30 兆（百萬百萬）除以 252 百萬，亦即大約 120000 立方米。

1.3　電能

　　大幅提升在製造、商業、及生活當中所需機械動力的，當屬十九世紀所發明，得以在能量損失相當少的情形下，將機械動力與電力相互轉換的發電機（electrical generator）和電動機（motor，馬達）。

　　在二十世紀當中，用電的成長是一個鮮明的工業化指標。當今全世界平均每年發出 1.4 TW 的電，約佔總能源消耗的 36%。而大部份這些電力，都是從規模在 100 MW（百萬瓦）到 1000 MW 的大型發電廠所產生的。

　　圖 1-6 所示為從燃料的化學能，經過發電廠的轉換產生電，最後送至用戶的過程。電或是任何型態能源的創造，必然需要某種燃料或者是動力來源。燃料當中的原始能源形態，可透過各種技術轉換成電力。而其中用來發電最主要的燃料包括化石燃料、核子動力及再生能源。將電發出，並配送到各工、商業及住戶，在今天被公認為是經濟現代化和發展所不可或缺。

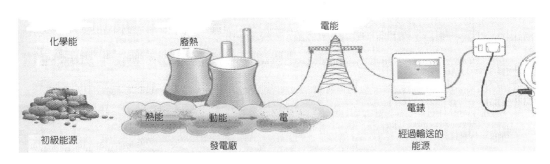

圖 1-6　燃料經過發電廠的轉換產生電，最後送至用戶

11

圖 1-7　從火力電廠發出的電經過輸配電送往用戶

　　如圖 1-7 所示，電能在發電廠產生後隨即被送到耗電用戶，作為許多各種不同用途：提供照明、在馬達上產生機械動力、為空間和材料加熱、驅動通訊設備等等。實際上，在此體系當中並不蓄積能量，而只是在火力和核能發電廠當中儲存燃料，或是在水力電廠的水庫當中蓄水。所以，電能的產生和消耗，幾乎是在同一時間當中完成的，也就是說，發電廠的運轉必須配合用電戶的立即需求，維持電力流通。這便需要藉著將許多發電廠所發出的電整合在網絡當中，如此即便一旦因故供電中斷，仍可以後繼有電。

2　全球能源需求

2.1　初級能源與最終能源

　　通常我們在討論能源的數量或統計資料時有所謂初級能源與最終能源之分。初級能源（primary energy）是指在原始資源狀態下的能源。最終能源（final energy），或稱終端能源，則是指可供人類使用狀態的能源；所以稱為「終端」就是指其已到達最終利用目的。以石油為例，初級能源指的是原油，但能提供各種能源用途的汽油、柴油、燃料油等等能源則屬於終端能源。而電力是終端能源，是由煤、天然氣、石油、核能、水力等初級能源生產出來的。

　　處於初級能源型態的能源事實上並不能供人類日常使用；初級能源需要經過一連串的工業（例如煉製、發電）與商業活動（例如輸配、販售）始能成為我們用來炊煮食物、照明、調節室內溫度、運輸、製造生產產品等等所需使用的能源。而像這樣將初級能源轉換為可用能源的過程中勢必損失一

表 1-1　全球能源消耗：以 2006 年數據為例

單位：百萬公噸油當量

	煤、炭	原油	石油產品	天然氣	核能	水力	可燃性再生能源或廢棄物	其他[a]	總計
自產	3076.95	4029.64	–	2439.13	728.42	261.14	1184.36	76.13	11795.75
進口	561.99	2325.76	942.31	727.68	–	–	5.30	52.18	4615.21
出口	−565.95	−2245.93	−1013.64	−729.85	–	–	−4.17	−52.83	−4612.37
存貨變動	−19.45	−2.42	−7.05	−29.14	–	–	−0.57	–	−58.64
初級能源消費	3053.54	4107.05	−78.39	2407.82	728.42	261.14	1184.91	75.48	11739.96
能源轉變或損失	−2355.30	−4095.99	3548.70	−1174.38	−728.42	−261.14	−144.79	1555.78	−3655.52
終端能源消費	698.24	11.06	3470.31	1233.44			1040.12	1631.26	8084.44
工業部門	550.57	4.19	325.35	434.28			187.83	678.24	2180.46
運輸部門[b]	3.78	0.01	2104.85	71.28			23.71	22.80	2226.43
其他部門	114.21	0.32	471.39	592.90			828.57	930.22	2937.62
非能源消費	29.69	6.55	568.72	134.99			–	–	739.94

(a) 其他包括地熱、太陽能、電力、熱能、風能等等。
(b) 包括國際海運使用的燃油
資料來源：IEA（2008），Key World Energy Statistics。

部分能源。在分別介紹每一種能源的章節中，本書將進一步說明生產與製造過程中消耗能源的成因與幅度。此處先以實際數據綜觀全球能源整體消耗情形，並呈現能源轉換過程的能源消耗（或損失）。

　　表 1-1 即是依據國際能源總署資料編撰的一個非常簡化的全球能源平衡表，呈現各能源型態自產出經過轉變到終端消費的流向數據。縱列按能源類別區分，橫列則按能源流向區分。表的上半部說明各種初級能源的來源，包括全球各國自產數量、各國之間相互的輸入與輸出（減項）數量，以及存貨變動數量。表中間的橫列呈現的是各種能源在轉變過程中的消耗或損失。表的下半部說明轉變後的最終能源在什麼地方使用，而此處僅簡化的區分為工業部門、運輸部門、其他部門及非能源用途。

2.2　初級能源供應

　　目前，初級能源主要來自化石能源（煤、石油及天然氣），以及一些生物燃料（木材、乾草、乾糞便等）。而核能、水力、地熱以及風能、太陽能等其他再生能源亦提供一小部分的初級能源。當然，所謂初級能源的定義主要是為了統計目的，因而也難免專斷。從太陽能的定義即可見一斑：初級能源中所指的太陽能包括太陽能集熱器及太陽能發電產生的能源，但卻並不納入太陽光對建築物所產生的自然暖房或照明能源。從表中可以發現：2006 年

全球總計消耗初級能源 11,740 百萬公噸油當量，其中石油所佔比例最大，約 34%；煤、炭次之，也佔了 26%；天然氣排名第三，約佔 20.5%。事實上，一直以來，全球的初級能源結構就是像這樣以化石能源為主（參見圖 1-8）。從圖中我們也可以發現：核能在 1970 年代石油危機之後逐漸受到重視，比例快速增加，但到了 1990 年代之後則穩定在一定數量，目前大約佔全球初級能源消費的 6%；同樣的，水力、可燃性再生能源與廢棄物一直維持一個相當穩定的數量；而地熱、風能、太陽能等其他再生能源的比例仍微乎其微，2006 年僅佔初級能源消費總量的 0.6%。

　　表 1-1 與圖 1-8 所呈現的初級能源消費結構是以全球總量來看，因此可以說是一個全球平均的觀念。事實上，每個國家受限於其自有能源條件、取得外來能源能力，以及其所選擇的經濟生產活動種類，其初級能源結構往往有極大的差異。以台灣為例，台灣的初級能源供給最大宗的來源為石油，以 2006 年的數據來看，石油就佔了 42%，遠高於其在全球初級能源供給中所佔比例。當然，傳統能源—煤與炭、石油、天然氣等化石能源（fossil fuels）—仍佔絕大多數，三者總共佔 89%。核能占 7.97%；而屬於再生能源的水力、可燃性再生能源與廢棄物、地熱、風力、太陽光電及太陽熱能總共僅只占 1.30%（參見圖 1-9）。

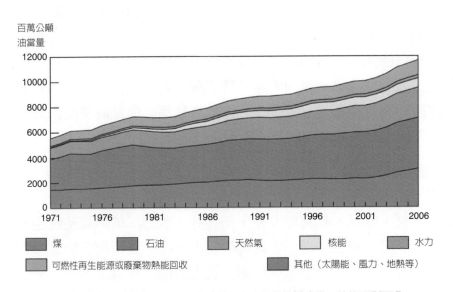

圖 1-8　1971 年至 2006 年全球初級能源供給與結構演變：按能源別區分

資料來源：IEA（2008），Key Energy Statistics

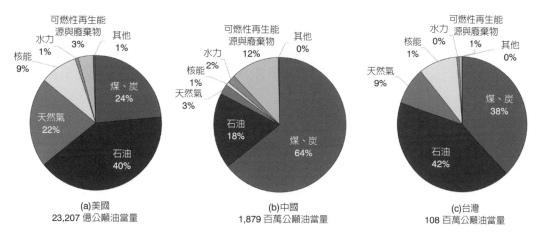

可燃性再生能
源與廢棄物
3%　其他
水力　　1%
1%
核能
9%
天然氣
22%
石油
40%
煤、炭
24%

(a)美國
23,207 億公噸油當量

可燃性再生能
源與廢棄物
12%　其他
水力　　0%
2%
核能
1%
天然氣
3%
石油
18%
煤、炭
64%

(b)中國
1,879 百萬公噸油當量

可燃性再生能
源與廢棄物
水力　1%　其他
核能　0%　0%
1%
天然氣
9%
石油
42%
煤、炭
38%

(c)台灣
108 百萬公噸油當量

圖 1-9　特定國家初級能源供應結構比較：以 2006 年數據為例

資料來源：IEA 統計資料。

　　台灣自己生產的能源極少，絕大部分需仰賴進口。以 2006 年的數據來看：台灣的能源總供給量為 107,876 千公噸油當量，其中自產能源佔總供給量的 0.68%，而進口能源占總供給量 99.32%。台灣自產的能源僅有極小部份的天然氣，及水力、風力、太陽能等必須在地生產的再生能源。真正佔台灣能源消費大宗的石油、煤炭、液化天然氣、核能都是仰賴進口。一直以來，像這樣的情形愈來愈嚴重，自產能源在台灣所有能源供給中所提供的數量逐年減少，比重也愈來愈低。這樣的現象當然宥於事實：台灣本來就不是自然資源豐富的國家，唯有靠進口來滿足持續攀升的能源需求。但這也代表能源安全或能源依賴性這類的議題對台灣更形重要，且台灣也很難不跟隨國際性的能源供需問題與價格波動。

　　化石能源在美國與中國大陸的初級能源中也佔有相當大的比例，分別是 86% 與 87%（參見圖 1-9）。但中國大陸所使用化石能源絕大多數為煤、炭，其同時也是最重要的初級能源，比例高達 64%，這應該與中國大陸的煤蘊藏豐富有關。第二順位的石油則僅有 18%，而天然氣的比例更少，僅只 3%。中國大陸使用核能的比例只佔 1%，遠遠低於美國與台灣，甚至也遠低於全球平均。相對來講，美國的初級能源結構就比較接近全球情形，主要的差別僅是美國使用石油、天然氣與核能的比例略高於全球，另外就是美國使用明顯較少比例的可燃性再生能源與廢棄物。

　　全球初級能源生產集中在少數能源天然蘊藏量豐富的國家，其中不

乏發展較落後的第三世界國家，然而初級能源消費卻集中在較富裕的國家（OECD 國家），或是少數幅員廣大人口眾多的國家（中國、印度、俄羅斯）。我們可以從表 1-2 所列十大初級能源生產國與十大初級能源消費國排名略知端倪。

從總量來了解能源消費可以很清楚的掌握哪一個國家是所謂的「能源大戶」，亦即比起全球許多國家，這些國家用去了最多的能源。然而，這樣的比較有時產生誤導，此時，計算「人均能源消費」（energy consumption per capita）就有助於釐清：究竟「能源大戶」消費較多的能源是因為其人口眾多，還是因為其國民平均每個人使用較多的能源？人均能源消費是以一國的能源消費總量除以該國人口總數計算得來。圖 1-10 即比較幾個國家的人均初級能源消費，我們可以發現與前述十大能源消費國排序很不一樣的結果。人口眾多應是中國與印度的初級能源消費總量排名在前的主因，因為從人均初級能源消費的數據我們可以看出，在這兩個國家每個人用掉的初級能源皆遠低於在美國與加拿大，也遠低於所謂的富國集團—OECD 國家，甚至還低於全球平均。

表 1-2　全球初級能源生產與消費十大國家—以 2007 年數據排序

單位：百萬公噸油當量

初級能源生產		初級能源消費	
中國	1,813.98	美國	2,339.94
美國	1,665.18	中國	1,955.77
俄羅斯	1,230.63	俄羅斯	672.14
沙烏地阿拉伯	551.30	印度	594.91
印度	450.92	日本	513.52
加拿大	413.19	德國	331.26
印尼	331.10	加拿大	269.57
伊朗	323.07	法國	263.72
澳大利亞	289.21	巴西	235.56
墨西哥	251.05	南韓	222.20
十大國家合計	7,319.63	十大國家合計	7,398.59
全球總產量	11,940.00	全球總消費量	12,029.00
OECD 國家總產量	3,833.00	OECD 國家總消費量	5,497.00

資料來源：IEA（2009），Key Energy Statistics。

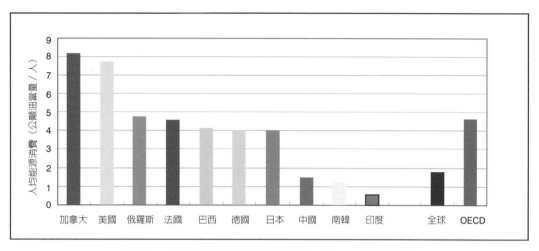

圖 1-10　人均初級能源消費之跨國比較：以 2007 年數據為例-

資料來源：IEA（2009），Key Energy Statistics.

2.3　能源轉換

　　以 2006 年的數據為例，在由初級能源轉換為終端能源的過程中，全球耗用或損失了約 3,656 百萬公噸油當量的能源，相當於 31.14% 的耗損率（參見表 1-1）。這些能源主要用於發電、煉油、產汽、產熱等等將初級能源轉換為工商業或民生日常所需的能源型態，而其中最大宗的轉換耗用就屬發電。2006 年全球使用了約 2,199 百萬公噸油當量的能源生產電力，佔所有能源轉換或損失的 60.14%。能源轉換或損失的數據尚包括約 202 百萬公噸油當量的配送損失，佔所有能源轉換或損失的 5.52%。這是能源生產者（例如：發電廠）將產出的能源配送到終端使用者（例如：住家）過程中的能源流失。

　　從實際的統計數據來看，我們可以很清楚呈現「發電」這個最重要的能源轉換程序的耗能情形。根據國際能源總署（IEA）的統計資料，2006 年全球總共投入 3,952 百萬公噸油當量的初級能源進行發電，產出電力 18,930 兆瓦-小時（TWh，或 189,300 億度），相當於 1,628 百萬公噸油當量。換言之，全球平均的發電能源效率僅達 41%，初級能源在發電過程中消耗或損失的比率高達 59%。而產出的電力必須透過輸配網絡始能傳送到真正的使用者，在此過程中電力還要進一步損失 9%，也就是相當於 140 百萬公噸油當量的能源損失（參見圖 1-11）。

這不免讓我們思考：在這樣科技不斷進步的時代，難道沒有辦法提升發電的能源效率？從 IEA 的數據中可以發現：發電的統計數據分為「發電廠發電」與「汽電共生廠發電」兩類。全球產出電力絕大多數屬於前者，佔了89.71%，然而兩者的能源效率卻有明顯差異。利用 IEA 的全球能源平衡表的數據計算，「發電廠發電」的平均能源效率為 39.91%，但是，「汽電共生廠發電」的平均能源效率卻可提高至 57.20%。簡單來說，汽電共生廠在發電之外並進一步將發電產生的廢熱回收用以產汽，因而增大了能源的利用。那麼，如果發電廠都儘可能採「汽電共生」或其他回收再利用廢熱的方式新設或改裝，是不是才算是善加利用如今已彌足珍貴的能源？

圖 1-11 中也提供了用以發電的初級能源種類的重要資訊。全球仍是以煤、石油、天然氣為發電能源的火力電廠為主軸，此三者所謂的「化石能源」或「含碳能源」在發電能源中的配比總共佔 72%，且以煤佔 48% 為最多。核能佔 18%，水力佔 7%，而真正的潔淨能源—不含水力的再生能源則僅佔不到 3%。從發電技術演進的歷史來看，我們不難理解火力發電，尤其是煤為主的火力發電一直是最重要的發電方式。1970 年代的兩次能源危機使許多先進國家（如美國）警覺其對石油的依賴，因而對於石油用於發電立法設限。

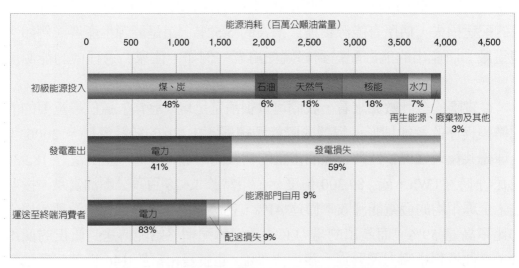

圖 1-11　電力生產的耗能分析：以 2006 年全球數據為例

資料來源：IEA 統計資料（網頁 http://www.iea.org/Textbase/stats/balancetable.asp）

表 1-3 摘要列出，2002 年當中，全世界各種發電來源所佔百分比。從當中可看出，非化石燃料的替代能源，佔了總發電能量來源的 34.7%。此處所謂替代能源涵蓋了包括水力、生物質量、風力、地熱、太陽（含光電與太陽熱能）、及海洋能（含潮汐、波浪、洋流、海洋溫差、鹽度梯度）、核能及廢棄物等來源所產生的能量。未來如果能量儲存技術得以進一步開發與拓展，可再生能源的利用，亦得以獲致大幅進展。此外，儘管目前以氫作為能源載具，大體上僅限用於化石燃料，其實為較長遠的未來，發展成以再生能源作為基礎的經濟體系的關鍵。

2.4　末端能源消費

　　表 1-1 的下半部將末端能源消費簡化的區分為工業部門、運輸部門、其他部門及非能源用途。非能源用途指的是同樣從初級能源原料生產出，但卻不是作為能源目的使用的副產品。例如也是由石油煉製產出的肥料、潤滑油、芳香族化學品等等。歸類為工業部門的數量指的是工業生產製造過程所消耗的能源。使用於運輸部門的能源指的是汽機車、火車、船舶、飛機等等運輸工具所耗用的能源，包括公用運輸系統或是私人運輸工具的耗能，且亦包括國際航空與海運所使用的燃油。家計部門、服務部門、農林漁牧業及其餘能源用途的能源消耗則全部歸類於其他部門。

表 1-3　2002 年全世界各種發電來源所佔 %

能源		佔總發電%
煤	38.83	
石油	7.35	
天然氣	19.10	
化石燃料		65.27
核能	16.51	
水力	16.24	
生物質量與固體廢棄物	1.29	
其他可再生能源		0.69
風能	0.32	
地熱能	0.35	
太陽能	0.01	
海洋能	0.01	
所有替代能源		34.73

資料來源：整理自 IEA（2004）

從表 1-1 中可以看出：不同的部門所使用的能源類別有很大差異。全球工業部門整體而言使用最多的能源是電力，煤次之；近十年來天然氣的重要性也逐漸增加，目前僅次於煤。運輸部門的能源消費主要用於驅動運輸工具，不難想像石油產品成為這個部門所使用能源的最大宗。至於其他部門，其能源的主要用途在照明、炊煮、空調、取暖、熱水、家用設備等等，因此電力的使用最高，可燃性的再生能源或廢棄物的重要性也旗鼓相當。台灣使用木頭或農業廢棄物等可燃性的再生能源或廢棄物的情形可能不多，但在許多溫帶或寒帶國家，燃燒木頭仍是很重要的取暖方式；而在有些開發中國家，炊煮食物所需能源仍要靠燃燒木頭或農業廢棄物等生質燃料。

1980 至 2006 年間，全球最終能源消費從 5,378 上升至 8,086 百萬公噸油當量，將近成長了 50%（圖 1-12）。其中運輸部門與其他部門（含家計、服務與農林漁牧）的能源消耗成長最快，在這二十六年間分別成長了近 79% 與 46%；相較於此，工業部門的成長即遠低於此二部門，僅有約 22.5%。此現象應與許多國家的運輸與其他部門的經濟活動在這段期間成長快速有極大

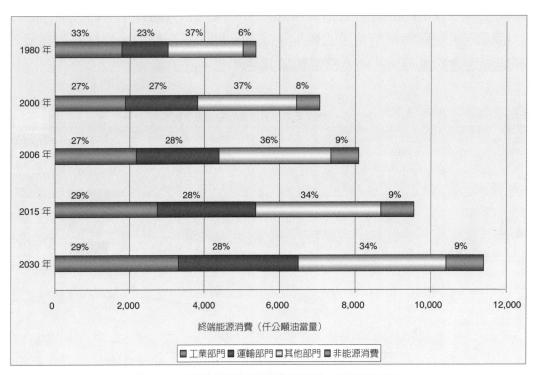

圖 1-12　全球最終能源消費結構的演變：按部門別區分

資料來源：IEA 2008 World Energy Outlook，2015 年與 2030 年資料為預測。

關係。這樣不均衡的成長現象也導致能源最終消費結構的變化:從圖 1-5 可以看出,在 1980 年時,工業、運輸、其他部門佔最終能源消費的相對比重為 33%、23%、37%,到了 2000 年成為 27%、27%、37%,運輸部門最終能源消費的重要性已經略微超越工業部門;而到了 2006 年此相對比重成為 27%、28%、36%。

值得一提的是:不同國家的最終能源消費在部門間的分配情形不盡相同。以台灣為例,工業部門消耗的能源佔最大比例,約佔 34%(參見圖 1-13)。這與圖 1-12 中所呈現的全球整體能源消費結構很不一樣;全球整體能源消費中,工業部門的能源消耗僅佔 27%,而運輸部門與其他部門能源消費的重要性明顯比其在台灣能源消費的配比為高 [1]。我們可以在其他積極工業化的開發中國家發現類似的結構,例如中國大陸,其工業部門所耗用的能源即占最大多數(圖 1-13)。

2.5 能源消費展望

全球能源研究與統計最富盛名的當屬國際能源總署(International Energy Agency, IEA)。除維持最完整的全球能源相關統計資料庫外,IEA 每年並出版全球能源展望(World Energy Outlook, WEO),對未來 25 年能源相關的趨勢提出預測。依據其於 2008 年發布的全球能源展望,全球能源消費仍將持續成長,但預計將受全球經濟成長趨緩及能源價格提高的影響,而減緩上升的速度。

化石能源仍將佔全球初級能源消費的 80%,且石油仍為最主要的初級能源來源,不過二者的重要性都將略低於目前。未來 25 年,消費成長最快速的初級能源將是其他再生能源,包括太陽能、地熱、風能等等。全球能源展望預估其將以年平均 7.2% 的比率成長。預計 2030 年時,不含水力在內的再生能源佔全球初級能源消費的配比可達 12%,略高於目前的 11%。以此預測來看,儘管世人已普遍接受,人類對化石能源的使用為全球暖化最主要肇因,但人類要確實根除對化石能源的依賴則仍是漫漫長路。

另外,全球能源展望中預測未來 25 年(2006 至 2030 年),全球初級能源需求成長的主要來源在開發中國家。而中國大陸和印度二者,即佔全球成長的 51%。值得注意的是,該報告認為未來中東國家將逐漸轉變為能源的

---

1 圖中,台灣的資料將「其他部門」進一步細分成住宅、服務業及農業部門。

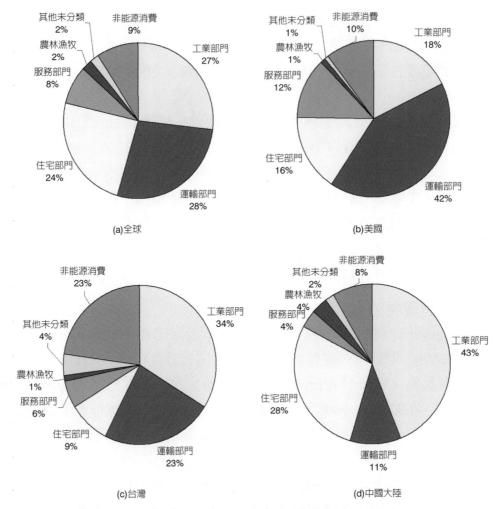

圖 1-13　2006 年全球及特定國家終端能源消費結構的比較：按部門別區分

資料來源：IEA 統計資料（網頁 http://www.iea.org/Textbase/stats/balancetable.asp）

　　主要消費者。預測在 2006 年至 2030 年間，全球石油消費成長的數量中，源自中東國家的部份即將佔 20%；而在全球天然氣消費成長方面，有大於 25% 是來自中東。這與過去中東國家一直被視為全球能源（尤其是石油）的極重要供應者的印象，有很大的不同。

　　至於從能源的使用部門來看，全球能源展望預測：在 2010 年之前工業部門整體的最終能源消費將超越運輸部門，成為第二大部門，僅次於含住宅、政府、服務及農業等在內的其他部門（參見圖 1-5）。這與能源消費的未來成長集中在中國、印度與中東國家有極大關係。在這些國家，工業部門

能源消費一直佔最大比例。此外，近幾年來，致力於提升運輸工具的能源效率已成為各國共識，也因此該報告也預期未來全球運輸部門能源消費的成長將有效減緩。

全球能源展望也預測，從最終消費的能源類別來看，其他再生能源（即不含水力、可燃廢棄物的再生能源）成長最為快速，其次則屬電力，其重要性也將由佔全球最終能源消費的 17% 上推至 21%。煤及天然氣在全球最終能源消費中所佔比例大致上固定，而石油則略減。整體而言，全球最終能源消費的結構是朝向增加所謂「潔淨能源」的配比緩慢調整，但是 25 年之後，這樣的調整速度大概仍無法使能源消費結構與今日狀況形成明顯差異。

3 能源需求意涵

3.1 能源提供的服務

其實人所真正需要的「能源」，大概也只有食物這種形態。也就是其實並沒人會真的要吃煤炭或鈾、喝油、吸天然氣、或是需要和電源相通。其實人所要的，是上述能源所提供的各種服務。這些最主要的有：用來取暖、清洗、和加工材料的熱；用來照亮室內和戶外的光、用來泵送流體、升降電梯、和開車的驅動動力；以及電子通信和電腦計算的電力。

當 1882 年愛迪生（Thomas Edison）在美國紐約建了世界第一座發電站，他賣的並不是電，而是光。當時他同時提供電和燈泡，然後對他的客戶收取照度（illumination）的服務費。如此一來，他自然會有很強烈的動機，不僅要儘可能有效率的發出並輸配電，並且也會盡其所能，裝設不僅效率高且壽命也夠長的燈泡。

不幸的是，當年愛迪生這套能源服務體系並沒有流傳下來。無怪乎時至今日，絕大多數電力公司所努力的，也就不外乎盡可能賣電，既不必管用電的效率，也無須擔心電器的壽命。不過，倒是有少數國家，會藉著針對供電的服務品質而非僅數量提供獎勵，以規範電力公司。如此一來，用電客戶也就可以受惠於較低的整體成本，電力公司卻利潤不減，而環境也得以受惠於能源浪費的減輕，以及較少的污染排放。

事實上今天人類使用能源的效率，一般都極低。目前全世界所用源自於煤礦、鈾礦、石油及天然氣燃料當中所含的能量，大約只有三分之一是用在取暖、照明、運動、通信等用途。

3.2　運輸能源

在家戶、工廠、辦公室、及店舖之間運送人和貨物，是工業化經濟體正常運作當中的重要一環。而以化石燃料驅動的各種地面、空中、海上載具，則是提供這類運輸功能的主要工具。交通系統需要交通工具和相關基礎設施，包括：汽車、卡車和公路、火車和鐵路、飛機和機場、船舶和港埠碼頭。表 1-4 所示，爲 2008 年台灣運輸部門能源消費分配。

從經濟活動的規模來看，最大的運輸組成當屬公路和路上的車輛。目前全世界在路上行駛的車輛約有六億輛，其中九成以上是客車，其以每年 2.2%持續成長。平均而言，這些車輛大約每 15 年就汰舊換新一次，如此一來汽車技術也就得以相當快速的持續改進。幾乎所有的運輸用燃料都煉自石油，以美國爲例，其 70% 的石油都供應到運輸用途上，相當於美國總化石燃料能源的 32%。

3.3　能源使用與環境惡化

在二十世紀，工業化的速度超過了人口的成長速度，無論是從通俗亦或科學層面來看，人類開始意識到，人類的各種活動對於大自然乃至於人類本身的健康和福祉有著不利的影響。這些影響包括工業活動所帶來的副產物對於空氣、水、和土地造成的污染，改變了對水和土地的利用和人類的佔用領域，對於動、植物各種自然物種所造成的永久性喪失，以及因爲人爲的所謂溫室氣體排放所造成愈發明顯的全球氣候變遷。

表 1-4　2008 年台灣運輸部門能源消費

	石油產品 (千公秉油當量)	液化石油氣 (千公秉)	車用汽油 (千公秉)	航空燃油 (千公秉)
國際航空	2,012.9	-	-	2,264.5
國內航空	145.6	-	-	163.8
公路	12,302.8	118.4	9,444.6	-
鐵路	32.4	-	-	-
水運	271.2	-	-	-
總計	14,764.9	118.4	9,444.6	2,428.3

資料來源：經濟部能源統計年報，2009 年
http://www.moeaboe.gov.tw/opengovinfo/Plan/all/energy_year/main/EnergyYearMain.aspx

在一開始，人們的注意力僅集中在一些像是燃煤火力發電廠、煉鋼廠、及煉油廠等工業設施，對週遭地區排放高濃度空氣污染所造成的嚴重事件，這些事件都伴隨著一些人體嚴重急性病症及慢性疾病的擴散。在上個世紀中期，工業化國家的經濟繼第二次世界大戰結束迅速復原，進而遠遠超越其原先的水平。許多並無重工業設施的都市與地區，也接著經歷持續、慢性且有害的光化學煙霧（photochemical smog）。此煙霧為燃燒燃料和廣泛使用有機化合物製品，所產生的不可見揮發性有機化合物和氮氧化物所造成的二次污染物。在此同時，河川、湖泊、海洋、及河口所充斥的工業與城鎮廢棄物，再再對人體健康和這些自然體系當中的生態體系造成嚴重威脅。

當環境受損程度，隨著工業化程度的空氣和水污染物排放速率成比例惡化的同時，工業化國家政府確實也積極在技術上尋求改進，以限制這些排放。其結果是，到了二十世紀末，雖然這些先進國家的能源和物料的消耗持續攀高，其空氣和水的污染卻已逐漸紓緩。儘管如此，工業廢料棄置所導致的累積性效果，卻逐漸顯現。這包括森林與土壤的酸化、城鎮廢棄污泥堆與海洋底泥的污染，以及源自毒害性廢料棄置場的排放液對地下水層（aquifer）的毒化，其中最嚴重的累積性廢棄物問題，當屬核能電廠所產生的廢棄燃料及加工後的廢料了。

當然，環境惡化並不會僅侷限於都市地區。在工業化之前，大範圍的森林和草原生態系，都隨著農地開發而被物種單調得多的農地所取代。接著，工業化之後的農業又藉著採用各類殺蟲劑、除草劑及化學肥料，將獨佔品種的作物及密集生產大肆擴張。生產紙漿和木材的森林經營，也讓林地由比起原先單調的物種所取代，且靠著使用除草劑和殺蟲劑，這些林木作物才得以獲得最佳成長。而在台灣，也和許多其他國家一樣，大量工廠式的飼養家禽和家畜，造成了嚴重的動物排泄物污染的問題。

人類對環境的改變最甚者，當屬全球性的。例如地球上最多樣，同時也受到最大威脅的自然體系當屬熱帶雨林，為了農業和土地的開發利用，而摧毀了具有高度複雜性與多樣性的生態系，消滅了無以重新來過的進化自然寶藏。其同時增加了大氣當中二氧化碳負荷，達到無法藉由重新栽植森林加以復原的程度。

4.1　能源商品

　　圖 1-14 所示為 IEA「世界能源展望 2007」針對 1980 至 2030 年期間，世界各類型燃料能源市場的統計資料。由於對能源的需求無所不在，加上其可以許多不同形態加以儲存與利用，國際間一直將能源以一定價格，當作商品進行販售與交易。例如近兩年來，國際原油價格大致介於每桶 50 至 120 美元。石油通常比煤貴，而天然氣又更貴一些。其間價格的差異，主要反應的是其在開採、儲存、及運輸成本上的差異，至於用於核能電廠的，已經提煉好的核燃料，每單位熱值的價格多半比化石燃料的要便宜一些。

　　就開採而言，煤是最便宜的，尤其是從接近地表處開採得到的。煤的儲存和運輸也都不算貴，困難的部分是讓它能使用得有效率且乾淨的使用。一如世界上大多數地方，在台灣，煤幾乎完全用來發電。石油雖然因為在地質結構當中較為分散，開採起來也比煤來得貴，但卻可以利用管路或超級油輪（VLCC 或 ULCC）跨越大洋，很容易輸送到用油的一方。石油幾乎是迄今所有交通工具的唯一燃料，同時在工商業和住家，也早已取代煤。天然氣和石油一樣，都開採自井裡，但其儲存或越洋運送卻並不像石油的那麼容易。天然氣由於開採成本較高，對外售價也最高，但由於其方便使用、高效率、以及可燃燒得相當乾淨，而在工商業和住家都廣受歡迎。

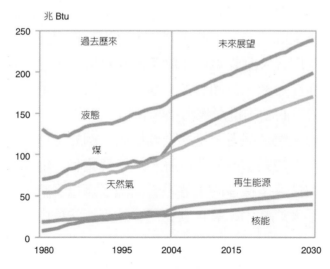

兆 Btu

圖 1-14　1980 至 2030 年期間世界各類型燃料能源市場

資料來源：世界能源展望 2007，IEA

再生能源（renewable energy）和化石燃料與核燃料相反的一點是，其無法運送（除非其已轉換成為電），也很難儲存（除了水力發電和生物質量系統之外）。具有再生特性的水電是全世界供電的重大來源，其在國內或國際間，都有作為商品販售的實例。

至於像是氫、乙醇、和人工氣等合成燃料（synthetic fuel）大多生產自其他化石燃料。藉由將天然的化石燃料的分子結構重組成為合成燃料，可同時保存其大部分熱值。這類二次燃料（secondary fuel）得以更容易加以儲存和使用，或是提供更好的燃燒特性。當然這也將不可避免的，會比其原來的燃料來得貴些。

大約在幾個世紀內，目前的化石燃料和核燃料的供應，終究要面臨嚴重枯竭。到時要擷取所剩下的，也將會太困難且太貴，而也只有核融合和再生能源，才可以無限制的供應。而這些，雖然目前都還屬資本密集技術，但到那時，其能源成本也都將趨於化石燃料和核分裂而具有相同競爭力。

4.2 能源價格現況

從前面的章節我們已經可以了解，不同國家能源使用的形態與數量各有差異。不僅如此，各個國家的能源價格，以及其對能源稅費或補助的相關政策也有明顯差異。我們先從消費者最切身的汽油與柴油價格談起。

4.2.1 汽油與柴油價格

汽油和柴油是由原油煉製而成，價格也往往隨原油價格波動，因此要談汽油與柴油價格就得從原油價格談起。原油有所謂「世界價格（world price）」，亦即儘管產地不同，原油的產地價格大致一致。這是因為原油是一個在全球市場交易的產品，競爭的結果使全球各個市場的原油價格趨於一致。圖 1-15 即以三種最受歡迎的原油產品—杜拜（Dubai）、北海布侖特（Brent）、美國西德州中級（West Texas Intermediate, WTI），比較其在1985 至 2009 年間的價格波動。杜拜的產地在中東，布倫特是英國北海地區產出的原油，而 WTI 則是美國本土產出的原油。不同產地的原油品質上略有差異，有些開採與提煉成本相對較低，特別適於進一步提煉。此三種屬於此類，是所謂的「sweet crude」。

原油的價格從 2004 年起，經歷了一次有史以來最劇烈的波動，2007 年底甚至一路竄高到達每桶高於 130 美元。這次原油價格不斷飆升的動力來

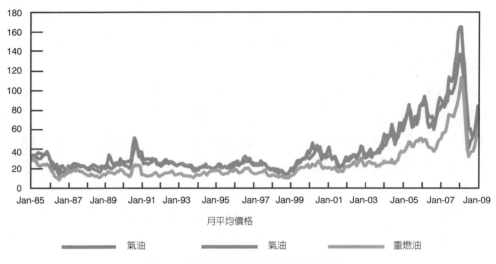

US dollars/barrel

月平均價格

氣油　　　　　　　　　氣油　　　　　　　　　重燃油

圖 1-15　主要原油產品全球市場即期價格

資料來源：IEA（2009），Key World Energy Statistics.

源，主要是旺盛經濟活動帶來的巨大能源需求，加上化石能源來源趨於耗竭的隱憂。中國在最近幾年快速的經濟成長，以及預期將連帶而來的石油需求巨幅成長，在國際間成為眾矢之的，被普遍歸咎為未來將造成全球石油供需更趨於緊迫的根源。如此對未來石油供給緊俏的預期心理，更加速了石油價格的攀升。只是，2008 年秋浮現的金融海嘯，反而成了促使能源價格回跌的因素。金融海嘯之後，全球各國相繼追隨美國跌入蕭條，經濟活動減緩，導致能源需求也逐漸降低，終於使原油價格在 2008 年第三季，回跌至接近每桶 40 每元。目前（2009 年 10 月）原油價格，約在每桶 70 美元附近波動，然而可以預期的是，只要人類無法再發現品質優良，並且易於開採的石油蘊藏的新來源，加上只要經濟回溫，必然將再度帶來能源需求回升，原油價格毋庸置疑，也勢必再度攀升。

原油接下來經過嚴謹的煉製與摻配，被製造成為多種石油產品。圖 1-16 比較三種最重要石油產品—汽油（gasoline）、氣油（gasoil）及重燃油（heavy fuel oil）的價格。若反映加工製造的新增投入成本，這些石油產品價格是高於原油的，且汽油與氣油的價格略高於重燃油。與圖 1-15 比較，我們可以發現此三種石油產品的價格，幾乎是與原油價格同步波動。這正反映石油產品的成本要素中，仍以其原料—原油為最重要要素，可以說其他投入要素的成本，並不致對其造成太大波動。

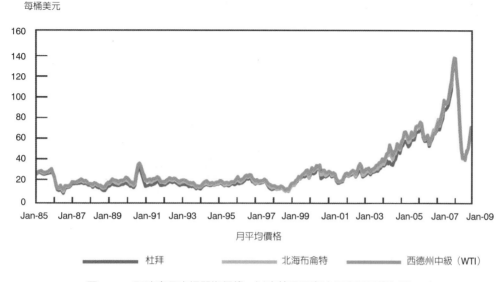

每桶美元

月平均價格

■ 杜拜　　　　　　　■ 北海布侖特　　　　　　　■ 西德州中級（WTI）

圖 1-16　石油產品市場即期價格─以鹿特丹國際油品市場價格為例

資料來源：IEA（2009），Key World Energy Statistics.

　　表 1-5 比較各國的能源零售價格。事實上，汽油的出廠價格在全世界差異不大。而有差異的原因，乃在於政府徵收的稅費或提供的補貼。歐洲國家普遍對汽油徵以高額的燃料稅，主要基於環保與鼓勵能源節約的政策。相對而言，美國由於課徵在汽油的稅費較低，汽油的稅後價格就明顯偏低。

　　汽油的價格，事實上會對汽車的使用造成直接影響。美國的汽車使用者，普遍選擇大型私家汽車，包括相對耗油的運動休旅車（sport utility vehicle, SUV），但在歐洲國家，中小型、較經濟省油的車型卻較受歡迎。

4.2.2　煤與天然氣

　　圖 1-17 與圖 1-18 分別呈現，過去 25 年左右的產汽煤（steam coal）與天然氣的進口價格。與圖 1-16 比較，我們可以發現此兩種能源油產品的價格，也一如原油價格，從 2004 年起逐漸升高，到 2008 年底，成長為 2004 年初價格的三至四倍。事實上，儘管不同能源之間，不具有完全的替代性，其價格波動，卻仍呈現相當的同質性。

表 1-5　能源零售價格跨國比較

單位：美元

國家別	工業重燃油（HFO for Industry）（噸）	家用輕燃油（LFO for household）（1000 公升）	車用柴油（Automotive diesel oil）（公升）	無鉛高級汽油（unleaded premium）（公升）	工業用天然氣（nat gas for industry）（千萬 kcal GCV）	家用天然氣（nat gas for household）（千萬 kcal GCV）	工業用煤（coal for industry）（公噸）	工業用電力（electricity for industry）（kWh）	家用電力（electricity for household）（kWh）
澳洲	..	..	..	0.758	..	..	..	..	..
台灣	298.56	x	0.576	0.681	582.62	538.45	..	0.0672	0.0856
丹麥	390.72	1166.22	1.027	1.530	0	..	..	..	0.3960
芬蘭	391.60	716.45	1.025	1.529	372.25	520.61	216.75	0.0969	0.1724
法國	315.94	724.19	1.049	1.455	607.28	920.40	..	0.0595	0.1690
德國	318.24	614.35	1.145	1.540	..	..	..	..	..
日本	371.03	712.02	0.866	1.164	..	..	133.40	..	..
韓國	375.84	654.87	..	1.029	499.53	633.96	117.67	0.0602	0.0886
英國	0	599.01	1.243	1.272	445.98	825.82	124.54	0.1459	0.2313
美國	291.68	636.32	0.580	0.499	396.11	525.28	69.99	0.0702	0.1135

註：石油產品依據 2009 年第一季平均價格，其他能源則依據 2008 年平均價格。

資料來源：IEA（2009），Key World Energy Statistics.

4.3　能源成本的估算

　　使用者對於能源所最關切的議題仍在於其經濟性，而其中最關鍵的就是成本。不論是利用化石能源（石油、煤、天然氣）或是核能，或是再生能源，在估算能源生產成本時，都需考慮四個面相：

　　　・資本投入，包含利息等資金取得成本

　　　・燃料成本

　　　・運轉與維護成本

　　　・除役成本

　　對多數能源而言，資本投入仍是最重大的成本。如果僅就發電用途來比較，目前再生能源發電的資本投入，仍遠高於其他傳統化石能源發電（尤其是燃煤火力）。燃料成本在不同能源也有極大差異；傳統能源（尤其是石

綜觀能源

美元／公噸

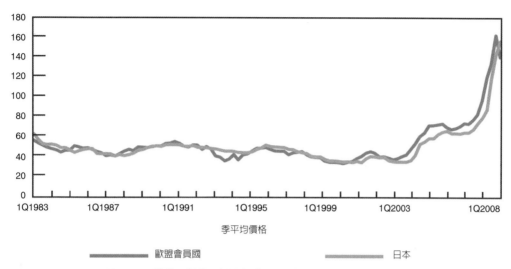

歐盟會員國　　　　　　　　　　　　　　　日本

圖 1-17　煤進口價格—以歐盟會員國及日本進口市場價格為例

資料來源：IEA（2009），Key World Energy Statistics.

美元／MBtu

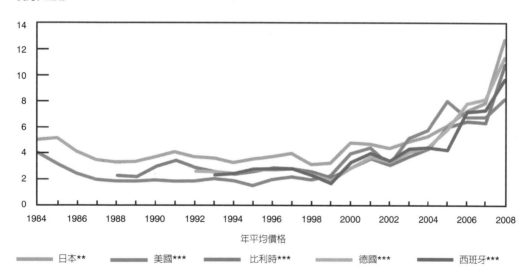

日本**　　　　美國***　　　　比利時***　　　　德國***　　　　西班牙***

圖 1-18　天然氣進口價格—以日本、美國、比利時、德國及西班牙進口價格為例

註：註記**國家的價格採用液化天然氣進口價格，註記***國家的價格採用天然氣配送管線價格
資料來源：IEA（2009），Key World Energy Statistics.

31

油）與核能的燃料投入成本相對較高，多數再生能源生產的燃料成本是零。當然生質能源的燃料成本是正數，因爲種植、收成、運送能源作物，都需要投入一些成本，不過一般而言，還是遠低於石油的。而如果是利用廢棄物產生能源（例如焚化爐的熱回收或是掩埋場的沼氣），則其燃料成本便有可能是負數。因爲如果不作爲再生能源利用，採取其他方式，仍要產生不可避免的廢棄物處理成本。至於，運轉維護成本與除役成本，大多數再生能源生產所需的，也都相對較低。

4.3.1 資本投入成本

再生能源的資本投入成本，係指建立再生能源產出系統的投入成本，且應包括廠址、建築物、設備等從規劃、申請、取得，到可以正式運轉的所有資本性成本。換言之，除了最直接的建築或購買成本，資本投入成本還應包括，真正開始進入採購或建構之前的規劃或申請程序的成本。尤其近二十年來，有關能源的投資或建廠，已成爲各國最敏感的社會與環境議題。多數國家都有越來越嚴格的申請規範，包括不同型式的操作許可（operating permits），並且往往要求進行環境影響評估（environmental impact assessment, EIA），台灣也不例外。而環境影響評估，通常做起來成本都很高且非常耗時，因此已成爲絕對不容忽略的投入成本之一。而就直接的建築或購買成本而言，如果部分技術或設備係自國外進口，則尚須納入國外技術費用、國際運費與保險、以及進口稅費等。此外，建立再生能源產出系統的投入成本，還應包括設備從取得到正式運轉前的安裝與試車成本。有些系統的試車時間較長，因此可能衍生可觀的技術費用、人力、耗材、及試運轉等，所必須用到的成本。

另一項常被忽視，但卻同樣重要，應該納入資本投入成本的是資金成本。資金成本指的是，籌措或取得資本投入所需資金所須負擔的成本，最簡單的例子便是利息。企業或發電廠在投入建立再生能源產出系統時，往往需向銀行貸款取得資金。貸款期間需支付的利息費用，就是這項資本投入的資金成本。有時企業或發電廠以發行公司債券或股票方式籌措資金，那麼資金成本就包括發行成本以及需支付的利息或股利。但是，即使企業並不需舉債取得所需資金，投入建立再生能源產出系統，卻會排擠這些資金以作爲其他利用的機會，或者最少是排除了將這些資金存在銀行賺取利息的機會，因此資金成本，至少應該屬於被放棄的利息收入。

4.3.2　成本估算方法

在估算再生能源的產出成本時，通常希望能表示成單位能源產出的成本，例如產出電力的單位成本，或是每千瓦小時的成本、每焦耳的成本等，以便和其他能源產出方式比較。但一如所有涉及資本支出的產出系統，成本發生於不同時間，亦即資本投入全在運轉前發生，燃料與運轉維護成本在運轉期間持續發生，至於除役成本則是在停止運轉後發生，而使得原本簡單的平均成本計算變得相當複雜。常用來處理這類產出成本的方法包括：

・回收期法（Payback Period Method）
・簡單年金法（Simple Annual Method）
・折現年金法（Discounted Cash Flow Method）

嚴格來說，前兩種方法並未考慮資金成本，但是較為簡單易於了解，且也某種程度的解決了，前述成本發生時間不同的技術性問題。折現法是一般運用上認為較為合理精確的方法，至於合適折現率的選擇，則是一個需進一步討論的議題。

回收期間法

此方法是以再生能源產出系統的回收期間，作為與其他能源產出系統比較的依據。回收期間指的是能源系統正式運轉之後，其產出所賺取的淨現金流量能達到回收原始資本投入的時間，通常以「年」作為表達單位。淨現金流量係指現金流出扣除現金流入的淨額，換言之，必須自產出收入扣除燃料成本及運轉維護成本，且以現金進出金額為計算依據。回收期間的計算公式如下：

$$回收期間 = \frac{原始資本投入現金流量}{每年產出之現金流量}$$

簡單年金法

簡單年金法是以年為基礎，計算單位能源產出的成本。首先，原始資本投入成本需「年金化（annuitized）」，也就是依據再生能源產出系統的使用年限換算成等額年金。在簡單年金法下，年金化的資本投入，就等於原始資本投入總額除以使用年限。年金化資本投入再和每年燃料與運轉維護成本相加，以計算每年總成本。然後，單位能源產出的成本即可以如下公式計算：

$$單位能源成本 = \frac{年金化原始資本投入 + 平均每年燃料與運轉維護成本}{平均每年能源產出量}$$

折現率

折現率和利率的概念十分接近，在實務上我們常把利率與折現率交互使用。但嚴格來說，兩者並不完全相同。折現率（discount rates）是用來將未來的收入或支出，換算成現在的價值所使用的比率。因此，折現率應該在利率上，再外加一定的幅度，以吸收未來現金流量變化的風險。這個增加幅度稱為風險溢價（risk premium）。

因此，討論折現率仍要先從利率開始。此處我們談的是要將未來現金流量（包括收入和支出），換算成現在的價值。那麼就有必要估計未來的利率。利率基本上是由銀行決定的，但卻基於政治或經濟的理由，而受到政府所左右。從過去的經驗，我們可以知道利率其實是浮動的，亦即銀行訂定的利率，在不同時期是不一樣的。而使情況再略微複雜的，便是由銀行公告的利率，即所謂的名目利率（nominal interest rate），或是摻雜物價波動等因素在內的貨幣利率（monetary interest rate）。

5 化石能源

化石燃料（fossil fuels）包括石油、煤、和天然氣，都是在幾百萬年前，靠著殘留的動物和植物分解而成的。煤主要是在乾的狀態下，而石油則是在溼的狀態下形成的。天然氣則是在地底的空氣脈中，由這些動、植物進行分解而形成的氣體。

這些化石燃料是大多數國家的主要能量來源。其被用來發電、發熱，同時也是交通運輸所不可或缺的燃料。由於其已經廣泛的用了超過百年，因此也就形成了一套極為普及且有效率的探採（鑽探和開礦）、輸送、加工、和傳輸的基礎設施。儘管化石燃料價格時有起伏，對於各國消費者而言都還不算貴。

僅管證據有限，科學家們一般相信，人類在四、五百萬年前，便已在地球表面上行走。而在大部份這段期間，人之使用能源也僅止於消耗既有的食物，以及透過人體轉換此化學能，成為讓身體暖活、運動及勞動所需要的能量。接著，在一百五十萬年前，人類開始以火烹煮、取暖及保護自身。

人類也只有到了一萬年前，才開始建造永久居所並豢養動物。接著，在大約紀元前四千年，人類鑄造基本的金屬，做成粗糙的工具與武器。即便經過了這一系列重大的歷史發展，人類在能源的使用上，則一直等到工業革命期間，才有了較爲明顯的進展。

在 1950 年代石油佔有能源市場之前，人類所用能源不外木材與煤。而從 1800 年到 2000 年的二百年當中，美國的能源消耗量從每年大約 1 千兆（Quadrillion）BTUs，成長到大約每年 130 千兆 BTUs。

值此同時，世界人口幾乎有如能源消耗成長般爆增。許多人相信，近代所出現前所未有的人口成長、耗能成長、及所伴隨的污染物排放成長，勢必對環境造成嚴重後果。

5.1 紀元前壹萬年以前的能源歷史

在工業革命開始之前，我們利用了自己肌肉和一些家畜的力氣、也擷取（極沒有效率的）了風力和水力、以及蘊藏在木材和其他生物質量當中的化學能（僅取其熱）。後來工業革命改變了一切，它帶來了可以將在地殼當中儲存了數億年的生物質量，即化石燃料的能源，轉換成爲機械能的機器—引擎。

物理學家一致認爲，在宇宙當中所存在的能量是一定的。而在地球上，能量也大致上維持守恆—從太陽來的輻射能量同等於散發到太空中的熱。亦即，能量既無法無中生有，卻也不能摧毀喪失。然而，我們還是常常有產生能量或消耗能量的說法。

追根究底，我們所有的能量不外核能（nuclear energy）。這指的是，源自於太陽當中，進行核融合（nuclear fusion）反應所產生的能量。此能量在地球上以許多形態存在，而對人而言，特別重要的便屬機械能（mechanical energy）或是動能（kinetic energy）、化學能（chemical energy）、熱能（heat, thermal）、及輻射（radiant）。我們的問題在於，如何在對的地方和對的時間，以好用的一種形態取得能量，來達成我們所要達成的目的。爲達此目的，我們靠的是一個能將能量從一種形態變成另一種形態，而使能量便於儲存、輸送、或是用來作功的轉換器（converter）。許多經濟活動都會同時用上好幾種轉換器。而每個轉換過程，實際上也都免不了會有一些耗損，會讓轉換之前的能量當中的一部分消失掉（通常都成了熱），要不就是變成一些，既沒用又無法加以收集的形態。而這便要看轉換器的效率了。比方

說，人類的效率大約爲百分之十八，也就是我們所吃的食物（化學能）每
100 卡路里當中，會有 18 卡路里轉換成機械能；其餘絕大部分都轉換成了
熱，損失掉了。馬的效率更低，大約只有百分之十。

5.2　工業革命之前的能源歷史

工業革命之前，主要的能量轉換器不外生物性的。最早的人類社會，僅
止於將擷取自動、植物當中的化學能，轉換成肌力。後來，這肌力又得以藉
著少數幾件工具，而較有效率的發揮出來。再來，人類因爲懂得用火而得以
取暖。當然，自從發明了烹煮，又使得很多原本不能吃的食物（能量）變得
可以食用，也得以轉換其中的能量了。

農業讓我們得以大大掌控了後來稱爲作物的植物。在遷徙農業（shifting
agriculture）時代，我們所能夠獲取的能量，大致相當於原本狩獵時代的十
倍，而當進入到了定居農業（settled agriculture），又是前者的十倍。這帶首
先來的是更高的人口密度。接著，隨著大型動物成爲家畜，人們得以擁有更
大的肌力和更大的機械能量，同時也是更爲密集的能量形態。以牛犁田和以
馬或駱駝作爲交通工具，更象徵著大幅度的進步。牛幫人犁起大塊泥土，提
供了糧食新契機，讓更多的人和牛都得以正向回饋到能源系統當中，而使之
更加穩定成長。新品種作物及輪子、馬軛等，都大幅提升了長期以來社會使
用能源的效率。然即便到了歐洲工業革命，人們所利用的機械能當中，仍有
高達百分之 70 以上，來自於人的肌力。這當中大部份的能量，是用來改進
耕地和耕種作物所需要的水。

能夠成功利用能源的關鍵之一，在於能量的儲存。能量，無論是熱或
光、甚或是電的形態，都難以儲存。即便透過二十世紀末期的技術，風力和
直接的太陽能也都仍難以儲存。化學能亦很難以植物的形態加以儲存。雖然
在有利的條件下，透過適當的技術，許多作物即使是要儲存上短短幾年，仍
然很難。

在工業化社會之前，天候與植物病蟲害，往往使得糧食的供應在不同季
節和各年間變動極大。如此能源供應的波動和難以預期，再再對整個社會和
統治者構成問題。就統治者而言，人口與家畜即等於其蓄存的能量，這就如
同社會當中許多能量系統用來儲存機械能的飛輪一般。其可以視初級能量來
源—作物的豐沛與短缺，作適度調節與運用。

5.3　蒸汽機問世

　　自古以來，在中國、波斯和歐洲，風帆、風車和水車，為社會提供了些微的能量。而接下來的好幾個世紀以來，此能量也都小幅增進了一些。但到了十八世紀，蒸汽機燃煤以轉換其中的化學能成為機械能，可說是擷取了在地球上數千萬年來所儲藏的光合作用成果。自從發掘了煤以來的幾個世紀當中，其主要都作為取暖用的燃料。直到蒸汽機將此熱轉換成機械能，進而做功，才開啓了新契機。

　　謝佛利（Thomas Savery）於 1698 年和紐可門（Thomas Newcomen）於 1712 年的作品，可謂蒸汽機的先驅。只不過，這些最早發明的蒸汽機極缺乏效率，燃料當中百分之 99 的能量都浪費掉了。直到 1764 年同樣是英國人的瓦特（James Watt）（圖 1-19），在修理一部紐可門引擎的過程中，開始懷疑這麼小的一部機器，為何要用掉這麼多的蒸汽。經過五年的無數次實驗，瓦特取得了他的第一件發明專利，接著又於 1790 年和波爾頓（Matthew Bolton）共組公司並發明了如圖 1-20 所示的波爾頓與瓦特蒸汽機（Bolton and Watt steam engine）。1801 年，特雷維席克（Richard Trevithick）發明了蒸汽動力車（圖 1-21），開啓了蒸汽火車頭新頁。

圖 1-19　瓦特（James Watt）（1736-1819）

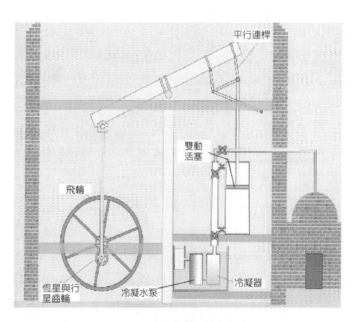

圖 1-20 波爾頓與瓦特蒸汽機

圖 1-21 特雷維席克蒸汽動力車

　　到了 1800 年之前，效率逐漸進步到百分之 5，一部蒸汽機能產生 20 千瓦的出力，等於是 200 個人出的力氣。到了 1900 年之前，工程師們學會了控制高壓蒸汽，讓蒸汽機的出力大致達到 1800 年剛發明時的 30 倍。更重要的是，蒸汽機已經不再像水車或風車必須固定在一個地方，其可以安裝在船上和火車上等幾乎任何一處運轉。這同時也造就了另一項發展，讓人們得以大

規模的運送煤，為更多的蒸汽機供應充足燃料。十九世紀的工業化，靠的便是這點。全世界煤的產量，在 1800 年為一千萬公噸，而到 1900 年激增了 100 倍。

5.4　內燃機問世

來到 1900 年之前的另一項進展，是內燃機使用提煉過的石油。詹姆士楊（James Young）是一位英國人，他在 1850 年想出如何可以將原油進行提煉，接著美國人艾德溫得瑞克（Edwing Drake）又在 1859 年證明，石油可以從岩盤深處鑽探出來。雖然只是一點點，但石油年代也就從此展開。到了 1880 年，內燃機主要從德國開發了出來，進一步將石油年代往前推進。其比起燃煤蒸汽機，特別是小型機器，更為輕巧，效率更高。至於大型內燃機，其所能提供的出力比蒸汽機也可能有過之而無不及。除了為發電廠所賴，其輕巧與高效率更是後來的汽車發展，所不可或缺的條件。

因此，自 1900 年以降，生物質量、煤、和石油提供了大量的能量。而就可用能源而言，1890 年代之後，化石燃料更是遠遠超過了生物質量的，儘管那時全世界大多數人口直接使用的，都還不是化石燃料。以上三種燃料的生產和使用，一直到二十世紀都還持續成長，而其中石油的成長又比其他二者要快許多。

表 1-6 和表 1-7 當中所示，為一些針對全世界燃料的生產，以及其中可供使用部分的粗略估計實例。從當中可看出，二十世紀不只化石燃料在全球能源當中大幅取代了生物質量，整體擷取到的能源也可謂一飛沖天。至於肇始於 1890 年代左右的電氣化，更大力促進了能源的需求與使用。電動馬達具備了高度的彈性與無數種用途。電在提供光與熱方面都表現優異。過去列寧曾將共產主義定義為：電氣化加上蘇維埃勢力（electrification plus Soviet power）；而如今中國大陸更將「送電到縣」、「送電到鄉」，列入重要施政目標。

十九世紀，在蒸汽與煤的影響之下，全世界所擷取的能量大約提升了五倍，只是到了二十世紀，加上了石油與天然氣（1950 年之後），以及當時還不那麼重要的核電，能量的擷取又接著推升了六倍。人類有史以來，從沒有一個世紀，也從沒有一個千禧年，能在能源使用上和二十世紀相比。人類在 1900 年之後所用的能源，比在那時之前所有的加起來，尤有過之。

表 1-6　1800-1900 年之間世界燃料年產量（百萬公噸）

燃料類型	1800 年	1900 年	1990 年
生物質量	1,000	1,400	1,800
煤	10	1,000	5,000
石油	0	20	3,000

資料來源：整理自 Smil 1994:185-7

表 1-7　1800-1900 年之間世界能源的年使用量

	1800 年	1900 年	1990 年
總共（百萬噸石油當量）	400	1,900	30,000
指標化（1900 = 100）	21	100	1,580

資料來源：整理自 Smil 1994:187

5.5　能源使用的代價

　　如前面所述能源使用的激增，必然要付出代價。此代價大致可分成兩方面來看。首先是燃燒化石燃料所產生的污染。這與草、木等生物質量的燃燒如出一轍。只不過化石燃料用途更廣，其整體的燃燒也就隨其發展，而遠超過生物質量的燃燒。其帶來的污染亦然。

　　其次，隨著化石燃料的大幅使用，也激化了世界上不同地區在財富與勢力上的不均衡發展。一些不可或缺的科技和其所對應的社會與政治結構，首先是在歐洲和北美徹底發展出來。只不過世界上其他地方在 1950 年左右之前，大致上仍然依賴生物質量取暖，和靠肌力獲取機械能。而即便時至今日，一些最窮的國家仍舊如此。到了 1990 年代，一般美國人所用掉的能源，大約是一般孟加拉人的 50 至 100 倍。在現代史當中，操控化石燃料，在拉大國際間的財富與勢力差距上，扮演了最核心的角色。這對於寧可讓少數人一直過好日子甚至極近奢華，卻讓其他大部分人世代貧困的人來說，當然是件好事。只是對於寧願追求普世均衡的人來說，則完全不然。到了 1960 年代，能源使用不均衡的情形達到極至。接著下來，進入到了能源密集使用，並很快擴及全世界。

　　其實，化石燃料的枯竭並非真的迫在眉睫。自從 1860 年代以來，能源荒的預測即被證實誤謬。而在二十世紀，經過證實的煤、石油、和天然氣的蘊藏量，也的確成長的比其生產的還來得快。目前的預測，也勢將更新。可看出，石油或天然氣都還要數十年才會用罄，至於煤則還可耗上好幾個世紀。當然，我們是可以繼續靠著這些幾十億年所累積下來的地質資產好好過

活，只要我們懂得怎麼去處理，或者消化，這些化石燃料所帶給我們的各種污染。

6 化石燃料的古往今來

目前煤、石油及天然氣等化石燃料，提供了大多數國家絕大部分的能源、大部分的電力來源、以及幾乎所有交通所需燃料。尤有甚者，即便許多國家都積極開發並運用新的再生能源與核能技術，在未來二、三十年內的經濟持續發展，對於化石燃料的依賴，將比過去尤有過之。

6.1 石油與天然氣

圖 1-22 所示為分別位於台灣海岸與山區的石油儲存槽。無論在台灣或全球其他地方，原油（crude oil）在運輸上、生活上、及商業與工業上，都是很重要的能量來源。而後來崛起的天然氣，其重要性亦不可小覷。在上個世紀，天然氣一般也不過是個開發石油過程中，還得加以處置掉的麻煩副產品，如今卻已成為一項非常重要的商品。其在產油高峰過後一段蠻長的時間之後，才在世界展露頭角。

對於許多國家而言，石油（petroleum）是經濟的命脈。以美國為例，石油佔其能源需求的 40%，且其 99% 的車輛，皆以石油為燃料。而儘管美國擁有全世界最多的石油儲存量，其石油仍著重在進口。如此得以一方面應付供油突然中斷，同時也讓美國的油田在未來仍能持續產油。

圖 1-22　位於台灣海岸與山區的石油儲存槽

6.1.1　石油的形成

顧名思義，「石油」一詞意味著石頭的油（rock-oil），等於是在地殼當中所有碳氫化合物材質的沉積物。不過，儘管氣態沉積物（天然氣）和一些特定的固態沉積物如瀝青石蠟等的來源也都很相近，以較為狹隘的商業說法，石油通常指的是液體沉積物—原油（crude oil）。

目前一般都認為，石油沉積物是源自於幾千萬年以前，主要是海洋當中的水生動物與植物，持續埋藏在泥與砂的地層當中，所形成的。石油形成前的主要先期狀態包括，大量且多樣的動、植物，加上能有效阻擋有機材質立即被細菌作用或氧化作用所分解的海床環境。如此將含有碳氫化合物的動植物材質，在海洋底泥妥善保存，才得以進入下個石油形成過程的階段。日積月累，無數的這類海洋底泥層層覆蓋，逐漸形成壓迫，隨著厚度漸增，其中的壓力與溫度亦隨著提升。石油便是在此情況下形成，而其中更是混雜著時至今日仍然無法完全了解的物理與化學過程。因此，也就只有在這類海洋層次，長期持續累積得很厚實的地區，才足以形成大範圍的石油「寶庫」。以上所述只一部分解釋了實際上石油的形成，剩下的便是讓石油能有效的涵養於其中了。

6.1.2　石油與天然氣工業的建立

說起石油的開採，應該溯及好幾個世紀之前，一些自然形成的地方性小規模的開採。十三世紀末期，當馬可波羅航行到亞洲的途中，他發現到在裡海（Caspian Sea）的巴庫（Baku，阿塞拜然共和國首都）有一些油泉，因為很好燒的關係，有很多人大老遠跑來取用。在其記載當中，還提到在當地的廟裡，有可持續燒出看來很恐怖的火焰，其應該就是今天我們所說的天然氣。

然而，究竟二十一世紀的石油與天然氣工業的真正來源為何，在過去兩百年當中一直飽受爭議。而此期間，幾乎所有的火光，都是從燃燒得自於動物或蔬菜等來源的固體或液體物質，像是魚油、牛、羊等獸油脂（tallow）的蠟燭等等。其大部分品質都不穩定，燒出的火光也不佳。

6.1.3　以石油照明

在十八世紀當中，很多實驗都致力於煮煤（cooking coal），以產生一些有趣的產物，只不過大體上其中所產生的氣態產物，也不過是令人頭痛的殘餘物而已。但到了 1790 年代，英國開始有一些人嘗試以在錫礦當中取得的

煤氣（coal gas）來照明。接著到了十九世紀初期，開始在倫敦街上普遍以管路供應煤氣，來點燃路燈。但那時在鄉下管路無法到達的地方，照明所需燃料仍舊是一大問題，而極需替代燃料。

　　大約在此同時，以各種製造成的油品作為照明燃料的相關實驗，也持續進行。其中有一位英國人，後來被稱為「石蠟油楊」（Paraffin Young）的詹姆士楊（James Young），提煉出類似煤油的石蠟油（paraffin），成為品質相當理想的燈油。這也可以說是當今石油提煉過程的初步。只是一開始，楊先生用來提煉的，是存量有限的煙煤（bituminous coals）而並非原油（crude oil），而是直到 1860 年代，當這煙煤用盡，才不得已轉而改用當地的沉積油頁岩（oil shale）的。而到了 1960 年代，英國石油公司（British Petroleum, BP）位於蘇格蘭中部格蘭吉茅斯（Grangemouth）的煉油廠，正是以油頁岩煉油。

　　碰巧的是，正當詹姆士楊的公司在商業上發展成熟時，由大自然所形成的原油也於 1859 年，在美國賓西凡尼亞州的堤凸斯威爾（Titusville, Pennsylvania）首度被鑽探出土（如圖 1-23）。這可稱為當今石油開採之始。短短幾年內，鑽油風從美國從賓州吹散開來，石油工業也從此誕生。

　　只是當時石油產品的需求，除掉點燈和點爐的煤油外，也不過就是用來潤滑機器的潤滑油。至於石油當中的其餘部分，包括最輕的汽油和最重的部

圖 1-23　1870 年美國賓州油井旁的桶裝石油

圖 1-24　德瑞克（Edwin Laurentine Drake）（1819-1880）（曲膝戴高帽的）和他的工程師站在其位於 Titusville, Pennsylvania 油井前面。這口井在 1859 年 8 月 27 日，在 23 公尺深處鑽到石油。

份，都被棄置不用。那時汽油因為揮發性高，大家認為用起來太危險，不具實際用途。接下來的四十年當中，石油業者逐漸發現，其實他們可以更細心一點，將石油分成超過十二個部份，分別各有其特殊用途，而終於發現石油是個不得了的資源！大家可以在很多地方，費上一些功夫往地裡鑽，接著石油就會靠自己的壓力跑出地面。再來，把這石油分成幾個部份，就可以用在工業、商業、和生活的許多不同用途上。這些石油產品用來照明、潤滑、溶劑、和產生蒸汽方面的表現，遠勝於過去所用的，尤有過之。而隨著這些石油產品產量的增加與價格的下降，其應用範圍也跟著快速拓展開來。

6.1.4　石油之用於交通

　　儘管前面所提石油具有各種用途，其在交通系統上仍不具任何地位。這時讓我們來簡單回顧以下交通系統的發展歷史。在 1880 年代，陸上跑的多半還只限於馬匹，鐵軌上推動火車頭的蒸汽機，燒的也只是煤。至於由蒸汽推動的陸上車輛，大概也僅限於當地一些重型工作用途，既笨重又不合實際。雖然有些人嘗試用來作為長途路上交通工具，但都受到當時驛馬車公司和鐵道經營者的反對。然而，如此態勢終究還是改變了。

　　汽油驅動的內燃機（internal combustion engine）問世，改變了上述態勢。戴姆勒（Gottlieb Daimler）於 1887 年，開發出第一部「摩托車」或「機

車」（motor car）。戴姆勒的這部車之所以能夠成功，最大的理由在於，其不僅能攜帶本身所需要儲存的燃料，同時還能將這燃料藉著供應系統，連續供應到它的引擎當中。自從發現石油以來，經過長達一世代，才找到了和它最適配的東西，這正是今天既讓人難以抗拒使用，卻又飽受爭議的汽車。

上述革命性的發展，並不僅止於陸地上的運輸。萊特兄弟在 1903 年，第一次將所謂「比空氣重的機器」（heavier-than-air machine）飛上青天，便是靠汽油驅動，一用就超過百年。在海上，英國皇家海軍早在 1908 年，便以燃油蒸汽渦輪機（steam turbine）驅動快速驅逐艦，而在第一次世界大戰結束十年之後，油逐漸在軍艦和商船上取代了煤。在 1930 年之前，全世界近半船舶都以油作爲燃料。在 1950 年代之前，幾乎所有的船，尤其是大船，都以燃油蒸汽渦輪機作爲動力。在二十世紀後半五十年內，大型柴油機（diesel engine）更逐漸取代了蒸汽渦輪機。

在二十世紀當中，石油成爲所有已開發和開發中經濟體的主流。戰爭亦在此影響之下，締造出不同的結果。而在國際衝突一觸即發的態勢下，石油亦成爲戰略性資源。歷經一世紀多一點，石油從原本微不足道的角色，成長爲全世界最重要的產業，且操控在勢力無與倫比的少數公司手中。其產量在 1860 年還幾乎可忽略不計，到了 1900 年每天總共產量也還不到一百萬桶，但到 2000 年之前，石油產量已成長到每天七千萬桶，大約相當於全世界總耗能的 35%。

6.1.5　天然氣工業

天然氣（natural gas）的故事說來和石油的大異其趣。通常天然氣總伴隨著石油礦，所以又稱爲附屬氣（associated gas）。但實際上天然氣也有和石油不相干的。一般相信這些非附屬氣（non-associated gas）很可能源自於淡水而非如同石油源自於海洋植物。這些附屬氣，在最開始被視爲無用，最多也僅止於注入油井用以幫助石油上升出井，而最終則任其在大氣中燒掉。確實，即便時至今日，在世界上有些地方，或許是因爲缺乏鄰近的市場或運送設施，或者是在小型偏遠油田，仍然可看到任憑天然氣在空中燒掉的情形。不過如今，絕大部分的情形，終究還是會盡可能將天然氣運至市場販售的。

天然氣市場的發展和石油市場大不相同。最初是 1920 年代在美國，天然氣先加工再以加熱燃料替代品或發電廠燃料賣出。第一次世界大戰之後，歐洲發現天然氣，逐漸一方面作爲加熱燃料，同時用作石化廠的進料。

如今許多場合，都因為天然氣比起汽油能燃燒得更乾淨，排放的有害物質少得多，而視之為替代燃料（alternative fuel vehicles, AFVs）。另外，天然氣能以壓縮的形態（CNG）或冷凍液化形態（LNG），裝在車上的密閉容器當中，無論儲存、運送、或使用，都很方便。

6.2 煤

對於許多國家而言，煤代表其能源的實力。同時對很多國家而言，燃煤電廠也扮演著核心電力系統的角色。以美國為例，全世界四分之一的煤蘊藏在美國，而美國所擁有煤的能量，更超過了全世界所開採出石油的總能量。同時，煤也供應了美國一半以上的電力來源。

6.2.1 淨煤電廠

早期淨煤（clean coal）所著眼的，在於酸雨對於森林及行水區等環境所造成的衝擊。進入 21 世紀後，許多針對燃煤電廠的研發重點，在於建立足以免除對人體健康造成危害的水銀、微小顆粒等空氣與水污染的新一代燃煤電廠相關技術。許多研究同時亦著眼於，收集源自燃煤電廠的溫室氣體，避免其進入大氣。

由於對許多國家而言，煤終究是最廉價的發電來源，因此一方面，淨煤技術將具有更大的提升空間，同時其相關研發也將面對更大的環境挑戰。

除了降低發電廠排放的硫氮和汞等污染物，相關的新技術也試圖透過燃煤電廠在將煤轉換成電和其他型態能源過程中的效率最佳化，以降低溫室氣體排放。

 ## 7 永續與不永續

7.1 化石燃料

當今能源體系實深植於化石燃料的許多「優點」之上，並幾乎對其完全仰賴。長期以來對於化石燃料可能在短至中期內用罄的預測大體上是過度浮誇，這要歸功於新發掘的蘊藏及愈發先進的探採技術。不過畢竟化石燃料的存量有其限制，而終將枯竭。尋求其替代品也就成了當務之急。

尤有甚者，化石燃料因為大自然的作用而僅集中在少數幾個國家。比方說，世界上經過證實的石油，三分之二都蘊藏在中東和北非。如此稀有資源的集中，已然導致世界性危機與衝突。1970 年代的石油危機和 1990 年代的

圖 1-25　巴拉馬籍汽車船晨曦號（Morning Sun）於 2008 年冬季在北台灣石門外海觸礁造成燃油污染（右圖），應變人員隨即在岸上進行油污清除（左圖），圖中油污應急工作人員行走的小徑上，鋪上了昂貴的吸油紙。

波灣戰爭即為實例。類似或甚至更嚴重的問題，都可能在未來陸續發生。以下僅舉其中幾個實例：

　　‧2000 年在美國和歐洲，石油價格大幅上揚即造成世界性經濟恐慌。

　　‧大肆開採化石燃料資源，帶來重大健康危害。這可能發生在從地裡開採出來的過程當中，像是煤礦礦災或是石油、天然氣鑽探平台的火災。

　　‧上述情形也可能發生在其輸送過程當中。例如圖 1-25 所示，輪船溢油（oil spill）事件後的海岸清除與復原，反映出廉價使用燃油過程中，所潛在的龐大外部成本。

　　‧在化石燃料的燃燒過程中也會對大氣造成污染，像是硫氧化物（SO_x）和氮氧化物（NO_x）等，都會危及環境與健康。

　　‧燃燒化石燃料並且會產生大量的二氧化碳（CO_2）。這是最主要的人為造成的溫室氣體（greenhouse gases, GHG）。如今全世界大多數科學家都認為人為溫室氣體的排放，已造成自冰河世紀以來，地球上從未有過的快速增溫。而這也很有可能造成世界氣候體系的巨大變化，而導致農業與生態系的失調及海平面上升，以致淹沒一些低海拔國家，並加速冰河與極地冰的融解。

7.2　替代能源

　　前面提及，天然氣因為相較於其他化石燃料，燃燒得相當乾淨，而可視為替代燃料。但一般提到的替代能源（alternative energy），則涵蓋了可再生

能源（renewable energy）（水力、生物質量、風、地熱、太陽包括光電和太陽熱、及海洋能包括潮汐波浪洋流太陽熱能及鹽梯度、核能及廢棄物能源。此外，藉由氫作爲能量載具（energy carrier），並在目前與化石燃料進行整合，爲長遠再生能源系統前景的關鍵。

7.2.1　核能

物質是由微小的原子所組成。一原子的核在分裂過程中，將釋出熱與光能。核能電廠最常採用鈾做爲燃料，讓它在反應器這個受控制的環境當中產生核分裂，以產生熱能。此熱可接著用以產生蒸汽，進而驅動渦輪蒸汽機和發電機，進行發電。

二次世界大戰之後，核能愈發重要，如今其供應世界上 7% 的初級能源（primary energy）。相較於傳統化石燃料發電廠，核能電廠所擁有的一大好處是其不排放溫室氣體。同時，核燃料的主要來源鈾，以當今的耗用速率，也可持續供應好幾十年，甚至有可能好幾世紀。然而，我們也可看到使用核能所帶來的諸多問題，像是放射線物質的釋出、輻射廢棄物處置的困難、以及核武原料擴散危機等。另外，重大核災，儘管發生機率極低，其影響不可抹滅。雖然長期下來上述問題終將獲得解決，只是迄今尚未看到確切的答案。

在核分裂過程中，輻射物質亦同時產生。此引發了核電廠安全與核廢料處置的議題，尤其是：

‧雖然核分裂過程是在受嚴密監控的環境中進行，其中仍存在著核子意外的風險。儘管風險很小，核能電廠一旦發生事故，後果將不堪設想。

‧一旦輻射物質釋入大氣當中，其對於人體健康和其他生物都將造成負面衝擊。

‧目前有害核廢料都儲存在核電廠當中，亦不可避免的引發健康、安全及環境上的顧慮。

‧目前全世界對於如何，以及在何處可以安全而長遠的儲存放射線廢料，仍無共識。

‧若將所有與核電廠相關的成本都納入計算，目前可以說，比起從化石燃料電廠或從幾種再生能源技術發電，都要來得貴。

核能發電於 1950 年代問世，並於 1970 年代在石油危機之後獲得巨大進展。其於 1970 年代和 1980 年代的發電容量，平均每年分別成長 12 GW 與

18 GW，但到了 1990 年代，卻減緩到每年僅 2.5 GW。主要是因為一來化石燃料價格趨廉，同時燃煤和天然氣火力電廠的投資成本也都較低。大眾對於核能安全顧慮的提升，也是重要因素之一，特別是在 1986 年的車諾比爾事故之後。

國際能源總署（International Energy Agency, IEA）在 2004 年，針對 2030 年時的核能發電作成以下預測：

‧在 2002 到 2030 年之間，全世界淨核能發電預期會提高 38%（平均每年 1.5%）。

‧此期間，經濟合作暨發展組織（OECD）國家的核能發電預計會成長 15%，而世界其他國家則會成長 120%（平均每年 4.8%）。

‧在全部產生的電與熱當中，核能所產生的比率將從 2002 年的 18.4% 跌至 2030 年的 11.5%，至於在 TBES 當中所佔的比率，則會從 6.7% 降至 4.6%。

中期而言，核能無虞來源短缺，也不直接排放 GHG。然而，未來在經濟先進國家新建核能電廠，將受限於三個因素：(一)相對於其他替代能源技術，投資成本較高；(二)許多國家淘汰核電的政治決策；及(三)民間反核可能導致建廠推遲，以致在經濟上不再具有誘因，且在財務上亦面臨風險（The Economist, 2001）。

7.2.2　再生來源

人類從可再生來源擷取能源，已有數千年歷史。以風能揚帆行船、磨穀、和打水，便是明顯實例。可再生的能量來源，包括太陽、風、水（包括來自海洋潮汐和波浪的）和生物質量（植物和有機材質）。總的來說，使用再生能源的好處包括：

‧其為不至消耗殆盡的資源。

‧其大多不會產生空氣排放物。

‧裝置再生能源有助於改善地方經濟。

‧其因分散能源供給來源，而有助於能源安全和經濟利益。

但另一方面，再生能源技術的發展，亦面臨重大障礙，主要包括：

‧大多數的情形，其比化石燃料來得貴。而這一部分是因為，使用化石燃料讓社會付出的代價（例如環境污染的清除成本和相關的健康照護成本），有一部份並未計入能源價格當中。

．在一些較新的技術尚未有較豐富的經驗之前，仍會對某些再生能源技術裹足不前。

．為風機和其他一些再生能源技術尋覓場址和發照，可能會遭遇困難。

此外，一些再生能源技術，特別是那些使用太陽和風的，只能間歇性發電。但只要其所占該區域用電比率不大，便尚不致構成問題。

終究，由於再生能源所擁有的諸多優點，應該用得更多，以助其技術的成熟與發展。而事實上，其在全世界的使用，是一直在提升當中。

7.3　趨於可持續的能源使用

從低風險能源將負擔得起的能源服務提供給窮人，並為全世界成長中的人口提高生活水準，為永續能源系統的終極目標。新技術可望讓我們更為有效的生產化石燃料，使用更為有效，且更能保持環境潔淨。而藉由結合能源效率與再生能源的潛在利益，人類更可望達成此一遠大目標。當今整體能源需求與供給的型態與趨勢皆非可持續，若能在需求面透過能源最終使用效率加以最佳化，則所增加的能源需求與成本，將可遠低於消極的因循策略的。

此省下的能源成本，可用以投資在讓近期仍嫌昂貴，但卻可持續供應的再生能源，加速引進市場。只將傳統能源供應轉為再生能源，或者是僅投資在能源末端使用效率上，卻忽略以再生能源和電熱共生分散能源供應，都無法真正收效。亦即，能源效率與再生能源的整合，實為永續能源系統的關鍵。

貳　工業革命

　　十八世紀始於英國的工業革命，人力廣爲機器所取代，時至今日，世界上有些地方仍持續進行著。工業革命可說是許多很基本但卻彼此緊密關聯的一連串改變的結果。其將原本的農業經濟，轉型成爲工業經濟。其中最立即的改變，在於生產的特性，包括生產出什麼，以及在何處與如何生產。原本傳統上在家中或小工作室裡做出的商品，開始在工廠當中生產。突然，產量與技術效率都快速上揚。其一部分靠的，是科學與應用科技系統性的應用於生產加工上。接著，當成群的企業全集中在一個地區，效率也就更加提升。而隨著鄉下地區的人移入新興地區以尋求工作機會，工業革命也同時帶動了都市的興起。

　　工業革命不僅扭轉了傳統經濟，其並且也對整個社會造成了改變。這些改變包括人往都市移居，提供了更多樣的產品，以及新的生意經。工業革命可稱得上是現代經濟成長與發展的第一步。這些經濟發展在與軍事技術結合後，讓歐、美許多國家，成爲 18 與 19 世紀強權。

　　工業革命之所以稱爲「革命」，在於其對社會造成的改變不僅重大而且迅速。在人類歷史軌跡上，也唯有考古學家所稱新石器革命（Neolithic Revolution）的從狩獵進入農牧，導致永久性定居，進而現代文明才有如此巨大的改變。工業革命將新石器革命所建立的農業社會，帶進了現代化工業社會。其所帶動的社會變遷尤其巨大。大量人口從鄉下移居到已然形成生產中心的城市。貨品與服務的整體數量亦隨之加速膨脹，而對每單位工作成員所做的投資亦跟著成長。成群的新投資客、商人、及經理人接受了財務風險，並從中獲取龐大利潤。

　　長期下來，工業革命對工業社會的大多數人都帶來了經濟上的改進。其中許多人樂享繁榮與健康，特別是社會中的那些中產階級。然而，代價終究是要付出的。有些情形是，社會中的低階層在經濟上受害。工業化的結果也帶來了工廠污染排放與大量土地開發，對自然環境造成了危害。尤其是，在農業上所採用的機械與科技導致天然土地被大肆開發利用，動物與植物的棲息地亦隨之淪喪。此外，工業化與人口的交互助長，更使天然棲地與資源的惡化變本加厲。這些，再再造成許多物種滅絕或頻臨危險以及環境的惡化。

1 英國領先

歐洲人自文藝復興（Renaissance，14 世紀至 17 世紀）即發明並用起複雜的機器。尤其重要的，像是快速輪船、通信等交通，以及特別是印刷方面的進步。透過這些進步，對於人們提出新點子與機制以及試圖去製造並實際試用所形成的鼓舞，在工業革命的發展上扮演著關鍵的角色。

接著來到第 18 世紀，英國有一些新的生產方法帶進了許多關鍵工業，大幅改變其型態。這些新方法包括不同的機器、新開發的動力與能源、以及新的商業與勞力組織型態。這是首次將科技知識，大規模應用在商業上。人類從此建立起所謂量產（mass production），帶來了物美價廉的結果。

工業革命發軔於英國，乃因其社會、政治、及法律情況，都特別傾向改變。財產權（property right），像是在機械上改進的專利權（patents），也已然成熟。更重要的是，在英國可預期且穩定的法律規範，讓君王與貴族已經不能再像許多國家那樣，任意搾取商人獲利或徵稅。如此一來，有野心的商人也可在此確保獲利，而比起歐洲其他地方，更可真的取得財富、社會地位、及權勢。這些因素大大鼓舞了，經濟成長所不可或缺的冒險與對新興生意的投資意願。

另一方面，當時的英國政府採取的是，相對放任的經濟政策。此一透過英國哲學家與經濟學家亞當斯密（Adam Smith）和他的書《國富論》（*The Wealth of Nations*, 1776）所推出的自由市場對策，廣泛受到歡迎。此放任政策讓新方法與新點子，在幾乎不受干預與規範的情形下，大鳴大放。

英國在此社會與政治上的鼓勵求變，很快形成擴散效應。漸漸的，英國經濟上愈來愈多部分，因為新的生產方式而轉型。好幾個工業是造成英國工業化的關鍵。鋼鐵工業造就了蒸汽機，紡織業的影響幾乎無所不在，加上機械建造，也帶來了其他產業的快速機械化。

2 工業上的改變

長期以來，工業革命便一直是熱門的辯論議題。其起因、其影響、乃至其日期，都很有得辯。在此我們不妨先以以下三個重要事件作為其起始點：

・1698 年：塞維瑞（Thomas Savery）的第一部蒸汽機。
・1709 年：達比（Abraham Darby）之以焦炭（coke）煉鐵。
・1733 年：凱伊（John Kay）之發明紡織飛梭。

2.1 鐵與煤

現代化工業靠的是以動力帶動機器。工業革命在英國發展期間，煤是主要的動力來源。即便是在 18 世紀以前，英國有一些工業，像是釀酒、冶煉、玻璃與陶瓷，便已採用其蘊藏豐富的煤。塞維瑞的第一部蒸汽機的重點，在於其以燃料燃燒所得到的熱，產生能持續（或重複）用來驅動的機械力。只不過要讓這部蒸汽機能真正扮演重要角色，還得花上近一世紀，進行相關技術的改進。凱伊的發明也類似這種情形，與其說它是紡織業工業化的起點，倒不如只說它是許多先進技術的先驅。較先進的紡織技術，也只有到了二十世紀後半段之後，才由哈格瑞福斯（James Hargreaves）、阿克萊特（Richard Arkwright）、卡特萊特（Cartwright）等人開發出來。雖然最早的紡織機是由水而非煤帶動的，但也正是隨著蒸汽機普及所帶動的機械化發展，得以使其變得更有效率也更可靠。

相對的，達比所做的就比較和燃煤工業直接相關。從前煉鐵靠的是木炭（charcoal）。在加工過程當中，化學組成包含鐵和氧的鐵礦石（iron ore）與接近純碳的木炭一併加熱。在恰到好處的情形下，礦石會還原成為金屬的鐵，至於碳則和氧結合成二氧化碳。

之後多年以來，人們試著用各種方法以煤炭取代木炭，只不過因為煤當中還包含了其他各種礦物和硫等雜質，始終煉不出品質較好的鐵。不過，歐洲早在 1650 年代，便開始想以煤先做成類似木炭再用。到了 1680 年左右，終於將煤作部份燃燒而得到了所謂的焦煤或焦炭。

達比原本是英國一位住在大煤場附近一個村子，專門製做銅鍋的。他一直認為以焦煤煉鐵很可行，經過二、三十年的努力，終於得以藉焦煤煉出生鐵或鑄鐵（cast-iron），不僅能以此做出煮飯的鐵鍋，還做出能用於蒸汽機的大型鑄鐵圓筒（cylinder）。到了十八世紀末，英國的鐵工業快速成長，而其煤產量也達到了每年一千萬噸。

2.2 蒸汽

如前面所述，鐵與煤是工業革命的關鍵，而蒸汽機則應該算得上是最重要的機械技術。早在 18 世紀之前以蒸汽做為動力，便已獲得發明和改進。早在 1698 年，英國工程師塞維瑞便做出第一部蒸汽機，用它來排出礦坑裡的水。另一位英國工程師紐可曼（Thomas Newcomen）於 1712 年開發出一部改良型蒸汽機。接著，也是英國人的瓦特（James Watt）作了大幅改進，

讓蒸汽機得以用於開礦以外的許多工業。最早的鋸木靠的是水力，必須在水邊進行，有了蒸汽機，鋸木場也就可設在幾乎任何地方了。

1775 年瓦特和波爾登（Matthew Boulton）合夥生產機器，成為工業革命最重要的生意，扮演起英國經濟的創意技術中心。其他許多工業亦起而傚之。如此業界互動型態極為重要，因為其共享先進資訊，大大降低了研發時間與開銷，而得以有效用於創新技術與產品。

十九世紀一開始，燃煤蒸汽機已經廣泛用於冶煉、開礦、工廠等所需要的動力，而生活當中取暖、烹煮所用的煤爐，也很普遍。只不過，當時船舶推進靠的還是風帆，交通和農業也都僅靠馬拖曳，家裡點的也還只是油燈或蠟燭。百年之後，二十世紀初，在一些富有且有能力引進新技術的國家，呈現了全然不同的世界。除了農業還依賴馬之外，煤成了幾乎所有動力的來源，其得以靠火車和輪船運輸，以煤氣燈照明建築和街道。而在這些工業化國家剛剛萌芽的「新能源」─電，主要靠的也是煤。

2.3　紡織

和工業革命最常一起提到的工業當屬紡織工業。早期，無論紡紗或織布主要都是一個人或一家人在家裡進行。如此型態延續了好幾個世紀。英國在 18 世紀的一系列發明，將織布所需要的人力幾乎完全取代。

生產織品的重要發明始於 1733 年。英國發明家凱伊創造的一個名為飛梭（flying shuttle）的裝置，使一部分織布過程得以機械化。1770 年不到哈格瑞福斯又發明了可以一次織好幾股線的多軸紡織機（spinning jenny），接著阿克萊特發明了水織（water-power spinning）。1779 年，同樣是英國人的克倫帕登（Samuel Crompton）引進了名為騾子（Mule）的機器，進一步改進了降低斷線的危險，並且做出了更為纖細的線。

英國紡織工業藉著這些創新與發明，很快的將生產出的布料推展到世界各國。而對很多人而言，這正是機械化文明的象徵。這類改變最大的影響，在於每個工人的貨物產量大增。例如，每單一紡紗機或織布機所能生產的紗或布的量，是過去同樣一個紡織工人所能生產的好幾倍。如此驚人的產量所提升的經濟成就，使工業革命成為人類歷史重要里程碑。

2.4　對社會的改變

工業革命不僅對工作型態帶來重大的突破，其對於一般人的日常生活亦

起了重大改變。其中最明顯的,便是人們傾向移居到靠近工廠的都會區。

　　自 18 世紀初期以來,便有愈來愈多的鄉下人爭相競逐工作機會。而只要一有新的食物來源,加上持續了相當一段時間沒有瘟疫和戰爭,讓死亡率得以下降,鄉下的人口也就激速成長。在此同時,小型農場也隨之消失。這是因爲在歐洲一些國家,法律規定必須在其田邊築牆或籬,有些小農無力負擔,只得將其田地賣給較大的地主,另謀頭路。這些因素合起來,讓新興工業有了現成的工作人力。工業化之前的英格蘭,四分之三人口都住在小村莊。但到了 19 世紀中期,英國成爲全世界第一個有半數人口居住在都市的國家。1850 年之前,有數以百萬計的英國人都居住在擁擠、悲慘的工業城市。而工廠更被許多人視爲陰暗、邪惡的地方。

　　上述變化所帶來的一個巨大後果,便是在整個世紀當中,煤的持續成長。新興製造業城鎮與都市迅速成長,而這些城市當中,有很多都位於煤礦場附近,以就近取得工廠所需燃料。英國每年 3% 的煤產漲幅,使其從 1800 年的年產一千萬噸,成長到了 1900 年的二千萬噸。其顯然是英國主宰工業革命的重要指標。美國的煤產量在 1840 年僅達百萬噸,但接著即以每年 9% 漲幅,使其在十九世紀末幾乎追上英國。德國是唯一情況類似的國家,其在 1900 年煤產略超過千萬噸。估計當時全世界煤產量約八億噸,以每年 5% 成長。1905 年逾十億噸。

③ 美國的工業革命

　　英國的經濟成功,很快便讓歐洲北方的其他國家如法國、比利時、荷蘭、和德國等,群起而效之。美國當然也不例外,當時許多美國人都認爲,唯有讓美國在經濟上保持強大,方足以維持其獨立於甫戰勝的大不列顛之外。在美國大西洋岸南北各個城市的領袖人物,也就紛紛結盟,力圖促進生產製造。

　　相較於英國,美國推展工業革命尤有過之。其最初僅僅是由原殖民者鬆散組成,具有傳統經濟的稚嫩國家。美國在 1790 年,四分之三的人力都還是務農,但不久就很快享受到了機械化的成就。這點,在 1851 年的倫敦水晶宮(Crystal Palace)世界博覽會,便可很明顯看出。到了 19 世紀末,美國已居世界生產製造的領導地位,並爲第二次工業革命(Second Industrial Revolution)開啓新頁。不久,美國即成爲全球最大且最具生產力的經濟體。

3.1 從工業革命當中獲利

工業革命提供了美國在日後，在各方面獲益的絕佳基礎。其一開始所擁有的，是富饒、人煙稀少、等待開發的廣大土地。美國政府得以輕易的從美洲原住民、從歐洲國家、或從墨西哥手中，掠奪或買到北美洲廣大土地。此外，美國人口普遍識字，且大多數認清經濟發展的必要性。隨著在新大陸從大西洋岸往太平洋岸拓展，美國建立並且享有極大的內需市場。在遙遙相對的海岸與邊界之間，貨物、人民、資金、及創意，全都能幾乎毫無繫絆的自由移動。

稚嫩的美國也從英國繼承了不少優點。在英國，能夠充分鼓勵企業投資與追求利潤的穩定法律與政治體系，在美國亦幾乎完全具備。儘管當時美國社會當中，黑人、原住民、其他少數民族、及婦女，和白種男人相比並不平等，但相較於其他國家，其社會仍屬最能接受改變、最有活力的。美國很快採納了許多技術、組織型態、以及接受嶄新工業社會的觀念的態度，並為自己提供了大步向前邁進的動力。其中一樣最有利於美國的在於，其享有英國這個工業先驅國家，相同的語言和大部分文化。這讓美國人能很輕鬆的，將技術引進了美國。

美國進一步工業化的關鍵在於機器與技術人員。儘管英國也曾試著防止技術人員和機器出口，但到後來大致都沒效。美國可說是用盡方法（包括提供特別獎金），將具備先進相關知識的人和各種裝置，傳到美國。使拉特（Samuel Slater）算得上是早期最有名的技術轉移實例。使拉特是領導英國紡織業的要角，後來喬裝成農夫，渡海來到了美國。其最後在美東的羅德島（Rhode Island）州，與機械技術員、機器製造商、及商人建立了美國第一座重要的紡織廠，協助美國在新英格蘭區（New England），建立了大規模紡織工業。

美國的開放與快速成長不僅吸引了英國人，歐洲許多其他國家的有識之士，亦受其吸引而來。例如，1800 年，一位名為杜邦（Eleuthere Irenee du Pont de Nemours）的法國年輕人，便從法國帶著其最新的化學與火藥製造知識來到美國。他在 1802 年成立了，後來美國最大、最成功的企業之一的杜邦公司（E.I. du Pont de Nemours and Company，簡稱 DuPont）。

3.2 突破挑戰

雖然美國很快便獨佔鰲頭，但由於其當地情況和英國等歐洲國家的不盡相同，其工業化之路也略有不同。比方說，美國豐富的林木資源使其使用比歐洲人來得多。其普遍燃燒木材，並以其製造機器和建造房子。其所製造的木製機器，堪稱世界第一。

交通與通訊，在幅員廣大的美國，原是一項特殊的挑戰。而本來經濟發展，靠的便是將廣大區域內的資源、市場、和人，緊密結合在一起。這時政府所扮演的便是聯繫、網絡建構，特別是造橋、鋪路的角色。美國在 1815 年到 1860 年期間，州政府和地方政府也都對運河興建與水路改進上，提供了大筆資金。

在鐵路建設方面，到了 1860 年，全世界有一半以上的鐵路，皆建於美國。十九世紀最關鍵的通信躍進，電報，乃美國的摩斯（Samuel F.B. Morse）所發明。

3.3 一貫作業生產製造

一貫作業生產製造（continuous-process manufacturing）是美國的一項重要發展。透過一貫作業生產，大量的，如香菸與食品罐頭等產品，可以完全不須中斷的生產出來。如此過程得以大幅降低勞力需求與生產成本。美國即在 19 世紀期間，持續改進其一貫作業技術，並擴張其應用範圍。在煉油工業當中，所生產出的煤油、汽油、及其他石油產品靠的，都是一貫作業加工。其除了在產量上，可以較少的勞力獲致大幅提升外，品質亦可因此取得整齊。

美國產業在 19 世紀中期建立了一套稱為「美國系統」（American System）的生產模式。此系統利用特殊功能機器，生產出大量、類似、且有時可互換的零件，得以很有彈性的裝配成成品。經此模式生產出的大量產品，比起原本大多以人工所生產的，不僅較快，同時品質也較為穩定。其最初用以生產的包括時鐘、斧頭、鏟子、及鎖等產品。

自此，許多工業開始以特殊用途的機器，生產出大量並且可以相互替換的零件，以裝配成為成品。

3.4 第二次工業革命

隨著美國製造技術拓展到了新的產業，所謂第二次工業革命亦隨之展

開。第一次工業革命在鐵器製造、紡織、和中央動力工廠、以及在生意經營與工作上，興起一波新發明。到了十九世紀末，在技術上和組織上的第二波精進，將已然工業化的社會帶進了新紀元。英國固然是第一次工業革命的誕生地，第二次工業革命絕大部分卻是在美國發生的。

第二次革命有許多新的過程。1850 年代和 1860 年代之間，鋼鐵製造透過貝西默（Bessemer）轉爐加工，和平爐（open-hearth furnace）等大量生產技術進行轉型。由英國發明家亨利貝西默（Henry Bessemer）開發出的貝西默加工法，藉著將鼓吹空氣將粗鐵（crude iron）轉換成鋼，以有效率的生產鋼。至於由在德國出生的英國發明家西門子（William Siemens）所創的平爐，則讓煉鋼者以更高的溫度，將粗鐵當中的雜質完全燒掉。

除此之外，此階段的工廠和產量，也比第一次工業革命的大得多。如此成長的因素很多，包括科技上的進步、管理上的進步，以及因人口增加所帶來的市場擴大、收入增加、及運輸與通訊的進步。

美國的卡內基（Andrew Carnegie）以巨大的新工廠，建立了龐大的鋼鐵王國。同樣也是美國人的洛克菲勒（John D. Rockefeller），也以相同方式，打開石油煉製王國。接著不久，化學、電力及電機等，一些以科學為基礎的工業，也隨之興起。一如第一次工業革命，這些變化加速了新發明，帶來更進一步的經濟成長。

美國系統和一貫作業的結合，對於汽車工業的影響最鉅。美國的亨利福特（Henry Ford），於 1903 成立了福特汽車公司（Ford Motor Company）。他以移動式裝配線（moving assembly line），組合大量生產出的零件，進行汽車量產。福特的移動式裝配線，等於對世界作出第二次工業革命的全面宣告，其在二十世紀第二十年達生產高峰，象徵著新工業時代的誕生。

4 全世界的工業革命

繼工業化首度出現在英國之後，許多其他國家也跟著追求類似的改變。在十九世紀當中，工業革命不僅擴及美國，亦蔓延至德國、法國、比利時、及大部分西歐的其他地方。其多半都是，英國的技術人員和有識創業者移入其他國家，將在英國學到的製造技能，傳授出去。

不過這類改變在不同國家，因為不同的資源、政治情勢、及社會與經濟環境，而不盡相同。在法國，工業發展因為政治動盪和欠缺煤，以至於受

到耽擱，但其政府在發展上所扮演的角色，卻比英國過去的來得積極。比如說，英法兩國都建立了鐵路網，英國完全透過私人公司，而法國的鐵路卻完全由中央政府出資興建。至於主要仰賴手工的工藝產品，在法國仍屬經濟上重要的一環，但在英國則弱些。另外一些像是家具製造等工業，法國的機械化程度就趕不上英國的。

在德國，中央政府的角色也比英國的重要些。這一部分是因為德國政府試圖加緊腳步，以趕上英國的工業化。德國靠著豐富的煤、鐵資源，建立了鋼鐵製造等重工業。其同時提供了，鼓勵大銀行等大企業合作的環境。

在俄羅斯，政府也積極追求工業化，有時還不惜僱用外國人，來建立和經營整個工廠。然而，其工業化的擴張卻相對慢得多，俄羅斯的經濟有很長一段時間，都停留在農業比重極大的情況。而那時的美國和西歐等一些雖然已經相當工業化的地區，也仍存在著一些工業發展落後的地區。義大利和西班牙南部和美國南方，比起附近，維持了很長一段，大致仍屬農業的狀態。在亞洲，整體上工業化比西歐的發展遲緩些，但各產業仍不盡相同。

日本是第一個工業化的亞洲國家，其政府在十九世紀期間，便以工業化作為國家目標。中國一些地方的工業化始於二十世紀初期，南韓和台灣則自1960 年代開始其工業化。

另外，在東南亞、次沙哈拉非洲、印度和大部份拉丁美洲等，為西方國家所殖民或長期佔領的地區，工業化就比其他許多地區落後得多。這主要是因其社會和經濟，大致仍仰賴或受其宗主國掌控所致。即便不同的文化，會產生截然不同的工業革命，其間仍具相當一致性。大多數社會的工業化，比起最早的工業化過程，晚了 75 至 100 年。自此，工廠大量生產製造，同時大多數人也都移往都市。

4.1 成本與效益

隨著工業革命所帶來的現代化工業化，社會也衍生出一些代價。對許多人而言，工作性質變差了，而隨著工業化將工作移出家庭也對傳統家庭結構形成很大壓力。在工業社會的族群當中，經濟與社會差距通常也很大，這就如同富有工業化國家與貧窮鄰國之間的落差一般。自然環境亦因工業革命影響而受害。污染、森林砍伐、及動植物棲地遭受破壞，皆隨著工業化的蔓延而持續擴大。

工業化社會當中許多人，所得到的物質福祉增加和健康照顧或許稱得上是工業化的最大效益。現代化工業在生活上的持續改變，提供了一波接一波的新產品和新服務，讓消費者有更多的選擇。無論從正面或負面來看，工業革命堪稱對人類歷史影響至深。

參　熱力學原理與能量轉換

圖 3-1

　　蒸汽機（steam engine）是推動工業革命頭兩個世紀的一項重大發明。塞維瑞（Thomas Savery）和紐可門（Thomas Newcomen）於 1698 年和 1705 年先後發明了蒸汽機，只不過效率極低（圖 3-2）。直到 1765 年瓦特作了重大改進，才大幅提升了效率。之後，人們持續為提高熱機（heat engine）的效率而努力，並進一步找出其中所牽涉到的科學原理，以充分利用燃料在空氣當中燃燒，來做出機械功（mechanical work）。而用來解釋各類型燃燒引擎如何做功的科學知識，便是十九世紀發展出的熱力學（thermodynamics）。到了二十世紀，這些原理接著被用來開發出，諸如往復汽油與柴油引擎（reciprocating gasoline and diesel engine）、燃氣渦輪機（gas turbine）、及燃料電池（fuel cell, FC）等各類型引擎。在本章當中，我們要來看看這些熱力學定律如何決定出各類機械能源的作動方式，尤其是其又如何限制了從燃燒一定量的燃料所能產生的機械功。

　　火力發電廠如圖 3-3 所示，源自於化石燃料燃燒發電，供電給用戶，再從中擷取熱能的能量轉換過程或是核燃料分裂的機械動力，是分子或核子組成在改變過程中，所釋出的能量。這些能量從未損失，而只是轉換成為另一種形態。其可能是機械能或電能、參與反應的分子或核產物的內能、或是在引擎外因熱傳所造成的能量改變等的總和。熱力學第一定律（First Law）所表示的，便是能量守恆（energy conservation）。

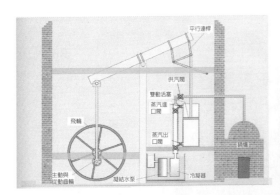

圖 3-2　最早的蒸汽機，位於英國伯明罕的 Grazebrook 蒸汽機

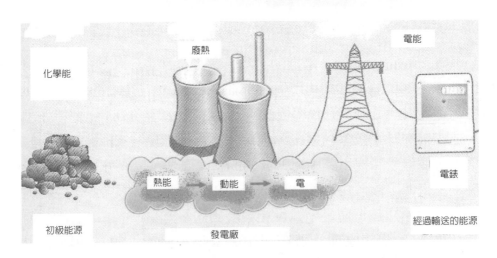

圖 3-3　火力發電廠供電給用戶，再從中擷取熱能的能量轉換過程

　　能量守恆原理，為化學能或核能的轉換成機械功設定了一個上限，亦即，一引擎所能做的功，永遠無法超越其所獲得的能量。而從實際經驗當中我們也知道，此功確實遠遠低於燃料在引擎當中反應所釋出的能量。而用來解釋何以所做的功有此短缺和短缺多少的科學原理，便是熱力學第二定律（Second Law of Thermodynamics）。和前面的第一定律合起來，熱力學讓我們了解到以燃料做功，和想要改進引擎以達成某項任務，先天上所受到的限制。

1　能量的型態

　　在熱力的科學當中，熱（heat）、功（work）、和動力（power），各有其能量上鮮明的定義。

1.1 宏觀物體的機械能

牛頓力學當中有兩種能量形式，一為移動物體的動能（kinetic energy, KE），另一為某物體所承受力場的位能（potential energy, PE）。動能 KE 等於該物體的質量 M 和其速率 V 平方的一半的乘積。

$$KE \equiv 1/2 \; MV^2$$

在空間某處（r）受到某力 $F(r)$ 的某物體的位能 PE 等於將該物體從某參考位置 r_{ref} 移至位置 r 所做的功。

$$PE \equiv -\int_{r_{ref}}^{r} F(r) \cdot dr$$

前述動能的值是正的，最小也有 0。不過位能的值卻是相對於某參考值，因而是正的或負的，都有可能。

某物體在一力場當中，依照牛頓定律，所具備的能量是動能與位能的總和，並為一常數，而不為時間的函數。若此總能量為 E，則得到：

$$E \equiv KE + PE = 常數$$

接下來，我們將利用一些大家耳熟能詳的能量原理，解釋我們當今擷取和使用各種能量，以做出符合生活與工業生產，實際所需各類形功的箇中道理。

1.2 原子和分子的能量

一個大的物體是由微小的原子和分子所組成。有時，像是氣體，其分子分散在空間當中，可以看作是個別獨立移動著，分別具有某特定總能量。但像是液體或固體，每個分子都受到比鄰分子所加諸的力的影響，因此我們也就只能依該物體當中所有分子合起來的能量加以區分。吾人稱此能量為內能，以符號 U 表示。儘管在牛頓力學當中並未對微小分子的運動進行描述，其總能量仍可視為其運動的動能加上其分子內力量位能的總和。

雖然沒人可以直接觀察到某熱力物質個別原子的能量，但卻可藉著間接

量測其溫度、壓力、及密度的變化，測出其內能的改變。

1.3　化學能與核能

分子當中的原子之間原本由強大的力量結合，安排得很穩定，並抗拒重新安排。所以我們可以將一物體的分子想成，擁有和將其組成原子結合而成的能量有關的某能量。若某種材質物體的內能 U 起了改變，但個別分子卻不變，則其組成的化學能仍維持不變，而對該內能的改變也並不起作用。另外，若發生了化學變化，則會從原有的組成原子形成新的分子，而其組成的內能也跟著重新分配。

當重元素的原子核分裂，或輕元素原子融合，而形成新原子核時，也會有類似的能量改變。由於將核抓在一起的力量，比起將分子抓在一起的要大得多，核反應也比分子反應更具能量得多。儘管如此，我們在表達某材質物體的化學或核反應的能量守恆時，必須將分子與核的組成能量一併納入考慮。

1.4　電與磁能

當具有電或磁雙極性（dipole moment）的分子在磁場或電場當中時，其可以該材質的電或磁極性化的型態儲存能量。此能量與該材質物體分子雙極性，和所施予的電或磁場所產生的外部電荷與電流之間的作用有關。由於電容（capacitors）和電感（inductors）為電子與電路當中的一般元件，上述能量型式對其作動相當重要。

1.5　總能量

如前面所述，某材質物體具備了各種形態的能量，全部加起來即可定義為其總能量，以符號 E 表示，即

$$E \equiv KE + PE + U + E_{化學} + E_{核} + E_{電} + E_{磁}$$

在任何實際過程當中，儘管總能量起變化，但絕大多數都僅有其中很少的型態屬重要。舉例來說，汽油與空氣混合物在一部汽油引擎當中燃燒，涉及的是 U 和 $E_{化學}$；在一部蒸汽渦輪機和燃氣渦輪機當中，僅 KE 和 U 起變化；在一核能電廠的燃料棒當中，所涉及的是 U 和 $E_{核}$；在一部磁冷（magnetic cryogenic）電冰箱當中，則僅 U 和 $E_{磁}$ 尚屬重要。

❷ 功與熱的交互作用

熱力學所談的是熱力材質系統與其環境之間的交互作用。我們也就是透過這類交互作用,以產生機械力或是其他在環境當中的可用作為。某系統與其環境之間的交互作用,有二種相當不一樣,但卻都很重要的模式,稱為功交互作用(work interaction)和熱交互作用(heat interaction)。其分別都是在一段時間當中,該系統與其環境和所發生的交互作用之間,所進行的物理及/或化學改變,的一種過程。其可能是功或熱,或是二者都有。

功和熱的交互作用,可藉著在系統和環境當中變化的特性加以區分。此交互作用可加以量化,並以能量單位表示。

2.1 功交互作用

牛頓力學以某力造成某位移,來建立功的觀念。因此我們可以說,要在地球重力場當中,將某質量為 m 的物體移動某垂直距離 r,所需要做的功為重力 mg 乘上該距離 r,其中 g 為當地的重力加速度。

舉例來說,在某個一端緊蓋著、另一端為活動的活塞的筒子(氣缸)當中裝入氣體。若該氣體在該環境當中所產生的力 pA,讓活塞移動了 dr 的距離,則其所做的功 dW 為:

$$dW = pAdr = p(Adr) = pdV$$

其中 p 為該氣體的壓力,A 為該活塞的面積,$dV = Adr$ 為氣體在氣缸當中增加的體積。而該功與環境的交互作用,也可能像是一電動機(馬達)和環境之間的電流流通,所牽涉到透過電位增量 Φ 造成某電荷增量 dQ 的移動。其增加的功為:

$$dW = \Phi dQ$$

另一個在能源議題當中常提及的實例,是渦輪機(某材質系統)的轉動軸,對與其銜接在一起的發電機(在該環境中)所施扭力矩 τ,造成與轉矩同方向的轉動角度 $d\theta$,所做的功為:

$$dW = \tau d\theta$$

以上僅僅是許許多多，種種可能的熱力系統與其環境之間，功的交互作用實例當中的少數幾個。

2.2 熱交互作用

我們對於物質的加熱與冷卻，在生活當中都已相當有經驗。像是烹煮或冷藏食物，需要藉著將其與較暖活或是較冷的環境接觸，才能達到。假若某系統和比它冷的環境接觸，而造成該環境進行增溫，則其中便存在著熱的交互作用。此熱交互作用所導致熱增量 dQ 在此情形下，等於該系統傳遞到環境的能量，即等於該環境的熱容（heat capacity）C 乘上該溫度增量 dT。但傳統上，在熱交互作用當中，傳至某系統的熱都視爲正值，因此在此例當中所傳遞的能量便是負值，亦即：

$$dQ = - CdT$$

我們通常將這類交互作用稱作熱傳（heat transfer）。

2.3 燃料（熱）效率

燃料當中所具備的能量可作爲許多用途，包括產生機械能或電能、推動車輛、爲空間取暖、生產新材質或物品、礦產提煉、及烹煮食物等等。以下著眼於從燃料當中的能量產生機械功的實例。

利用燃料產生機械力或電力，接著不管作爲什麼用途，大都佔了所有化石燃料消耗量的一半以上。無論所產生的機械能是用作推進車輛、材質加工、或流體泵送等等，將燃料轉換成機械形態能量的這第一步，實爲影響之後所帶來經濟與環境後果的首要。而衡量此一影響的，即爲該轉換的效率。

量測此轉換效率的實用方法之一，爲所產生的功與所消耗燃料熱值之比，我們可稱之爲燃料效率（fuel efficiency, η_f），或者是熱效率（thermal efficiency, η_{th}）。通常此處所用的，是燃料的低熱值（low heating value, LHV），因爲這是實際上燃料所能提供的能量。

表 3-1 當中所列，爲當今用來產生機械力或電力的各種技術的燃料（熱）效率。可以看出，其中幾乎無一超過 50%，充分反應出由於熱力學定

表 3-1 目前動力技術的燃料（熱）效率

類　型	效　率
蒸汽發電廠	
蒸汽於壓力、溫度分別為 62 巴、480℃	30%
蒸汽於壓力、溫度分別為 310 巴、560℃	42%
核能電廠	
蒸汽於壓力、溫度分別為 70 巴、286℃	33%
汽車汽油引擎	25%
汽車柴油引擎	35%
燃氣渦輪機發電廠	30%
複合循環發電廠	接近 50%
燃料電池發電廠	45%

律、有限的材質、以及讓系統符合經濟與效率，所受到的限制。而即便有改進空間，相較於表 3-1 當中所列效率，也僅限於微幅。

2.4　熱力學第一定律

系統在經過一系列的狀態變化後，又回到原始狀態的過程，稱為熱力學循環（thermodynamic cycle），其常被當作實際熱機和熱泵（heat pump）的工作模型。熱力學循環可以一個閉合的 P-V 曲線表示，通常以 Y 軸表示壓力 P，X 軸表示體積 V，此閉合曲線所包圍的面積，便等於整個過程所做的功 W：

$$W = \oint P dV$$

若循環過程在 P-V 曲線上沿著順時鐘方向進行，此循環代表的是一部熱機，其輸出功是正值；若沿著逆時鐘方向進行，則它代表的是一部熱泵，輸出功是負值。

熱力學第一定律即屬能量守衡原理。其指出，在一個循環當中，輸入的淨熱量永遠等於輸出的淨功，亦即某系統能量增量 dE，等於傳遞至該系統的熱增量 dQ 減去系統對環境所做的功 dW，即：

$$dE = dQ - dW$$

亦即：

$$dE + (- dQ) + dW = 0$$

式中顯示，在任何與環境的相互作用當中，能量的總量維持恆定。

2.5 熱力學第二定律

工程師之設計一發電廠，在於建立一套將燃料的能量轉換成可用功的系統。假使我們所想的，是將某種化石燃料燃燒以提供熱源，那麼我們最想要達到的，不外就是將燃料當中所有的能量全轉換成功，即如前面熱力學第一定律所述。可惜，熱力學第二定律又告訴我們，這是不可能做到的。反倒是，其終究只有一部分的熱可轉為功，剩下的都得以比熱源為低的溫度排出。

要以一方程式直接表達第二定律並不可能。不過要導出第二定律的三個重要結果，倒是做得到的。首先是，與任何物質的性質無關，且永遠是正值，以 T 表示的溫度。其次是，稱為熵（entropy）以 S 表示的熱力學性質。其增量 dS，等於熱相互作用量 dQ 除以系統溫度 T，即：

$$dS \equiv (dQ/T)_{可逆}$$

如式中所示，此熱增為可逆。

第三個可導出的，稱為克勞斯不等式（inequality of Clausius）。其指出，在任何過程當中，dS 等於或大於比值 dQ/T，即：

$$dS \geq (dQ/T)$$

結果，在 $dQ = 0$ 的絕熱過程（adiabatic process）當中，熵不是不變就是變大，而就是不會減少。

3 熱傳與熱交換

縱然熱力學的定律告訴了我們，從工作流體加入或減去功所能產生的熱有幾多，它卻沒告訴我們，達成這項任務可以有多快。而這卻是我們用來決定，究竟能產生多少熱力或機械力，所必須知道的。當然，從一定質量的材質當中能產生的力愈多，該出力系統也就愈符合我們所要的。

　　舉例來說，某蒸汽動力場的鍋爐應該設計得，能以熱的燃燒氣體迅速透過金屬管壁，加熱流通於其中的循環水。或者例如，冬天爲建築內部空間取暖，需藉由在牆壁當中安裝隔熱材料，以使流失到屋外環境的熱減至最少。

　　大多數從熱的環境到冷的環境的穩定熱傳，在時間上的比率 Q 可表示成：

$$Q = \mu A(T_h - T_c)$$

　　式中，$T_h - T_c$ 爲熱與冷環境之間的溫度差，A 爲將冷、熱環境分開，並讓熱穿越其中流過的材質面積，μ 則爲將冷、熱環境分開的材質的重要特性，即熱傳係數（heat transfer coefficient）。薄銅片等材質具有高 μ 值，有利於熱傳，相反的厚塑膠發泡材質則爲較佳的隔熱材質。

3.1　化石燃料的燃燒

　　化石燃料動力系統所用的能量來源，爲某燃料在空氣當中燃燒、氧化所釋出的化學能。最常見的化石燃料，爲由碳、氫所組成的分子所混合成的碳氫化合物。當其完全燃燒，燃料中的碳氧化成爲二氧化碳，氫則氧化成爲水氣。在此氧化過程當中所提供的能量，即爲碳與氫彼此分開，接著與氧結合成爲二氧化碳和水，所釋出能量的淨值。

　　若以 C_nH_m 表示某碳氫化合物燃料分子，其中 n 與 m 分別表示在該燃料分子當中碳與氫的原子數，則此完全氧化所伴隨的重組，可表示成以下反應：

$$C_nH_m + (n + m/4)O_2 \rightarrow nCO_2 + (m/2)H_2O$$

3.2　燃料熱值

　　當某燃料與空氣混合燃燒，所形成燃燒產物的溫度，會比燃料 / 空氣混合物的高得多。在有些情形下，熱燃燒產物的熱可在例如鍋爐當中，傳給一較冷的水等流體，而產生蒸汽。用來達此目的的熱量稱爲燃料熱值（fuel heating value, FHV），通常以每單位質量燃料的能量單位表示。

表 3-2　各種燃料在 25℃、1 大氣壓下的熱值

燃　料	化學式	分子量（g/mol）	燃料熱值（MJ/kg）
純化合物			
氫	H_2	2.016	119.96
碳（石墨）	C（固體）	12.01	32.764
甲烷	CH_4	16.04	50.040
一氧化碳	CO	28.01	10.104
乙烷	C_2H_6	30.07	47.513
甲醇	CH_4O	32.04	20.142
丙烷	C_3H_8	44.10	46.334
乙醇	C_2H_6O	46.07	27.728
異丁烷	C_4H_{10}	58.12	45.576
已烷	C_6H_{14}	86.18	46.093
辛烷	C_8H_{18}	114.2	44.785
十烷	$C_{10}H_{22}$	142.3	44.599
十二烷	$C_{12}H_{26}$	170.3	44.479
十六烷	$C_{16}H_{34}$	226.4	44.303
十八烷	$C_{18}H_{38}$	254.5	44.257
商品燃料			
天然氣			36-42
汽油			47.4
煤油			46.4
二號燃油(（No. 2 oil）			45.5
六號燃油（No. 6 oil）			42.5
無煙煤（anthracite）			32-34
煙煤（bituminous）			28-36
次煙煤（subbituminous）			20-25
褐煤（lignite）			14-18
生質燃料			
木材（針葉）			21
穀物			14
牲口糞便			13

數據來源：Lide, DR and HPR Frederikse, Eds, 1994. *CRC Handbook of Chemistry and Physics*. 75th ed. Boca Raton: CRC Press; Probstein, RF and RE Hicks, 1982. *Synthetic Fuels*. NY: McGraw-Hill; Flagan, RC and JH Seinfeld, 1988. *Fundamentals of Air Pollution*. Englewood Cliffs, NJ: Prentice-Hall.

　　一般碳氫化合物燃料像是汽油或柴油，為許多不同分子結構碳氫化物的混合物。其燃料熱值以卡路里計（calorimeter）量得。但若是純化合物，像是甲烷（methane, CH_4），其燃料熱值可從該燃料組成與燃燒產物的焓計算得。表 3-2 當中所列，為一些常見燃料在 25℃ 與一大氣壓下，假設產物當中形成的 H_2O 屬蒸氣狀態的燃料熱值。由於此值不包含水氣凝結後所釋出的熱量，因此稱為低熱值（lower heating value, LHV）。表 3-2 中的熱值涵蓋範圍

很廣，介於大約 10 到 120 MJ/kg。其中的飽合碳氫化合物從 CH_4 到 $C_{18}H_{38}$ 範圍較窄，大約從 44 至 50 MJ/kg。部份氧化後的燃料，CO, CH_4O, 及 C_2H_6O 的熱值比其原始 C, CH_4, C_2H_6 的熱值爲低，因爲其氧化潛能較小，分子量卻較大。從固態碳的低熱值可看出，將碳原子從固態轉換成氣態，需要相當大的能量。

4 理想熱機循環

儘管從燃燒燃料產生機械動力，是當今最普遍的一種能源利用方式，其轉折過程卻很複雜，且損失龐大。首先，我們得利用燃燒過程以改變某流體的溫度與／或壓力，並想個辦法藉著旋轉渦輪機或推動活塞，以利用該流體來作功。依先前所述，熱力學第一和第二定律首先就限制了所用的每單位質量燃料所能作出的功，而那些限制又取決於該燃料用來產生動力的一些細節。

爲了解釋熱力學定律在從燃料能量轉換爲機械動力的箇中道理，最方便的就是針對燃料在其中加熱與冷卻，以及流體在一循環當中流通產生或吸收功的理想裝置，進行分析。這類裝置稱作熱機，其中其與環境交換熱，同時在一循環過程當中產生功。在此理想循環當中，燃料燃燒將熱從高溫源加入。一些實際的引擎，像是燃氣渦輪機和汽車引擎，倒並非從外部加熱。這些便稱作內燃機（internal combustion engine, ICE）。

在接下來所介紹的幾個簡單熱機模型當中，其所做的功（W）與所加入的熱量（Q）之間的比率稱爲熱力效率（thermodynamic efficiency, η_{th}）（$\equiv$ W/Q）。

4.1 卡諾循環

卡諾循環（Carnot Cycle）是由法國人尼古拉萊昂納爾薩迪卡諾於 1824 年提出，由完全可逆的等熵壓縮和膨脹過程，以及伴隨吸熱和放熱的等溫過程組成。卡諾循環的熱機效率僅隨發生熱傳遞的兩個熱庫的熱力學溫度（thermodynamic temperature）而變。在如圖 3-4 所示的一個卡諾循環週期內，卡諾熱機的效率爲

$$\eta_{th}=1-T_L/T_H$$

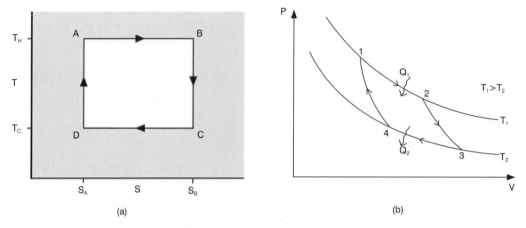

圖 3-4　卡諾循環的 (a) 溫度-熵（T-s）及 (b) 壓力-體積（P-v）關係

　　其中 T_L 是循環過程中的最低溫度（低溫熱庫的溫度），T_H 則是最高溫度（高溫熱庫的溫度）。

　　卡諾循環全由可逆過程組成，其中包括：

　　‧圖 3-4(a)A→B、圖 3-4(b)1→2，可逆等溫膨脹：在此等溫過程中，系統從高溫熱庫吸收熱量，全部用來做功。

　　‧圖 3-4(a)B→C、圖 3-4(b)2→3，等熵（可逆絕熱）膨脹：在此絕熱過程，系統對環境做功。

　　‧圖 3-4(a)C→D、圖 3-4(b)3→4，可逆等溫壓縮：在此等溫過程中，系統向低溫熱庫放熱，全部用來做負功。

　　‧圖 3-4(a)D→A、圖 3-4(b)4→1，等熵（可逆絕熱）壓縮：在此絕熱過程，系統對環境做負功，接著回到原來狀態。

　　卡諾熱機的熱效率只取決於第一個狀態的溫度 T_1 與第二個狀態的溫度 T_2，以及從環境中吸收的熱量 Q_1 和放出的熱量 Q_2，其熱效率

$$\eta_{th} = \frac{|Q_1 - Q_2|}{|Q_1|} = 1 - \frac{|Q_2|}{|Q_1|} = \frac{T_1 - T_2}{T_1} = 1 - \frac{T_2}{T_1} \, 。$$

　　由於存在於現實中的熱機，都是以不可逆循環做功，相同狀態下並沒有任何熱機的效率，可達到以全為可逆過程組成的可逆循環來做功的卡諾熱機的效率。

卡諾循環雖然不具實用的重要性，但卻可用來顯示出熱力學第二定律對於最簡單熱機循環的限制。其指出，任何熱力學循環設備的效率和性能係數，都不可能高於卡諾循環的效率。

4.2 郎肯循環

從工業革命一開始一直到二十世紀末，大多數藉燃燒化石燃料產生機械力所用的蒸汽循環稱為郎肯循環（Rankine Cycle）。在蒸汽動力場當中，燃料在鍋爐當中與空氣混合燃燒，以加熱水並轉換成蒸汽，進而推動渦輪機。此屬外燃系統（external combustion system），其中作為工作流體的水／蒸汽，被管子當中，在爐膛（furnace）產生的燃氣（flue gas）加熱。在一座有效率的蒸汽動力場當中，幾乎所有燃料的熱值，都可傳給鍋爐當中的流體，只不過，當然最後能轉換成渦輪機所做功的，也僅限於其中一部份了。

有關郎肯循環，有幾方面值得我們特別注意。首先，郎肯循環和卡諾循環不同，其熱力效率幾乎全取決於其工作流體，水。其次，其循環效率隨鍋爐壓力（蒸汽壓力）的增加而升高。同時，較高的鍋爐壓力也可增加每單位質量流通於該系統中的水，所產生的功。

郎肯循環的熱力效率大約介於 30-45% 之間，視循環當中的細節而定。不過實際蒸汽動力場的效率比起此理想效率要低一些，主要理由如下：

‧蒸汽渦輪機和給水泵等設備的效率並非 100%，所作出的淨功也就少於理想循環的。

‧需要用到其他機械動力以維持鍋爐、鼓風機、冷凝水泵等設備的運轉，因而減少了淨輸出功率。

‧由於自鍋爐排出的燃氣溫度，高於輸入進行燃燒的燃料與空氣的溫度，鍋爐也就不能將燃料的所有高熱值傳遞給工作流體（水和蒸汽）。

即便是最佳蒸汽發電廠，從淨機械功率除以燃料所供應熱值算出的熱效率，也很少有超過 40% 的。

圖 3-5 所示，為一部 1500-MW 蒸汽渦輪機的轉子（rotor）。其從照片的左上角起往右下角方向，分成高—中—低三段。流通的蒸汽壓力，也分別從 71 至 10Bar、10 至 3Bar、到 3 至 0.1Bar 分級遞減。蒸汽在從入口流通到出口的過程中，隨著壓力的變化，蒸汽密度亦隨之大幅下降。因此在低壓端需用到葉片長得多的渦輪機，以儘可能從蒸汽流當中擷取到力量。

圖 3-5　一部 1500-MW 蒸汽渦輪機的轉子

4.3　奧圖循環

最普及的熱機，當屬用於汽車上的了。汽車引擎不同於前述蒸汽動力場是靠外部燃燒來源將熱傳遞給工作流體，而是在引擎內部將燃料絕熱燃燒，讓燃燒產物在膨脹行程中作功。此燃燒產物排放到大氣，接著由新鮮空氣和燃油混合物取代，開始下一個燃燒循環。其工作流體僅流通過引擎，而並不進行回收。我們稱此為開放循環（open cycle），以對照前述蒸汽機的封閉循環。

用來描述往復內燃機封閉熱力循環當中，壓力-體積特性的，便稱為奧圖循環（Otto Cycle）。如圖 3-6 當中的 T-s 關係所示，其先從等熵壓縮（isentropic compression）行程開始的 v_e 到最後的 v_c（1→2），接著在恆定體積下加熱，一如燃料與空氣燃燒的絕熱燃燒，接著再等熵膨脹（isentropic expansion）到最大體積 v_e，接下來是以一等容冷卻（constant-volume cooling）（4→1）完成整個循環。

奧圖循環為往復內燃機的運轉模式。而實際汽車引擎的熱力效率，則明顯低於理想情形。活塞與軸承間的摩擦，閥門、冷卻泵、及燃料供應系統等作動所需動力，進、排氣系統上的壓力損失，以及出力期間在氣缸上的熱損失，合起來使其實際輸出功率低於理想循環的。就四行程汽油引擎而言，其在部分負荷情況下的低進氣壓力，更使其低於沒這類問題的柴油引擎的。汽車上的汽油和柴油引擎的最佳熱效率，分別為 28% 和 39%。

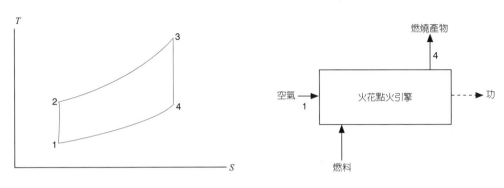

圖 3-6　奧圖循環（Otto Cycle）

4.4　貝雷敦循環

　　二十世紀中葉以降，燃氣渦輪機成為大型飛機的主流推進引擎。這主要在於其：適用於超音速推進、質輕、燃料經濟、及可靠性。同時燃氣渦輪機也在像是海軍飛彈快艇、高速鐵路機車、以及最近的發電上走出一片天。在發電上，燃氣渦輪機往往和利用燃氣渦輪機排氣加熱的郎肯循環蒸汽渦輪機合併使用。此稱為複合循環（combined cycle）。

　　其最簡單的型式，為燃氣渦輪機的壓縮機與渦輪機接在同一軸上，以輸出機械功率。位於壓縮機與渦輪機之間的，是一個燃燒室。燃料噴入其中，在恆壓下燃燒，將從壓縮級離開的空氣，在進入渦輪機之前，升溫至較高的程度。此熱燃氣在流通渦輪機時，溫度與壓力降低，同時從軸上產生一淨機械輸出功率。上述燃氣渦輪機的壓縮、燃燒、及膨脹過程皆屬絕熱的開放循環，一如往復機的循環。

　　模擬空氣與燃氣流通一燃氣渦輪機的熱力循環，稱為貝雷敦循環（Brayton Cycle），如圖 3-7 所示。其中包括空氣在壓縮機當中進行等熵壓縮，壓力從進口的 p_i 升到壓縮機出口的 p_c（1→2），接著進行等壓加熱（2→3），將燃氣溫度提升到入口的 T_3。燃氣在流通渦輪機時等熵膨脹，壓力從 p_c 降至 p_i（3→4）。

　　一部成功的燃氣渦輪機動力場的建造，仍難免有許多實際問題。其由渦輪機所產生的出力和多半由壓縮機所吸收的，分別都高於淨出力，因而該機器的總出力也就遠比淨出力來得大。其可藉由提升渦輪機進口溫度以改進熱力效率，但卻又受到渦輪機葉片在高溫下強度的限制。因此，也只有當更有

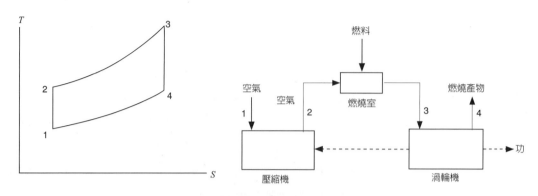

圖 3-7　雷敦循環（Brayton Cycle）

效率的空氣動力葉片設計和高溫渦輪機材料都開發出來了，燃氣渦輪機動力場才能在實用和經濟上兼顧。

簡單貝雷敦循環的最佳熱力效率約為 33%。藉著利用熱排氣和進入燃燒室壓縮氣體的熱交換，此效率可望增加約 4 個百分點。一般飛機上用的燃氣渦輪機當中的壓縮機和渦輪機，都安裝在同一個轉子上，以儘可能減輕重量。

4.5　貝雷敦與郎肯複合循環

從燃氣渦輪機離開的燃燒氣流產物，雖擁有燃料的部份熱值，能量轉換卻未能竟全功。此熱氣流可在鍋爐當中產生蒸汽，進而產生額外的功，而不需另外燃燒燃料。如此同時利用燃氣渦輪機與蒸汽動力場，使得以從一定燃料量當中，產生比前述任何單獨一項所產生的來得大的功，我們稱之為複合循環（combined cycle）。

某複合循環動力場的熱力效率 η_{cc}，可得自於燃氣渦輪機與蒸汽循環的部份效率 η_g 與 η_s。而此複合循環的效率，則永遠小於其部份效率之和。現今全世界新建發電廠，通常都捨燃煤蒸汽動力場，而改選用燃燒天然氣或噴射機燃油（jet fuel）的複合循環動力場。其理由主要在於經濟和環境層面的考量，而其中的環境因子主要指的是空氣污染，尤其是二氧化碳排放的減輕。

4.6　蒸氣壓縮循環：冷凍與熱泵

在大自然當中，熱傾向從具有較高能量的高溫處流向低溫處，若要讓熱反向流動，便須另外對該系統做功。而以機械做功，將熱從低溫源移往高溫處，所利用的便是冷凍機（refrigerators）、空調（air conditioners）、和熱泵的熱力作用。此作用等於是前面所介紹熱機的反向過程，其吸收動力而非產

生動力，但同樣仍須遵循熱力學第一和第二定律。

最常見的冷凍系統，採用的是如圖 3-8 所示的蒸氣壓縮循環（vapor compression cycle）。其包含一蒸發器（evaporator）、一蒸氣壓縮機（vapor compressor）、一冷凝器（condenser）、以及和一系列充滿冷媒（refrigerant）流體的環狀管路的一毛細管（capillary tube）—膨脹閥（expansion valve）。此系統當中的冷媒，會在一定溫度與壓力下，在液體和蒸氣之間進行相的改變。上述毛細管的目的，在於降低從冷凝器流向蒸發器冷媒流體的壓力，進而降低其溫度。此流體的理想蒸氣壓縮循環如圖 3-8 左邊所示溫—熵圖。

自蒸發器離開的蒸氣(1)，首先由壓縮機進行等熵壓縮（1→2）至一較高的壓力，以高於環境的 T_2 溫度進入冷凝器，將熱從冷凝器傳出。此冷凝器為一熱交換器，其藉著將熱傳遞給大氣或水體等環境，將蒸氣凝結成液態（2→4）。液態冷媒從冷凝器離開(4)後，進入一小管徑毛細管，進行粘滯壓降（viscous pressure drop），以較低的壓力進入蒸發器(5)。在此絕熱（adiabatic）、等焓（constant-enthalpy）過程當中，流體溫度下降，且當中一部份改變成蒸氣狀態。接著，此液體-蒸氣混合物流經同為熱交換器的蒸發器，自冷凍空間將熱吸收，同時將冷媒的液態部分轉變為蒸氣，完成了整個循環。

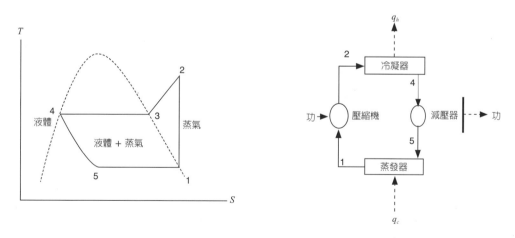

圖 3-8 理想蒸氣壓縮循環

對於卡諾冷凍循環，熱泵的性能係數（coefficient of performance, COP）為

$$COP = 1 + T_L/(T_H - T_L)$$

對於一個製冷機，性能係數為

$$COP = T_L/(T_H - T_L)$$

熱泵可以算得上是一逆向運轉的冷凍機，亦即，其從較低溫的環境將熱傳遞到一封閉空間。熱泵一般用來為夏季需要空調的氣候地區，也提供冬季所需暖氣。其採取相同冷凍單元，用以在冷凝器和蒸發器之間，導引空氣（或其他熱傳流體）的流動。雖然熱泵所需投資成本較高，但因兼作夏季的空調和冬季的暖器，仍屬值得。

5 燃料電池

在前面我們介紹了好幾種用來將燃料的能量，藉著直接和空氣一道燃燒，分別有一對應的熱力循環，而轉換成機械能的系統。在這些系統當中，一穩定燃料與空氣流供應到熱機當中，燃料燃燒於其中，釋出燃燒產物到大氣當中。這些循環的熱力效率，為所做機械功與燃料熱值的比值，一般介於25% 至 50% 之間（表 3-1）。此效率主要受限於燃料的燃燒特性，和各種引擎的機械限制。從熱力學的角度而言，這些燃燒過程本身為不可逆，而其將燃料的能量轉換為功，又必須承擔大量折損。

究竟有沒有比較有效的方法，能將燃料能量轉換成功呢？從前述理論看來，光是熱力學，恐怕無法告訴我們，究竟有沒有辦法從燃料當中取得大得多的能量。

5.1 原理

一電化學電池（electrochemical cell），為一能將化學能轉換成電能的裝置。其二電極和充滿二電級之間的電解質（electrolyte）所組成。此電池（battery）當中的二電極，其在化學上相異，之間乃形成一電位差（electric potential difference）。在燃料電池（fuel cell）當中，電極在化學

上相近，但供應到其中一個電極的是某燃料，供應到另一個的則是一氧化劑（oxidant），是以在電極間產生電位差。若將其與外接一電化學電池的電路閉合，便可從該電池引出電流，產生電力。在外接電路當中所消耗的電能，乃由電池當中的化學變化所產生。而送到外接電路的電能，將永遠不會大於在電池當中伴隨著化學變化，所減損的自由能量。

　　圖 3-9 所畫的燃料電池結構，看來是不是太簡單了些？兩個多孔隙金屬電極由填滿電解質的空間所分開。該電解質為一流體或固體，燃料或氧化劑可在其中分解成離子成分。燃料和氧化劑分別供應到電極上，透過孔隙材料擴散到電解質。在陽極（anode），電子從電解質傳至電極，正離子隨之形成；在陰極（cathode），電子從電解質傳至電極，以形成負離子或中和正離子。由於陰極的電位高於陽極的，因此若將電極與外部負載以導線相接成如圖 3-9 所示，則會有電流流通（以逆時鐘方向），而電功也會消耗在負載上。在電池當中，攜帶著離子的完整電流將在電解質當中流通。

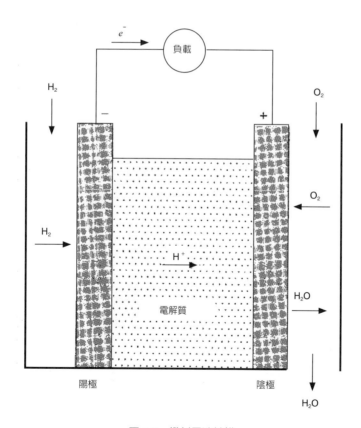

圖 3-9　燃料電池結構

以圖 3-9 當中的氫氧燃料電池為例，氫燃料分子在進入電解質時，在陽極表面的反應為：

$$H_2 \rightarrow 2H^+ \{\Phi_{el}\} + 2e^- \{\Phi_a\}$$

其中 Φ_{el} 為電解質的電位，Φ_a 為陽極的電位。在此反應當中，電子以其電位 Φ_a 移入陽極，而離子以其電位 Φ_{el} 移入電解質。在陰極的氧化反應為：

$$2H^+ \{\Phi_{el}\} + 2e^- \{\Phi_c\} + 1/2O_2 \rightarrow H_2O$$

其中 Φ_c 為陰極的電位。以上二電極反應的淨作用，為水的產生和電荷透過外部電路的移動，即以上二式相加：

$$H_2 + 1/2O_2 \rightarrow H_2O + 2e^- \{\Phi_a\} - 2e^- \{\Phi_c\}$$

在此整個反應當中，氫和氧分子結合產生水分子。在此過程中，每個氫分子有兩個電子，從低電位陽極通過外部電路，流向高電位陰極，產生電功。

5.2 應用

總括來說，燃料電池為一類似標準電池，透過某化學反應產生電的裝置。只不過不同於電池的是，燃料電池有一外在燃料來源（一般為氫氣），只要持續供應此燃料，即可發出電來，亦即永遠不需要充電。在大多數燃料電池當中，在一燃料槽內的氫和空氣當中的氧結合，便產生了電和熱水。

燃料電池在將燃料轉換成為電的效率上，比起一般發電廠或內燃機都要來得高，而且也不會排放污染物或噪音。由於其屬非污染能源且可作為從發電廠到汽車，乃至行動電話等所有東西的能量來源，燃料電池為當今所發展，最具潛力的乾淨能源技術。目前有許許多多的醫院、辦公建築、及工業設施，都已採用燃料電池。而汽車製造商們，也都對於利用它來作為，在世界上許多地方都被要求生產的「零排放車」（zero emissions vehicles）的動力，有著極高的興趣。

6 合成燃料

合成燃料（synthetic fuel）指的是從其他燃料製成的，目的在提升其用途，同時盡可能保存其原有熱值。一些典型的例子，像是從煤、油頁岩、或焦油砂（tar sands）當中生產石油；從煤、石油、或生物質量當中生產可燃氣体；從天然氣或生物質量生產酒精；以及從煤、石油、天然氣生產氫。一些像是汽油等液態燃料，可能因為其一部分為煉油產物的合成品，另外再加上石油天然成分所組成，稱得上是部分合成燃料（partially synthetic fuel）。

合成燃料的主要優點，除了其為液體、氣體、或固體形態，而便於運送或儲存，還包括：(1) 已去除可導致有害空氣污染的硫、氮與灰等燃料基本組成，以及 (2) 具有在燃氣渦輪機與燃料電池等特殊裝置當中燃燒的能力。至於其主要缺點，為合成該燃料額外增加的成本及損失的熱值。而此成本因素，正是合成燃料無法廣為生產與使用的主要障礙。

以從煤生產合成氣（synthetic gas）為例，其反應如下：

$$C_{固體} + (H_2O)_{氣體} \longrightarrow (CO)_{氣體} + (H_2)_{氣體}$$

其中 12kg 的固態碳和 18kg 的蒸汽作用，產生 28kg 的一氧化碳和 2kg 的氫。其中碳的熱值為 12kg×32.76 MJ/kg = 393 MJ，而合成氣的則是 18 kg×10.10 MJ/kg + 2kg×141.8 MJ/kg = 465 MJ。因此，此一過程為吸熱的（endothermic），在 25℃ 時為每公斤產物需 2.4 MJ。因而要維持此合成過程，便須另外增加燃煤量，以提供其所需要的熱。此外，由於在過程當中並未加入機械功，而熱力學第二定律又要求氣體產物的自由能量，不得超過混合反應物的。其結果是，經過實際的合成，將導致合成燃料當中熱值降低。

化石燃料正是植物以得自太陽的化學能，從二氧化碳和水透過光合作用，生產出碳水化合物的最終合成產物。表 3-3 摘要列出多種合成燃料生產過程的效率（合成產物熱值除以原生燃料熱值的比率）。除少數例外，這些效率介於 60% 至 90% 範圍內。大多數這些轉換，都需要高加工溫度與壓力，需用到觸媒以提升生產率，並且還需消耗機械力，以提供加壓與熱傳等過程所需。合成燃料生產的經濟性與能源成本，還須靠利用合成燃料的附加收益，例如合用於燃料電池或便於儲存與輸送等，才得以合理化。

合成核燃料亦可在核反應器當中生產出。不可分裂的核燃料鈾 238，可轉換成可做為核分裂反應器燃料的鈾 239。

表 3-3 生產合成燃料的熱效率

燃　料	產　物	效　率[1]（%）
煤	合成氣	72-87
煤	甲烷	61-78
煤	甲醇	51-59
煤	氫	62
石油	氫	77
甲烷	氫	70-79
煤、石油、或天然氣	氫（電解）	20-30
油頁岩	石油與氣體燃料	56-72
甲醇	石油與氣體燃料	86
木材	氣體燃料	90
玉米	乙醇	46
牲口糞便	氣	90

1 此熱效率為合成產物的熱值除以原生燃料的熱值的比率

肆 能源效率與保存

我們可以從許多放面進行，讓能源使用更具智慧。而有智慧的使用能源，實即所謂能源節約或能源效率。許多人將此二名稱混爲一談，然其實具有不同意函。一位能源工程師，可能僅限於就設備去定義能源效率，而一位環保人士，則可能對其有較廣義的看法。經濟學家、政治人物、或社會學者等，皆可能對能源效率與保存各有其不同的觀念。

或許本章也可簡單的稱作是「消除能源浪費」。能源保存（conservation）可說涵蓋了任何能導致使用較少能源的作爲。而能源效率（energy efficiency），所談的則是，僅需要較少能源，以執行相同功能的技術運用。因此在本章當中，能源保存實爲包含能源效率在內的一個廣義名詞。一顆能以較少能源，發出和另一顆鎢絲燈泡相同照明效果的省電燈泡，即爲能源效率的實例之一。而以一顆省電燈泡，換掉一顆鎢絲燈泡，也就是能源保存的實例。至於選擇將沒有人的房間裏頭的燈關掉，便屬能源保存，而非能源效率之例。

討論能源效率與保存之前，值得一提的是，當年美國總統卡特要全國一起降低暖器設定的溫度，以做到能源保存。他這個做法固然省下不少能源，但卻也導致一些老年人身體不適，有人認爲這導致他的民間聲望滑落。似乎爭取民眾支持能源保存的前題是，不能因此有損生活品質。

1 保存與效率的必要性

能源的使用取決於各種不同社會型態消費者的選擇與其行爲。平均每個美國人所消耗的能源是全世界平均每人的六倍。以不到全世界百分之五的人口，美國人用掉全世界四分之一的能源。表 1 所示，爲各國於 2002 年所用能源。不僅美國，人口不到全世界百分之 16 的工業化國家，卻能消耗掉百分之 80 的天然資源。

替代能源（alternative energy）的發展和能源效率（energy efficiency）息息相關。太陽電力住家（The Solar Electric House）的作者，史崇恩（Steven Strong）常提及：「建築物必須要先合格，才能接受太陽電力系統」。換言之，一棟建築物必須先經過精心設計，使其在能源使用上，很有效率，才著手設置太陽能系統。效率第一（Efficiency First）這個原則，同樣適用於農、工業經營，以及其他由風能等替代能源所帶動的系統本身。

表 4-1　各具代表性國家於 2002 年所用能源

國家	人口，百萬	耗能，10^{24} Btu
中國	1295	43.2
印度	1050	14.0
美國	288	97.4
巴西	176	8.6
巴基斯坦	150	1.8
俄羅斯	144	27.5
孟加拉	144	0.6
日本	128	22.0
奈及利亞	121	0.9
墨西哥	102	6.6
德國	82	14.3
法國	60	11.0
英國	59	9.6
義大利	57	7.6
南韓	47	8.4
加拿大	31	13.1

資料來源：http://www.eia.doe.gov/kids/energyfacts/saving/efficiency/savingenergy_secondary.html

　　任何人若想安裝一套替代能源系統，首先該做的，便是將能源效率提高到最大，如此方得以降低該替代能源系統的尺寸及相關投資，使其可行。同樣的，能源效率在一個國家的能源體系中，扮演著關鍵的角色。

　　想想有那麼一座辦公大樓貼著告示寫著：「請有能源效率一些──請走樓梯，不要搭電梯」。假使有人照著這告示，去走樓梯而不搭電梯，這樣，是否就增加了能源效率？用的能源是減少了，但所提供的服務亦降低了。行為上的改變，的確導致能源使用的減少。從社會觀點看能源效率的人，或許認為節省能源可增進效率，然從比較技術性的角度看能源效率的人，卻往往寧願將省下的能源，界定為保存而非效率的成效。本章當中所採取的是比較技術性的解讀。

　　再想想另一個例子。一個位於較高緯度地區的住家採取了，像是加裝防風門、高隔熱效能門窗（圖 4-1）、高效能燈泡、及牆壁隔熱（圖 4-2）等一連串措施。但是同時，在冬季裏，該住家提高了溫控開關，並延長電燈開著的時間，結果所使用的能源仍能和先前的相同。該住家是否在能源效率上得到改進？就很狹隘的技術性角度來看，確實是。該住家用了相同的能源輸入，卻得到了較高水平的服務（冷天裡室內變暖了），而各項服務也以較低的能源密度進行（每流明照明所需的瓦數較少，且每度溫升所耗熱能較

圖 4-1　本書作者安裝符合 ThermaStar 標準的高隔熱效能窗戶

圖 4-2　符合不同等級隔熱交要求的牆壁填充材料

低）。能源所提供的服務，包含一系列的活動，例如帶動一部汽車、使用烤麵包機、點燃一部鍋爐、讓一間辦公室便涼、或是照亮一個停車場。要在能源上有效率，便須以比起某固定的標準或正常者，更小的能源輸入，以提供服務。

2　能源儲存

　　確保國家與全世界能源永續，不能單純只依賴減少耗能及生產潔淨能源。其同時尚須顧及，如何將能源從產生源送到用戶手上。將能源從一點移到另一點，或是將能源配送到使用處，皆與是否能最有效且明智的使用能源息息相關。

2.1 能源儲存技術

在實際狀況下對於電的需求，很少是歷經一段時間都一直維持不變的。而在電力需求小的期間所多出來的電，其實可以存到能源儲存裝置裡頭。這些儲存的能量，可以留著等到需求高的期間再提供出來，減輕這段期間整體電力系統的負荷。

近年來隨著技術上的提升，導致接連開發出，適用於各種產業等應用上的一系列有效率而且多元的系統。而在發電技術，尤其是先進的燃氣渦輪機與內燃機上的改進，也讓新型電廠得以既縮小尺寸，同時增加出力。如今，除了有許多用於分散發電的燃氣技術（gas-fueled technologies）亦可用於 CHP 外，其他能量儲存技術還包括：電池（batteries）、壓縮空氣（compressed air）、飛輪（flywheel）、抽蓄水力（pumped hydro）、超電容（supercapacitors）、超導磁能（superconducting magnetic energy）等。

能源儲存系統可藉著降低尖峰期間的需求，以改進電力系統的效率與可靠性，同時也更有機會充分利用再生能源技術。為維持充足的保留發電容量以隨時供電，會需要獨立系統操作器（The Independent System Operator, ISO）。許多再生能源，例如風和太陽，皆屬間歇性，所以它們也就無法隨要隨送。儲存再生能源，可以讓供給更為貼近需求。例如，與風機搭配在一起的儲能系統，可隨時在起風時，將擷取到的能源儲存起來，再賣到價格較好的能源市場上。至於太陽能發電系統，更可利用儲存系統，使其無論白天或黑夜都有電可用。

電能儲存愈來愈受重視，主要理由包括，全世界電力規範環境的改變、工商業和家庭愈來愈依賴電力、再生能源成長以符合電力需求、以及前所未有在環保上的嚴格要求。

電能儲存得以讓發電和需求脫鉤。而正因電力需求會隨每時、每天、和每個季節變動，這點對於電力業者而言，尤其重要。此外，發電，特別是源自於再生能源，也同樣會有短期（超過幾秒）和長期（例如每小時、每天、和每季）相當大的變化。

在推廣再生能源過程當中，往往會因其在輸出上間斷的特性，而受到限制。而這些再生能源若能與電能儲存系統整合在一起，便得以進一步藉著其為初級能源和減少排放等優勢，而在市場上佔一席之地。同時，發電對於環境的衝擊，本來就受到老舊而低效率電廠的運轉很大的影響。尤其當其目

的，是在於壓平尖峰用電時。將電網與儲存系統作適當的整合，可減少這類電廠的需求。最後，社會前所未有對於可靠且潔淨，適用於更廣泛用途供電的依賴，也對供電品質造成前所未有的嚴格要求。電能儲存系統對於朝向滿足客戶這方面的需求，正可作出很有價值的貢獻。

總之，藉由降低尖峰時段的需求及提供更有彈性的能源選擇，能量儲存不僅有助於供電的成本有效性、可靠性、電力品質與效率、其並有助於降低發電及輸配電力對於環境所造成的衝擊。

2.2 分散型電能

分散能源（distributed energy, DE）技術，在一個國家的能源組合（energy portfolio）當中，愈來愈重要。這讓我們聯想到過去近三十年來，電腦系統的演進歷史。最早我們僅能依賴大型主系統電腦（mainframe），在外面佈設了本身並無處理能力的工作站（workstations）。而時至今日，我們所主要依賴的，是配備了龐大數量桌上型個人電腦的少數幾個功能很強的伺服器網絡，這些都已幾乎能完全滿足終端使用者資訊處理的需求。我們可利用分散型電能來滿足基本負載電力（base load power）、尖峰電力（peak power）、備用電力（backup power）、偏遠電力（remote power）、電力品質、以及冷卻與加熱需求。

分散電能所牽涉到的，是各種小型可結合負載管理與能源儲存系統，以改進供電品質與可靠性的發電模組技術。由於其設在或接近能源消耗之處，而不同於傳統「集中的」（centralized）系統，電從遙遠的大規模電廠發出，再從電纜傳下來到用戶；所以稱之為「分散的」（distributed）。

落實分散電能，可以簡單到只在用戶處裝設小型獨立的發電機，以提供備用電力。或者其也可以是相當複雜的系統，與電網高度整合在一起，且包括發熱與發電、能源儲存、及能源管理系統。消費者有時適用小型在地的發電機，或者也可能由電力公司或其他第三者公司擁有與營運。

聯網分散電能的有效利用，也可能需要電力電子界面與聯繫及控制裝置，以使發電單元得以有效傳遞與運轉。當今用得最普遍的分散能源技術，特別是備用電力的應用，便是汽、柴油發電機了。然而，相較於天然氣與再生能源發電機，其產生的污染相當嚴重（包括廢氣排放與噪音），而許多國家的地方政府，也因此限制其使用。

相較於傳統的集中發電廠，分散發電機較小，而能提供集中發電所無法提供的獨特效益。這些效益當中有很多是因為發電單元本身就已經是模組，而得以使分散的電力很有彈性。其可以針對需要的地點與需要的時段，提供電力。且由於其一般都依賴天然氣或是再生能源，比起大型發電廠，其既安靜又少污染，而適合於在有些地點就地裝設供電。

聯網的分散能源，也能用在支援並強化集中模式的發電傳輸及配送。雖然中央發電廠持續對電網提供大部分的電力，分散能源卻可用以滿足地方供電線路或主要用戶的尖峰需求。電腦化的控制系統，一般透過電話線路操作，即可分散發電機依需要進行發電。

分散型發電機為小型的模組型發電機，一般都位於靠近用電負載的位址。而這正是它勝過大規模、資本密集、集中型發電廠的最大優勢。同時，分散型發電機還可藉由設置較小、較具燃料彈性、且較靠近能源用戶，而得以避免電力輸配損失，並提供用戶多一種選擇。許多分散型電力系統，由於已能做到低噪音、低排放，而得以設置在用電的建築內部或緊鄰位址。如此得已大幅簡化，一般必須將電力送達住宅或工、商業區等的問題。

分散型電力系統，可供應愈來愈多的，需要可靠且高品質電力，以帶動運轉使用極為敏感的數位設備的公司和消費者。同時，其還可在尖峰的高電價期間，提供有彈性且又不那麼貴的電力來源。

分散能源管理技術當中，包括能源儲存裝置以及降低整體電力負載的方法。能量儲存技術對於高科技產業，所要求滿足的電力品質與可靠性，甚為重要。儲存的能量，可作為緊急電力及尖峰節約等所需。能源儲存，同時可藉著提供較多的負載伴隨能力（load-following capability），以及對風能和太陽能發電等再生能源技術提供支持。這些對於其他分散型能源裝置而言，是很重要的。

當能源價格上漲，供電受到限制，同時電價又持續上揚，電力業者與其客戶也就跟著有了減少消耗電量的壓力與誘因。而也正由於減輕負載具有免去或推遲電廠新建的潛在效果，其不僅能使電力公司獲益，同時能源消費者也能因為避免了一些能源成本，而從中獲益。

2.3 整合冷卻、加熱、及動力

傳統發電的效率其實是很低的，燃料當中所具有的能量，一般真正用上

的大概只有三分之一。而即便是擁有較高效率的熱轉換設備,將能源用在加熱或冷卻等需求上,若是熱與電的系統分別獨立,整體效率也僅有 45%。

將冷卻、加熱、及動力(cooling, heating, and power, CHP)整合在一起的系統,就明顯有效率許多。CHP 技術能從單一能源當中,同時產生電與熱能。這類系統將一般發電機當中會浪費掉的熱回收,再用它來產生如後當中的至少一樣:蒸汽、熱水、暖氣、及溼度調節或冷卻。藉著利用 CHP 系統,本來得用來在另一分開的單位產生熱或蒸汽的燃料和相關成本,也就省下來了。

藉著回收並再利用餘熱,CHP 系統的效率可達到 60% 至 80%。當然,這些額外「省」下來的高效率還有許多其他好處,包括減少了氮氧化物、硫氧化物、汞等重金屬、懸浮微粒、及二氧化碳等大氣排放。

早在 1900 年代初期,便已有許多工廠使用 CHP 設施。然而,後來因為個別發電業者,在發電的成本與可靠性上的改進,加上愈來愈多的相關法規相繼推出,導致大多數 CHP 設施,因為要配合能更方便買到的電,而一一放棄。僅有少數產業,像是造紙業與煉油業,仍持續維持其 CHP 運轉,一部分原因是其很高的蒸汽負擔,以及可從中取得的燃料附加產品(by-products fuels)。直到 1970 年代末期,美國產業界因應其公共電力規範政策法(Public Utilities Regulatory Policy Act, PURPA)當中,所包含的促進能源效率技術當中的 CHP,而重拾對 CHP 的興趣。

使用上述分散能源技術,可帶來較高的效率及較低的能源成本,特別是應用在 CHP 的情形。CHP 系統可和熱水、工業加工的熱、空間冷暖氣、冷藏、及改進室內空氣品質與舒適度的溼度控制,一道供電。

2.4 有效率的電能管理

減輕電力負載,可藉由改進終端設備與裝置的使用效率,或藉由將電力負載轉換到替代能源,例如利用源自地熱或太陽的熱,對水和建築內部空間加熱,達到目的。例如,藉著改進對能源設備與系統的依賴,得以使用較少的能源輸入,而仍得到相同輸出。能源效率涵蓋了廣泛的措施和應用,其中有些可以既簡單又不貴,像是在家裡填密縫隙,以減輕寒冬來臨時屋內的熱量損失和改裝抗氣候窗戶等。而有些則會是比較昂貴的,就像是在整個社區加裝 LED 交通號誌燈或負載感知系統等。

另外，透過被動太陽建築設計，利用結構體的窗戶、牆壁、及地板，以收集、儲存，和在寒冬配送太陽的熱，並得以在夏季排出太陽熱。其同時可使用於室內照明的日光達到最大。不同於主動太陽加熱系統的是，其並不使用像是泵、風扇、或電控等機電裝置，以使太陽熱流通。被動太陽的建築設計結合朝南大窗，及能吸收和緩慢釋出太陽熱的建材。其一般都會結合自然通風及懸吊屋簷，以期能在夏季將最強的太陽輻射阻擋掉。

而太陽熱水系統，也可和傳統熱水器結合併用。其有的直接以太陽能熱水，或者是對像是防凍劑之類的液體加熱，再間接透過一熱交換器對水加熱。經太陽加熱的水便可儲存備用。另一傳統熱水器可視實際需要，提供額外的加熱。

在一棟建築物內，歷經一段時間耗能的改變情形，取決於效率、天候、行為、及建築結構等的組合。其僅有一部份可加以區分，並且視各種能源供應情形而定。因此量測與評估能源效率與其歷時變化的任務，也就成了一項挑戰。

能源使用變化可反映能源效率、天候、行為、及建築結構等的改變。任何評估能源效率的方法要能可行，必須先將與能源效率無關的效果分開。這就像是將所有這些影響統統剝開，最後只留下能源效率。例如，可以隨著一年當中的天氣變化，調整一棟建築空調所需耗能；或者，也可用來比較一棟建築，為了適應內部較多人，所調整的耗能。

 ## 3　能源有效使用

3.1　能源盤查

減輕能源成本的首要，在於了解能源是如何用掉的。能源會計（energy accountant）、能源盤查員（energy auditor）或經理（energy manager）的專業，在於將能源成本與其使用情形連貫在一起，並了解能源隨著時間的變化情形，進而找出能夠減輕能源浪費的能源系統及其步驟。

美國取暖冷凍空調工程師協會（American Society of Heating Refrigeration and Air-conditioning Engineers, ASHRAE）針對能源盤查（energy auditing）一詞，定義了三個能源盤查等級。第一級一般稱為「盤查初步」。第二級即一般所謂「投資級盤查」。第三級較不常用到，也沒有其他稱呼。

能源盤查，依照建築物的形體與能源使用特性，以及其所有人的需求與資源的不同，所採步驟需要的努力程度亦有所不同。在經過能源使用的初步評估之後，接下來的能源分析一般可區分為以下三種類別（級）：

第一級　走過評估（walk-through assessment）　此涉及藉著分析能源帳單與對建築做簡單勘查，以評估建築的能源成本與效率。第一級分析得以指出，並提供低成本乃至無成本的一套省錢與成本分析措施。其同時得以列出，能滿足進一步考量的潛在資本改進要點，以及針對潛在成本與節約的初步判斷。該等級的詳盡程度，取決於能源盤查員的經驗或客戶所提供的規格。

第二級　能源勘查與分析（survey and analysis）　此包含對建築物做較為仔細的勘查與能源分析。其提供該建築在能源使用上的類別百分比。第二級分析，明定並提供所有符合建築物所有人的限制與經濟標準之所有實際措施的節約與成本分析，以及針對運轉與維護的任何影響的討論。其同時列出，需要做更周延的數據收集與分析的資本密集的潛在改進重點，以及對於潛在成本與節約的初步判斷。此分析等級適用於大多數的建築物及措施。

第三級　資本密集裝修的詳盡分析　此針對的是在第二級當中所指出的潛在資本密集項目，其涉及更詳盡的現場數據收集和工程分析。其提供足以做成重大投資決定所需，具高度信心的項目成本與節約的詳盡信息。

能源盤查的等級之間，並無明確的界線。其目的在分辨所能期待的信息類型，及分析結果信心程度的指標。換言之，在一個針對某特定建築物的能源分析當中，不同措施可能會用到不同等級的分析。在完整開發一個能源管理項目當中，儘管以第一級建立該項目很有用，所有設施仍都應執行第二級盤查。所有收集的數據都會用來計算，包括所有最終使用類別在內的一個能源使用輪廓。從該能源使用輪廓，得以有可能開發並評估能源保存的機會。

3.2　盤查實例

我們首先就為一位屋主設計的一個單純住家能源盤查，進行討論。

如前述，住家能源盤查是用來評估一個住家消耗多少能源，並評估什麼措施，能讓一個住家較具能源效力的第一步。一個專業能源盤查員，會用到各種不同的技巧與設備，來決定一個結構體的能源效率。完整的盤查通常還會用到像是，用來量測一棟建築封罩（building envelop）漏洩範圍的鼓風門

（blower doors），還有像是可以顯示較難偵測範圍的空氣滲漏與隔熱損失的紅外線照相機等設備。以下分別討論自行動手和專業的能源盤查。

屋主也能自己執行家庭能源盤查。憑著簡單但勤快的「走一回」，一個屋主能在任何類型的房子，內找出許多問題。在盤查一個住家時，屋主應隨時拿著一張列出已檢查過的地方和所找到的問題的清單，這有助於排定能源效率提升的優先次序。

在從事能源盤查的過程當中，一個有系統的作為，方得以產生最佳結果。就以一座擁有持續運轉的蒸汽鍋爐廠為例。一個較為迅速（通常也較為成本有效）的作為是，直接去量每個鍋爐的燃燒效率，然後去改進鍋爐效率。若從末端著手，則須找出該廠當中所有或絕大部分蒸汽最終用在哪裡，其可能顯示出因為排大氣、從故障的部位漏到大氣、未加以隔熱的管路、以及在不用的熱交換器當中流通，所浪費掉的可觀蒸汽量。比起靠著可以容易且很快建立的鍋爐效率改進，消除這些最終使用上的浪費，可以省得更多。這些作為需要很小心，以確保時間能夠很有效的使用。從每個最終使用者一一追蹤，並不一定都是成本有效的。

熟悉運轉及維修程序和相關人員，在進行能源盤查時，是很重要的。如此能源管理人員才能透過適當的部門管道，去建議節能的運轉和維修步驟。能源管理人員應透過持續對人員的觀察，決定出該建議的有效性。

基本負荷耗能，為不受天候影下的耗能量。當一棟建築有電冷氣卻無電熱時，其基本負荷耗能在正常情況下，即為其在冬季的耗能，反之亦然。先將建立在無暖氣月份期間的平均每月耗能，乘上 12 即可求出年度基本負荷耗能估計值。對於許多建築而言，將基本負荷耗能從總年度耗能扣除，即可得到冷／暖氣耗能的精確值。當然，當建築在夏季與冬季耗能不同，例如當整年都開冷氣或當夏季仍開暖氣時，此法便不適用。在很多情況下，基本負荷耗能分析，可藉著電表所可能顯現的小時一負荷數據，加以改進。

3.3 評估能源保存機會

不同的能源保存機會（energy conservation opportunities, ECOs），可以從最終耗能輪廓加以量化評估。以下為在此過程當中需考慮的幾個重點：

- 系統間的互動
- 設施費率結構

- 回收
- 裝設要求
- 該措施的壽命
- 可維護性
- 住戶／使用者的舒適度
- 對於建築運轉與外觀的影響

只有完全瞭解系統間的互動，才能精確算出所節約的能源。而要準確預估不同措施間的互動，就可能需要有年度模擬模型。所計算出的剩餘耗能，應以一個另外計算出的零基礎能源目標，加以驗證。

實際能夠避免掉的能源成本，不一定和所節約的能源成比例，其尚取決於耗能的計價方式。以每單位能源的平均成本，去計算某措施所避免的能源成本，有可能得到不正確的數值。

除此之外，之前所實施的節能措施也應評估，如此(一)得以確保其仍存效力；(二)同時能考慮隨著科技、建築的使用、及／或能源成本的改變，而加以更新。

3.4 安排優先次序

一旦建立了一系列的措施，即可進行評估、排定資源優先次序（prioritize resources）、及付諸實行。在排定優先次序時，資金的成本有效性及資源的供應情形，皆須考慮在內。評估某特定能源保存加改裝措施的需求性，所涉及的因子如下：

- 回收率（simple payback, life-cycle cost）
- 總共節約（能源，成本規避 cost avoidance）
- 初始成本（投資需求）
- 其他效益（安全舒適系統可靠性的改進生產率的改進）
- 責任 Liabilities（維護成本增加，潛在荒廢 potential obsolescence）
- 故障的風險（對預測節約的信心、能源成本增加率、維修的複雜度、採相同措施在其他方面的成就）

為降低故障的風險，應該取得在類似情況下的措施表現情形的相關文件，並加以評估。常見的一個問題是，個別最終使用者的耗能往往被高估，以致預測的節約，也就無以達成。當對耗能存有疑慮時，便應做出暫時性措

施，並加以評估。還有，有些建築或設施的所有人會因為有過能源相關計畫的不好經驗，所以並不情願配合落實措施。所以，應該要先仔細分析過去失敗的肇因，以將其重演的可能性降至最低。

　　能源經理，一定要隨時準備將其計劃，向管理高層去推銷。而要讓人家接受能源保存措施，一般還都需要證明，在財務上能站得住腳。每單位的經費都很有限，都必須用在刀口上。能源經理也就等於要在同樣經費上，與其他單位競爭。一套成功的計畫，必須要以一種易懂的樣子呈現在決策者面前。最後，能源經理還必須呈現出，與財務無關的效益，像是產品品質得以提升，或其他開銷有可能推遲等等。

　　一經管理部門認可，便可由能源經理主導，完成能源保存加改裝措施。若有用到電力公司的退費，在進行相關工作之前，還須取得其他必要的認可。針對加改裝，有些特定措施，還需要建築師或工程師備妥計畫與規格。要求的整套服務通常包括藍圖、規格、獲取競標的協助、標件評估、選擇最佳標、建構觀察、最終檢查、以及對於能安善應用更新設施的人員的訓練協助等。

4　綠建築的能源效率

　　這節看起來可能與能源效率關聯不大。「綠（色）建築」一詞，其實只是用來表示，針對包括能源效率在內的環境關懷做出反應，的一棟建築措施，如圖 4-3 所示。

　　十幾年前，許多已開發國家鼓吹能源保存的人，開始高度重視一棟新住屋的建築封罩。自那時起，我們在改進建築封罩上面邁出了大步，而後來則較為專注於通風、照明、及用具上。我們所謂建築封罩一詞，指的是包括牆壁、屋頂、門、窗、地板、及基座在內的整個建築外殼。

　　一般而言，住家或小型商用建築的空調負荷（維持舒適所需要的冷卻或加熱量），幾乎全取決於其外殼。換言之，透過外殼所喪失或得到的熱，對於其加熱與冷卻系統的尺寸與耗能的影響最大。但大型商用建築，則一般較為取決於其內部吸收的熱，而非其外罩的影響。這主要是因為，當中有很多的人和設備，所產生大得多的熱負荷。

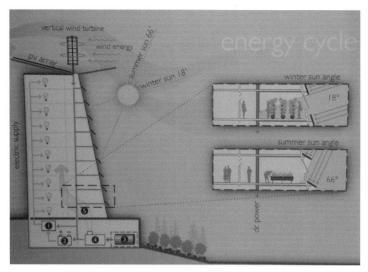

圖 4-3　積極將能源效率與環境關懷納入考量的建築設計

　　門窗可以是冬天失熱，夏天獲熱的主要來源。牆壁的熱阻值，通常比窗戶的要高上好幾倍。熱阻值較低，等於是平均輻射溫度較低，此在戶外溫度很低的情形下，會很不舒服。在裝修或新建時選擇正確的窗戶應該是首要考量。

　　由於一間房子建築封罩的能源特性，一旦建立就是一輩子，新建築的設計實在重要。能源規範，一方面可淘汰很沒效率的建築，而綠建築可透過類似美國綠建築協會的 LEED 標準與認證系統，對能讓能源效率比規範高出許多的建築，提供獎勵。

　　圖 4-4 所示，為綠建築在各方面，財務上的獲利。針對建築對於環境和人的健康與生產力所造成影響的研究，愈來愈多。以下段落是從錢的好處對綠建築的一段評估。當然各位都知道健康與生產力的好處要比能源的高。而事實上其在 O&M 上的節約利益，比起能源還要來得重大。

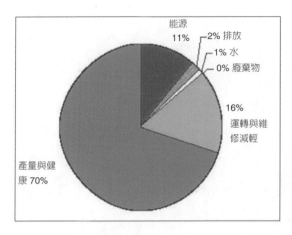

圖 4-4　綠建築在各方面財務獲利。

資料來源：LEED Certified and Silver buildings。

永續小方塊 1

大學校舍和國際機場

　　新加坡南洋理工大學（圖 4-5）校園中的兩棟主建築獲得國際環保建築設計大獎；以精密的角度設計，讓建築物可充分採光卻又不致曬熱。

　　西雅圖國際機場 SeaTac 入境大廳（圖 4-6 左上）盡可能挑高，並對天空和太陽充分聯通，以擷取最多的自然能源。此外，大廳中平行出現電扶梯和寬敞清爽的樓梯（圖 4-6 左下），供旅人自由選擇省力或藉機動一動手腳。上海浦東機場也大量採光（圖 4-6 右上），讓整個出境大廳在白天不需點燈；上海東華大學的國際會議廳（圖 4-6 右下）也有相同做法和效果。

圖 4-5　獲得國際環保建築設計大獎的南洋理工大學校舍

圖 4-6　西雅圖國際機場 SeaTac 入境大廳（左上），平行出現電扶梯和寬敞清爽的樓梯（左下）。上海
　　　　浦東機場（右上），及上海東華大學（右下）。

5　明智能源政策

　　能源效率為使用較少的能源，以產生相同照明、加熱、輸送、及其它能源服務的能力。對於一個家庭或生意而言，保存能源即等於減輕能源開銷。而對於一個國家整體而言，提升能源效率，可以讓國內的能源得以充分利用、減少能源短缺的可能、降低對進口能源的依賴、舒緩高能源價格的衝擊、並且得以減輕污染。當能源價格持續攀升，改進能源效率，尤其得以有效降低對能源的需求。

　　保存與能源效率，是健全的能源政策的要素。改進能源效率為許多決定的結果。這些決定包括個別消費者的，車輛與其他用品製造廠的、營建業者的、以及從地方到中央各級政府官員的。圖 4-7 所示為政策上針對建築能源使用，訂定成效目標並透過規範的落實，促使能源成本的關係。

　　政府可透過宣導與提供，能源使用相關的即時且準確的消費者購買資訊，制定較為能源有效產品的標準，以及鼓勵業者開發具較高效率的產品等

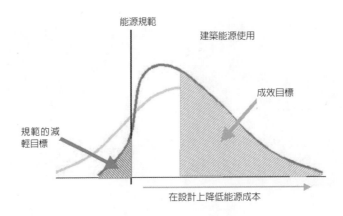

図4-7　針對建築能源使用訂定成效目標，促使能源成本降低

措施，以達到促進能源效率與保存的目的。中央政府也可借著像是美國環保署的能源之星專案（Program of Energy Star），以及透過研究發展，以尋求能提升效率與保存的較新科技，以達到促進能源效率與保存的目的。

　　自 1973 年以來，美國的經濟成長大約是能源成長的五倍（從百分之 26 到百分之 126）。假使美國持續以 1970 年當時的能源密度使用能源，其在 2005 一年當中所消耗的能源可達 177 千兆（quadrillion, 10^{15}）Btu，而其實際所消耗僅 99 千兆（quadrillion, 10^{15}）Btu。

5.1　透過更新科技以改進效率

　　衡量能源效率的方法之一為能源密度（energy intensity）─用來生產一塊錢總生產毛額（GDP）所消耗的能源。以美國為例，由於其長期以來大約一半的能源密度下降，可歸因於經濟上的改變，特別是從製造轉型成服務，其下降的另外一半，應可反映出能源效率上的改進。

　　從圖 4-8 可看出，美國自 1970 年代初期以來，全國能源消耗量（千Btus）持續下滑。其所獲致的能源成效，可歸因於科技上的進步，較佳的管理實務，以及在將這些科技與實務發揮在對汽車、住家、辦公室、工廠、及農場所做出的最佳利用。其成效在很多方面都相當可觀。新住家所用電冰箱耗電，大約是 1972 年的三分之一。省電燈耗電，大約僅為所換下來鎢絲燈泡的百分之 25。汽車每行使一英里所耗汽油，大約為 1972 年的百分之 60。這些個別在科技上的改進，在在導致耗能的大幅降低。

　　有許多新的革新科技，擴大提供了增進能源效率的機會。比如說，先進

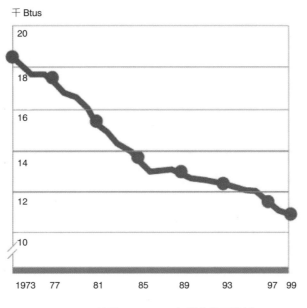

千 Btus

圖 4-8　美國 1973-1999 年間的能源消耗

的感測器與控制器，得以讓建築與工廠得以有效運轉，同時也讓設備和燈具在不用時，能自動關掉或關小。油電混合車利用動力電子裝置與電池蓄電，提升了所耗汽油的效能，並使行駛里程加倍。熱電共生，將熱與動力相結合，以將發電所產生，大約占去發電所需能源三分之二的廢熱，盡量利用在生產上。

永續小方塊 2

熱水省能

　　水加熱應該是你家中第三大的耗能開銷。熱水用來洗澡、洗衣、洗碗、和一般清潔工作。減少熱水開銷有四個辦法—少用熱水、將熱水器控溫裝置調低一些、將你的熱水器和管子做好隔熱、以及買個新的且效率較高的熱水器。

　　當然，省下熱水成本的最簡單方法之一，便是減少熱水用量。大多數的情形，這只需稍微改變生活型態，而幾乎不需增加任何投資，即可做到。一個四口之家，每人每天淋浴五分鐘，一週即可用水二千五百公升。你可借著使用低流量、非曝氣式的蓮蓬頭，即可輕鬆省下一半用水量。其

他省水方法還包括，像是選擇淋浴而不泡澡、縮短淋浴時間、修好漏水龍頭與管路、以及將洗衣機清洗水溫設在最低點溫。另外，大多數熱水器溫度，都被調得比實際需要高上許多。稍微降低你家熱水器的設定，溫度即可省下可觀能源。

5.2　消費者的選擇—美國實例

　　消費者決定採購能源有效產品的兩項重要因素為其價格與壽命。當能源價格偏高時，消費者會傾向看中產品的能源效率。除非有人特別告訴消費者能源價格，其大概也就沒有誘因，去選擇具最佳能源效率的產品。一般消費者並無法收到，能讓他們調整耗能與效率的即時信號。當消費者的尖峰價格讓離峰價格平均掉了以後，較高的尖峰供電價格，也就被掩蓋而難以顯現。其結果，消費者可能也就無法察覺到，其於對科技所做出的尖峰消耗的最佳投資。

　　有些在能源效率上的改進，用在最初建造新的工廠、汽車、設備、用品、及建築時，是最為成本有效的。最明顯的例子便是，電腦等耗能設備，才用了沒幾年，就被替換掉了。有的像是家庭用品、家電、及照明系統，可能要用上五年到二十年。有些資產，像是建築物和鍋爐，則可能用上半個世紀或者更久。

　　一般汽車平均可用上十四年，而較新的，壽命更長。車輛效率的改進，需要在科技上作大幅改變。新車生產模式的開發，至少要三到四年，因而限制了新科技得以打入市場的比率。要做像是換成使用燃料電池等較徹底的改變，就需要更久了。這些新款車子，一旦出現在展示間，通常還需再等上許多年，才能在所有車當中占上一定的比率。在一般家庭當中，家電用品大約占其能源開銷的百分之 20。電冰箱、冷凍庫、洗衣機、乾衣機、及爐灶，是大多數家庭的最主要耗能用品。當然，在使用這些用品時逐步省能，並將老舊的低效用品換新，也可為家庭省錢。美國政府在 1970 年代便建立了一個專案，強制要求在某些新用品上，貼上能幫助消費者比較不同廠牌產品能源效率的標籤。

　　該專案要求所有電冰箱、冷凍庫、洗衣機、乾衣機、洗碗機及爐灶，在販售時貼上標明其能源效率的黃色能源指南標籤。在這些標籤上，其估算

出該用品的每年最高與最低運轉成本。藉由比較某種款式的和具有最高效率
款式的年度運轉成本，消費者得以比較其效率。此依標示項目讓消費者在選
購其主要家庭用品時得以有充足的資訊，以作出正確的選擇。然而如今在美
國，有些產品像是廚房爐灶、微波爐、幹衣機、開飲機、手提電暖器、及燈
具，則並不一定要有能源指南標籤照。

美國政府，不僅確實讓消費者對主要家庭用品的能源效率具備資訊來
源，其同時也透過一個由能源部和環保署共同建立的「能源之星」項目，推
廣絕大多數能源有效的產品。能源之星只頒發給大幅超越最低能源效率標準
的用品，該專案並不擴及所有產品。如果將能源之星項目擴及範圍較廣的產
品，其勢必進一部提升能源效率。

建立最低能源效率標準，也可促進能源效率。美國於 1987 年和 1988
年，針對許多主要用品建立了最低能源效率標準。這些標準並非用在消費者
身上，而是針對製造廠的。用品製造廠所生產的產品，必須符合最基本的能
源效率。該規定並未對在此標準生效之前所製造的產品的行銷造成影響，而
仍得以販售。該新標準可刺激有利於消費者的能源節約，並降低化石燃料消
耗，進而降低空氣污染。

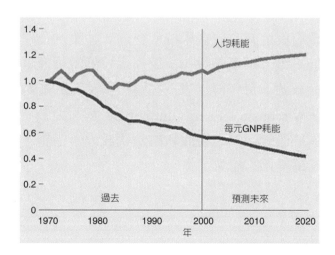

圖 4-9　1970-2020 之間每人平均與每單位 GDP 能源使用的過去與未來（Index, 1970＝1）：

資料來源：Energy Information Administration Annual Energy Review 2000。DOE/EIA-0384（2000）。

該法令所建立的最低能源效率標準，所針對的用品包括電冰箱、冷凍庫、空調機、日光燈平衡器及鎢絲與日光水銀燈泡、乾衣機、洗衣機、洗碗機、廚房爐灶、泳池熱水器、及家庭熱水器。1992 年的能源政策法另外增加了針對鎢絲與日光水銀燈泡、水電產品、電動馬達、以及商用熱水器及暖氣、通風、及空調系統的標準。根據目前的法令，如果符合，像是成本技術可行性及對用品的不同廠家間的競爭所造成的衝擊等條件時，美國能源部得以針對這些用品提升最低能源效率標準。此外，能源部亦得以針對尚未涵蓋在本法令內的用品，設定其能源效率標準。

5.3 政府機關的能源效率

作為全國最大的能源消費者，美國政府的成本與能源節約的機會是相當龐大的。在 1999 一年當中，美國政府在其車輛、營運、以及將近的五十萬棟建築物上，消耗了全美百分之 1.1 的能源，花掉了將近八十億美元。

美國聯邦政府主要藉著裝設能源有效技術，使其建築的能源消耗，比 1990 年時的水準降低了將近百分之三十。其同時使車輛與設備方面的能源使用，降低了百分之三十五。這些改進，一部分應歸功於能源部的「聯邦能源管理專案」。其協助降低了政府機關的能源與水的使用量，控管了電費，並促進了再生能源。

在美國，州政府與地方政府在學校、交通、建築、及建築法規等方面，亦有其獨特的節能良機。舉例來說，「德州學校能源管理專案」藉著幫校方評估其能源需求與來源，每年得以省下高達一億美元的能源成本。同樣的威斯康辛能源創舉（Wisconsin's Energy Initiative）與電力公司合作，對共公共建築做了一些基本的改變。藉由裝設新的照明設備等措施，威斯康辛州估計其一年可省下六千萬美元的能源花費。

永續小方塊 3

海水空調

　　降低全球二氧化碳排放，最為有效的措施之一，便是在可能的場合與時間，盡可能以深層海水作為空調及工業冷卻，取代原有的冷凍系統。海水空調（sea water air conditioning, SWAC）所利用的正是充裕的深層海水，而非相當耗能的冷凍系統，以冷卻建築空調系統當中所需要的冰水。

　　輔助冰水機（auxiliary chiller）

　　有些情況，提供溫度夠低的海水，來維持在冰水迴路當中所需最低溫度，往往不是成本太高，就是不切實際。有時離開岸邊，達到夠冷的海水的距離會太長，或是根本搆不到足夠深度。因此，有時藉輔助冰水機（如圖 4-10 左側）彌補海水冷度的不足，較符合經濟要求。該冰淡水先是在熱交換器當中以海水冷卻，接著再進一步以輔助冰水機冷卻。該輔助冰水機基本上是一冷凍系統，其冷凝器藉回流的冷海水冷卻。在冷凝器維持一定冷度的情形下，該輔助冰水機得以以極高的效率（幾乎是傳統冰水機的兩倍）運轉。

　　冷儲存（cold storage）

　　雖然一套 SWAC 系統的投資成本相當高，但整個運轉成本卻較低。該系統的尖峰容量，必須符合其供應對象的尖峰需求。而由於此需求，無

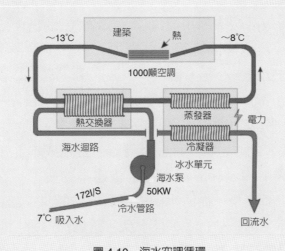

圖 4-10　海水空調循環

論在整年當中或一整天當中，都不會是恆定的，因此整個系統也就往往不會用到其最大容量。如此一來，投資在該系統的錢，也就往往無法發揮其最大潛能。讓投資成本最小化的方法之一，在於利用冷水儲存系統。該海水空調系統可以在需求低時，在 100% 的時間當中都維持運轉，過剩的容量，可導引到一冷淡水儲存系統當中。而當空調需求到了尖峰，便可讓冷水從儲存槽中流出，來滿足需求。

永續小方塊 4

以深層海、湖水做為空調的都市和校園

　　加拿大多倫多、瑞典斯德哥爾摩、美國火奴魯及康乃爾大學，皆有採用深層冷水，作為其大型建築冷氣的實例，而得以節能減碳並且減輕發電廠所造成的污染。

　　多倫多自 2004 年起，由 Enwave District Energy Ltd. 公司啟用其冷卻系統。其自 83 米深的安大略湖抽取 4℃ 冷水，至比鄰多倫多市水岸不遠的多倫多島。深層冷水經過過濾和加氯處理後，再送入該市一座廠場。該廠場配備的熱交換器，將得自水中的冷度傳遞至在封閉配送迴路當中流通的冷卻水。在此迴路當中，包括各建築與各辦公室空調系統所用的，小型熱交換器與相關小型水管迴路。此系統可滿足該市 40% 冷氣所需。

　　多倫多和台灣大多數都市相似，夏天既熱且濕，空調電力需求極大，深層冷湖水得以有效舒緩尖峰用電負擔。此冷水空調系統主要用於，辦公大樓、遊憩設施、及水岸設施等公共場所。最近多倫多市政府的一些建築，包括安大略省立法中心等，皆逐步改裝採用「湖水冷氣」。

　　康乃爾大學的冷水，取自鄰近的 Cayuga 湖。水自湖中泵送上岸，供應康大校園和另一學校。而自建築當中排出的溫水，則流回到冷水入口，驅動冷水流入校園。此一系統不僅設計優雅，且在成本上亦相當有效。

　　斯德哥爾摩採用的是深層海水，來讓建築物變涼。在斯德哥爾摩中心，其冷卻場以四部熱泵，從海水擷取所需要的能量。該廠有兩個海水進口，一個接近水面，另一位於 20 米水深。透過深層進口吸入的冷海水，進入熱泵之後通過熱交換器，將市中心建築冷卻後的排水冷卻下來。該熱

交換器以鈦合金做成，得以防止海水腐蝕。同時，從表層吸入的水送到熱泵，可將產生的熱能送至取暖網絡。

火奴魯也一直對以海水取涼，進行研究。其中的一個系統，是從離岸深處吸取冷海水送至熱交換器，以冷卻旅館和其他大型建築。另一系統，為一溫差發電系統（OTEC）。其以經過太陽加熱的水當中所儲存的能量，驅使阿摩尼亞蒸發，以驅動渦輪激發電。

夏威夷官方的天然能源實驗室（Natural Energy Laboratory）於 1986 年，在夏威夷的 Keahole Point 成功的以海水空調，用在其主實驗大樓。其原本即裝設有深層海水管路，用以提供冷而營養豐富的海水，作為替代能源及養殖等研究用途。既然原基礎設施當中，已備妥了冷水供應系統，其決定用來作為冷卻。如今，其海水空調已擴展到，新建行政大樓及第二個實驗室當中。

5.4　住家與商用建築的障礙

透過科技與較佳實務，很有機會改進住家與建築的能源效率。就既有的住家而言，立即可做的包括用填密材料和防風板，以減少冬天時透風，安裝進步的控溫裝置，讓通風管密合，及加裝隔熱材料等。這些做法，可以減輕百分之四十住家用在取暖和空調方面的開銷。若另外加上購買高效用品，或對房子進行大幅改裝，則還會有進一步省錢的空間。安裝一套較具效率的新型瓦斯爐，一年可省下百分之二十的瓦斯費用。新的建築是高能源效率的最佳良機，可以設計得既較為舒適又較有效率，可在取暖和空調的開銷上省下將近百分之五十。

一般在商業建築裏提升能源效率，最快最成本有效的方法，就是檢討其照明系統。感測器有助於避免，讓只需要在一天當中一部分時間作動的燈光與設備，24 小時開著。家裏也是一樣，窗戶、取暖與空調系統、建築的整體設計、及設備與用品，再在具備了大幅省能良機。

儘管如此，許多家庭和商家，都可能須面對瞭解減輕能源成本的一些障礙。

5.4.1　資訊不足

每月的能源帳單，一般都只能看出總共所用的電或瓦斯。這讓家庭與

商家不能瞭解，究竟他們的能源最主要是用到哪去了，以及該投資在什麼地方，才得以減輕他們的支出。此外，消費者也可能無從瞭解，那些個廠商、推銷員、及設計師，所宣稱的能源節約方面的信用到底如何。這些不完整的資訊，妨礙了家庭與商家去採購能實際讓他們省錢的能源有效技術，而造成市場上的一些缺憾。

永續小方塊 5

延長日光燈管壽命

日光燈如果不時常開開關關，而是一直亮著，壽命就會比較長。製造廠是以日光燈的開關次數，來計算燈管的壽命：例如，一支 40 瓦的日光燈每次打開使用三小時，總壽命可長達 12,000 小時。可是實際上，大多數日光燈管的使用壽命卻只有 7,500 小時，通常可用 3-5 年。

這些燈管的設計多半是適合在溫度 10℃。若溫度太低，日光燈的壽命就會大大減少。如果要把這類照明燈用於室外或寒冷的房間中，就應將燈盡可能裝在玻璃罩內，阻隔寒冷。大多數日光燈管都附有起動器（starter），但快速起動式燈管則不需要。日光燈當中還裝有鎮流器（或稱安定器、平衡器，ballast），主要是導線繞成的線圈，會消耗一些電力。市售電子式鎮流器，較不耗電，重量也輕，能在瞬間啟動燈管，並不致有燈光閃爍。

電子鎮流器的基本原理，是先將交流（50 Hz 或 60 Hz）電源，整流為直流電，然後經由交換式震盪回路產生 20 KHz～60 KHz 之高頻交流電，再透過點燈回路造成限流作用，同時預熱燈管，在瞬間點亮燈管。

電子式鎮流器需配合使用專用的高頻燈管，此類型燈管當中的氣體及燈絲的設計與一般日光燈不同。其可承受高頻及高壓的衝擊，燈管兩端不易變黑，壽命亦得以延長燈。

永續小方塊 6

換日光燈管和起動器

首先確定新的和原來的零件屬於同一類型，數值也相同。安裝日光燈管，先將一端燈腳與同一端插孔對齊，再將燈管另一端同樣推入插孔並旋轉四分之一周固定。若是安裝起動器，將它推入插座中，再扭轉半圈固定。取出時，只要壓下它，再順反時針方向扭轉取下。

5.4.2　供應不足

通常最為能源有效的產品，都最貴且都無法廣泛供應，特別是在較小的社區。願意蓋能源有效的家屋與商用建築的營建業者，也同樣在販售上遇到同樣問題。比如說，為了降低成本，營建商大多比較不願安裝一些最新的高效產品。那些比較不貴且也比較低效的產品，都是存貨很多，且需大量訂購才有較高的折扣。對於住屋與商用建築是否要蓋得能源有效，往往並非由最後要支付能源帳單的消費者做決定。對於建商的選擇具有誘因的是成本最低的建材，而這通常也就不是最為能源有效的選擇了。

5.4.3　自動化不足

許多人都是讓電燈點著、空調開著，走出他們的辦公室或住家的。隨手將用品、電器、和電燈關掉，通常並不容易做到。不自動（例如沒有燈光感測器），等於是寄望人家關掉開關來節約能源。有些家電用品，像是音響、錄放映機、及電視機即使關掉了，還是會繼續耗電。

5.4.4　初始成本較高

高效產品，尤其是剛上市的，往往比低效的要來得貴。除非能證明終究確實能省錢，否則消費者可能都不願支付額外的成本。採用能明顯看出能源節約標章項目的商家，可能可以成功的銷售雖然一開始比較貴但較為能源有效的產品。對於一棟新的家居或辦公建築的買主而言，要接受較高的初始成本，恐怕就特別難了。

5.4.5　工業與農業

有六種工業，可以消耗掉整個工業能源的四分之三，即木材與造紙、化學、煉油、主要金屬、食品加工、以及石材陶瓷與玻璃。這些能源密集工

業，在能源效率上獲改進後，甚至也在整體生產力、產品品質、安全性、及污染防制上，也能獲得大幅改進。製造業者，一般都可在其馬達（馬達占了製造用電的百分之 54）及蒸汽與熱水效率提升之後，獲致最大的成本節約。很多公司可在進行汽電或熱電共生之後，進一步降低其能源需求。

美國農業的耗能在 1960 與 1970 年代之間持續攀升，到 1978 年達到巔峰。1970 年代與 1980 年代初期的高能源價格，讓許多農民採取各種方式，以降低能源成本。例如從汽油引擎改用耗燃效率較高的柴油引擎，採用水土保持耕耘作業方式，改用更大的多用途作業機械，以及使用省能方式以乾燥和灌溉作物。這些作法，讓美國農民在 1978 年至 1988 年之間省下百分之 41 的耗能，同時，卻讓農業產量成長了大約百分之 40。

如果農民將舊機器換成較為能源有效的設備，還可進一步獲得能源節約。尤有甚者，農民採用像是能讓其機械、農藥、肥料做最佳使用的更先進的作業方式，更可進一步省能。新的作物品種，也能減少能源密集農藥的使用。

儘管農工業界有提升能源效率的良機，其仍面對許多障礙。由於許多製造與農業作業都很特別，其都需要有關省能機會的特定資訊，以有效對能源價格信號與供應問題做出應變。

1970 年代與 1980 年代初期的高能源價格，讓許多農民採取許多方式，以降低能源成本。為了能讓製造或農業改用較為能源有效產品與作業，由於生產延遲、浪費與濫用、及勞動成本等，皆導致成本大幅增加。其結果，製造業者與農民皆傾向在升級時，使用既有的可靠設備，而非未經測試的新產品與新措施。

由於同時對熱與電都有很大的需求，業界發現將熱與動力結合（CHP）的系統特別吸引人。然而，將舊型低效的鍋爐替換為高效 CHP 系統，可能尚需增加一些像是空氣許可的新規範要求，但卻又無法對動力廠提供相同減稅誘因。

6 結論

似乎每年都會有某些種類的能源危機：天然氣價格、石油價格、電力供應操控、以及不當的電力傳輸網絡等各種問題，愈來愈多。這些危機有的是隨著國際政治情勢產生，有些則隨著地方或國際能源迫切需求而顯現。而如

今全球氣候變遷，才眞的對維持偏低的能源價格形成威脅。正當社會普遍對日形升高的能源價格新聞發出哀嘆之際，不少能源效率與保存業者的事業，反倒蒸蒸日上。

有關如何將能源效率與再生能源整合，成爲新的理想建築的一個實例，便是「零能源房屋」觀念。也有人稱此觀念爲「淨零能源之家」。建屋者將最有效率的建築技術與最有效率的設備結合，所蓋成的房子，其產生的能源與消耗的幾近一致。這種房屋在裝上太陽能電力系統後，就有可能成眞。實際上，一棟眞正的淨零能源房屋，在今天還只能當作是個目標，尚未能實現。但只要太陽能電池系統的成本持續降低，同時，傳統能源成本繼續攀升，終有一天，保存並產生自己的能源，也得以符合成本有效。

能源效率與保存領域得以提供事業機會，而過渡到永續能源未來的一項重大效益，便在於相關關鍵政策，得以刺激就業成長並活絡經濟。政府提供誘因，可確保所增加出來的相關新工作當中，絕大部份能提供給目前，例如，傳統燃煤電廠部門當中，經過再訓練而得以進入新的永續能源產業的人員。

簡言之，停止新建傳統電廠，並開始透過能源使用效率、再生能源、及天然氣，以達成永續能源目標，並不存在技術上或經濟上的障礙。眞正的障礙乃在於制度上、結構上、及政治上的。

習題

1. CHP 是將哪三項東西整合在一起的能源系統？
2. 列出五種能量儲存技術？
3. 藉由降低尖峰時段的需求及提供更有彈性的能源選擇，能量儲存具有哪些功能？
4. 電能儲存在全世界普遍愈來愈受重視，主要的理由有哪些？
5. 分散能源（DE）技術，在一個國家的能源組合當中愈來愈重要？主要在於我們可利用它來滿足哪些需求？
6. 當今用得最普遍的兩種分散電力應用方式是什麼？
7. 在你住處，找出三個如何能讓你更有效率使用能源的例子。試著找出能讓你盡可能減少耗能的作法。想想能源效率的定義。
8. 在你住處或生活型態當中，找出三個具潛力的能源保存卻非能源效率實例

的行動。

9. 能源效率加改裝的成本有效性取決於許多因素。其中哪三個因素是你認為最重要的？試解釋你的理由。

10. 計算你所居住的房屋牆壁和屋頂的熱阻值。詳述其材料與厚度。包括內側與外側的空氣膜。呈現你的計算過程並提出篇幅不超過一頁的解答。

11. 在你的住處當中，找出至少六個可能的 VOC 來源。明確記載這些可能來源的項目或材質及其製造廠。答案篇幅不大於半張紙。

12. 打電話給至少六個建商。問他們是否採用哪些較先進的節能建築技術來蓋房子。如沒有，問他們為什麼。將答案寫在篇幅不大於一張紙上。

再生能源

本書作者與工作夥伴正將運轉了兩年的風機傾倒，接著進行檢測與保養

　　當前全世界嚴重仰賴的煤、石油、及天燃氣，供應了全世界四分之三的能源。這些化石燃料皆非可再生（non-renewable）；也就是說，它們都是從有限的來源當中所擷取得，終究要耗盡。而且在此之前都會變得太貴而難以負擔，或者對環境造成太大的損害，以致環境的復原需付出過於高昂的代價。相反的，像是風和太陽等再生能源（renewable energy），卻能夠不需要持續補充，而不至耗盡。

　　不難想見，再生能源的主要來源是太陽。太陽的能量無論是直接的太陽輻射型態，或者是間接的，像是生物能、水或風等形態，其實也都是最早人類社會所賴以為繼的能源基礎。當年我們的祖先燧人氏第一次生火，便是擷取自太陽所驅動的植物的光合作用，過程當中的能量從水和大氣當中的二氧化碳所創造出來的。後來的社會又接著開發出，從太陽對海洋和大氣加熱，所造成移動的水和風當中擷取能量的方法，用來碾穀、灌溉莊稼、和推動船舶。接著，隨著文明更加進步和複雜，優秀的建築師也著手藉由加強對自然熱與光的利用，充分利用太陽的能量去設計建築物，而得以減輕人工取暖和照明能量的需求。

　　許多類型的再生能源特性，間接取決於提供能源的自然循環。因此雖然再生能源所能提供的能量取決於其技術，但也自然取決於大自然的狀況。如此再生電力輸出波動，乃對於電網管理構成挑戰。而長久以來，抽蓄水力發電也就因此用來彌平短、中期電力供需的波動。

有關再生能源間歇議題的討論，最顯著的例子當屬風力發電的。而其他同樣存在著在不同時段與位置，有類似自然循環特性的再生能源，還包括水力、地熱、生物質量、太陽光電、及波浪與潮汐能源。自然循環變化，有的僅存在於短時間（幾天內或一天當中），有的則屬長期間（季節性變化）。因此，再生能源的時間尺規，介於分鐘（太陽、風）到小時（太陽、風、波浪／潮汐），天（太陽、風、波浪／潮汐、水力），季（太陽、風、波浪／潮汐、水力與生物質量），年（太陽、風、水力、生物質量與地熱），乃至世代（地熱與生物質量）。

 進況與潛力

1.1 發展近況

再生能源在 1970 年與 1990 年之間，平均每年成長 2.8%，其所占總發電能源的百分比亦持續上升。但在 1990 年代，再生能源所占總發電能源比例下滑，成長率亦下降到平均每年 1.2%。再生能源於 1970 年代與 1980 年代的強勁表現，主要可歸因於化石燃料價格上漲，以及政策上普遍對水力、地熱、及傳統類型生物質量的支持。

過去二十年，一些在台灣能源政策當中一直不被看好的風能與太陽能等再生能源，逐漸嶄露頭角，有些國家甚至早已將節能與能源效率以及再生能源列為主流。2004 年，世界再生能源投資達 300 億美元（不含大水力），占全部發電容量的 4%（圖 5-1）。本章初步介紹各種再生能源，以及其未來滿足生活與工業生產需求的可能性。

再生能源指標再生能源發電類型到 2004 年底發電容量 160 GW，其分配如下：

- 小水力 61 GW
- 太陽 PV，離網 2.2 GW
- 風機 48 GW
- 太陽 PV，聯網 1.8 GW
- 生物質量 39 GW
- 太陽熱能 0.4 GW
- 地熱 8.9 GW
- 海洋潮汐 0.3 GW

用於熱水／暖氣的則是：

- 生物質量加熱 220 GWth
- 地熱熱泵 15 GWth
- 太陽能熱水／暖氣 77 GWth
- 家用太陽能熱水 4 千萬
- 地熱直接加熱 13 GWth
- 建築物地熱熱泵 2 百萬

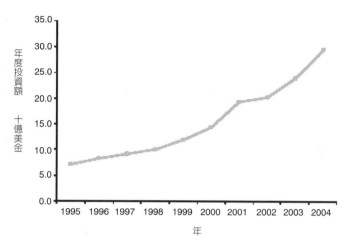

圖 5-1　全球再生能源投資趨勢

至於用於交通燃料則是：

・乙醇產量 3100 億公升／年　　・生質柴油產量 22 億公升／年

1.2　未來潛力

　　雖然目前再生能源僅供應佔所使用的初級能源約 14%（大部分為生物質
量），但未來的開發潛力還是很大的。如表 5-1 所示，再生能源的技術潛力
超過目前全球所使用的初級能源的 18 倍，而且高出原本預測 2100 年能源使
用量的好幾倍。

表 5-1　再生能源基礎的潛力（每年 Exajoules）

能源類型	2001 年使用	技術潛力	理論潛力
水力發電	9	50	147
生物質量能源	50	>276	2,900
風能	0.12	640	6,000
太陽能	0.1	>1,575	3,900,000
地熱能	0.6	5,000	140,000,000
海洋能	未估計出	未估計出	7,400
總計	60	>7,600	>144,000,000

註：

1. 目前能源使用以初級能源當量計算

2. 相較之下，2001 年當中全球初級能源使用為 402 EJ

3. 資料來源：World Energy Assessment 2001

② 風能

　　太陽對低緯度的熱帶地區較爲直射，對高緯度較斜射，因而對熱帶地區的加熱，也就多於對極地的。如此一來導致大量熱由洋流和大氣帶著流向極地。此氣流當中的能量可藉由像是風機（wind turbines）加以擷取。風力在最近一、二十年才大規模發展，但卻也是當今發展最快的一種再生能源發電方式。

　　風在通過裝在一根迴轉軸上，設計成像飛機推進螺旋槳的葉片時，其中的風能可轉換成電。隨著風不斷吹動葉片，發電機軸也跟著轉動而發出電來。風力發電取決於三項因素，即葉片的長度和設計、空氣的密度、及風速。葉片的形狀和位置應設計成可以充分利用不同的風速。因此，在不同風速的範圍當中，各風機所能產生的電力，也就各不相同。風力則與葉片的長度成正比。而由於冷空氣密度較高，其也較能夠吹動葉片。由於風機的出力和風速的立方成正比，風速實爲風機能否成功有效運轉的關鍵。一般而言，風機位置愈高所能擷取的風能也就愈多。

　　人類利用風能碾穀、打水、及應用在其他機械的動力上，已有數千年的歷史。迄今全世界各地加起來有幾十萬部風車同時在運轉，其中大多數都用在泵送水。

　　自十九世紀末期一開始，人類便嘗試以風來發電，而且在許多方面也都相當成功。到了 1930 年代，已開始生產用來爲蓄電池充電的小型風機。然而也一直等到 1980 年代，這項技術才成熟到足以轉型成，透過大規模產業來生產大型風力發電機。如今，風能在各種發電方式當中，已堪稱最爲成本有效的一種。其技術仍持續改進，以追求不僅更爲廉價且更爲可靠的目標。

　　全世界風力發電機的總容量，在 2006 年底爲 74,223 百萬瓦（MW），自 2000 年起，幾乎成長了四倍。如今歐洲有些國家的風力發電，已頗具份量。例如丹麥全國耗電當中，風電幾乎占 20%，西班牙占 9%，德國占 7%。

　　德國目前約擁有 16,000 座風機，包括世界最大的三座分別由 Enercon（6 MW），Multibrid（5 MW）and Repower（5 MW）所建造，大多數都位於德國北方。德國的 Schleswig-Holstein 省所需電力的 35%，都來自風機。中國大陸在 2005 年 8 月宣布將在河北建立一個 1000 百萬瓦的風場，預計在 2020 前完成。其在 2005 年底，將 2020 年的風能目標由原來的 20 GW 提高到 30 GW。

2.1 風能相關環境議題

　　風能對於環境兼具正負面影響。最主要的好處是使用此技術不會帶來空氣污染。例如燃煤電廠便會排放二氧化硫（SO_2）、氮氧化物（NO_x）、二氧化碳（CO_2）、微粒、及重金屬等污染物到大氣當中。即便燃燒天然氣的火力電廠，也不免要排放 NO_x 和 CO_2。火力電廠的這些大氣排放物，會造成可進一步危及湖泊、溪流、及森林的酸雨。火力發電廠的排放物還可同時形成可影響人體健康的臭氧。至於所排放的 CO_2 則與地球暖化、氣候異常有直接關聯。

　　撞死鳥和蝙蝠的風險是風能最主要的環保顧慮之一。過去歐美一些國家都有鷹、小鳥、和蝙蝠撞上風機葉片和塔架的紀錄。這個議題也因此愈來愈受爭議。然而隨著愈來愈多相關研究結果的出爐，風機對鳥和蝙蝠所造成的影響也可藉著審慎選擇廠址得以降至最低。其他與風能相關的議題，還包括對噪音和對房地產價格的負面影響等。噪音的問題也有不少研究正在進行當中，致於和房地產價格的關聯，則因為其他影響因子太多，很難確定。

2.2 風的能量

2.2.1 風力

　　當今我們所看到的風力發電機多半都有兩片或三片看似竹蜻蜓的葉片（blades）。這葉片的動作方式和飛機翅膀相近。如圖 5-2 所示，當風吹拂這葉片時，在葉片的下風處隨即形成一「包」低壓空氣（low pressure air pocket）。這低壓空氣包隨即將葉片扯向它，使葉片傾向要轉動。這種現象稱為揚升（lift）。這揚升的力道，實際上比起頂著葉片前端稱為拉扯（drag）的風的力道要大得多。如此一面揚升加上一面牽引，兩個力道結合在一起，便讓葉輪像船舶的螺旋槳推進器一般轉了起來，而它的軸當然也可帶著發電機軸轉動，發出電來。

　　其實風能也可說是從太陽能轉換來的。據估計，太陽照到地球上的能量當中，有 1% 至 3% 用於移動空氣成為風。空氣有質量，當它移動，便產生了動能。風機（wind turbine）讓流過的風變得緩慢，而將當中的一部份能量（動能），轉換成機械能和電能。動能（KE）為：

$$KE = 1/2 \ mU^2$$

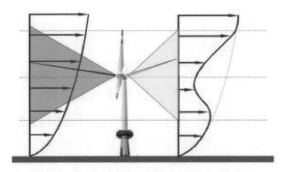

圖 5-2　當風吹拂葉片，在葉片的下風處形成低壓空氣包隨即將葉片扯向它，使葉片傾向轉動。

其中

m 為質量（kg），

U 為風的速率（m/s）。

如此，我們可以計算出在流動的空氣當中蘊藏了多少力量。垂直穿過某個半徑 R 的垂直圓面，所產生的風的質量 $m = \rho U A$，至於出力便是：

$$P = 1/2\ \rho U^3 A$$

其中

P = 風的出力（Watts）

ρ = 空氣密度（kg/m^3）

U = 風速（m/s）

A = 截面積（m^2）= πR^2

$P = 1/2\rho\pi R^2 U^3$

由上式我們可看出，空氣通過一部風機所掃過的面積的質量流（mass flow），隨著風速和空氣密度而變。一定質量的風流過，所產生的動能隨風速的平方而異。而因為質量流隨著風速作線性上升，因此能提供給風機的風能，隨風速的立方而提升。

2.2.2　容量因子

風能的容量因子（capacity factor），是讓我們看出一部風機（或任何其他發電設施），在某個位址究竟能產生多少能量的一個指標。它其實也就是將該電場在一定期間的實際發電量，與該場在相同期間以全容量（full capacity）運轉所能產生的，作一比較。因此，我們可將風力發電的容量因子

116

的定義寫成以下式子：

$$容量因子 = \frac{一段期間當中實際發現電量}{風機在最大輸出下全程運轉所應當發出的電}$$

例如，假設你有一部額定動力（power rating）為 1500kW 的發電機。理論上，如果該機全天 24 小時全力運轉，一年 365 天下來所發的電便是：

$$(1500 \text{ kW}) \times (365 \times 24 \text{ 小時}) = 13,140,000 \text{ kW} - 小時(kWh) = 13,140,000 \text{ 度電}$$

然而實際上量測出來，這部發電機一年當中只發了 3,942,000 kWh 的電。因此，該發電機在那年當中運轉的容量因子便是：

$$13,141,000/3,942,000 = 30\%$$

所有的動力場（power plant）都有其容量因子，其隨著能量來源、技術、及目的，而有差異。例如傳統的火力發電廠，除了設備故障和維修期間必須停機外，絕大部分的時間都在運轉，其容量因子可達到 60% 至 90% 之間。一般風力的容量因子為 25% 至 40%。

2.2.3 間歇性（Intermittency）

一部風機或其他發電廠的可靠性，其指的是該電廠可用來發電的時間百分比（亦即沒有維修的情況）。當今風機的可獲取性都可達 98% 以上，比絕大多數其他類型發電廠要高，誠可謂相當可靠。

於此，我們須先將容量和產量加以區分。前者是在某個區域當中所裝設的電力數量，一般以百萬瓦（MW）計，至於產量則是以該容量產生的能量，以百萬瓦小時（MWh）計。

縱然風力發電無法取代相同數量的化石燃料容量，但卻可取代其產量。從風機所產生的每 MWh，就等於讓火力發電廠少發一個 MWh。例如，一般風機每發一度電，就相當於減少了約三分之二公頓源自火力電廠的 CO_2 排放。

2.3 風力發電機

2.3.1 類型

風機在設計上有兩種基本型式：被稱爲「打蛋器」型的垂直軸型（如圖 5-3 所示）以及水平軸型（螺旋槳型）。後者爲當今最常見的，幾乎全球市場上所有發電場規模（utility-scale）的皆屬之（容量在 100 kW 以上）。

風機尺寸不同。從表 5-2 可看出歷年來的各種風機尺寸，及其分別所能發出的電力（風機的容量或定額出力）。陸域風場的公共電力規模風機有好幾種尺寸。葉輪直徑從 50 公尺到 90 公尺都有，塔架大約一般高。所以一部裝上轉輪的風機，從基座到葉輪尖端最高大約有 135 公尺。

2.3.2 風機的構造

在一部風機上，葉片利用空氣動力的舉升和拖曳來擷取一部分風能來轉動發電機。如圖 5-4 所示，大多數現代風機都包含四個主要部分：

圖 5-3　垂直軸型風機

表 5-2　歷年來風機的一般尺寸

年代	1981	1985	1990	1996	1999	2000
葉輪直徑（公尺）	10	17	27	40	50	71
額定 KW	25	100	225	550	750	1,650
年度 MWh	45	220	550	1,480	2,200	5,600

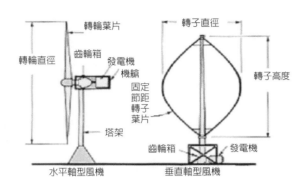

圖 5-4　兩大類型風機的幾個部分

·轉輪（rotor）或是葉輪（blades），用來將風的能量轉換成為轉動的軸能（shaft energy）。

·機艙（nacelle, enclosure）位於塔架（tower）頂端，包含一套驅動系列，通常包括一個齒輪箱（有些風機不需要）和一部發電機。

·塔架（tower），用以支撐轉輪和前述驅動系列裝置。

·包括地面支援設備在內的電子控制裝置，分布在整個系統當中。

轉輪包括一個輪轂（hub）和三片稱為空氣翼的（hydrofoils）輕質葉片（大多數的情形皆如此）。當空氣流過葉片時，轉輪便繞著水平軸旋轉，風速愈高，轉得愈快。

圖 5-5 所示，為奇異（GE）公司最近出廠的 3.6 MW 風機，圖左側為這類大型風機的剖視。此時在機艙當中，轉輪的迴轉動作會將迴轉的機械能轉換成電。通常，連到轉輪輪轂的低轉速軸的另一頭，會連到一個齒輪箱（gear box）當中。齒輪箱的另一頭是一部發電機內的一根高轉速軸。在可看得見的發電機外罩裡面，不難想見，便是一個連到在固定線圈內旋轉的，和高轉速軸接合的電磁鐵。旋轉的磁場也就因此在線圈當中產生了強大的電流。

電纜攜帶著發出的電流，送到風機塔架的基座。位於塔內或在地面上的變壓器將電壓調節後，可以當場使用，或者和附近的電力輸送系統（電網）聯結。

風機可自成一套供電系統，或者也可聯接到既有的電力供應網路（utility power grid）上，或者甚至還可和太陽能電池系統結合在一起。若是用作公共電力供應規模（utility-scale）的風能，為經濟起見，都聚集了一群大型（660

kW 以上）風機，形成整片風場（wind power plants, wind farms, wind park）
（圖 5-6）。風場可設計成由少數幾座風機組成的模組（modules），未來可
視供電需求和條件而擴充。

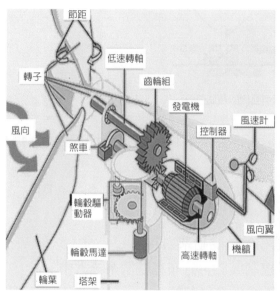

圖 5-5　奇異的 3.6 MW 風機及其剖視

圖 5-6　一群大型風機，形成整片風場

2.4　風力資源評估

風力大小主要取決於風速。由於風中的力與風速的立方成正比，微小的風速改變，所產生的風力即有很大的不同。例如風速改變 10%，即可造成近 33% 的風力差異。

這是在風場建立之初，必須先進行風力資源評估的主要理由。圖 5-7 當中右側所示，即為裝設在風場中用以評估風力的感測器。為能精準預測裝設風力的潛在效益，可能場址的風速等特性，都須先準確了解。了解風的特性，其他還有一些重要的技術上的理由。風速、風剪、擾動及狂風（gust）密集度，這些信息在取得風機基座設計等的同時都必須很具體。一般而言，小型風機年平均風速至少須達到每秒 4 公尺（m/s），公共電力規模風場所需最小年均風速則為 6m/s。

2.5　選定風機場址

過去許多在不同國家對不同對象所作的調查顯示，大眾對風能一直維持著相當穩定的支持程度（大約在百分之 70 到 80 之間）。因此儘管成本為首要考量，但畢竟「只要不在我家後院」（Not in my back yard, NIMBY）在全世界仍為不可忽略的普遍現象，而場址的選定（siting）對於風場的命運，無

圖 5-7　風力評估感測器（左）及本書作者進行風能數據擷取（右）

論於興建之初或日後的長期運轉，也就都存在著決定性的影響。

風機的所在位址對於其所能產生的電力數量和其成本有效性影響甚鉅。而場址的「好壞」，則取決於以下幾項因素：

‧風速：最關鍵的因素當屬在輪轂高度位置的平均風速，其又取決於地形等許多因素。

‧鄰近：就聯網供給面（grid-tied supply side）的應用而言，風機一般都會儘量設在，靠近未來能擴充容量的電力線路經過的地方。

‧便利性（accessibility）：無論靠的是道路、船、或其他方式，該位置必須能夠且最好是方便接近，以便對風機進行安裝和維修。

其他要考慮的因素還包括：所有權及財務結構、當地的許可及區域劃分的需求、視覺上的影響、噪音上的影響，及對於鳥、蝙蝠及其他物種的影響。

③ 海域風能

丹麥於 1990 年初，分別設置了兩座先導型離岸式（或稱為海域）風力發電場（offshore wind farm），隨後荷蘭、瑞典亦先後設置離岸式風力發電場。1997 年丹麥政府已與丹麥電力業者，完成建造風力發電場的初步工作，並實現離岸式商業化風力電場，預計在五至七年內會達到 750 MW 的裝置容量。

3.1 選擇海域的理由

風力發電固然值得大力推動，在陸域往往卻受到一些限制，而值得朝海域發展。在海域進行風力發電的優勢包括：

‧不受土地限制─將風場往海域發展的主要理由之一，在於岸上適合設置風機的位址缺乏。人口稠密的丹麥、荷蘭等歐洲國家，和亞洲的日本、台灣等即屬之。

‧海域強而穩的風力──一如岸上，海域風力與風速的三次方成正比。海域的風往往比岸上的要強勁得多，這同樣是重要的理由。離岸一段距離的風即增加二十個百分點，往往稀鬆平常。而已知風所含能源隨風速的立方增大，因此在海域所能擷取到的風能，平均可比在岸上多出 73%。而經濟最佳化的風機，在海上有可能比在岸邊多獲取 50% 的能源。

‧海域風力資源相當龐大─根據歐盟的評估，其在水深達 50 公尺處，

即可擷取達數倍於整個歐洲的耗電量的電力。當然,海域風力資源並不均勻分佈在每個國家。

　　·海域風機尺寸不像在陸上須受到限制—海域風機往往不像在陸域會受到取得土地大小,及與其他陸域活動相互干擾等因素的限制。

　　·低擾動、壽命長—海面和其上方空氣間的溫差,尤其是在白天,比起陸上相對情形的,要小很多。這表示海面風的擾動比起地面風的要小。如此一來,亦表示位於海上的風機所受到的機械疲勞負荷,比在陸地上的要小,而壽命也就可延長些。雖然目前還沒有對此作過精確的計算,但可猜測,一部設計壽命 20 年的陸上風機,若裝在海上,壽命大致可延長到 25 至 30 年。

　　·表面平坦、風機價廉—另一個有利於海域風力的論調指的是,算得上相當平坦的海域水面。這表示在海面上,風速隨高度增加不會像在陸上的那麼大。也就是說,海上不需要用到高度太高(也就等於成本太高)的塔架。

3.2　海域風能的環境與經濟性議題

　　海域風力電廠的投資成本,一般會高於裝設於岸上的。主要在於:

　　·水下結構土木工程

　　·較高的電力連結成本

　　·用來對抗具腐蝕性的海洋環境,所需用到的高規格材料等額外增加的成本

　　然而,海域的風速一般也都比陸域的高(除了某些特定的山坡頂上以外),再加上隨著過去經驗的累積,其成本可望持續下降,使得海域風能的成本可望在風能發展的下一階段,具相當競爭力。何況,若要採取很大尺寸的風機,在海域比在陸上較為可行,而這也正符合提升風電經濟性,所必須具備的重要條件。

　　從開始有風力發電產業以來,海域風電便一直被視為風力進展過程當中,合理的「下一步」。其實海上的的風比起陸地上的,不僅較強且也較穩(負載因數平均可達 40%)。同時,特別是人口稠密的歐洲和東亞國家,海洋額外提供了許多空間,得以建造原本在岸上可能無法接受的大型十億瓦(Giggawatt, GW)尺寸的開發案。然而儘管往離岸海域發展有這些明顯的優點,其成長卻比預期的要來得緩慢,這主要歸因於幾個因素加在一起,包

括：

　　　・海上施工困難

　　　・風機價格高昂（陸上風力發電劇增所致）

　　　・政府方面缺乏具說服力的支持

　　　・聯網成本高昂

　　然而最近，終於有好幾個國家的海域風電，總算顯現出輪廓，且預料在未來幾年內，將會在此領域看到快速擴張。

　　風機的維修與安裝成本，是可能阻礙海域風場發展的一項重要因素。岸上風場的維修（圖 5-8）與經常性場務成本，大約是建立風場費用的四分之一。在海域風場，這筆錢可高達四分之三。所以為了降低這筆支出，在設計之初便值得好好下工夫，來讓建造的風機更為可靠、更容易安裝、以及易於施工。

　　而在此方面的一項關鍵便是風機的基座。圖 5-9 所示為三種不同類型的海域風機基座。雖然目前以單樁式基座最受歡迎，但仍不乏新的觀念逐一提出，也有些正在開發之中。

圖 5-8　風機機艙內的維修工作

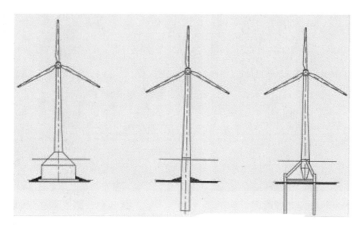

圖 5-9 三種不同類型的海域風機基座

3.3 海域風能發展趨勢

　　開闊的大海對風機是一大挑戰。高鹽分的空氣、持續的潮濕、大浪和浪所帶起的水顆粒等，都分別會對風機產生一定程度的作用。早期所謂海洋化版本的岸上風機，包含了一些像是改裝過的除濕機艙空間，但其餘部分則和在陸上的差不多。整體而言，這些早期模式的表現好得令人激賞，但其也只能視為第一步。如今隨著海域風能工業趨於成熟，更大、更特別的風機，也就得設計的更符合實際需求，包括比早期大得多的系統的可靠性，以及大幅降低保養需求。以下討論海域風能技術的一些最新發展。

　　最近剛完成的丹麥 Horns Rev 是全世界最大的海域風場（圖 5-10）。其他還有許多國家也陸續投入開發海域風電。德國也有許多大型計畫正分階段在其水域發展當中，總共超過 30 GW。法國目前亦正規劃 500 MW 的海域風電。這些計畫的一個共同點，是它們都採用百萬瓦以上等級的風機，理由即在於，如此可從較為穩定的風力資源當中，發出更大量的電。

　　未來為經濟起見，整個海域風場必須要夠大（120 至 150 MW），而且要用大型風機（1.5 MW 以上）。新的基座技術採用鋼柱取代混泥土（圖 5-11），大大改進了海域風力的經濟性。由於機械疲勞負荷較低，海域風機的設計壽命也得以拉長。以目前的技術作較為保守的估算，海域風電的成本約為每千瓦小時台幣 1.6 元，但若將前述因素都計算在內，能源成本有可能降低到，每千瓦小時台幣 1.3 元。

圖 5-10　丹麥 Horns Rev 海域風場　　　　　圖 5-11　路上運送風機塔柱

3.4　海域風場發電兼產氫

　　通常海域的風、太陽、海流、及波浪，並不能在剛好需要的時後產生能量。同時，透過這些技術在遙遠的海域位址所產生的能量，一般也都必須帶到岸上提供給消費者。既是要加強這些來自海域又不能適時產生的能源，便必須開發出能儲存過剩能量，直到要用的時候才釋出及其輸送的方法。目前，最具吸引力的，便是利用氫作為儲存的介質。氫可以用各種不同尺規的位址產生，接著可加以儲存與傳遞，等到後來需要時，在車上的燃料電池當中消耗或轉換成電。然而迄今在商業應用上，仍尚未拿氫來儲存和輸送從海洋能技術所產生的能量。

　　假如氫是在海域和其他能量一道產生，那麼就有必要將它送到岸上適時供應所需，如圖 5-12 所示。氫可以用三種方法之傳輸：以氣體、液體、或裝在氫容器當中。氣體的氫可以在壓縮後，透過管路或裝在船上的加壓容器當中，送到岸上。

4　直接太陽能

　　圖 5-13 所示，為人陽能資源在地球上的分布情形。日光或太陽能可直接用來對住家和其他建築物加熱或照明，用來發電、用來加熱水、進行太陽能冷卻、以及各式各樣的工、商業用途。

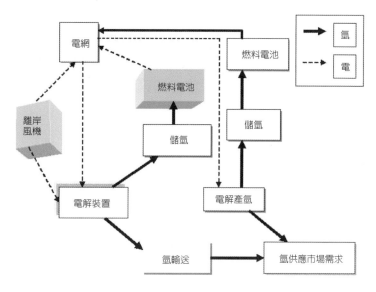

圖 5-12 海域風機發電兼產氫

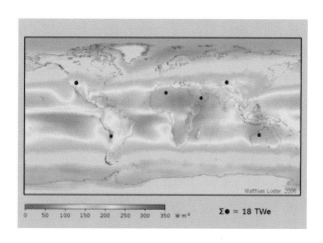

圖 5-13 地球太陽能資源地圖

4.1 太陽加熱

我們可採取不同的方式利用陽光所提供的能量。其中的一種是以太陽收集器（solar collector）將太陽輻射（solar radiation）轉換成熱。此熱可用來為空間取暖，或用來作為特定的製造加工。如果太陽能可在這些用途上取代一部分電力，當然也就可以減輕其他發電容量的需求。太陽熱水器早已商業化，國內外也都有相當數量，正在使用當中。有些國家會藉著賦稅優惠等方法，釋出使用太陽能熱水器的誘因，相當有效。

4.1.1 太陽加熱取暖或取涼

許多大型商用建築利用太陽收集器，所供應的不僅止於熱水。太陽加熱系統尚可用來為這些建築取暖。在寒冷氣候下，太陽通風系統可用以預熱進入建築的空氣。而天熱時，從太陽收集器所獲取的熱，甚至可用以提供冷卻建築所需要的能源。

在寒帶地區，理想的設計會以朝南的窗戶，讓太陽熱進到屋裡，同時藉由隔熱來防寒。但在熱帶或亞熱帶地區，設計的策略便應該是讓光線進到屋內，同時將熱排除在屋外。

適當的建築座向，應該會讓最長的一道牆，由西到東，讓太陽的熱在冬天儘量進到屋裡，但在夏天卻又儘量減少。若再加上遮陽棚，則可進一步減少夏天的太陽熱，但在冬天卻可讓多一點太陽進到屋裡。在被動太陽設計（passive solar design）當中，最佳的窗戶對牆的面積比為 25% 至 35%。

Trombe 牆（Trombe walls）是一被動太陽加熱及通風系統，包括一個夾在一片窗戶和面向太陽的牆壁之間的一道空氣通道。太陽在白天加熱這道空氣，讓它通過通氣管，在牆壁的頂部和底部之間形成自然循環，同時將熱儲存在其中。到了晚上，這片 Trombe 牆便將儲存的輻射熱釋放出來。一片 Trombe 牆包含 20 到 40 公分厚、塗覆深色吸熱塗料的磚（石）牆。離磚石牆大約 2 到 15 公分的距離，再蓋上一層或二層玻璃。照在牆上的太陽熱，會相當有效的儲存在玻璃和深色塗料之間的空間。住家利用太陽熱的簡易方法之一，便是採用朝南的窗戶再加上 Trombe 牆。

許多被動太陽能設計都包括了用來冷卻的自然通風。這靠的是安裝一些可調節的窗戶，再加上位於房子向風側，稱為翼牆（wing walls）的與牆垂直的面板，如此可加速自然微風在屋裡流通。另一種被動太陽冷卻裝置是熱煙囪（thermal chimney）。顧名思義，其狀如煙囪，用來將屋內的熱空氣經由此，藉著自然流通從屋頂排出屋外。

4.1.2 太陽熱水系統

一般提及太陽加熱，首先會讓人聯想到的多半是裝在屋頂的太陽能熱水器（圖 5-14）。截至 1999 年，歐洲總共安裝了八百五十萬平方米的太陽能收集器，其中幾乎半數都在德國。他們大多用的是簡單平板收集器，其基本型式有二：泵送（pumping）和熱虹吸（thermosyphon），如圖 5-15 所示。

圖 5-14　裝在屋頂的太陽加熱系統

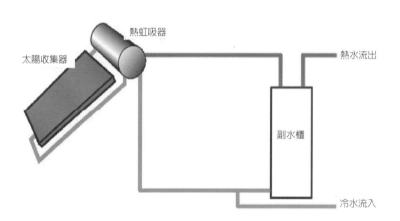

圖 5-15　熱虹吸太陽熱水器

　　和建築物結合的太陽熱水系統有兩個主要部分：一個太陽收集器，加上一個儲存櫃，一般是以一平板收集器，即一薄而平的方形箱子加上透明蓋子，面對太陽，架設在屋頂。太陽對收集器內的吸收板加熱，亦即對在收集器內管子內的流動流體加熱。在收集器與儲存櫃之間移動熱流體，靠的是泵或重力系統，而一旦水受熱即有自然循環的傾向。在收集器管子內，可採用不同於水的流體的系統，通常是藉由通過櫃內的盤管來對水加熱。

　　圖 5-16 所示，為 2004 年各國裝設太陽熱能的分配情形。世界上最大的太陽熱水市場在中國，其在 2004 年大約佔了全球成長量的 80%。中國在 2004 年的總銷售量為 1.35 千萬平方米，比原來的成長了 26%。其目前占全

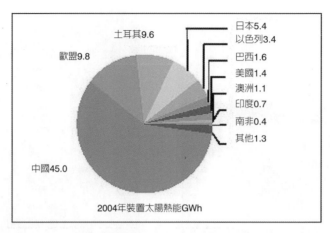

圖 5-16　2004 年各國裝設太陽熱能

世界總裝設容量的 60%。有將近 250,000 人從事相關工作。歐洲、以色列、土耳其、和日本的技術，在太陽熱水與暖氣市場上，也都佔有一席之地。

4.1.3　日光照明

　　另一種利用太陽的方法便是透過對住家、商業、及工業建築，作一些巧妙的設計，採集現成的日光。採集自然光線，可以在兩方面節約能源。不僅減少了照明所耗的能源，在夏天也可因為少了電燈所產生的熱，而同時減輕空調的能源需求。

　　日照採光不外利用自然太陽光照亮室內。除了南向窗戶及天窗（skylights）（圖 5-17 左），位於接近屋頂尖端的一系列明樓聯窗（clerestory windows）（圖 5-17 右），也可幫忙將光線引進北向房間及屋子上層。而開放式的「隔間」，更有機會讓光線照透整間屋子。至於工、商業建築，若能充分利用日光，則不僅可省下不少電費，並可提供優質光線，進而促進生產量與人員健康。從一些研究結果可看出，在學校充分利用日光，甚至可改進學生的成績與出席情形。圖 5-18 所示為日光管（light tubes）（左）與德國人早年設計的可調節反光板（adjustable light reflector（右）。混合日照（hybrid solar lighting, HSL）指的是利用能追蹤太陽的聚焦鏡子，來捕捉陽光的日照系統。這些收集來的日光，再透過光纖傳遞到建築內部，以搭配傳統照明。

圖 5-17　天窗（左）與明樓聯窗（下）及擴大採光與自然通風的北投圖書館（右）

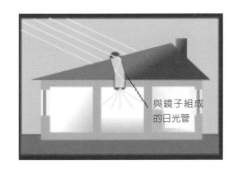

與鏡子組成
的日光管

圖 5-18　日光管與可調節反光板

4.2　集中式太陽能加熱發電

　　太陽熱能可透過熱交換器及一部熱機來發電，或是應用在其他工業製程當中。集中式太陽能（concentrating solar power）技術，為利用鏡子等反射材料，來將太陽能集中。此經過集中的熱能也可接著轉換成電。

　　太陽能在集中收集器（concentrating collector）當中轉換成的熱，足以用來將水轉換成蒸汽（一如火力和核能電廠）以驅動蒸汽機。集中收集器可能是缽型拋物線收集器（trough collectors）或動力塔（power tower）。拋物線缽型系統利用曲面鏡子，將陽光聚焦在裝滿油或其他流體的吸收管（absorber tube）上。其整個加熱單元，可如同一部太陽追蹤器（sun tractor）一般作動。該熱油或其他媒介流體將水煮沸產生蒸汽，再以此蒸汽「吹」動蒸汽渦輪機（steam turbine），進而帶動發電機發電。

動力塔系統是利用一大片，稱為向日鏡（heliostats）的太陽追蹤鏡（sun-tracking mirrors），將陽光聚集照到的動力塔的頂部，加熱其中接收器內的流體。圖 5-19 所示，為西班牙的 11 MW PS10 太陽發電塔，以 624 座向日鏡，從太陽發出電。在美國內華達州 Boulder City，建造歷時 15 年的世界最大太陽熱發電廠內華達太陽一號（Nevada Solar One），所發出的電可供應 40,000 戶家庭電力所需。

4.3　太陽池塘

太陽池塘（solar pond）為相對低科技、低成本的擷取太陽能措施，其只不過是以一池水將太陽能收集並儲存。其原理是在一池塘內加入三層的水：

‧表層水低鹽含量

‧中間隔熱層有一鹽份梯度，形成一密度梯度，藉著水裡的自然對流，而減少熱交換

‧底層為一高鹽度層，能達到 90℃ 的溫度

由於太陽池內鹽含量不同，而有不同的密度，同時也可避免形成對流流動，否則會將熱傳到表面及其上方的空氣當中而散失。集中在高鹽分底層的熱，可用來作為建築物取暖、工業製程、發電或其他目的。圖 5-20 所示，為位於加拿大維多利亞省的 Pyramid Hill 太陽能池。在圖上可看到池岸有許多管子伸到水池裡。如此一來，淡水可在池底循環讓池內鹽水加熱。在池裡漂浮在水面的塑膠圓圈，則是用來減輕風所造成的對流效果。

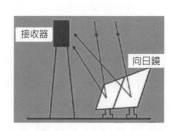

圖 5-19　西班牙的 11 MW PS10 太陽發電塔

圖 5-20　加拿大維多利亞省的 Pyramid Hill 太陽能池

5　太陽能電池

以半導體材料（semiconducting materials）做成的光伏（photovoltaic, PV）或稱爲太陽能電池，可直接將太陽光轉換成爲電。我們日常所用的太陽能手錶、計算機等，靠的便是最簡單的太陽能電池。至於用來照亮屋子、街道、或是能與電網聯結的，便需要較複雜的系統。還有就是用在偏遠地區，像是公路旁的緊急電話、遙測、管路的陰極保護（cathodic protection）防蝕系統、以及很少數的一些離網（off grid）住家用電，都已有很好、很成熟的太陽能應用實例。而更進一步的例子，就是用來推動人造衛星和太空船的運行了。

國際能源總署（International Energy Agency, IEA）於 2002 年將大多數歐洲國家、日本、澳洲、美國、及加拿大等 14 國，納入一項相當詳盡的研究當中，結論指出，將 PV 整合到既存的電網當中，所能貢獻到國家發電的潛在比率，可以從 15%（日本）到 60%（美國）不等。從圖 5-21 當中可看出，近十幾年，中國和一些開發中國家，也加入太陽 PV 生產。中國模組生產容量在 2004 年倍增，從 50 MW 成長到 100 MW，而電池生產容量也增加到 70 MW。印度也有八個電池廠家和 14 家模組製造廠。菲律賓與泰國也陸續投入。2004 年之前，在美國、日本、德國，共有四十萬家戶在屋頂上安裝了太陽 PV 聯結到電網當中，其中一半在日本。

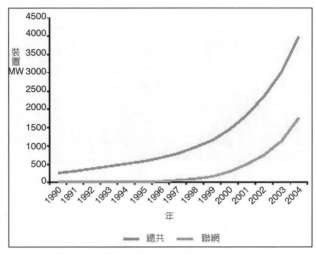

圖 5-21　1990-2004 年世界太陽 PV 裝置容量

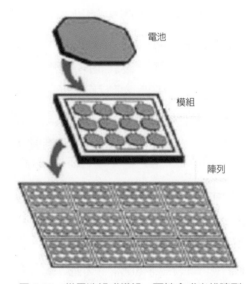

圖 5-22　從電池組成模組，再結合成光伏陣列

5.1　太陽電池的應用

　　如圖 5-22 所示，一般太陽電池大約每 40 個電池（cells）組成模組（PV modules）；大約每 10 個模組結合成邊長好幾公尺的光伏陣列（PV arrays）。這些平板 PV 陣列，可以固定的角度朝南架設，或者也可架在一個太陽追蹤裝置上，使一天當中所捕捉到的陽光達到最大。一般家庭用電大約 10 至 20 個 PV 陣列可滿足，至於大型工廠等產業設施，則可能須用到上百個陣列，聯接在一起成為一個大型 PV 系統（PV system），若再擴而大之，

圖 5-23　PV 應用海洋與太空

則可成為一座電廠。

　　這裡所稱的電池，並不同於一般所認識的「電池」（battery），其為薄薄（約 0.3 mm）的一片「矽晶片」，有如比名片還薄的玻璃片。商品化的太陽能電池（或太陽能晶片）可分為：單結晶矽太陽電池（single crystal）、多結晶矽太陽電池（polycrstal）、及非結晶矽太陽電池（amorphous）三類。

　　目前以單晶矽和非晶矽為主的光電板，在製造技術上屬最成熟，擁有最大的市場佔有率。主要原因在於單晶效率最高，非晶價廉、無需封裝、生產最快。相對的，多晶的切割及下游再加工就較不那麼容易。最近十多年，薄膜光電池（thin film PV）如硒化銅銦鎵（CuIn(Ga) Se$_2$）、碲化鎘（CdTe）、多晶矽（pc-Si）、和非晶矽（a-Si）的發展迅速，光電轉換效率也快速提高。

　　PV 的應用廣泛，主要包括掌上型計算機和手錶等消費性產品，住戶和商業建築，偏遠地區的通訊站、鐵公路信號，以及太空與海洋應用等。圖 5-23 所示為 PV 應用在海洋與太空的實例。

5.2　光伏背後的科學

5.2.1　從光到電

　　圖 5-24 所示，為從太陽光到電的情形。圖 5-25 所示，為一片太陽能電池的發電源理。一如本章在一開始所提，光伏靠的是某些特定，稱為半導體材料的電氣特性。這些材料能將陽光轉換成為電，用得最多的便是矽。若將一層帶正電的矽，放在另一層帶了負電的矽上面，便形成一個可讓電荷流通

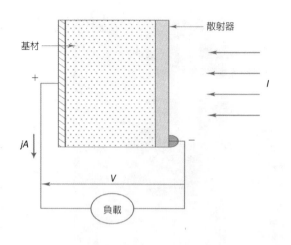

圖 5-24　太陽發電電路示意

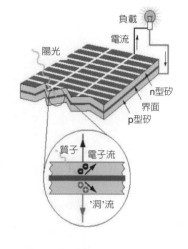

圖 5-25　太陽電池的發電源理

的電場（electrical field）。若再將此矽層和導電的金屬相接，這些電荷便可集中形成電流，而可進一步供應給用電的裝置。

5.2.2　讓光伏發揮功效

要讓一套完整的光伏系統能很有效率的發出電，並傳輸到最終使用者手上，進而發揮最大功效，還需取決於好幾個考慮因子和銜接技術（intermediately technologies）。這些要素包括：

　·能讓陣列獲致最佳的朝向陽光的架設結構

　·同時能處理所發出的電，和用各種方式聯結到一個或不只一個，最終到使用者手上的技術

在一建築物上安裝一光伏陣列的最主要的一項考量，不外在所預備架設該系統的地方，究竟能提供多少太陽能。一般商業用太陽電池的效率約為15%，也就是說打到電池上的陽光，大約也只有六分之一能夠發出電來。

5.3　從陣列到負載間的連接

由於光伏技術靠的是陽光，其所產生的能量，也就隨著能夠供應的太陽能量而改變。為能確保在需要時，光伏系統都能供電，便少不了可以暫存電力以備不時之需，或者是聯接到有像是當地電力公司等、替代電力來源建築的一些額外裝置。

如果光伏系統的電力形式與所聯接建築的不同，情況就變得複雜了。光伏電力系統的電是直流電（DC），而一般建築則都依賴交流電（AC）。所

以爲了讓光伏電力可用起見，便須將直流電轉換成交流電，並須依不同聯接建築的情況加以調整。

愈來愈多，而也正是最符合實際光伏使用情況的，是聯接到原本就由當地電力公司供電的建築。在如此安排下的建築，其一部分數量的電力由光伏系統供應，剩下的則來自電力公司。這類安排又稱作聯網（grid-connected）或是電力公司互動（utility-interactive）系統。

在沒有與電力公司聯接的情況下，可利用蓄電池儲存系統。在此安排下，所有光伏系統所發出的電都饋入一個電瓶，接著如果要用，就由此傳輸出去，若不用則儲存在其中。當然，太陽下山後，該系統可在晚上將白天儲存妥當的電釋出，持續滿足用戶的需求。

5.4 大規模太陽能電池發電場

目前在德國的薩克森（Saxon）區，正建造一座 40 MW 太陽能發電廠。這個 Waldpolenz 太陽能園區（Waldpolenz Solar Park）將會有大約 550,000 個薄膜太陽能模組。從模組所發出的直流電，經過轉換成交流電後，會全部饋入電網。在 2009 年完工後，這將會是全世界最大的太陽能發電計劃之一。目前最大的 PV 電廠的輸出容量大約是 12 MW。

如圖 5-26 所示的葡萄牙 Serpa 太陽能電場，位於歐洲最陽光普照的地區。這個一千一百萬瓦的電場涵蓋了 60 公頃土地，包含有 52,000 個架在離地面 2 公尺的太陽能板，可滿足 8,000 戶人家用電需求，每年可減少 30,000 公噸的二氧化碳排放。

澳州的太陽系統（Solar System）公司將在維多利亞，建造一座經費高達四億兩千萬美元，可望成爲全世界最大，且效率最高的 154 MW 大型太陽能發電站。其特點在於將太陽能與空間技術充分整合，並將太陽重複聚焦 500 次到太陽電池上，以獲取超高電力輸出。此一溫室氣體零排放的發電廠，可滿足 45,000 戶人家的電力需求。

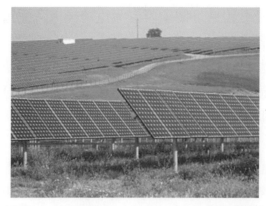

圖 5-26　位於葡萄牙 Serpa 的 11 MW 太陽能發電廠

6　生物能

　　陽光製造出雨、雪，同時也造就了植物的生長。組成這些植物的便是生物質量（biomass）。生物質量可用來發電、作為運輸燃料、或其他化學品。生物質量在這些方面的應用便可稱為生質能（biomass energy）。生物能（bioenergy）也算得上是另一種從太陽能發揚光大的產物。木材與其他形式的生物燃料（biofuel）的生物質量，是世界上，尤其是開發中國家的主要能源。另外在有些國家，以從生物來源產出的液態和氣態燃料為其主要能源，而生物燃料亦可擷取自廢棄物。圖 5-27 所示，為全球生物質量分布情形。

圖 5-27　全球生物質量分布

6.1　生物能源類型

　　最常見的生質燃料,當屬農村用得最多的木材、牲畜糞便、和作物殘渣。如今有些農場已大規模種植,專用來作為擷取其中能源的柳樹與風傾草等能源作物。全世界各地為了取暖或煮飯,往往在屋裡裝設某種類型燃燒木料的火爐,使得生物質量成為用得最廣泛的一種能源形式。發電廠及工商業設施採用生物質量來發電的,也愈來愈普遍。最常見的一種商業化生質能源生產方式,為從玉米或甘蔗等作物生產乙醇。

　　未來採用新的技術,可望讓我們徹底利用整棵生長快速的植物,來生產乙醇。如此,可望讓經濟與環境同時受到較好的保障。對於農民而言,若能大量生產生質能源作物,便可能因為既有作物所提供的附加收入來源,而成為可獲利的一項選擇。許多國家原本從事傳統農作生產的農地,目前都正處於邊際的停擺狀態,如果能將能源作物加入生產,則可望恢復生產狀態。選擇一些多年生草本和木本能源作物,還可收像是水土保持、抗旱、及改變動物棲息地之效。

6.2　乙醇作為運輸燃料

　　圖 5-28 所示,為巴西的乙醇(ethanol)添加站。過去超過 25 年來,巴西在燃料乙醇上一直居於領先,其次是美國。巴西擁有全世界最大的再生能源計畫,包括源自於甘蔗的乙醇燃料,目前供應巴西全國汽車燃料的 18%。如此一來,原本還需仰賴進口石油的巴西,如今已能在能源上完全自給自足。當今汽車對乙醇的接受情形,以美國為例,大多數在路上跑的汽車,都可燒混入不超過 10% 乙醇的汽油。

　　巴西的所有加油站,都兼賣純乙醇(E95)和汽醇(gasohol,為 25% 乙醇和汽油混合物,稱為 E25)。其他生產燃料乙醇的國家包括澳大利亞、加拿大、中國、哥倫比亞、多明尼加共和國、法國、德國、印度、牙買加、馬拉威、波蘭、南非、瑞典、泰國、尚比亞。值得注意的是,巴西的運輸用燃料和其車輛市場同步成長。圖 5-29 所示,為 2000 年與 2004 年主要國家的乙醇產量。繼 1990 年代純乙醇車銷售下滑後,2000 年代初期再度攀升,其一部分原因在於引進了彈性燃料車,可兼用純乙醇或汽醇。在 2003 年之前,大多數車廠都已能以具競爭價格供應,到了 2005 年佔了巴西汽車市場的一半以上。

圖 5-28　巴西的乙醇 Ethanol 添加站

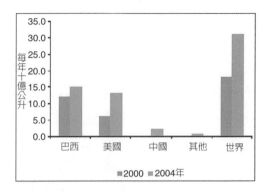

圖 5-29　2000 年與 2004 年主要國家乙醇產量

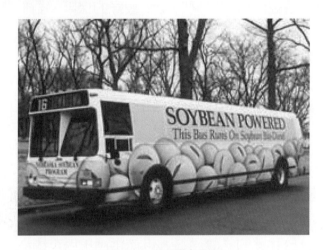

圖 5-30　黃豆動力公車

6.3　生質柴油

　　德國的生質柴油（biodiesel）在 2004 年成長了 50%。其餘領先生產生質柴油的包括：法國、義大利、美國。其他產量較小的國家，有澳大利亞、比利時、捷克、丹麥、印尼、馬來西亞。圖 5-30 所示，為以黃豆作為動力來源的生質柴油公車。

6.4　第三代生物燃料

　　藻類燃料（algae fuel）亦稱為藻油（oilgae）或第三代生物燃料，為源自於藻類的生物燃料。藻類為低投入／高收穫（每公頃產生能量是陸地上的 30倍）用來生產生物燃料的料源，且藻類燃料因為可生物分解，若不幸溢至環境當中，會較石油產物燃油容易復原。

美國國家再生能源實驗室（NREL）於 1978 至 1996 之間，在其水生物種項目（Aquatic Species Program）當中，針對採用藻類作為生質柴油來源進行實驗。Michael Briggs 就利用天然的油含量高過 50% 的藻類作成的生質柴油，以取代所有車輛燃料，作出評估。Briggs 在文章當中建議，可在廢水處理廠當中的水池種植藻類。這些高含油藻類，可先經過萃取，再加工成生質柴油，再將殘餘物乾燥後，進一步重新加工製造出乙醇。

6.5　生物質量發電

生物電力（biopower）或稱為生質電力（biomass power），指的是利用生物質量來發電。生物電力系統技術包括直接燃燒、共燃（co-firing）、氣化、熱分解、及厭氧發酵。直接燃燒是最簡單，也是用得最普遍的一種生物發電系統。其在鍋爐當中，以過剩空氣燃燒生物質量以產生蒸汽，用來驅動蒸汽渦輪機進而發電。該蒸汽亦可用於工業製程，或建築物內暖氣等用途。

共燃指的是以生物質量，作為高效率燃煤鍋爐的輔助燃料。就燃煤發電廠而言，以生物質量共燃，可算得上是最便宜的一種再生能源選擇。其同時還可大幅降低空氣污染物，尤其是硫氧化物的排放。

用於發電的生物質量氣化，是將生物質量在一缺氧環境中加熱，以生成中低卡路里的合成氣體。此生物氣體通常即可作為結合燃氣渦輪機與蒸汽渦輪機的複合式循環（Combined cycle）發電廠的燃料。在此循環當中，排出的高溫氣體用來產生蒸汽，用在第二回合的發電，而可獲致很高的效率。

生物質量熱分解，是將生物質量置於缺空氣的高溫環境當中，導致生物質量分解。熱分解後的最終產物為固體（char）、液體（oxygenated oils）、及氣體（甲烷、一氧化碳、及二氧化碳）的混合物。這些油、氣產物可燃燒以發電，或是作為生產塑膠、黏著劑、或其他副產物的化學原料。圖 5-31 所示，為能將廢木料轉換為氣體燃料用於內燃機發電的 Biomax，配置在托車上以便循環展示。

生物質量經過自然腐敗分解會產生甲烷。厭氧消化是以厭氧菌在缺氧的環境下分解有機質，以產生甲烷和其他副產物。其主要能源產物為中低卡路里氣體，一般含有 50% 至 60% 的甲烷。在垃圾掩埋場當中，即可鑽井導出這些氣體，經過過濾和洗滌即可作為燃料。如此不僅可從中發電，且可降低原本會排至大氣的甲烷（為主要溫室氣體之一）。

圖 5-31　能將廢木料轉換為氣體燃料用於內燃機發電的 Biomax

6.6　以木粒作為生物質量

　　圖 5-32 所示，為即將送入暖爐中燃燒的木粒。大部分生物質量顆粒都是從木屑壓縮而成，但也有從草桿等其它廣泛植物來源作成的。無論原料是甚麼，只要做成顆粒，它就變得既穩定又容易運送，且還可成為國際貿易商品。歐洲就曾經歷過木粒消耗迅速攀升，而根據一些知道內情的人士表示，歐洲未來五年的木粒消耗可成長三倍。

　　雖然從生物質量到能源的轉換效率很高，但要真的應用，首先還須確保可靠的木粒價格，可惜的是很多木粒業者都還太新，還不足以提供這項保證。但只要對木粒的信心持續成長，加上有正確的政策，從農業部門獲取的新類型顆粒，便有可能將木粒能源帶進一個新紀元。

圖 5-32　暖爐木粒

6.7　生物能源所面臨的挑戰

6.7.1　健康隱憂

儘管利用生物燃料有諸多效益，令人擔心的是，長期以來在開發中國家，普遍都在屋裡使用生物燃料烹煮。沒有足夠的通風，所用的燃料像是牲口糞便，燒了便形成室內、室外的空氣污染，造成了嚴重的健康危害。根據國際能源總署在「2006 年世界能源展望」（World Energy Outlook 2006）當中所述，僅僅在 2006 年當中，就有一百三十萬人因此致死。所提出的解決方案包括爐子（包括像是內置排煙道等）的改進和使用替代燃料。只不過這些實際上在貧困的社會當中，大多有些困難。

6.7.2　糧食價格之提升

生物燃料帶來的機會，確實可造福數以百萬計的農民，並促進其燃料經濟的開發。但若處理不當，則情況可能導致糧食與飼料價格高漲，而損及其餘一般人。

2007 年初，墨西哥發生幾件和糧食有關的暴動事件，起因於美國中西部所生產的玉米，很多都用在生產生物乙醇，導致製作墨西哥主食黍餅（tortillas）等所用玉米價格上漲。國際大啤酒廠海尼根獲利也因而縮減。

然而，很值得注意的是，糧食作物當中可食用的部分，其實並不適用作為生產生物燃料主要來源。只不過，在這些植物上不可食用的桔桿當中，所含的纖維不僅加工較為困難，其所含碳氫化合物（柴油類型燃料的基礎）的轉換，更是複雜。

6.7.3　對生態與土地的衝擊

生物燃料靠的畢竟是天然可再生的植物性或動物性有機化合物。主要問題出在，生產生物燃料必然需要大量的原始材質，而單一作物加上密集耕作，也就很容易變成一種趨勢，這對於環境的確是一大威脅。同時原有的永續農業（sustainable agriculture）型態，也就可能無以為繼了。例如許多環保人士就擔心，一些像是印尼等國家的原始森林，可能在東南亞和歐洲對柴油股切需求的驅使下，被開闢來種植根區（root zone）很淺的棕櫚樹。然而，從另一個角度來看，在開發中國家，貧窮，正是摧毀其環境的幕後元兇。

所有作物都會消耗營養與有機質，就一個永續系統而言，這些都需要透過某種途徑不斷補充。世界上大多數糧食生產，靠的都是密集耕作方式加上連續作物（continuous crops），而並非永續農業所需要的輪作與休耕

（rotation and fallow），土壤也只好依賴外來所補充的肥力。如此一來，就算作物是可再生的，但所用的化肥卻不然。因而如此大量生產生物燃料，不但會耗損天然資源並劣化土壤，同時還會進一步導致水土侵蝕和沙漠化，而使整個系統無以延續。

⑦ 地熱能

地球內部的熱，是地熱能的來源。此一內部高溫，於地球形成之初，即隨重力收縮（gravitational contraction）而產生，接著又隨著地心當中的輻射材質衰變，而持續增強。

在有些熱岩很接近地表的地方，熱岩會對地下水層加熱。好幾個世紀以來，這些都一直提供人們作為熱水和蒸汽。有的國家，地熱蒸汽被用來發電，另有一些國家，則是以地熱井的熱水來加熱取暖。

迄今全世界已利用地熱產熱的國家，至少有 76 個，採用地熱發電的則有 24 國。2000 年至 2004 年間，全世界地熱發電成長逾 1 GW，主要包括法國、冰島、印尼、肯亞、墨西哥、菲律賓、俄羅斯。2000 年至 2005 年間，全世界直接利用地熱的熱成長逾 13 GWth，主要國家有 13 個。目前地熱容量當中，有一半用於建築物的暖氣和冷氣，所用的熱泵（heat pump）。

地球雖然在外表是一層薄薄的冷殼，但是內部溫度非常的高，一般推測地球核心的溫度可能高達 6,000℃，外核約 4,500℃ 至 6,000℃ 之間，外地涵約 500℃ 至 4,500℃ 之間，而最外層的地殼，則平均每公里有 30℃ 的地溫梯度。地熱，就是泛指這種地球內部所蘊含的巨大熱能。但是由於地殼岩層的熱傳導性不一，內部的熱能不容易傳到地表，平均僅以 1.5 熱流單位向地表流出。地熱資源的種類包括三種：

‧熱液資源：係指在多孔性或裂隙較多的岩層中，儲集的熱水及蒸汽。這是一般所謂的地熱資源，已可開發為經濟性替代能源。

‧熱岩資源：係指潛藏在地殼表層的熔岩或尚未冷卻的岩體，可以人工方法造成裂隙破碎帶，注入冷水使其加熱成蒸汽和熱水後收取利用，其開發方式尚在研究中。

‧地壓資源：係指在油田地區較高溫的熱水，受巨大之地壓而形成。通常僅出現在尚未固結，或正在進行成岩作用的較深處沈積岩內。

7.1 地熱發電

地熱發電（geothermal power），顧名思義爲利用地下熱能來發電。康提（Giovanni Conti）於 1902 年，首先在義大利 Larderello 發現由地熱所產生的電。迄今，若將地下來源熱泵所回收的熱包含在內，據估計非發電容量的地熱能源可超過 100 GWt，且在世界上 70 個國家都有商業使用。

發電主要是在傳統蒸汽渦輪機和二元系統廠當中進行，視地熱資源的特性而定。傳統蒸汽渦輪機需要用到 150℃ 以上的流體，其可能爲大氣（背壓）或冷凝排汽。大氣排汽渦輪機（atmospheric exhaust turbines）較簡單且便宜。其蒸汽可能來自於乾蒸汽井（dry steam well）或是濕井（wet well）再經過分離，在流通過渦輪機後，再排放到大氣。

7.2 地熱的直接利用

直接利用熱，爲地熱能利用當中最老的用途，但也是目前最常見的。洗澡、空間與區域加熱（space and district heating）、農業應用、養殖、以及一些工業用途，都是最常見的一些利用方式，但其中以熱泵用得最廣。

7.2.1 空間與區域加熱

空間與區域加熱，在冰島有顯著的進展。其在 1999 年底，區域地熱加熱系統總運轉容量提升了近 1200 MWt，另外在東歐、美國、中國大陸、日本、及法國等國家，也都用得相當廣泛。

地熱區域加熱系統屬成本密集。其主要成本，爲產生井與注入井的初始投資成本、輸送泵管路及傳輸網絡、監測與控制設備、尖峰站（peaking stations）及儲存櫃。至於運轉成本，相較於傳統系統則相當低。其包括泵送動力、系統維修、控制與管理。用來估計系統初始成本的一項重要因子，爲其熱負荷密度。

7.2.2 空間冷卻

空間冷卻（space cooling）亦可與地熱能結合。其所需要用到的吸收機器（adsorption machine）的相關技術已相當成熟，市面上可很容易找得到。吸收循環（adsorption cycle）為使用熱而非電，作為能源的一種過程。其中的冷凍效果乃藉由利用兩種流體達到：首先是以冷媒（冷凍劑）循環蒸發及冷卻，其次是二次流體或者是吸收劑（absorbent）。當應用於高於 0℃（主要是在空間和加工上的調節）時，在循環當中採用溴化鋰作為吸收劑，以水做為冷媒。應用於 0℃以下的情況，則採用阿摩尼亞／水的循環，以阿摩尼亞作為冷媒，而以水做為吸收劑。地熱流體提供熱能以驅動這些機器，但當溫度低於 105℃時，其效率隨即降低。

7.2.3 地熱空調

地熱空調（取暖與取涼）自 1980 年代以來，隨著熱泵的推出與普及，而大幅成長。各類型熱泵系統讓我們可以很經濟的擷取並利用，諸如地下水層或地面淺塘低溫水體當中所含的熱。圖 5-33 所示，為一典型應用地熱能源的熱泵系統。

所謂熱泵，指的是能讓熱原本的自然流動產生逆向流動，亦即從冷的空間或物體，流向較暖和的機器。一熱泵可以和一冷凍單元同樣有效率。任何的冷凍裝置（例如窗型冷氣機、冰箱、冷凍庫等）都是將熱從一空間移出，

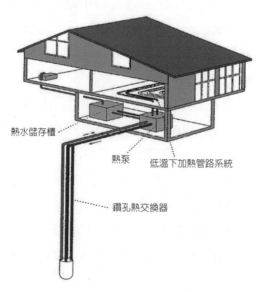

圖 5-33　典型應用地熱能源的熱泵系統

以使之冷下來,並將此熱以較高溫度移出。一熱泵和一冷凍單元之間,唯一的差異,在於其需造成的效果,冷凍單元需要冷卻,而熱泵則是要加熱。

7.3 農業

地熱流體在農業上的利用,有可能是用在開放農田或者是在栽培溫室的加熱取暖。熱水可以引到開放農田用於灌溉,同時加熱土壤。這往往是藉著埋在土裡的管路達到目的。但如果只用來加熱泥土而無灌溉系統,土壤的熱傳導性會因管路週遭溼度降低而低落。因此最好,還是能將土壤加熱與灌溉系統結合在一起。同時,利用土地熱水灌溉的作物,務須小心監測水質,以防水中化學成份對作物與人造成不利。

地熱在農業上應用最為廣泛的,還是溫室加熱。這在許多國家都已發展出龐大的規模。目前在非自然成長季節,栽植蔬菜和花卉的技術都已相當成熟,甚至能針對各種植物的最佳成長溫度、光亮程度、土壤和空氣的溼度、空氣流動、及空氣當中 CO_2 濃度等進行調節,使環境達到最符合成長需要的狀態。

藉著納入系統整合,以提升利用因子(例如結合空間加熱與冷卻)或連貫系統,可達到相當的節約效果。在此系統當中,各廠串聯在一起,並充分利用前一個廠所產生的廢水(例如發電加上溫室取暖,再加上動物畜養管理)(如圖 5-34 所示)。

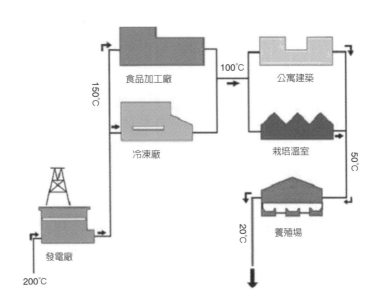

圖 5-34　地熱能的連貫多目標利用

資料來源:Geo-Heat Center, Klamath Falls, Oregon, USA

8 水力

流動的水也可產生能量進而轉換成電，此為水力發電（hydropower）。抵達地球的太陽輻射當中，有一大部分都被海洋所吸收，一面將它加熱，一面又將水氣蒸發到大氣當中。水氣冷凝成雨水注入江河。我們可在江河當中築壩，並裝設水輪機（hydro-turbine），擷取水的位能。水力於二十世紀當中在各國持續成長，目前供應全世界近六分之一的電力。

流動的水，可在通過類似船舶推進螺槳的葉片時產生能量，進而驅動串在同一根軸上的發電機，而轉換成電，此即為水力發電。其以水壩控制水流。縱然水力電廠不致產生造成溫室效應與酸雨等的大氣排放物，但水庫的建造與運轉，卻免不了會改變河川流域的人和生態棲息地。

根據國際能源總署於 2004 年針對水利發電的預測，全球水力發電在 2002 年至 2030 年之間所佔總發電比率，雖然會從 6.0% 降到 5.5%，但其發電量將成長 63%。

8.1 水力發電

水力發電廠的發電容量終究要看天。其取決於水文循環當中的降水及逕流量。隨著季節改變，河川水位及水流強度，乃至所能提供的能量亦隨著變化。一般水壩都建在山區，利用自然地形以低成本建立人工湖。因此，季節變化帶來不同水量，乃至儲存在此人工湖當中的位能。

目前全世界所有水力供應了 715,000 MW 的電力，約佔總供電的 19%，也等於超過 2005 年全世界所有再生能源供電的 63%。雖然全世界水力發電（hydroelectricity）大多源自於大型水力發電裝置，不過小型水電裝置，在中國大陸（佔全世界小型水電容量的 50%）等地區，也廣受歡迎。

乾季顯然會對於水電系統的容量帶來負面衝擊。而特別是當炎炎夏日碰上一年當中尖峰用電時期，便會造成大問題。但即便是冷天，若正好碰上降水量波動，也會帶來問題。99% 電力依賴水力的挪威，便是個有趣的例子。其年度平均水力發電一般為 120,000 GWh。然而，其在 1995 年至 1996 年的低降雨年度當中，發電跌至僅約 17,000 GWh。

抽蓄水電（pumped storage hydroelectricity）則是藉著水，在不同水位的水庫之間的移動來發電，供應用電尖峰期間所需電力。在電力需求較低期間，過剩的發電容量可用來將水泵送到較高位置的水庫當中蓄存起來，到了

電力需求較高時，再讓這些水流通過發電渦輪機，回到低位水庫。如此方法的來回效率（round-trip efficiency）約為 80%。

　　圖 5-35 所示，為一部水力渦輪機和發電機的構造。當蓄存在水庫當中的水自高位流下，經過渦輪機時，所釋出的能量當中的力，隨即推動渦輪機葉片，帶動渦輪發電機軸與發電機的轉子，而得以發出電力。

　　水電既然用不到燃料，當然也就不用仰賴進口，而堪稱「本土能源」。當今世界上正運轉的水力電廠當中，便有不少是 50 年至 100 年前，就已經設置的。此外，由於現今水電廠都已完全自動化，其在正常運轉當中只需很少數的現場人員，因此運轉人力成本也相當的低。

　　有些水庫原本就具備多重功能，所需建造成本也就相對較低。水力發電廠所形成的水庫，也提供了良好水上運動場所，而使其本身能附帶吸引觀光客。有些國家常可看見以水庫作為水產養殖場。而多用途水壩除了養魚以外，另有灌溉、防洪、提供水路運輸等功能。在此多用途情況下所建造的水力電廠，不僅建造成本相對低得多，其運轉成本亦得以從其他收入補貼。以長江三峽大霸為例，經過計算，大約不出 5 至 8 年的滿載營運，其售電所得，即可涵蓋整個項目的建造成本。

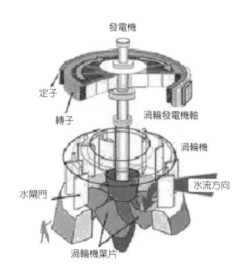

圖 5-35　水力渦輪機和發電機

8.2 水力發電的爭議

建造大型水壩，在環境與社會層面所造成的影響，通常都頗受爭議。大型水力電廠，可能對當地生態造成干擾、降低生物多樣性或改變水質。其也可能引改變地方人口，而造成社會經濟上的傷害。一些開發中國家的這類計畫，正因這類問題，而被迫縮小規模或停建。儘管這類不良影響，皆可透過管理降低到某種程度，其對於長期水力發電卻會造成整體影響。小型或甚至微型水力系統，相較起來對於環境的影響就小得多，且僅侷限在當地，但其單位 kWh 成本，一般卻高於較小的系統。

8.2.1 生態

水力發電計畫對於週遭的水生態系會造成破壞。例如，針對沿著北美洲大西洋與太平洋海岸的研究顯示，由於阻撓鮭魚到達溪流上游產卵地的關係，即便大多數在鮭魚棲息地附近的水壩都做了魚梯（fish ladders）（圖5-36），鮭魚數量仍隨之減少。小鮭魚（salmon smolt）在游回海中的途中，通過水力電廠的渦輪機時，也很容易受傷。因此有些地區在一年當中某些時期，需要將這些小鮭魚以人工方式「渡」到下游地區。另外築壩和變更水道，也都可能危及一些原生生物與候鳥。而像是埃及阿斯旺水壩（Aswan Dam）和三峽水壩（Three Gorges Dam）等大規模水力發電水壩，對於江河上、下游生態，都造成了一些環保與社會上的問題。

圖 5-36　水壩魚梯

8.2.2 環境

水力發電對於河川下游環境會造成衝擊。流經渦輪機的水，通常都含有微小懸浮顆粒，會對河床形成沖刷，進而損及河岸。由於渦輪機通常是間歇性的運轉，因而不免造成河流流量的波動。水中溶氧量，也可能從建造之前起，即造成改變。自渦輪機流出的水，一般比起位於水壩上游的水都要冷許多，以致會造成包括瀕臨絕種水生動物數量等的改變。

8.2.3 溫室氣體

熱帶地區水力發電廠的水庫，可產生相當大量的甲烷和二氧化碳。這主要是因在滿水區（flooded areas）的一些植物在厭氧（anaerobic）環境下腐敗所致。根據世界水壩協會（World Commission on Dams）的報告，當水庫面積相對於發電容量很大（每平方公尺表面積小於 100 瓦），而且在淹沒成為水庫的區域未事先進行森林清除時，從該水庫所排放的溫室氣體，比起傳統的燃油火力發電廠的，可能還要來得高。然而，位於加拿大和北歐的波瑞爾水庫（boreal reservoirs）當中，其溫室氣體排放，大約僅為任何型式傳統火力電廠的 2 至 8%。森林腐敗的影響，可以藉由一種新式，針對淹沒森林的水下伐木作業，獲得減輕。

8.2.4 淹沒

設置水力發電水壩的另一缺點，為必須遷移位於水庫計畫區內的居民。在很多情況下，所提供的補償金，都不足以彌補當地居民祖先所留下文化遺產的損失。此外，許多重要的歷史文物古蹟，也都將淹沒而告喪失。中國的三峽大霸、紐西蘭的客來得水壩（Clyde Dam）、以及土耳其的伊離蘇水壩（Il1su Dam）都曾經面臨這類問題。

8.3 世界水電現況與趨勢

水力雖屬能源密集的一項發電選擇，但在良好場址，其每單位發電的成本仍低。高昂的初始投資會是個問題。對於許多極需利用水力發電的開發中國家而言，籌措建廠資金通常很困難。目前世界上擁有最多水力發電容量的國家依序為：中國、加拿大、俄羅斯、印度、挪威、法國。位於加拿大魁北克的 La Grande Complex，為目前世界上最大的水力發電系統。其八座發電站的總發電容量 16,021 MW。位於中國的十座大霸完成後，其總共發電容量可達 70.2 GW。

圖 5-37　組成小水電的相關設備

　　至於不築壩攔水，而僅以小型水輪機設置於河川、溪流，直接擷取水流動能的小型水力發電（small hydropower），全世界有超過一半的容量在中國。中國於 2004 年裝設了 4 GW 小型水力發電機，其他也在這方面大力發展的，包括澳大利亞、加拿大、印度、尼泊爾、及紐西蘭。圖 5-37 所示，為工廠內組成小水電的相關設備。

9　波浪能

　　若你有機會來到海邊，看著滔天巨浪（圖 5-38），應該很難不想到當中所蘊藏著的無窮能量。好幾個世紀以來，人類便一直想著，如何從海洋的波浪當中，擷取所需要的能量。然而，儘管早在 200 年前已有了一些有關波浪能（wave energy）的觀念，但也直到 1970 年代，才逐漸成型。大致上，目前的一些波能轉換構想，對環境的不利影響都很有限，而其在長遠未來，對能源的貢獻，也都相當可期。

　　在海洋當中也可產生源自於太陽的熱能（heat energy），和來自潮汐和波浪的機械能（mechanical energy）。當風持續興拂海面，波浪隨之大作。如今已有許多裝置，可用來擷取波浪當中的能量，同時也有許多國家，正投入波浪能（wave energy）發電的研發與推廣當中。

9.1　波浪資源

　　地球上具有最高能源的波浪，集中在 40° 與 60° 緯度南、北範圍之間的西海岸。此處波峰的動力，介於 30 至 70 kW/m 之間，最高在大西洋愛爾蘭

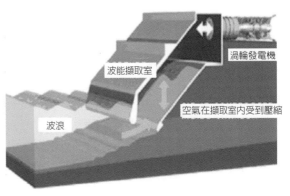

渦輪發電機

波能擷取室

空氣在擷取室內受到壓縮

波浪

圖 5-38　蘊藏著無窮能量的滔天巨浪　　　　圖 5-39　用以擷取波浪能的海岸結構

西南、南大洋及合恩角（Cape Horn）外海。從這些資源所能提供的電力，若經過妥善擷取，可以供應全世界所需的 10%。

　　任何風場所產生波浪的大小，取決於三項因素：風速、其歷時、及其推展距離（fetch），亦即風能傳遞到海洋而形成波浪，所經過的距離。圖 5-39 所示為用以擷取波浪能的海岸結構。

9.2　波能技術

　　波浪能可按其設置方式，分成深水漂浮及淺水水底固定二種，或者也可按能量擷取和轉換方式分成：衝動（surge）式裝置、共振水柱（oscillating water column, OWC）、起伏（heaving）浮標、縱搖（pitching）浮標、起伏和縱搖浮標、及起伏和衝動裝置。表 5-3 當中摘列過去研究過的，一些波浪能系統名稱、國家、及所採用的能量轉換方式。三種主要的沿岸裝置類型為：水柱、內聚水道（convergent channel, TAPCHAN）、及鐘擺（PEDULOR）。圖 5-40 所示，為幾種目前已設置的主要波能擷取裝置。

　　如圖 5-41 所示的 Pelamis（水蛇名），目前正由位於蘇格蘭的 Ocean Power Delivery Ltd 研發當中，其為由鉸鏈連結成的一系列中空柱段。當波浪從裝置長條下方衝入，並作動其聯結處時，在聯結當中的液壓缸將液壓油進行泵送，進而透過一能量緩和系統，驅動一液壓馬達，而發出電。在各個聯結處所發出的電，接著再透過一共用的海底電纜，傳輸到岸上。這整個鬆弛繫泊著的裝置直徑約 3.5 米，長約 130 米。圖 5-42 為實際在海域當中展開的 Pelamis 的照片。

表 3　波浪能所採用的能量轉換方式、基本原理、及國家實例

能量轉換方式	基本原理	實例
衝動式裝置	利用波浪的向前水平分力	·挪威──漸縮水槽 ·日本──擺動式裝置 ·英國──海蛤
振水柱	利用波浪的脈動變換	·澳洲──海王星系統，液壓系統兼作海水淡化 ·挪威──多動振 OWC
起伏浮標	利用小型浮體的垂直運動	·丹麥──KN 系統 ·瑞典──軟管泵
縱搖浮標	利用迴轉泵的縱搖所產生的力矩	·英國──點頭鴨
起伏和縱搖浮標	利用浮體的起伏和縱搖運動	·加拿大──波能模件 ·美國──隨波筏鏈
起伏和衝動裝置	利用起伏運動與衝動以泵送水	·英國──Bristol 缸

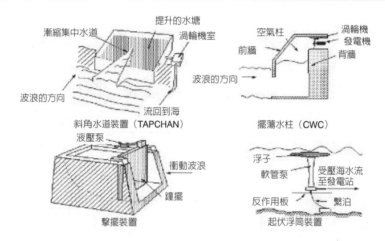

圖 5-40　波能擷取裝置

圖 5-41　Ocean Power Delivery 公司的波能轉換裝置鬆弛繫泊在海域中（右）和在實驗水槽中（左）的模擬情形

圖 5-42　實際在海域當中展開的 Pelamis

10　潮汐能與海流能

　　潮汐能（tidal energy），經常會被人和波浪能混爲一談，但其實二者來源不同。潮汐能是藉著建造一座水壩，在漲潮時將水位升高，而取水儲存，接著再讓水通過發電渦輪機，流回海裡發電。其也可用來擷取水面下，主要源自於潮湧的強勁水流。開發這類能源的裝置有多種，有如水下的風機一般的洋流渦輪機（marine current turbine）便是雛型之一。

10.1　潮汐利用發展

　　人類利用潮汐能源由來已久。11 世紀的不列顛和法蘭西，便已知道在河面上裝設小型「潮力輾穀機」來幫忙輾玉米。時至近代，同樣的概念才得以應用在大規模利用潮汐來發電。世界上最有名的，位於法國的 La Rance 計畫，便是在河口築一道長長的水閘（barrage），透過裝在水閘當中的球型渦輪機（bulb turbines）來發電。該 240 MW 潮汐發電計畫，還只是中型尺寸。將地球直徑與地球至太陽或地球至月球的距離相較，顯然是微不足道，但是太陽或月球對地球各地之作用力（引力）卻仍略有差異。如圖 5-43 所示潮汐發電系統，便是利用此一位能轉換，而獲得電能的作法。通常在海灣或河口地區圍築蓄水池，在圍堤適當地點另築可供海水流通之可控制閘門，並於閘門處設置水輪發電機，漲潮時海水便會經由閘門流進蓄水池，推動水輪機發電；等到退潮時海水亦經閘門流出，再次推動水輪機發電。如此雙向水流發電裝置，是目前潮汐發電的主流。

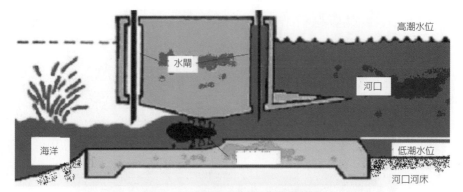

圖 5-43　位於河口的潮汐能發電裝置

圖 5-44　法國 La Rance 潮汐發電站在建造期間與完成建造之後

　　目前全世界正運轉當中的兩個大規模潮汐發電廠（tidal power plant, TPP），一個位於法國如圖 5-44 所示為 La Rance, Brittany（240 MW），在建造之前與建造完工之後的景象。另一大規模潮汐發電廠，位於加拿大新思科舍省（Nova Scotia）的 Annapolis Royal（20 MW）。前者啟用於 1966 年，其所配備的 24 個球型渦輪發電機直徑 5.35 米，額定發電 10 MW。該發電機的設計，可讓潮水在流入和流出過程當中皆可發電。

10.2　潮汐發電技術

10.2.1　渦輪機

　　用於潮汐發電的渦輪機有幾種不同的型式。例如，法國的 La Rance 潮汐發電廠用的是球型渦輪機（圖 5-45）。在此系統當中，水會持續在渦輪機週

圍流過，而使維修變得很困難。因為必須先將水流擋在渦輪機外。圈型渦輪機（rim turbines）（圖 5-46 所示）這類問題就小得多。其將發電機與渦輪機的葉輪垂直，架在壩當中。可惜的是，要對這些渦輪機的性能進行調整很困難，而且其也不適用於泵送。在管型渦輪機當中（tubular turbines），（圖5-47 所示）葉輪和一根長軸成一角度相接，如此發電機可架設在壩頂上。

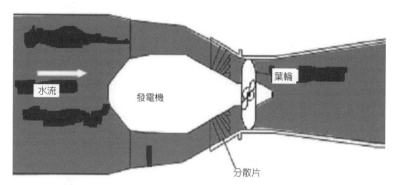

圖 5-45　球型渦輪機

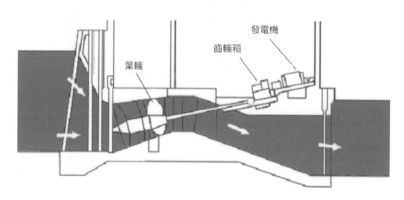

圖 5-46　圈型渦輪機

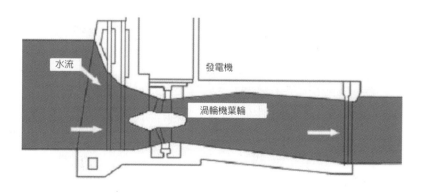

圖 5-47　管型渦輪機

10.2.2　潮籬

潮籬（tidal fence）由獨立的垂直軸式渦輪機，架設在圍籬式的結構體所組成，如圖 5-48 所示。此潮籬若攔河口架設，在環境上勢將形成一大障礙。然而在 1990 年代，一些架設在小島之間或大陸與離島之間的水道的潮籬，仍被考慮接受，作爲用來大量發電的選項之一。

10.3　海流發電

海流發電，顧名思義，用的是海洋當中海流的動力，推動水輪機發電。這類發電，一般於海流流經處設置截流涵洞沉箱，並在當中設一座水輪發電機，此可視爲一個機組的發電系統，也可視發電需要增加好幾組，並在各組之間預留適當之間隔（約 200 至 250 公尺），以避免紊流造成各組間的互相干擾。圖 5-49 所示，爲藝術家心目中，架設在淺海海床上的軸流式海流渦輪機。

10.4　潮汐與海流發電的限制

儘管潮汐發電存在著，因爲跨越河口而提供了道路與橋樑，改善了交通，以及取代化石燃料，減少溫室氣體排放等優點，但其也存在著環境上的重大缺點。尤其是堤壩的建造，往往使潮汐發電相較於其他再生能源，較不受歡迎。

10.4.1　潮汐的改變

在河口建造堤壩，勢將改變潮池內的潮汐水位。此一改變的預測不易，且其對於潮池內的沉積和水的濁度，會產生明顯的影響。而沉積物增加之

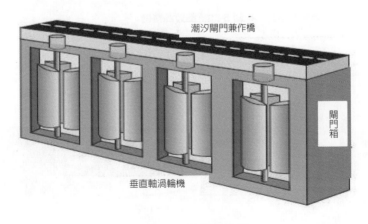

圖 5-48　潮籬閘門示意

圖 5-49　架設在海床上的軸流式洋流渦輪機

後，船隻航行與遊憩，會因潮池內水深改變而受到影響。至於潮水上升所導致的海岸線淹沒，亦必然會對當地海洋食物鏈造成影響。

10.4.2　生態的改變

潮汐發電所潛在的最大缺點，當屬對於河口內動、植物的影響。由於截至目前，全世界建造的潮電堤壩還太少，其對當地環境的整體影響所知仍相當有限。唯潮電堤壩的影響，仍取決於當地的地形和海洋生態系。

10.4.3　地環境衝擊

雖然在一個潮汐發電計畫當中，渦輪發電機對於環境造成的衝擊不大，但在河口建造一座攔水堤壩，卻足以對潮池內的水和魚等生態，造成相當可觀的影響。

10.4.4　濁度

水的濁度指的是水中懸浮物的量，會因為潮池與海洋之間交換水量的降低而減輕。透光程度也因而提升，而得以讓陽光穿透到更深的水中，改進光合作用的條件。此一改變也將影響食物鏈，同時造成當地生態系的改變。

10.4.5　鹽度

由於上述潮池內與海洋交換水量降低，潮池內的鹽度也隨之下降，可能進一步影響到生態系。

10.4.6　漂沙

同常在河口，都有大量的底泥（sediments）從江河流向海洋。而堤壩的建造，也正好導致底泥在潮池當中沉積，對生態系和堤壩的運轉都造成影響。

至於在渦輪機的運轉發電過程當中，也會在渦輪機的下游處形成漩渦。若此水平漩渦觸及水底，必將造侵蝕（erosion）作用。儘管提供到潮汐流當中的底泥量可能並不多，但日積月累，仍可能對渦輪機基座造成危害性侵蝕。藉由打樁（pilings）固著的渦輪機，或許可不受這類問題影響，但若渦輪機的固定靠的是重物，便有可能整個翻覆。

10.4.7　污染物

一如前面所提到的，由於交換水量降低，累積在潮池內的污染物，也就較不能有效擴散，而其濃度也有可能因而提升。一些像是污水等可生物分解（biodegradable）的污染物，其濃度上升很有可能促進潮池當中細菌滋生，而對人和生態系的健康都造成衝擊。

10.4.8　魚類

魚可能可以安穩的游過水閘，只是一旦水閘關閉，魚便會嘗試從渦輪機當中游過去，其中有些靠近渦輪機的便可能會被吸入。即便渦輪機可儘量設計得對魚友善些，依過去的經驗，仍不免造成大約 15% 的死亡率（由於壓力降、與葉片接觸、空蝕等所造成）。

11　海洋熱能與鹽差能

海洋是最大的太陽能收集和貯存器。同時，受太陽直接照射的海洋表面和長期光線無法到達的深海，存在著可觀的溫度差異。而海洋表層（約 15℃ 至 28℃）與深層（約 1℃ 至 7℃）之間的溫差在地球上各處不盡相同，一般在熱帶地區，海洋表層與 1000 米深的海水溫差可達 25℃。

圖 5-50 所示，為地球上海水溫度的分佈情形。海水的之溫度，會直接影響海水密度。海水溫度隨著水深而降，而隨著水溫的降低，海水的密度將逐漸增大，直到 −2℃。此與淡水有所不同，淡水的密度雖然也隨溫度的降低而增大，唯當淡水水溫降至 4℃ 之後，因逐漸凍結成冰，所以在一直降至 0℃ 的過程當中，淡水的密度不增反減。

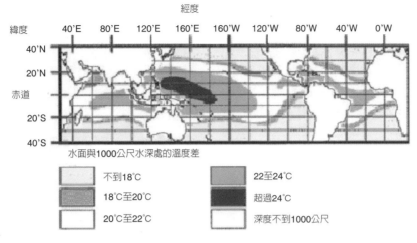

經度

| 緯度 | 40'E | 80'E | 120'E | 160'E | 160'W | 120'W | 80'W | 40'W | 0'W |

40'N
20'N
赤道
20'S
40'S

水面與1000公尺水深處的溫度差

	不到18℃		22至24℃
	18℃至20℃		超過24℃
	20℃至22℃		深度不到1000公尺

圖 5-50　地球上海水溫度的分佈情形

　　海洋熱能轉換（ocean thermal energy conversion, OTEC），係利用海水溫差而產生動力。根據熱力公式，熱機如於 7℃ 與 27℃ 之間運作，則其理論上最大效率為 6.7%。理論上溫差若愈大，則 OTEC 之效率愈高，成本愈低，因此，OTEC 最適合在熱帶或亞熱帶地區發展。據一些專家的估計，這發電潛力可達 10^{13} 瓦。OTEC 過程當中的深層冷海水並具備豐富的養分，可用作海岸或陸上栽培海洋動植物等用途。

　　雖然 OTEC 似乎在技術上很複雜，其倒並非新科技。早在 1881 年，法國物理學家達森瓦（Jacques Arsene d'Arsonval）便提出，從海洋當中擷取熱能的理論。不過卻是達森瓦的學生克勞德（Georges Claude）實際建造了第一座 OTEC 廠。克勞德於 1930 年在古巴建廠。該系統以一部低壓渦輪機，發出 22 kW 的電。而在亞洲，日本政府也持續贊助 OTEC 技術的研究。

11.1　OTEC 工作原理

　　圖 5-51 所示，為設於海上漂浮平台上的一套海洋溫差發電系統。海洋溫差發電之工作原理與目前使用的火力、核能發電原理類似，首先利用表層海水蒸發低蒸發溫度的工作流體如氨、丙烷或氟利昂，使其汽化，進而推動渦輪發電機發電，然後利用深層冷海水將工作流體冷凝成液態，再予以反覆使用。其系統由蒸發器（evaporator）、渦輪機（turbine）、發電機（generator）、冷凝器（condenser）、工作流體泵浦（working fluid pump）、表層海水泵浦（surface water pump）等單元所組成。蒸發器的構造

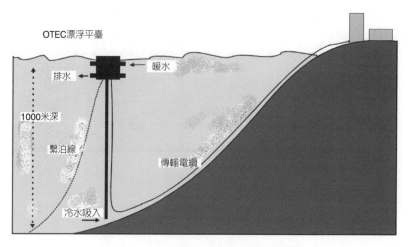

圖 5-51　海上漂浮平台海洋溫差發電系統

如同一般熱交換器，由管巢或薄板組成。在其中，在 13℃ 至 15℃ 間即告蒸發的液體物質（稱爲工作流體或工作媒介），遭遇到引入的 15℃ 至 28℃ 表層海水（或稱爲溫海水），因受溫海水加熱，而致沸騰，所產生的蒸汽再經由管路送到渦輪機，驅動之。

接下來，從渦輪機排出的蒸汽流進凝結器，在此遭遇到導入的 1℃ 至 7℃ 的深層冷海水，冷凝成原來的液體狀態。此液態工作流體再由泵浦重新送回蒸發器。如此週而復始，不斷地進行重複循環。只要表層海水與深層海水間存有溫差，即能經由此循環不斷驅動渦輪發電機，產生電力。

11.2　OTEC 潛力

台灣東岸海域海底地形陡峻，離岸不遠處，水深即深達八百公尺，水溫約 5℃。同時海面適有黑潮流過，表層水溫達 25℃。由於地形及水溫條件俱佳，開發溫差發電的潛力雄厚，理論蘊藏量在 12 海浬領海內達 3,000 萬 kW，若以 200 海浬經濟海域估算，更可高達 25,000 萬 kW，該區域領海範圍內若以適度開發 10% 估計，其技術蘊藏量可達 300 萬 kW，每年約可發電 460 億度。

OTEC 的最大潛力，在於藉著利用大型電場船（grazing plantships）以生產氫、阿摩尼亞、甲醇等，足以供給世界上所需燃料當中很大的一部分。就已經研究過的 OTEC 裝置的三個世界性市場，美國海灣海岸與加勒比海一帶、非洲與亞洲、以及太平洋島嶼，預期太平洋島嶼，將會是頭一個開放循

環 OTEC 電場市場。此一預測根據的是燃油電廠成本、海水淡化需求、以及此一潔淨能源技術的社會效益。

11.3　技術上的限制

OTEC 在熱交換過程中需要用到大量的溫水與冷海水，導致需要在泵送過程中，耗掉其渦輪發電機所發出電的百分之 20 至 30。決定此海水泵所需能量的主要考量，包括流體在水管中的摩擦損失，以及所需克服的，由於管內較重的冷水與水管周遭水團之間密度差異，形成的重力能。

就 26℃ 的暖水和 4℃ 冷海水而言，理想的能量轉換效率為百分之八。而實際的 OTEC 廠，會在此循環當中不同點進行不可逆傳熱，並產生焓，造成僅百分之 3 至 4 的能源轉換率。固然此值，相較於傳統發電廠所能達到的效率甚低，然 OTEC 所用的，畢竟是為太陽所持續更新的資源。顧及實際狀況下所需用到的冷水管尺寸，迄今 OTEC 的規模，以 100 MW 為限。至於開放循環的，由於用的是低壓蒸汽，目前發電渦輪機的尺寸，以 2.5 MW 為限。

根據過去的估算，OTEC 廠每 MW 淨發出電力（總發電容量扣除在本身廠內所用的），在正常溫差 20℃ 下，大約需 4 m^3 s^{-1} 的溫海水和 2 m^3 s^{-1} 的冷海水。為能維持泵送損失，在總電力的百分之 20 至 30 之間，海水在管內傳送到 OTEC 機組的平均流速需低於 2 m s^{-1}。因此，就 100 MW 的廠估算，需用到 400 m^3 s^{-1} 的 26℃ 海水，流經 16 m 直徑、伸入 20 m 水深，以及 200 m^3 s^{-1} 的 4℃ 海水流經 11 m 直徑、伸入 1000 m 水深。在類似配置下，需要用到直徑 20 m 的管子，做為混合回流水管。而為了將使用過的水，送回到海洋，對環境所造成的衝擊減至最輕，對大多數廠址而言，排放深度為 60 m，也就是需用到深入 60 m 的管子。

11.4　海洋鹽差發電

地球上各處海水差異甚大，從千分之 30.5 至千分之 35.7 之間都有。全球平均來說，海水的鹽度大約是 34.73。鹽份越高之海水，密度亦越大。鹽分在水表面最低，隨著水深遞增。

開發存在於淡水與鹽水間的壓力差，可以擷取到能量。此能量稱為滲透能（osmotic energy）。而淡水和鹽水之間的能量差，稱為鹽分梯度（salinity gradient）。因此只要是在溪流或河川進入海洋的地方，便存在著滲透能。

鹽度能是再生能源當中，尚待開發的最大能源之一。據估計，全世界可每年擷取達 2000 TWh。其尚未受到世人重視的原因之一，在於其潛在能量對於一般人而言尚不明顯。另一原因，則在於此能源需要相當程度的技術研發，方得以廣泛利用。根據評估，鹽度能源的成本較傳統水力能爲高，但和其他形式已大規模開發的再生能源相比，則不相上下。

11.4.1　PRO 與 RED 鹽差發電廠

鹽分梯度能源的原理，是擷取淡水與鹽水混合出的產物的位能。此一能源，因爲並不能讓人們在自然界中感覺到它的熱、落水、風、波浪、或輻射的形態，而難以理解。曾經有人提出不同的，用來擷取此一能量的方法。這些包括在淡水和鹽水水面的蒸氣壓力差，以及有機複合材料在淡水與鹽水之間腫脹的差異。然而最可行的方法還是使用半滲透性的膜片。藉由以壓力遲滯滲透膜（pressure retarded osmosis, PRO）或者是以逆電析（reverse electrodialysis, RED）直流電對鹽水（brackish water）施壓，擷取到能量。

12　結論

國際能源總署（IEA）和能源資訊（EIA），分別針對 2002 年至 2006 年和 2006 年至 2030 年的再生能源提供了預測。假若將生質能和廢棄物從預測方程式當中排除，而將再生能源著眼於水力、風、地熱、太陽、海洋等，則以下爲其預測遠景：

・根據 EIA 的數據，在 2002 年至 2030 年之間，全球所消耗的再生能源將增加 75%（或每年平均 3%），而在非 OECD 國家的成長（85%），會快過 OECD 國家的（68%）。

・然而根據 IEA 的數據，此期間再生能源在總初級能源供給（total primary energy supply, TPSE）當中，僅增加 0.5% 至 1.6%。

・再生能源當中約六分之五用於發電和產熱，而其在總電力和產熱當中，預計從 2002 年的 1.2%，成長到 2030 年的 3.2%。

・再生能源在總耗能（total energy and fuel consumption, TEFC）當中所佔比例，在同期當中從 0.1% 增加到 0.4%。

12.1　永續未來的再生能源

我們可以期待的是，到了 2020 年，許多先進國家，乃至全世界的能源系統型態，比起今天將會多得多。而電力系統仍將以市場爲導向的電網作爲

主軸，與大型電場的供電取得平衡。只不過與今天不同的是，有些大型電場將會是位於海域，所擷取的能源包括了波浪、潮汐、和風場等。大致上，岸上的一些小型風場，仍會繼續發電。這些電力市場，勢將有能力解決其間歇性的發電的問題，靠的是在有些天候狀況下，非得減低或切斷這些來源時，所採用的備用容量。

到時會有更多的在地發電，其中一部份來自於中、小型的地方或社區的電廠。其燃料，可能是在當地種植的生物質量，或是源自於當地的廢棄物，或者也有可能是當地的波浪和潮汐發電機。這些除了供應當地輸配網路外，還可將多餘的容量賣到電網當中。同時，這些電廠所產生的熱，也可供當地生活所用。

到時也會有多得多的，像是源自熱電共生（cogeneration）的小型發電場、建築用的燃料電池（fuel cell, FC）、或是光伏（photovoltaic, PV）。這些也都隨時可發出額外的容量，賣回到當地的輸配電網當中。而到時的新家，都會設計得僅需用到很少的能源，甚至可達到零碳排放（zero carbon emission）。而既有的建築，也都會採納愈來愈多的能源效率措施。很多建築，就算不發電賣回到當地的電網當中，也都會建立至少減低本身對電網需求的能力，例如藉著利用太陽加熱系統，以供應其所需要的熱水等。

12.2　再生能源的有利趨勢

當成本效率（cost efficiency）趨近於相競爭的能源時，再生能源市場即可望蓬勃發展。以下僅舉幾個再生能源市場，趨於足以和化石燃料競爭的實例：

‧除了市場力量以外，再生能源產業通常都需要政府贊助，才能在市場當中產生足夠的動力。許多國家中央或地方政府都落實了誘因，例如政府的賦稅補貼、分攤企劃（partial copayment scheme）、及購入再生能源的各種退費，以鼓勵消費者改用再生能源。政府也可對再生能源技術的研究提供經費補助，促使再生能源能生產得更便宜和更有效率。

‧建立能夠刺激有利於再生能源市場力道和具吸引力的回收率（return rate）的貸款項目，能舒緩初始投資成本，並實質鼓勵消費者，願意考慮並購買再生能源技術。一個著名的實例，便是聯合國環境計畫（UNEP）資助印度十萬人使用太陽能系統。在印度獲得成功的太陽能計畫，得以進一步將

類似的計劃引進其他開發中世界，像是突尼西亞、摩洛哥、印尼、及墨西哥等國。

‧對高化石燃料消耗徵收碳稅，並轉用於資助再生能源開發。

‧許多世界級的智囊團都警告世人，必須緊急開創一個具競爭力的再生能源基礎設施與市場。已開發世界，可對相關研究進行更大、更多的投資，以找出更具成本效率的技術，並將製造工廠移轉到開發中國家，以充分利用其低廉的勞力等各項成本因子。再生能源市場可因此快速成長，進而取代並降低化石燃料的優勢，而全世界也可因而在氣候異常上，和石油危機上得到舒緩。

‧最重要的是，再生能源正逐漸獲得私人投資者的青睞，而具有成長成為下一個大產業的潛力。很多大公司和投資企業，都正對 PV 的開發與生產進行投資。如此趨勢在美國矽谷與加州、歐洲、和日本，都已經很明顯。

12.3 排除障礙

對照世界趨勢，2009 年四月初，包含工業化與脫穎經濟體在內的 G20 國家領袖，一致同意追求建立兼容、永續、且綠色的復甦體系，並強調要過渡到一潔淨、創新、資源有效、低碳的技術和基礎設施。美國歐巴馬總統稱此高峰會議為史上第一次，理由在於當今各國所共同面對的挑戰，無論就規模與範疇及所採取的應變都是前所未有。有別於過去僅屬七、八個工業大國專利的高峰會議，這回 G20 以實際行動，照顧世界弱勢國家與團體，格外令人激賞。但也誠如歐巴馬所說，這倒也並非僅出自慈善，而是所有國家未來市場及成長動力所繫。

台灣所長期倚賴的化石能源與核能全賴進口，積極整合能源效率與開發可望在地化的再生能源，本為從社會、經濟或環境層面追求永續的無悔選擇。若能在需求面透過能源使用效率提升加以最佳化，則所增加的能源需求與成本，應可遠低於消極、因循策略的。此省下的能源成本，大可用於投資在促使近期或嫌昂貴但卻可永續供給的再生能源，加速引進市場。而僅止於將傳統能源之供給改由再生能源供應，或是僅單獨投資在能源使用效率上，皆無法收效。亦即，能源效率與再生能源的整合，實為實現永續能源系統的關鍵。

當今整體能源需求與供給的型態與趨勢皆明顯不可持續，工業化國家如

此，開發中國家亦復如此。而也唯有當能源效率與再生能源的潛在利益得以透過整合策略加以彰顯，才可望改觀。可惜，許多市場與結構性障礙一直阻礙能源使用效率與再生能源的開拓。尤其，在許多個別計畫和國家政策層級上，皆對二者的整合形成阻撓。少了能夠去除此障礙的新政策，長遠並符合最低成本的永續能源發展，便無望達成。

國內外許多實例早已說明，好的政策不僅可以讓環保不成為經濟的絆腳石，往往還可促使二者相互推升。基於能源安全與環保考量，將潔淨能源體系整合到經濟發展當中，早已成為各國努力落實的方向。其實台灣的低碳能源選擇，也大可不必是如今的非核即火，而是一套能準確掌握各類型節能與高效率及再生能源技術應用前景與發展進度，兼顧前瞻與整體的能源路徑圖及其落實。

從過去近二十年來歐盟國家在再生能源上的競爭過程當中來看，贏家總屬於及早表達並實踐發展意願的國家。而政府的政策正是成敗的最主要關鍵。儘管再生能源不乏台灣所迫切需要的優點，預計在台灣推廣再生能源仍將障礙重重，其中主要問題不乏：(一)因缺乏相關基礎設施與經濟規模，而不利於再生能源的商業化競爭；(二)目前課稅與耗能政策的扭曲，有利於傳統化石能源；(三)再生能源所帶來的諸如降低污染及能源分散等效益未能反映在市場價格上，使缺乏消費者改用再生能源的誘因；(四)欠缺消費者資訊等市場障礙。

過去二、三十年，採納再生能源的主要障礙，在於其與傳統能源相較的成本。而此高成本，則主要在於其高昂的投資成本。

然而，展望未來十年，再生能源的投資成本，可望持續下滑。至於此下滑速率，則直接和其拓展速率及其技術的成熟度有關。下滑速率最快的，當屬目前最為成本密集的光伏成本。另一成本速率將下滑得很快的，便屬海域風能，其次是太陽熱能及潮汐與波浪能技術。至於技術最成熟的水力的投資成本，則大致上不會有太大改變。

再生能源發電的成本，取決於該技術的投資成本，和所擷取資源的品質（像是風的強度和陽光普照的時數）。儘管大多數再生能源的發電成本，會隨著其投資成本下滑而降低，在有些地區卻也可能因為最佳廠址已然開發殆盡，反倒變得更貴（例如歐洲很多地區的水力和岸上風力）。

目前和計畫中的研發成就，將會是決定先進再生能源技術是否能歷久不

衰，在全球初級能源供應上，進一步佔一席之地的重要關鍵。而這些研發的主要努力目標包括：從再生能源發電的成本、提升輸出能源品質與再生能源供應的可靠度、以及改進能源供給與使用者需求之配合，以降低能源輸配的成本與損耗。

　　縮短再生能源與傳統能源成本差距的技術配合趨勢，終究取決於政策與法規，是否在於支持再生能源。而大量再生能源的整合，勢將成為電網管理上愈來愈重要的一個議題。許多再生能源的特性之一，為其所能提供能量的自然循環（natural cycles）。再生能源的輸出能量雖然取決於其技術，然終究隨其在不同時間尺度（time scale）當中的特性而異。如此再生能源電力輸出的波動，會對電網管理帶來挑戰。

習題

1. 當前全世界嚴重仰賴的三種燃料是什麼？其供應量佔全世界能源的比例是多少？

2. 再生能源最主要的根源是什麼？

3. 目前在什麼情況下，PV 發出的電，可能比傳統發電技術所發出的電，要來得便宜？

4. 以風機（turbine）發電的效果，最主要取決於哪三項因素？

5. 目前風能最主要的環保顧慮主要包括哪些？

6. 簡言之，替代燃料最主要的兩個好處是什麼？

7. 生物燃料當中的所謂 E85 和 B20 分別是什麼？

8. 目前太陽能的應用，大致不外哪二種型態？請分別舉一例。

9. 狹義的講，被動太陽加熱（passive solar heating）一詞，所指為何？

10. 太陽能熱水系統主要包含哪三個部分？

11. 試概述使用生物能源所面臨的各種挑戰。

12. 試述生物能源對於人體健康方面所帶來的問題。

13. 抽空到附近的一個溫泉遊樂區，觀察當地的地熱能源利用方式及其中存在的問題。

14. 完整敘述以地熱能源發電的各種方式。

15. 找機會到海邊，坐下來一面看海一面想想當中蘊藏的能量。我們可能以什麼方式擷取這些能量，經由什麼方式儲存和運送到用戶？

16. 是列表說明波浪能所採用的能量轉換方式和基本原理。

17. 解釋潮汐能（tidal energy）和波浪能（wave energy）有何不同。

18. 試繪簡圖解釋 OTEC 的工作原理。

19. 試述台灣發展的有利條件。

20. 試論述發展再生能源的有利因素及尚待排除的障礙。

陸　電

前面我們介紹了木材、煤、石油、和天然氣等燃料。這些都是初級燃料（primary fuel）。至於從石油和煤等所加工生產出來的合成氣，則稱為二次燃料（secondary fuel），用起來比較方便。木材和煤燃燒生熱可驅動蒸汽機。油可直接用以驅動內燃機。至於天然氣或合成氣則最方便使用了。其最初用於點燈，接著很快就用來烹煮、取暖和帶動內燃機。近來還用在驅動燃氣渦輪機。

電屬另一種二次燃料。儘管想起來，電應該屬於現代產物，其相關基本技術，其實在十九世紀末之前，即已發展出。電在 1880 年代即已商業化，主要由燃煤電廠或水力電廠所產生。其在當時點燈不像煤氣燈有臭味，驅動起電動馬達，也比蒸汽機或內燃機來得方便。其甚至還逐步建立起廣佈全世界的電報系統。

電固然公認既乾淨又方便，且為人類帶來許許多多福祉，然時至今日，人們對電實存有不同評價。燃燒化石燃料的火力電廠是空氣污染之首，至於核能電廠亦存在著其他難解的問題。本章首先回顧十九世紀的電池和發電的基本技術，接著我們介紹電燈泡的發展及較為有效率的電器，及相關的基本物理原理。

1.1　電池與化學電力

電池（battery）或伏特電池（voltaic cell）發明於十八世紀末。十九世紀的科學家，即對電火花（electric spark）和電擊（electric shock）現象進行研究，最初一直苦於無法做出實驗所需供電來源。直到找出一系列材料的電與化學性質後，總算設計出無須充電的初級電池（primary cell）。英國威廉爵士（William Grove）於 1839 年做出了其 Grove Cell 電池，用的是鋅和白金電極和硝酸溶液。其性能良好，並成爲快速擴張的通信工業（即電報）的最佳電力來源。他同時也展示了一個氣體電池（gas battery），或可說是今天我們所稱的燃料電池（fuel cell），但卻因看不到商業應用前景，而並未持續發展。1868 年法國工程師 George Leclanché 從鋅和碳開發出一個電池。其在二十年後，發展成當今廣爲使用的鋅碳乾電池（zinc-carbon dry battery）。

此外，二次電池（secondary cells），亦即充電電池（rechargeable batteries），在當時亦持續研究中，只是其商業化要晚得許多。

1.2　磁性與發電機

電流通過一導線會產生磁性，同樣是奇妙的發現。1820 年法國物理兼數學家安培（Andre Marie Ampére）（圖 6-1），提出了電磁理論（electromagnetism）的科學。他證明了，當一條帶電流的導線和另一條導線平行並排時，其間會產生磁力（magnetic force）。同一世紀的不久，大家所熟悉的電流單位，用的便是他的名字。正式的說，一安培（amp）即定義爲，在眞空當中、兩條無限延伸、相隔一米細導絲之間，每米長度產生 2×10^{-7} 牛頓的力，所需要的電流。安培接著以導線纏繞一玻璃棒，試驗流過的電流，後來發現若以導線纏繞鐵棒，該鐵心即會成爲對其他磁鐵產生強大吸力或斥力的電磁鐵（electromagnet）。

1831 年法拉第（Michael Faraday）證明了，將一磁鐵棒在一線圈當中通過，會產生短暫的電流。法拉第在 1831 年底，做出了第一個能持續產生直流電的發電機（electric dynamo）。接著在 1834 年，儀器廠賣出了第一部手搖迴轉式發電機。其看其來如同圖 6-2 所示一般。當位於永久磁鐵兩個極之間的小線圈旋轉，電磁效應會在其中產生某一電壓，此電經由壓在軸上的金屬滑環（slip-rings），傳至外部電流（external circuit）。由於電流的方向交

圖 6-1　電磁學先驅安培（1775-1836）　　　　圖 6-2　1830 年代最簡單的發電機

替改變，故稱為交流電（alternating current, AC）。然若用的是設計得較為複雜的滑環及整流子（commutator），便可產生僅在一個方向流通的直流電（direct current, DC）。

　　大型發電機用的是較多的磁鐵和線圈，由水輪機或蒸汽渦輪機帶動，能發出大得多的電流，以符合實際用電需求。1840 年代首先開發出的大型發電機之一的用途，是在金屬板上電鍍銀。同時，最早另外開發出的，當然還有大出力的電動馬達，用來驅動火車頭、船舶、和車床等生產機器。

　　在當時，真正需要用電的地方仍不外乎取代原本缺乏效率的瓦斯燈或油燈等照明用途。這是當我們今天看到建築物或街道上，充斥著各類型照明燈具時，所難以想像的。

　　1860 到 1870 年代之間，科學家們力求提升發電機的效率。西門子（Werner Siemens）和惠斯登（Charles Wheatstone），試圖在發電機當中以電磁鐵（electromagnets）取代笨重的馬蹄形永久磁鐵（horseshoe permanent magnets）。此電磁鐵可以利用發電機本身所發出的電。想起來，這樣一部機器既無電流、亦無磁場，自然也就無以啟動。實際上，此軟鐵電極可保存足以啟動的殘餘磁性。一旦運轉，便可供給本身的磁場，亦即所謂的自行激磁（self-exciting）。因而，此機器比起原本使用永久磁鐵的，能夠做得既輕、價廉、且更有效率。

1.3　電燈的崛起

　　1878 年，英國化學家史旺（Joseph Swan）展現了，在一個真空玻璃球當

中的一條碳纖維當中通上電流，會發出光來。這比起先前的煤氣燈或油燈，既無噪音也無臭味，同時所發出的光也柔和許多。

　　大約同時，另一位著名發明家，美國的愛迪生（Thomas Edison）（圖6-3）於 1879 年，做出了一顆幾乎和史旺的完全一樣的燈泡（圖 6-4），並進行取得專利。隨即發生一段訴訟。終究，燈泡的商業化還須靠史旺與愛迪生通力合作。1883 年史、愛二人於放棄了官司纏訟，轉而結合成立愛迪生與史旺聯合電燈有限公司（Edison and Swan Electric Light Co. Ltd.）。

　　在室內以電燈泡照明頓時成為奢侈的象徵。在當時，傳統的燈仍需要不時補充燃料與保養，而新式鎢絲燈泡卻可一直點亮著，直到脆弱的燈絲斷掉或是燈泡破掉，才告熄滅。其不僅在當時，即便時至今日，仍然對電壓甚為敏感。電壓太低，燈不夠亮且效率也低。太高，又會提早燒掉。

　　艾迪生於 1882 年，在倫敦裝設了由全世界第一座蒸汽渦輪發電廠供電的街燈，並在紐約成立了愛迪生電力照明公司（Edison Electrical Illuminating Company），並設立了珍珠街（Pearl Street）發電站，安裝了六部號稱巨無霸的發電機，並利用地下排水溝佈設了電纜。其在 1882 年年底之前，在 192 座建築當中連接了四千個電燈。此為美國愛迪生供應公司（Edison Supply Companies）系列生意的開始。此際，英國也裝了超過 400 座電燈。圖 6-5 所示為早年愛迪生公司的電燈廣告，當中教人不要用火柴點燈，只消轉動門旁的旋鈕即可。

圖 6-3　發明家愛迪生（1847-1931）

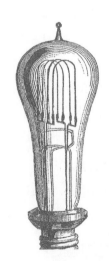

圖 6-4　早期的電燈泡

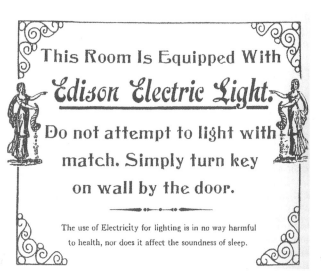

圖 6-5　早年的電燈廣告

圖 6-6　1882 年布萊登發電廠內部（右圖）及當今火力發電廠的 20 萬 kW 渦輪發電機組（左圖）。

　　當時，每個照明系統都各有其專屬發電機，大多數都很小。圖 6-6 右圖所示，為 1882 年布萊登發電廠，可看出廠內有幾部蒸汽機分別帶動發電機，每部約莫 10 kW。左圖所示則為當今火力發電廠的 20 萬 kW 渦輪發電機組。

1.4　AC 或是 DC

　　早期供電的一個重要辯論議題，在於究竟要採用交流電（AC）亦或直流電（DC）。愛迪生極力主張供應直流電。其由蒸汽渦輪機發電供應，儲存在大型電池當中，如此即使須停下發電機進行維修，仍可持續供電，並可配合偶發性的尖峰負載。

供應 DC 電尚且便於對其他，像是開始出現在 1890 年代用以驅動電動汽車的電池，進行充電。當時的一些像是軌道電車或電動火車，所用的變速電動馬達，都較適合採用 DC 電源。愛迪生爲了推廣 DC，還特別允許紐約監獄利用其實驗室，進行執行死刑用的電椅試驗，但卻堅持取名西屋電流（Westinghouse Current）。當時，愛迪生的勁敵西屋（George Westinghouse）力主的便是 AC。

然而 AC 終究具有贏得局面的充足理由。交流電可以高電壓發出而便於傳輸，並逐步藉由變壓器（transformer），降爲消費者所需要的低壓電。1887 年俄國的提斯拉（Nikola Tesla），證明了如何以分開的 AC 電源，以相同頻率但分開的相位（displaced phase），在一馬達當中產生一很強的轉動磁場，並隨即用來帶動一磁鐵。雖然他一開始用的是二相電，但卻爲後來發電和傳輸電所用的三相電，立下了基礎。三相馬達出力可以很大且效率逾90%，導致最後的廣泛使用。

永續小方塊 1

交流電

直流電持續在同一方向流通。若是交流電流或電壓，其在一定時間循環當中，方向隨即反轉。此一完整循環，稱爲週期，通常以符號 T 表之。至於每秒鐘的循環數，則稱爲頻率，通常以符號 f 表示。頻率的單位爲赫茲（hertz），源自於 Heinrich Hertz。因此，

$$F(\text{Hz}) = 1/T(\text{sec})$$

歐洲和日本用電的頻率一般爲 50 Hz，在美國等其他地區則爲 60 Hz。一般歐洲和日本等家電爲單相、交流電，以 230 伏特輸送。

$$\text{電功率 } P(\text{watts}) = \text{電壓 } V(\text{volts}) \times \text{電流 } I(\text{amps})$$
$$\text{電壓 } V(\text{volts}) = \text{電流 } I(\text{amps}) \times \text{電阻 } R(\text{ohms})$$
$$\text{則電功率 } P = V^2/R = I^2R$$

變壓器

變壓器（transformer）顧名思義，為在電力系統當中，用以改變電壓的裝置。其可用來將輸入電壓升高到較大值，或者將輸入電壓降至較低值。其作用靠的是電場與磁場之間的互動，故其僅適用於交流電流。

一般變壓器由兩組線圈組成。此線圈緊密繞在一個由層層矽鐵合金薄片（矽鋼片）組成的鐵心上。頭一組線圈稱為初級（一次）線圈（primary）連接到輸入電源，亦即擬轉換電壓的電能來源上。第二組線圈稱為次級（二次）線圈（secondary），則是連接到輸出端，亦即需要較高或較低電壓的電器或系統上。

當交流電壓供應到初級線圈，其在鐵心當中產生一交流磁場。此磁場接著會再次級線圈當中產生一交流電壓。假使次級線圈的電線圈數比初級線圈的多，在其中所產生的電壓，將高於初級線圈當中的；反之若其圈數較少，則產生的電壓亦較小。在一理想的變壓器當中，電壓的比值和圈數的比值相等。假設初級線圈的是 Np 圈，次級的是 Ns 圈，則初級電壓 Vp 與次級電壓 Vs 的比值 Vp/Vs＝Np/Ns。

然而根據能量守恆定律，雖然次級線圈的電壓可高於初級線圈的，唯其電流卻將成比例減少；而假使次級線圈當中的電壓較低，其中的電流亦將跟著較高。

變壓器屬高效率裝置。通常在變壓過程當中，僅很小比例的輸入電能會損失掉，主要耗在加熱線圈和磁化矽鋼片上。而如今可藉著採用加入鎳和硼的先進矽鐵合金作為鐵心，以降低此能量損失。

就相同的電功率而言，比起 60 Hz，頻率 50 Hz 的變壓器，既大且重。當今電子設備，像是電腦、電視和電燈，普遍採用切換式電源供應（switch-mode power supplies）。其採用半導體整流器（semiconductor rectifiers）將其 50 Hz 轉換為 DC，再將之藉由高壓電晶體（high voltage transistors）轉換成 30 KHz 高頻 AC。接著再將此饋入一小得許多的變壓器，轉換成所需要的電壓。這也是如今的電視等許多電器，比起早年的都輕巧許多的原因。

三相交流電流

　　三相交流（3-phase AC）電源，都有如圖 6-7 當中所示三條導線，和中央中性（neutral）或「星（star）」線。此在星線和三條導線每一條之間所分別產生的電壓皆完全一致，但彼此之間卻比同步相差三分之一個循環。電的相位差以度表示，一個完整循環為 360 度。第二相（phase 2）與第一相（phase 1）相差 120 度，第三相（phase 3）則又再相差 120 度。從圖 6-7 右側的波形，可看出三相的電壓（voltage），隨著時間（time）變化的情形。

　　一般住宅區的三相輸配電纜，由於任何兩相導線之間的電位差為 440 伏特，故一般都稱之為額定 440 伏特交流電。工廠會以全部三相一起，驅動其機器的電動馬達。一般住家則會在其中任何一相和中央中性線之間，拉出 220 伏特單相作為供電。

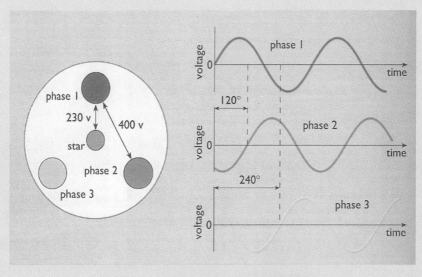

圖 6-7　三相電力的電壓—時間關係波形

永續小方塊 4

三相交流發電機

　　圖 6-2 所示為一最基本的發電機，線圈在磁鐵兩極之間旋轉。如今發電廠的交流發電機所發出的三相電所採用的安排則略有不同。

　　其最簡單的形式可想成一磁棒（轉子，rotor），在由三個固定線圈所組成的定子（stator）之間旋轉。其中接線方式稱為星連接（star connection），由各線圈內側端連接到三相系統的中性線（neutral wires），至於外側端則形成此三相線。當磁棒旋轉，一三相電壓隨即產生（圖 6-8）。

　　在一實際的交流發電機當中，此磁棒以一帶有大直流電的線圈的電磁鐵所取而代之。此即稱為激磁機（exciter）的獨立小型直流發電機。此一交流發電機最後可以從定子線圈，發出數百安培、11 kV 以上的電。不同於前面所提的早期發電機，此龐大電流不需經過滑環即可送出。

　　現今發電廠的交流發電機不僅能輸出龐大（gigawatt）電力，效率亦甚高（一般滿載時達 98.5%）。

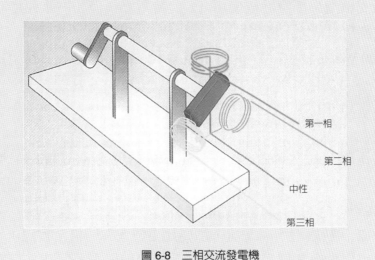

第一相

第二相

中性

第三相

圖 6-8　三相交流發電機

電燈電壓的選擇

一燈泡所用的電流（I）等於其電功率（P）除以其電壓（V），即：

$$I = P/V$$

某 100 W 燈泡，若設計成使用 110 伏特，則會用到的電流為：

$$100/110 = 0.909\,A$$

當其點著時，電阻為：

$$V/I = 110/0.909 = 121\,\Omega。$$

許多新式燈泡，都設計成使用 12 伏特電壓，例如汽車頭燈和接在變壓器上的裝飾用鹵素燈，皆屬之。

一顆 100 W 的鹵素燈泡，使用電流為 100/12 = 8.3 A，其電阻為：

$$V/I = 12/8.3 = 1.44\,\Omega。$$

因此，比起一 12 伏特的燈，一 500 W 主燈（main lamp）燈絲的電阻，必須大上 350 倍。低電壓燈泡的燈絲粗短耐用，而主燈的則長且細，而也就較脆弱。

然而，12 伏特燈泡所需電流，卻要比主燈大二十倍。實際上，230 伏特電源線，可以做得比同等級 12 伏特系統的細得多，同時其插頭與插座的尺寸也會受到影響。

永續小方塊 6

送電到戶

我們假想有個供應 220 伏特電的城鎮，需要從 50 公里外的水庫，輸送 1 MW 的電力進城。假設在輸送過程中須損失 10% 或 100 kW 的電力，則需要用到多粗的電纜？

我們逐步計算如下：

第一步　算出以 220 V 供應 1 MW 到此鎮上的電流安培數 = 1000000 watts/220 volts = 4546 A

第二步　假設以 4546 A 電流流過電纜，過程中產生 100 kW 的熱，則造成的電壓降伏特數為 1000000 watts/4546 amps = 23 V

第三步　以此 23 V 電壓及 4546 A 電流，算出電纜的最大允許電阻歐姆數（Ω）= 23 volts/4546 amps = 0.0051 Ω = 5.1 mΩ

第四步　利用各種尺寸銅線的數據，選出一直徑夠大的電線

電線直徑（mm）	每 100 km 長電線的電阻（mΩ）
20	5500
50	880
100	220
200	55
500	9
700	4
1000	2

就此 50 公里的輸電距離，我們需選直徑 700 mm 的電纜。此需要用到 3500 公噸的銅。

我們有另一個選擇，是使用較大的傳輸電壓。傳輸 22000 伏特（22 kV），而非上例當中的 220 伏特，僅需要 45.5 安培而非 4546 安培。假設要達到和上例相同，損失 100 kW 熱的目標，則僅須選用直徑 6.5 mm 的電線，如此一來，僅需用到 300 kg 的銅。由此應可看出，發電廠將發出的電，先行在廠內進行升壓，再進行輸配的道理。

2.1 煤氣反撲

正當電燈崛起與煤氣燈競爭之際，澳洲化學家 Carl Auer von Welsbach 發現釷（thorium）和鈰（cerium）的氧化物的火焰可發出明亮光芒。他在 1886 年開發出，迄今仍廣受歡迎的熾光罩（mantle）。這是個可以裝在一煤氣燃燒器上，塗了前述化學品的纖維質小襪。雖然纖維會燒掉，但其殘餘物卻可以形成發光的網子。其雖然極為脆弱，但照明效率卻比當時一般煤氣燈，提升了四倍。這項發明隨即普及開來，一直延續到二十世紀。時至今日，全世界仍有二十億人，因為缺電而賴以照明。而即便文明國家，此煤氣熾光罩燈，仍廣受戶外活動者歡迎。

儘管就能源效率而言，熾光罩燈是一項重大發明，其污染問題卻不容忽視。釷屬於放射性元素，而美國環保署（US EPA）不久前才耗費鉅資，清除位於美國紐澤西州的一個老熾光罩燈工廠，所遺留下的放射性廢料。

2.2 金屬燈絲燈炮的改進

1904 年 Welsbach 藉著開發出鋨（osmium，Os 原子序 76，唸做額）燈絲的燈炮，與前述煤氣燈形成抗衡。此不僅能耐得住比原本碳絲高得多的溫度，也能產生更亮的光線，使照明效率提高了近五成。

當今燈泡用的是鎢（tungsten, W）絲，是美國人 Coolidge 於 1907 發明的。它所能承受的溫度，和發出的光芒比起鋨，尤有過之。鎢原本很脆，費了很大功夫，才發展成為如今的線絲狀。

燈炮接下來的發展，便是在其中灌入，讓燈絲不致燒毀的惰性氣體（inert gas）。史旺和艾迪生最早嘗試的是將燈泡抽真空，只不過這樣的燈泡用了一段時日後，便會因為在玻璃球內累積了，熾熱燈絲蒸發所產生的黑色產物，而變得模模糊糊。1913 年美國人 Langmuir，建議在燈泡中灌入像是氬（argon, Ar）等氣體，可減緩燈絲蒸發，同時可承受更熱，且也更加明亮。

終於，1934 年，很細的「線圈繞線圈」（"coiled-coil"）的燈泡問世了。此得以降低燈絲在惰性氣體當中的熱對流，而幾乎達到和六十年後的今天所用燈泡，相當的效能。此期間，燈泡真正的改進，幾乎僅在於量產過程。

仍值得一提的是，1960 年問世的迷你鹵素燈，在燈泡當中灌了微量的碘

（iodine, I）或溴（bromine, Br）等鹵素。其與蒸發後的鎢結合，再沉降積存在燈絲上，而得以耐更熱且更加明亮，提高 20% 的照明效能。鹵素燈泡以體型小得多的石英玻璃，取代傳統玻璃燈球，以承受 250℃ 以上的高溫。

2.3　日光燈泡

最早愛迪生的熾熱光燈，每消耗一瓦的電卻只產生 3 流明（lumens）的照明效果。到了 1920 年，此數字提高到將近每瓦 12 流明，足以取代原本廣用於路燈的煤氣燈。直到 1930 年代日光燈（fluorescent lamp）問世，其地位受到挑戰。

早在 1867 年，法國物理學家 Henri Becquerel（亦為輻射線的發現者）證明，電流可以在一根長條、密封的玻璃管，當中的低壓水銀蒸氣流通。到了 1890 年代晚期，Peter Cooper Hewitt 開始開發這類能發出藍綠光的玻璃管，接著廣泛用於當年僅有黑白照的照相館。

1933 年，美國奇異電器公司（General Electric Company）買下了 Cooper Hewitt 公司，賣起了這新穎、明亮的水銀蒸氣燈泡，即高密度射出燈（high intensity discharge lamp, HID）。其既明亮又不會釋出任何毒性煙氣，且不需保養，就能維持很長的壽命，其自然很快普遍取代了路燈的地位。

同一時期在歐洲，能發出迷人、明亮橘色光的低壓鈉蒸氣燈問世。這個時代所開發出的，高壓水銀與鈉燈，於 1960 年代開發出，雖可產生更寬廣光譜的光，迄今大多數路燈，仍多保有其原本的藍綠或橘色光。金屬鹵化物燈（Metal halide lamps），則是另外攪入金屬蒸氣以調整光色的水銀燈。

事實上，具有最高照明效能的，當屬每瓦 200 流明的低壓鈉燈（low pressure sodium lamp），唯其往往為了呈現顏色，而犧牲一些照明效能。比如說，一部深紅色的消防車，在低壓鈉水銀燈下，會呈現出漆黑。這也是為什麼，我們今天所常看到的消防車上，會貼（或漆）上橘條與黃條了。

當今流行的管狀日光燈（tubular fluorescent lamp）（圖 6-9），實應追溯到二十世紀初法國人 George Claude 所發現的氖（neon）氣，能發出明亮紅光，以及其將燈管彎成各種字母的形狀。不僅廣告界很快大量採用了這類霓虹燈，其也奠定了日光燈日後快速發展的基礎。

當時的一個問題時，如何才能有「白」光？Becquerel 在其 1867 年的實驗當中證明，水銀（汞）蒸氣可呈現紫外光（ultraviolet light），而如果在

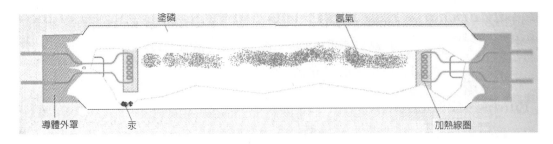

圖 6-9　日光燈管的基本構造

玻璃管內壁塗上硫化鋅（zinc sulfide）等磷（螢）光劑（phosphors），便會轉換成可見光（visible light）。欲調整光色，只消塗上適當的螢光劑即可。Becquerel 的這項發現六十年後，美國奇異於 1938 年，生產出第一支商業化日光燈管（tubular fluorescent lamp），比熾熱燈亮兩倍，壽命長兩倍。

　　其基本設計自此幾乎一成不變迄今。兩端蓋上金屬蓋的密封玻璃管（圖6-9），當中含有一定量的氬氣和少量的水銀，管壁上塗佈了某特定螢光劑。此外。在管子的兩端各有一小小的電熱絲。假設一開始，當燈是關著，燈管是冷的，燈管中的水銀呈現的是小滴狀。一旦燈點著，燈管兩端之間隨即產生主電壓（main voltage），並以一起動電流激發電熱器，隨即在氬氣當中形成流通電弧（arc），同時關閉加熱器。此時，液態水銀開始蒸發，而水銀電弧則釋出紫外光，再經由燈管塗料當中的各種螢光劑轉換成可見光。此外，燈座當中還會有一個稱為平衡器（ballast）的大型線圈，用以限制在燈管當中流通的電流。

　　自 1938 以來，經由新設計與螢光劑的大幅開展，日光燈的照明效能、呈現的色調、以及壽命，都有了長足的進步。全世界也都以其作為辦公室的標準照明型式。

　　只不過，儘管熾熱燈的性能，在後來的 30 年當中幾乎看不出有什麼長進，其在 1970 年代之前，仍持續廣受歡迎。而似乎只有靠後來發展出的精實日光燈（compact fluorescent lamp），才足以直接取代它。這另一方面還有賴於彎曲細玻璃管的技術，以生產小型曲管日光燈泡。荷蘭菲利浦公司於 1980 年生產出其 SL 系列產品，體型小到足以和大多數燈具搭配使用，但因在電源端包含了平衡器線圈，重量卻大得多。其耗電大約是同等級熾熱燈的四分之一，且壽命也長很多。

不過其很快被電子平衡（electronically ballasted）的新產品所超越。值得注意的是，日光燈所採用交流電頻率愈高，所激發的水銀蒸氣也愈多，燈也當然愈亮。無奈所供應的主電流頻率，也不外 50 Hz 和 60 Hz。所以也只有等到 1970 年代末期，小型且價廉的高電壓電晶體開發出之後，此現象才得以實現。此電晶體得以將主電力轉換成 35-40 千赫的高頻 AC，應用於燈管。如此所生產出的，一般稱為「省電燈」的輕型精實日光燈（lightweight compact fluorescent lamp, CFL），相較於一般熾熱燈，僅耗電 20%，壽命八倍，且售價穩定下降。圖 6-10 所示，為不同時代的各類型燈泡。最左邊的是傳統鎢絲燈泡，中央的是電磁平衡精實日光燈，最右邊的是輕型 CFL。

　　然而，這類日光燈的開發終究存在著污染問題。既然燈管當中的水銀屬毒性化學品，如此大量的燈管終究要處置，而必然構成對人體健康與環境的安全顧慮。日光燈製造廠自 1980 年起即力圖降低其在日光燈管中的水銀用量。一般新型的 CFL 含有 4-10 mg 水銀，而一大型高密度射出燈則含有約 200 mg，比起當初的 Cooper-Hewitt 原始版本的好幾百公克，要好得太多了。在台灣等有些地區，顧及棄置日光燈的危害性，將其定位為有害廢棄物（hazardous waste），需單獨收集。只不過，如此一來，其他釋出大量水銀至環境的燃煤電廠等來源，也應一視同仁，加以嚴格規範與限制才是。

圖 6-10　不同時代的各類型燈泡

對於電力不夠普及的經濟落後地區而言，追求照明似乎理所當然。然時至今日，「過度照明」在許多地區卻廣受詬病。世界上許多「文明」人，尤其是居住在都市裡的人，已因為反射到天空的永久性橘色光害，而不再能享受星空。佐拉（Emile Zola）早在 1901 年便預言：

「…而且夜裡會有另一個太陽照亮黑暗的天空，熄滅了星星」。

永續小方塊 7

紐西蘭申請將美麗星空列入世界珍貴遺產

位於紐西蘭南島的蒂卡波小鎮得天獨厚，有翠綠的山巒和寶石般的湖泊，且夜裡有據說是世界最美的星空。蒂卡波小鎮居民，為了保護這片美麗的星空，發起了「夜晚熄燈運動」，並向聯合國教科文組織申請成立「星空保護區」，希望在 2009 年 10 月前，讓這片星空，成為世界級遺產。

2.4 發光二極體

照明技術隨著半導體（semiconductor）的應用，獲得進一步發展。紅色發光二極體（light emitting diode, LED）在 1970 年代問世，用於小型指示燈。從此，橘色、綠色、藍色、及最近的白色，陸續出現。其額定電力，從原先的千分之一瓦（milliwatts）增加到瓦，且如今其整體亮度和尺寸，也已足以應用於交通號誌、顯示板、及單車車燈。其照明效能足以和熾熱燈匹敵，而 LED 更是持久 20 倍，同時大大降低了更換燈泡所需維護成本。目前的課題，在於如何讓白色 LED 燈，能比起日光燈更強且更有效率。

永續小方塊 8

當今的電燈

如今照明源自各種不同的電燈。表 6-1 當中所示為最常見的一些電燈及其一般效能。一般而言，燈愈大，性能也愈佳。

表 6-1　當今電燈及其效能

燈型	詳細情形	照明效能（light efficacy） 每瓦流明數*
一般照明燈	常見熾熱燈泡	9-19
鹵素鎢絲燈	迷你熾熱燈泡，一般用透過一變壓器供應的 12 伏特電力	17-27
高壓水銀射出日光燈	藍白光一般用於工廠、大賣場	40-60
高壓水銀射出金屬螢光燈	藍白光一般用於街道照明	75-95
精實日光燈	可直接取代一般熾熱燈的日光燈	70-75
三螢光管日光燈（tri-phosphor tubular fluorescent）	辦公室與工廠的標準型	80-100
高壓鈉射出燈	白橘色光，用於街道	75-125
低壓鈉射出燈	純橘色光，用於街道	100-200

註：*此為每消耗一瓦特電所產生的流明數，並非每瓦初級能源所生流明數。

3　電動交通

　　就像人們會寧可以乾淨的電燈取代髒兮兮的油燈和煤氣燈，照講人們應該也寧可以電動馬達，來驅動汽機車、巴士、火車，而不願使用蒸汽機或者汽、柴油引擎。然在過去的 120 年當中，前述二類交通動力的競爭，卻是難分軒輊。只不過電在驅動與控制上與汽柴油引擎結合，以增進其效率同時減輕污染，卻是近十幾年一個很重要且明顯的趨勢。

3.1　電車與電氣火車

　　靠電照明這件事，在 1880 年代其實並不符合一般經濟常識。當時與其競爭的煤氣，可裝在一個容器當中，讓煤氣燈安穩的點上一整夜。尤其到了晚上，它不會像電燈那樣，因為無法滿足尖峰用電而出問題。

　　當時的電，必須應實際需求而發出。雖然那時已可將直流電存在電池當中，但卻極為昂貴。光是為了滿足一天當中短短幾小時的尖峰用電，便需耗上為數甚多的發電廠。以今天的說法，我們稱這種情形為，在低容量因子（capacity factor）下運轉。此值指的是在一段期間實際所發出的電，比上其持續運轉所能夠達到的最大值。一套容量因子為 100% 的發電系統，表示其一天 24 小時，一年 365 天都能打平。

　　假使想在所投資的一座發電廠當中取得最佳獲利，容量因子當然是愈大愈好。而如此一來，當然就需要用戶配合在不同時段用電。而當年在英國新的電車和電動火車，便很樂意配合。

圖 6-11　台灣高速鐵路的「火車頭」　　　　圖 6-12　銜接上海浦東機場與市區的磁浮列車

　　雖然英國維多利亞公司的火車鐵路網載人、載貨，連貫幾乎當年所有城市，然其又吵又髒，加上有鍋爐爆炸之虞的蒸汽機，卻與都市街道格格不入。所以在城內，人們不外走路或以公共馬車與電車代步。

　　德國西門子（Werner von Siemens）於 1879 年，在柏林展示了一套小型電氣火車。不久電氣火車系統，很快在歐洲和美國拓展開來，迅速降低了搭乘驛馬車的人口。到了 1914 年，第一次世界大戰爆發之前，驛馬車幾乎從歐美各大城市消失。取而代之的是電車、大約 1900 年引進的汽油巴士、和新的地下鐵。圖 6-11 為台灣高速鐵路的「火車頭」，圖 6-12 為銜接上海浦東機場與市區的磁浮列車，如圖 6-13 照片左上方所示，其正常行駛最高時速約為 430 公里。

3.2　電池電動車

　　電池電動車往往被視為「未來車（car of the future）」，而如今大多數汽車大廠，也都以各有其標準車款的電動車版本。其實電動汽車由來已久。比利時的 Camile Jenatzy 於 1899 年，即以一部電池電動車（圖 6-14），締造了車速紀錄，有史以來首度衝破 100 kph。其使用的是鉛酸電池，以額定 50 kW 電動馬達驅動，重 1.5 公噸。

　　在 20 世紀最初的二十年當中，電池電動汽車、巴士、和計程車已相當普遍。儘管都跑得很慢，但反正當時街上本來就塞滿馬車，影響並不大。隨著一方面技術獲致提升，一方面大家對提升車速的期待，而儘管持續出現新型電動車，且都市空氣污染也廣受關切，電池電動車後來也僅限於用在送奶車和高爾夫球車等次要用途。

圖 6-13 上海磁浮列車正常行駛最高時速約 430 公里　圖 6-14　1899 年破紀錄的電動車 Jamais Contente

在過去三十年當中，由於輕巧的永久電磁馬達隨磁性材料的改良問世，加上先進的電控技術，造就了汽車上所用的再生式煞車（regenerative braking）。其在煞車過程中，透過電動馬達將車子的部份動能轉換回電能，對電瓶充電。

不過，電動車技術在整體上的進步，並不如內燃機的那麼神速。早在 1910 年，美國底特律電動車公司（Detroit Electric Cars）所造的電動車，便已能跑到每小時 100 公里。如今看來似乎令人失望，尤其若知道，早在二十世紀初期，鉛酸與鎳鎘電池技術便已問世。

既然電瓶中所能儲存的能量有限，車子的性能自然也就受到限制。其若非長途以慢速行駛，要不就是快快跑完短程，長途快速行駛仍屬想像。目前的研究之一，著眼於快速充電，另一選擇是能迅速替換電瓶。儘管如今的鎳鎘和鎳金屬氫電池的壽命，較同等級鉛酸電池長，任何一型電動車在新購和更換電池上，皆所費不貲。

3.3　電氣傳動與油電混合

電動馬達的彈性加上控制上的簡化，使其得以和其他動力系統充分結合。先進的柴油火車頭，皆採用電氣傳動（electric transmission）。其以柴油引擎驅動發電機，再以電動馬達帶動車輪。其控制，在於確保該系統產生最大曳引效果與加速，而避免車輪在軌道上打滑。這其實一點也不新鮮，法國早在 1890 年代，便已完成一部蒸汽電動火車頭（steam-electric railway locomotive）。而在公路上，類似的系統也早在 1905 年，取得發明專利。

今天，各大車廠的一系列稱爲油電混合驅動（hybrid-electric drive）汽

車，也繼豐田 Prius 之後，陸續問世。

4　電的普及

4.1　當今用電

4.1.1　遠距傳輸與資訊技術

早在十九世紀初，便已利用電做爲傳輸工具。當時的鐵路雖已提供相當快捷的郵政服務，但仍覺得急需更快的傳輸途徑。法拉第的電磁理論之後沒幾年，William Cooke 和 Charles Wheatstone 便發明了，能即時「寫信」寄到遠方的電報（tele-graph）。而當時的鐵路公司對此特別感興趣。

電報的原理很簡單。其不過是利用一個開關，來控制由電池和一些電線所組成電路的開與閉。在此電路的另一端，也許是好幾英哩以外的地方，只要線路夠長，該開關位置的變化情形，便可透過一儀表上的指針顯示出來。而利用大約五根指針組織起來，便不難以字母拼出字來。1842 年英國警方即藉此聯繫，在倫敦火車上逮捕了一名殺人犯。而電報也因此成爲讓鐵路時刻，變得更有效率和更有系統。

美國畫家兼雕刻家摩斯（Samuel Morse）於 1837 年建議，採取單一電線，透過電磁鐵再接上筆，將信號明確的寫在紙上。摩斯發明了一套至今仍廣爲使用的密碼，稱爲摩斯密碼（Morse Code），由點和線段組成，也正是分別以前述開關的短與長時間的閉合所組成。

美國政府於 1842 年提供給摩斯三萬美元經費，很成功的建立了連接巴爾的摩和華盛頓特區之間的一條實驗性電報。摩斯電報自此在全世界迅速蔓延，同時造就了電池、銅線、及電報員的需求。而其實當年還年輕的愛迪生，正是透過擔任電報員學到電的。

接下來的突破，便是在美國和歐洲之間的大西洋海床，佈上電報電纜。1858 年佈設的頭一條電纜，用了沒幾個禮拜便宣告失敗，而所佈設的第二條，也在 1865 年斷掉。到了 1870 年代，全世界已滿佈電報網，全藉由電池推動。

1870 年時，能從遠距寫信的電報，又另外加上了能從遠距傳送聲音的電話（telephone）。雖然電話的發明專利，後來歸給了在美國工作的英國聲學教授貝爾（Alexander Graham Bell），其實早在 1850 年至 1862 年之間，義

大利人繆希（Antonio Meucci）便已做出好幾個可用來通話的電話雛形，只不過因太窮而無力申辦專利。

雖然當年的電報與電話都依賴電線連接，但早在 1864 年，馬克斯威爾（Maxwell）便已發表論文對於不需電線，但藉電磁波（electromagnetic waves）在空間傳輸做出預測。1887 年，德國科學家赫茲（Heinrich Hertz），以好幾公尺以外的電流，在一電路當中跨越一間隙造成火花。他發現欲達最佳接收效果，便須將接收器（receiver）調到與發送器（transmitter）的頻率（frequency）相符合。而如今，我們所用來表示無線電波頻率的單位，用的正是其名赫茲（Hertz），即每秒的週數。

起初赫茲自己也不認為無線電能夠遠距傳送，但別人倒表現得很樂觀。1899 年，當時年僅 25 歲的義大利工程師馬可尼（Guglielmo Marconi）成功的跨越英吉利海峽建立了無線連接（wireless link）。他在 1901 年示範將信號無線傳輸到 2100 英哩外，並於 1907 年建立了第一條橫跨大西洋的商用無線連接。

不過，又再等上 20 年之後，才開始有了新聞與娛樂廣播。英國廣播公司（British Broadcasting Company, BBC）於 1922 年 11 月，開始了一般性廣播。

4.1.2　烹煮與加熱

電和煤氣一樣，先是用作照明的燃料，接著就被用作烹煮和加熱的用途。美國奇異電氣公司（General Electric Company, GE）在 1890 年，便開始賣起電熨斗和可以在 12 分鐘將水煮沸的電壺。在 1920 年代和 1930 年代期間，電價劇烈下滑，但仍遠比煤和煤氣價格為高。

再經過二十年，電的應用大幅提升。以英國為例，其在 1939 年即有約三分之二的家庭享有供電。英國當時絕大多數家庭都已有電燈，77% 有一個電熨斗，40% 擁有吸塵器，27% 有電暖爐，16% 有電茶壺，14% 有電鍋，另外不到 5% 有電熱水器。

第二次世界大戰之後，一些國家如英國，電網已深入鄉間，讓電燈幾乎無所不在。新的生產技術將當年厚重的生鐵電爐，轉變成當今所用的不鏽鋼型態。如今，瓦斯烹煮和電爐烹煮分庭抗禮，而歐美國家很多廚房，甚至在設計上便將電爐和瓦斯爐並列。當然，廚房當中另一樣不可少的，便是美國

在 1947 年已問世的微波爐了。和傳統鍋子僅從外部對食物加熱不同，其以微波激發食物內部的水分，迅速將食物煮透。此隨即帶來超級市場上所出現的速食（fast food）文化。

4.1.3　冷凍空調

永續小方塊 9

熱泵與冷凍機

> 所謂熱泵（heat pump）可以說成是將熱，從一低溫區送到一高溫區的裝置。其運轉需要從外部輸入，通常是機械功型式的能量。最普遍的，應該就是家庭用電冰箱和空氣調節器（冷氣機），都是用來冷卻，只不過熱泵也可用於加熱取暖。

　　一般家用冰箱，為一隔熱盒子裝上一個熱泵。其內部溫度一般約為 5℃，冷凍庫在 −10℃ 至 −20℃ 之間。其外部溫度則接近室溫，在 15℃ 至 20℃ 之間。既然熱會自然的從暖活的外部，透過隔熱層流到冷的內部，這時熱泵便需透過排出相同熱量，來達成平衡。其必須將熱從低溫的內部，移至較高溫的外部。

　　一冰箱內的熱泵，用的是液體的兩種性質。首先當液體蒸發，吸收了大量的能量，亦即其比潛熱（specific latent heat）蒸發。比方說，其需要大約 4.2 kJ 的熱，以提升一公斤水達攝氏一度。將一公斤的水在 100℃，相同溫度下轉換成一公斤，所需熱量超過 2000 kJ。第二個性質，液體的沸點會隨著壓力而變。壓力愈高，沸點也愈高。

　　水因為沸點太高所以不適合用作冷凍廠的冷媒（refrigerant）。早年冷凍廠用的是二氧化硫或氨（阿摩尼亞），後者迄今仍廣用於工業界和漁船上。

　　氟氯碳化物（chloroflurocarbons, CFCs）於 1930 年代由米吉里（Thomas Midgely）所發明。他還發明了汽油中的鉛添加劑。CFCs 無色、無味、不會自燃、穩定、而且既不具腐蝕性又無毒。從此便廣泛大量的使用了很長一段時間，直到發現了其累積後，所造成南極臭氧層破洞的後果，才被全面禁用、淘汰。其同時也是造成地球暖化的重要元兇。

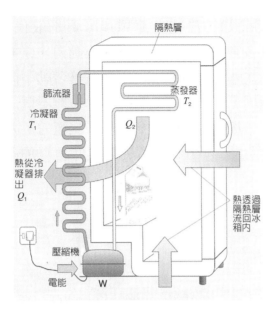

圖 6-15　電冰箱的冷媒循環

在一台如圖 6-15 所示的電冰箱（冷凍機）當中，冷媒持續在一封閉的冷凍循環當中流通。其從冷處以低壓蒸氣狀態離開，進入由電所驅動的壓縮機（compressor）當中，獲得了能量，同時提高了壓力。此時，該流體的沸點隨即升高到室溫以上，而在通過冷凝器（condenser）時凝結成液體。此時，流體的蒸發潛熱（latent heat of evaporation）隨即釋出，進入週遭環境。其接著在通過一節流噴嘴（throttling nozzle）的同時，進入了由一系列小管子所組成的蒸發器（evaporator）。在此低壓部份，冷煤的沸點即告下降並蒸發，同時將冰箱內部的熱帶走。

如此整個過程，靠著輸入的機械功，將熱從冷藏（凍）空間帶走，並以高溫將熱排出，大致上即一熱機當中過程的逆向操作。

4.1.4　無所不在的電動馬達

無疑的，電動馬達的發明，是人類大舉用電，關鍵的一步。有了小型馬達，一系列省力家電也隨著問世，例如：

電動吸塵器　　　　　　　　　1904 年
洗衣機　　　　　　　　　　　1908 年
洗碗機　　　　　　　　　　　1910 年

這讓原本因第一次世界大戰結束，造成歐美國家中、高階家庭，僕人短缺的問題，立即得到舒緩。

而自 20 世紀初開始，三相交流馬達，更是取代了大型工廠的「馬力」。在那之前，許多工廠靠的是蒸汽機作為動力。原本以蒸汽機作為動力來源，不僅又吵又沒效率，且若是以一部蒸汽機帶動不同的機器，一大堆的皮帶、連桿等傳動機構，無論運轉或維護，都複雜不堪。有了電動馬達，便可直接單獨接上機器並加以控制，大大提高了生產力。尤其配合接著下來的必然趨勢─自動化，大大小小各種類型的電動馬達，更是不可或缺的要角。

永續小方塊 10

電費，省省吧

　　無論你是自己直接付電費或是包括在房租當中，電用得多終究要算在你的帳上，而且也都對你所處的環境造成影響。以下是我在生活當中，所做的一些小動作，可讓我的電費少掉一半以上。

　　‧隨手關掉沒有在用的燈。在做一些像是閱讀等需要靠近的工作時，採用檯燈等「任務型照明（task lighting）」，而不是打開照亮整間房間的不必要燈光。

　　‧將一般的鎢絲燈泡換成省電燈泡。雖然這種燈泡會貴些（但價格也掉得很快），不過因為用電變成只需要原來的四分之一、壽命延長為原來的七到十倍，所以多付的錢也可很快回收。再加上到了熱天，因為它散發出的熱少了很多，而成了一大利多。這種燈泡若是密閉在燈具當中，會因為溫度太高而縮短其內部電子電路的壽命，但若是開放式的，就會讓壽命延長一些。請注意：在浴室等經常很潮濕，而可能讓水氣滲入內部電子或是開關頻率很高的地方，最好不要用包括省電燈泡或稱為密集日光燈炮（compact fluorescent lamp）等在內的日光燈泡或燈管（螢光燈）。

　　‧如果你有必要使用鎢絲燈泡，儘量加裝亮度調節器（light dimmer），如此一來，在你不需要那麼亮時，可以藉調暗一些省點電。特別注意：不要在省電燈或日光燈上裝接亮度調節器，否則會縮短它的壽命。

　　‧經常撢掉燈泡和燈具上的灰塵；記得先關燈。即便是很薄一層灰塵都可降低照明效果。

．在夏天，儘可能只用電扇或扇子，少用冷氣。當然，健康為重，如果屋內有人有氣喘等呼吸器官或心臟的問題，或是老人、幼童，最好還是使用冷氣。不過就算使用冷氣，也可以將通風轉速調低一點，並將溫度設定得高一點。

．移動式或固定式電熱器，都吃電特別兇，而且若使用不當，還可能引發火災。將溫度調低兩度可省下很多錢。

．冷天，拉上窗簾可以讓屋子保暖一些。

．熱天，拉上簾子，特別是在陽光直射的門窗，可以降低日光照射和日曬。

．電腦和印表機（尤其是雷射印表機），用電也相當可觀。印表機不用時大可先關掉。有的印表機最多可用到 600 瓦，一直開著，等於是持續使用一台小微波爐烹煮一樣。我們往往為了不願意等上兩分鐘的關機和重新開機時間，即使根本沒有在用它，也讓電腦長時間開著。不過如果你明知要離開電腦超過一個小時，還是先關了它吧！因為這樣，在你離開的這個小時內，所省下的電，比起你讓一顆 14 瓦省電燈泡連續點 24 小時，還要多。

．雖然有些像是電鐘或電話答錄機等小電器，你從來不會想到要關掉，它們還是會耗電。一個 7 瓦的鐘或答錄機，一天下來要耗上 0.168 千瓦小時。另外還有很多也是從來不會關掉而持續設定在備便（stand-by）狀態的，像是電視、錄影機、DVD 播放機、或是有線電視轉換器。這些都會一直耗電，而如果你將這些都插在，一支一兩百元，分別設有開關的延長線插座（power bar）上，視情況開關，你往往可以在一天當中省下 0.6 kWh（每月 20 kWh）。但請注意：如果你的有線電視需付費，特別是按次付費的，你還是需要讓你的有限電視轉接器一直開著，否則你的有線電視公司，有可能會在你每次重新開啟時重新設定。不過你還是可以在延長線插座上，關掉不用的電視、錄影機、和 DVD 播放器等電器。

．你有吹風機嗎？吹頭時將溫度儘量調低，不僅省下電費，你的頭皮也會很感激你的。

．先將冷凍食物，提前半天在冰箱冷藏室當中解凍，或至少部份解凍，再行烹煮。

・儘可能以微波爐，取代大型電爐進行烹煮，一般可省下一半用電。這主要是因為微波爐比起電爐，在廢熱上所浪費掉的能量，少得許多。當然，微波爐也有它像是會耗損營養等很大缺點。不過，一般爐子若煮過頭，也同樣有不利於營養的結果。

5　電學基本原理

5.1　電是什麼？

電（electricity）是能量的一種初級形態。雖然我們看不見電，但當我們看見燈泡發出的光、聽見音響發聲、從電暖器感覺到熱、或是使用電腦，我們得以確定電的存在。接下來，我們來看看什麼是電，以及它如何帶動我們日常當中的各種活動。

詹姆士焦爾（James Joule）於 1840 年代，在他的實驗室裡完成了一系列很棒的實驗。其中最有名的，是他用了落下的重物來驅動一個轉輪，並在此轉動過程當中加熱了某流體，進而建立了所產生的熱，和使重物落下的重力所做的功之間成正比的關係。

另一個實驗就更妙了。他用一個落下的重物來驅動一部小型發電機，並很有效的驅動了一個簡單的加熱器。所做的功和熱的關係，在上述兩個實驗過程當中，呈現出相同的結果，且在接下來的實驗當中亦然。到了 1840 年代末期，焦耳認為熱的輸出並不僅止於與所輸入的功有關。功同時也被轉換成了熱。不幸的是，焦爾所得到的結果，在接下來的十年當中，全都被忽略了。

上述焦爾的第二個實驗極為有趣，主要在於其不僅將功轉換成熱，在其中間階段當中，電能也扮演了相當重要的角色。

當然，在十九世紀，電對世人的影響已相當成熟。很久以來，大家都知道，電有兩種類型：以琥珀棒摩擦貓的毛皮，會在棒上留下一種類型，在貓身上則留下另一種。貓和琥珀棒都帶了電，但卻是相反類型，就是我們所稱的正電和負電。進一步的實驗，顯示帶相反類型電的物體會互相吸引，反之互相排斥。後來又發現了與兩個具質量的物體之間，互相平行的重力，接著再導引出在兩個或更多電荷之間，所存在的電位能（electrical potential energy）。

圖 6-16　伏特（Alessandro Volta, 1745-1827），以鋅條和銅條浸在鹽水當中，建立了第一個連續電流來源。

此外，涉及移動而非靜態帶電的電路（electrical circuits），也一直有人研究。伏特（Alessandro Volta）（圖 6-16）在 1799 年發明了伏特電池（voltaic cell）的電池（battery），接著經過了大約二十年，歐姆（Georg Ohm）開始創造出，當時還很模糊的電流（current）和電位差（potential difference）。他說，電流即如同熱流一般的一種流，至於電位差，也就像是造成熱流的溫度差一般。

5.2　電子

所有形態的物質（例如木材、塑膠、金屬、玻璃、空氣）都是由微小的，其中正電荷與負電荷保持平衡狀態的原子所組成。一原子的核（nucleus）由帶正電的質子（protons）和不帶電的中子（neutrons）所組成。圍繞在原子核周圍的是帶負電的電子（electrons），一般都和質子所帶的正電維持平衡。

一個原子可獲得和失去電子，至於其質子數與中子數則維持一定。之所以能形成一道電流，是因為其獲得和失去電子，亦即有電子的流動。而在迴路當中的電流，也正是因為電子從一個原子移至另一個原子，而形成。而電流正是我們用來獲取電，以驅動電器、電腦、設備等，所不可或缺。

在 1870 到 1890 年之間，從一連串以電視真空管的前身所做出的實驗當中，發現一根紅熱線釋出了呈現出很有趣的性質的粒子，包括：

・它們都極輕，質量大約是最輕的原子的二千分之一。

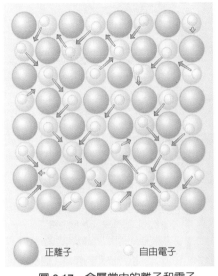

正離子　　　　　　　自由電子

圖 6-17　金屬當中的離子和電子

・它們都一模一樣，既有相同的質量，又帶同樣的負電荷。

此一很輕又帶電，且一定是來自原子內部粒子的發現，大幅改變了人們對物質的概念。它同時提供了，一個金屬當中電流的新模式。可以看出，金屬之所以能成為良好導體，在於其具有自由電子（free electrons）。如圖6-17 所示，該金屬的每個原子都會釋出一兩個電子，成為離子（ion）。而看來，某一小段金屬也就應該是離子的組合，電子在其中以極高速度，漫無目標的持續穿梭。若將這一小段金屬和電源相接，電流便會沿此「電線」流通，並且也可以觀察得出。

5.3　電路與電流

歐姆（圖 6-18）做了一個很有名的，後來稱為歐姆定律（Ohm's Law）的定義：在一根電線當中的電流，和兩端之間的電位差成正比。而接著焦爾也發現了，幾乎和歐姆定律一樣著名的焦爾加熱（Joule heating）現象：由此流動的電流所產生的熱，和此電流的平方成正比。合起來，即為後來用來表達電能與功率的方法。

電路，一般都是以金屬導線或其他能有效傳導電的材質，從電源拉到另一端的用戶而形成。一條電路最明顯的部份，便是從一部電器或設備連到牆上的插座。在將插頭插入插座的瞬間，電線當中的導線即連接電器，完成了一個電路。

圖 6-18　歐姆（Georg Simon Ohm, 1787-1854），於 1852 年起擔任慕尼黑大學教授。

　　電流有兩種類型：在電路當中維持一定流向的直流電（direct current, DC），以及在規律的時間間隔內流往反方向的交流電（alternate current, AC）。在大多數國家，從牆上插座流出的電流都是交流電源。DC 電源，大多數都屬低電壓用途，並非由電力公司供應，像是供應到手提電腦、手電筒、及行動電話等的都是。而用來供電的用品包括乾電池、電化學電池、及太陽能電池等。

5.4　電力供應

　　要產生電或任何其他形式的能量，燃料或是動力來源是不可或缺的。燃料當中的動力，先是從原始狀態，透過各種技術轉換成電。如此發電所用的主要燃料，則包括化石燃料、核子動力、及可再生能源或潔淨能源。

　　而所謂「供電」（electrical supply），很重要的一點，是其所指並非真的供應電子，而是讓電子循環。試想一個僅包含一顆電池和燈泡的簡單電路，當其中的自由電子沿著這段電線朝向燈泡移動時，必會持續和金屬當中的離子對撞。離子在此對撞當中，也順勢獲得了能量，這可以從該金屬逐漸變熱而觀察得到。而這些沿著電線流動的電子，也就逐漸失去了能量，最後回到電池。只要該電流持續在迴路當中進行，電池便會持續供給能量，而這也就是任何電力供應的實際運作方式。更確切的說，這便是電力供應（power supply）。

5.5　電的量測—伏特、歐姆、安培、及瓦特

電可以各種方法量測，單位包括瓦特、伏特、歐姆、及安培，這些量測各有其應用或電力品質意涵，對於電的描述，也各有其重要性。

5.5.1　伏特

電壓（voltage）也可以拿來和家中的水壓相比擬。水壓愈高，水也就愈快流經家裡。同樣的，電壓愈大，電從電源供應（流）到用戶也就愈快。

伏特（Volt）是電壓的單位，為一常用電的度量。我們在討論，如從發電廠供電到用戶的問題時，便會用上。電力公司以電壓區分其傳輸電纜，其以高壓電纜，將大量電力從發電廠，輸送到較小電壓的地方電纜。

一般所提到的供電電壓，指的是在電路端子之間所維持電位（electrical potential）的差異，亦即所量測出供電的能量。至於其單位伏特，則可定義為一安培的電流，在一秒內所供應的電力，而此一伏特所供應的能量，便正好是一焦爾。

5.5.2　歐姆

歐姆用來度量電阻（resistance），可與水管的直徑相比擬。小管徑的水管比起大管徑水管，只能流過較少的水。同樣的，一條較細的電線其電阻較大，所以只能傳輸較小量的電。為了降低電阻，便要用上像是銅等特定的金屬來傳電，如此可讓電子輕鬆流過。

根據歐姆定律所定義，某元件的電阻，為其間的電壓（V）除以流過的電流（I），亦即：

$$R = V/I$$

若以此方式定義，則實際上某個元件的電阻，也就不一定是常數。比方說，提高在一導線當中的電流，溫度也可能跟著上升，而這通常也就會提高其電阻。不過即便如此，將電阻定義成電壓除以電流還是很有用的。而確實有很多科學家在被問到歐姆定律時，所提出的若不是上述定義，便是常見的如下表達方式：

$$V = I \times R$$

式中電阻的單位為歐姆，以符號 Ω（希臘文的 omega）表之。

5.5.3 安培

電流可和在一條水管當中流通的水量相比擬。管內某個點，在一定時間內所流過的水量可以量出。同樣的，電流主要可從計算每秒中通過任何一點的電子數測得，只不過即便是極微小的電流，也可能高達數兆個電子。較正常的電流單位是安培（ampere, amp, A），特別小的表示方法，則是毫安培（milliamp, mA）或是微安培（microamp, μA）。一安培大約等於是有 6.25×10^{18} 個電子，在一秒內流過某一點。

電流流率大小取決於電壓和電阻。一個電壓很高且電阻很小的電路的安培數（在電路中流通的電子數），會比一個電壓小、電阻高的電路，要來得大。而前一個例子的電功率，也因此會高於後者的。一個電路當中的安培數，可用以計算消耗掉的或是輸出的電力大小，是一個相當重要的參數。

5.5.4 瓦特

電氣業界都以瓦特（Watts, W）作為電力的單位。那麼電和功率（power）又有何不同？電是一種能量的形式，是電子在電路當中的移動。功率則是用電或使用任何形式能量的量度，亦即一段時間內所做的功。

瓦特可用以表示，產生的或消耗掉的功率。常用到的地方，包括一部風機或太陽能板所發出的電，以及一顆燈泡或家電所耗掉的電。瓦特是根據伏特、安培、及歐姆等變數所量得的總電功率。

一瓦特（一瓦）等於是一伏特將一安培（每秒 6.25×10^{18} 個電子），在一電路當中移動的電流流率。這也正等於每秒一焦爾（joule/second）。

如前面所介紹，功率指的是能量轉換的比率。所以用在電力上，焦爾定律也可以重寫成：在一元件當中，功率的削減和電流的平方（I^2）成正比。而此一定律也只有在歐姆定律成立時，才能成立。更基本一點的定律則是，電功率和電壓與電流的乘積成正比。

若以上所述成立，則電功率瓦特數，等於電壓伏特數和電流安培數的乘積，亦即：

$$P = V \times I$$

此一關係式，無論用在描述電力供應，或是在一像是燈泡等元件當中，

電力以熱散失掉，皆可成立。

耗電是以 watt-hours（Wh），kilowatt-hours（kWh），或 megawatt-hours（mWh）來量測，是以所使用的瓦數，乘上所使用的小時數計算得。

例如：一顆 60 瓦的電燈泡點了 5 小時，共需用掉 300 瓦一小時的電。

另外，以下數據可幫助我們對日常用電，多一點概念：

‧一千瓦（kW）大約是平均一個美國家庭，隨時所消耗掉的電。

‧1000 kW 等於一百萬瓦（megawatt, MW），大約是一千個美國家庭，隨時耗掉的電。

6 電能的傳輸

6.1 電的輸配

大多數的電，都是從大型的中央電力系統產生，再分散供應到各地的。從這些電力設施所產生的電會經過電網（grid），即一複雜的電力線網絡，來到消費者手上。因此，要了解從電源如何連結到個別用戶所在，便須先了解這電網是如何發揮功能的。

為能確保發電及輸配電都不中斷，電網系統當中的各階層和各類型成員之間需充分協調。以下所列為建立一完整電網，所可能涉及的一些關鍵團體：

‧獨立系統營運者（independent system operator, ISO）

‧發電者（generators）

‧供電者（suppliers）

‧傳輸公司（transmission companies）

‧配電公司（distribution companies）

‧供電者（providers）

‧地方電力公司（municipally-owned utilities）

發電者指的是產生電力的動力場。供電者則從發電者購買電，賣給末端用電戶（消費者）。而消費者照說，也可選擇其供電者。電網當中的輸、配電公司的角色，佔了組成電網的最大份量。其負責將電從發電廠傳送到消費者。整個來說，這些輸配電公司，也負責用來傳送和分配電的電纜、高壓電線、變壓器，及次傳送站的維護與運轉。這些輸配電公司會維護其服務範圍內的電力線路，並負責服務消費者、計表、及停電之後的復電工作。

圖 6-19　位於基隆的協和發電場產生的電經過升壓後輸配給用戶

6.2　電網

電網是發電廠與消費者之間的一片電力網絡。這網絡包括發電廠、傳輸副電站（substations）、高壓傳輸線、電力副站、及用電戶。

首先，電從發電廠產生。這發出的電，如圖 6-19 所示，接著來到位於發電廠內的傳輸副電站，透過變壓器將電壓提升。如此升壓，在於讓電得以很快且很有效率的，沿著傳輸線往用戶的方向移行。

此電以高速沿著高壓傳輸線，來到一電力副站。接著，電再經過另一變壓器以降低電壓，而得以成為適用於用戶的形式。從發電廠送出，這電往往要流經好幾座變壓器，最後才能為用戶所用。除了傳輸站和副站以外，在用電戶附近往往還會有一連串更小，設置了許多變壓器的變電站。這些變壓器看起來，就像是大大的罐子放在與用戶鄰近的電線桿上，要不就是商業區或社區街道上的大鐵箱。

6.3　分散發電

一個發電業者也可能位於一個獨立位址，直接對在地的消費者提供電力。由於此發電者是分散在一些個別的位址，而並非從中央某地供電給許許多多的消費者，因此稱之為分散型發電（distributed generation, DG）。

位於一些消費者附近的分散型發電系統，亦稱為分散型能源。DG 系統一般為小規模的發電業者，供電對象從一些小家戶、工廠、醫院、商辦大樓、或是一群建築，都有。相對的，一個單獨的中央發電業者，一般都能夠

供應成百上千，甚至幾萬棟建築所需要的電。

　　DG 系統一般所採用的，是相當普遍的發電技術，從像是太陽光電和小型風機等再生能源技術，到燃料電池、天然氣小型渦輪機、及柴油發電機等，都有。這類系統有以下優點：

　　・DG 系統因為緊鄰用戶，省掉了電力分配與傳輸的成本，而得以降低其總電力成本。

　　・如果 DG 系統所發的電，比起現場實際需要的多，通常可將盈餘賣給電力公司。

　　・DG 系統終究可能降低電力公司的輸配升級成本，因為 DG 系統降低了源自中央發電廠的電力需求。

　　・DG 系統若靠的是再生能源，則可大幅降低空氣污染、地球暖化、及其他環境上的衝擊。

　　有很多例如醫院、觀光旅館等情形，採用的是柴油引擎發電機的 DG 系統，並非一直都在運轉，而是僅在市電電網失效時才啟動，提供緊急照明等臨時需求的備用電力，而並不能完全滿足整棟建築所需要的電力。

習題

1. 舉例解釋什麼是初級燃料（primary fuel），什麼是二次燃料（secondary fuel）。

2. 解釋電為什麼是二次燃料，及它為什麼這麼受歡迎。

3. 解釋什麼是初級電池（primary cell），什麼是二次電池（secondary cells）。

4. 以很通俗的方式，講一個發電機由來的故事。

5. 以很通俗的方式，講一個電燈由來的故事。

6. 講講當年愛迪生做生意的故事。

7. 為什麼當年要主張採用直流電（DC）？後來為什麼普遍採用的卻又是交流電（AC）。

8. 說明世界各地主要使用的電器規格。這些規格分別代表什麼意義？不同規格的電器又如何適用於不同的國家？

9. 是解釋什麼是三相交流電？

10. 以你家裡各種大大小小的燈泡解釋，何以有的點亮時會很燙，有的卻又不會。

11. 您個人、您一家人、您全班、全辦公室、全公司，隨時消耗的電有幾多？請試著計算一下。

12. 什麼是 LED 燈，如今使用的情形如何？

13. 解釋最早電如何應用在遠距傳輸與資訊技術上。

14. 敘述火車動力的發展過程。

15. 什麼是熱泵（heat pump）？當今它的應用情形如何？

16. 盡可能列出你週遭所有的電器種類和數量，並計算它們個別和全體用電的情形。

17. 延續 15 題，和家人一起討論，找出可以在短期間內顯著降低電費，的實際作法，和可能要付出的代價。

柒　化石燃料電廠

本圖所示，為運轉近 50 年，甫於 2008 年除役的台灣深澳火力發電廠。

　　全世界燃燒化石燃料的發電廠，每年要消耗掉所有供應的化石燃料的 55.5%，其中超過 80% 是燃煤。因此，這些化石燃料電廠正是人為所造成的 CO_2 和其他像是硫氧化物（SO_x）、氮氧化物（NO_x）等不完全燃燒產物以及微粒（particulate matter, PM）等空氣污染物的最主要排放來源。由於要求符合經濟規模的理由，一般發電廠都採大型（500 至 1500 MW 電力）、集中方式建造，且需致力於提升其效率與環保，以減輕此一來源的污染排放與化石燃料消耗。

　　同時，幾乎所有的化石燃料電廠，都是以熱機或燃燒引擎的原理運轉，將燃料的化學能轉換成機械能，再透過蒸汽渦輪機（steam turbine）或燃氣渦輪機（gas turbine），進一步轉換成電能。這些大型發電廠大都採取郎肯蒸汽循環（Rankine steam cycle），蒸汽在鍋爐當中由燃燒氣體加熱水而產生，再用來驅動一部帶動發電機一道運轉的蒸汽渦輪機。圖 7-1 所示為傳統燃煤火力發電廠的汽水循環過程。

　　通常，像是在台灣，這些以蒸汽渦輪機運轉的火力電廠也可搭配核能，負責供應某地區電網（grid）的基本電力需求。而另一方面，有時會再以前面所介紹的布雷敦循環（Brayton cycle）運轉的燃氣渦輪機（gas turbine），供應尖峰負載（peak load）所需。這類電廠先是燃燒天然氣，再藉此燃燒氣體直接驅動用來帶動發電機的燃氣渦輪機。

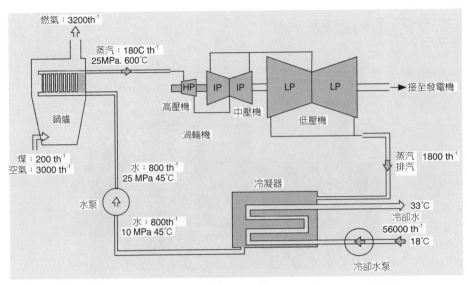

圖 7-1　傳統燃煤火力發電廠汽水循環

　　目前全世界蒸汽循環電廠的熱效率平均大約為 33%，表現最佳的可超過 40%。燃氣渦輪機的熱效率大約在 25 至 30% 之間。當今較先進的火力電廠，採用的是則是上述結合布雷敦循環與郎肯循環的複合式循環（combined cycle）電廠。複合式循環電廠效率大約在 45% 以上，甚至有可能接近 60%。火力電廠的熱效率之所以偏低，主要因素有二：首先是熱力學第二定律的結果，亦即在一熱機循環當中，繼做完有用的功之後，燃料的殘餘熱需要排到一冷劑儲存庫，通常是海洋、河川、湖泊等地表水當中，或是透過冷卻塔排到大氣當中。其次乃基於透過容器壁和管路、摩擦損失（frictional losses），以及隨著廢氣（flue gas）釋入大氣的餘熱等所造成的。很不幸的一個事實是，火力電廠在輸入燃料的化學能當中，僅有約 25 至 50% 是用於發電，其餘都浪費掉，也就是都進入了海洋、河川、和空氣等環境當中了。

　　本章將敘述火力電廠如何做功，以及其主要組成要素：燃料的儲存和備用、燃燒器、鍋爐、渦輪機、冷凝器、及發電機。我們會特別強調的是在大多數國家，基於保護大眾健康和環境，相關環境法令所要求，火力發電廠必須具備的污染防制技術。我們也會簡要介紹，得以提升熱效率同時降低污染的，具較先進循環的發電廠。

1 化石燃料發電廠的組成

在一燃燒化石燃料的發電廠當中，首先是將化石燃料所具備的化學能轉換成具較高焓（enthalpy）值的燃燒氣體（combustion gases）；隨即將此焓透過對流（convection）與輻射（radiation）傳遞給水和蒸汽等工作流體（working fluids）；此工作流體的焓，再轉換成渦輪機當中的機械能；最後渦輪機軸的機械能，才在發電機當中轉換成為電能。所以一座化石燃料電廠（火力電廠），主要包含的組成有：

- 燃料儲存和備用　　　　· 冷凝器
- 燃燒器　　　　　　　　· 冷卻塔
- 鍋爐　　　　　　　　　· 發電機
- 蒸汽渦輪機　　　　　　· 污染排放防制
- 燃氣渦輪機（不一定有）

圖 7-2 所示，為台灣協和發電廠外觀。圖中佔最大篇幅的除了再當年建造時，號稱亞洲最高的三根煙囪外，便屬靜電集塵器等污染防制設備廠房。

1.1 燃料儲存和備用

火力電廠的燃料以煤占最大宗，但也有以燃油和天然氣做為燃料的。以煤為例，內陸電廠須藉由火車或卡車運送，若電廠位於海岸、湖邊或河邊，則可以散裝貨輪（bulk carrier）或駁船（barge）運煤進廠。通常發電廠會為

圖 7-2　位於台灣北端海岸的協和火力發電廠

了提防罷工或礦災等突發狀況，在廠內預存好幾週的煤等燃料。例如一座 1000 MW、熱效率 35% 的燃煤電廠，每天需消耗約一萬公噸的煤，便需在電廠附近維持約三十萬公噸的煤堆。雖然有些電廠與煤礦比鄰，但仍須在電廠附近預存至少一個月的煤。

假若以火車運煤，同常會有上百節滿載著煤的列車，每節車廂裝約一百公噸。煤從車廂傾倒出來，再以輸送帶送到儲煤倉或是直接供應到發電廠中燃燒。

煤在進入電廠時，便應該已經預先處理到適於研磨機的進料尺寸，每塊煤大約幾公分到十公分。而在美國等很多國家，煤會先經過水洗，目的在洗去煤當中硫化鐵等成分，以降低燃燒後的煤灰和硫含量，並提升單位質量的熱值。若是這種情形，就會先在礦場將煤輾到小於一公分的顆粒。

當今燃煤電廠都燃燒煤粉（pulverized coal），尺寸大約在 1 mm 以下。此煤粉裝在一垂直漏斗當中，再配合電廠負載需求，以一定速率「吹」入燃燒器。

若是燃油火力電廠（例如上述協和電廠），以前述車、船輸送燃油，儲存在電廠附近的數個油槽當中。如同燃煤電廠，燃油電廠一般會預儲至少一個月的燃油。以和前述相同的 1000 MW 熱效率 35% 燃油電廠為例，需要儲存超過十萬公噸燃油。此燃油在硫含量（sulfur content）、氮（nitrogen）與灰含量（ash content）、以及黏度（viscosity）、蒸氣壓（vapor pressure）和閃火點（flash point）等性質，都有一定的要求。圖 7-3 所示，為台灣協和火力電廠的部份儲油槽。

通常在一燃氣發電廠當中，加壓天然氣（compressed natural gas, CNG）經由高壓管路輸送進廠。另外有些燃氣發電廠用的則是液化天然氣（liquefied natural gas, LNG）。這時，液化天然氣是維持在 −164°C 的低溫狀態，以大型冷藏瓦斯輪船（refrigerated tanker）運送。此 LNG 在使用之前都會維持在冷藏狀態。

圖 7-3　台灣協和火力電廠的儲油槽

1.2　燃燒器

　　燃燒器（burner）的角色在於將燃料與空氣完全混合，讓燃料得以盡可能完全燃燒殆盡。研磨成粉的煤粒和霧化了的油滴，在幾分之一秒的時間內在燃燒室內燒掉，留下來的是未完全燃燒的礦物，稱為灰（ash）。先進的燃煤或燃油火力電廠，此礦物當中有超過 90% 都形成所謂的飛灰（fly ash），被鼓風機吹出了鍋爐，再以濾袋或淨電集塵器等顆粒收集設備集中起來。剩下的 10% 則掉落到鍋爐的底部，成了所謂的底灰（bottom ash）。此底灰與鍋爐底部的水混合成了濕的汙泥，再以水溝導引到灰塘當中暫存。而其實前述飛灰當中，有一部分也會沉積在鍋爐內的水管內襯上，成了將熱傳遞給水與蒸汽的一大阻礙。其需要藉著蒸汽加以吹除或以機械方法刮除。

　　比較起來，煤在燃燒室當中會燒得較慢些，油會燒得快一點，天然氣則燒得最快。為了能完全燃燒（將碳燒除），需供應過剩空氣（excess air），亦即空氣量會比燃料和空氣當中氧量所達成理想的平衡狀態，還要多一些。若燒的是煤粉，需要 15-20% 的過剩空氣；油和天然氣則需要 5-10%。

　　一般燃燒器幾乎是以正切方向對著鍋爐壁，當源自不同燃燒器所匯聚成的一道火燄噴出時，燃料幾乎是在瞬間完全燃燒。一部鍋爐可能有好幾排燃燒器，視其所需功率輸出而定。

1.3 鍋爐

鍋爐（boiler）是火力電廠的中心部件。大多現代化鍋爐皆屬水牆
（water wall）鍋爐，其爐牆幾乎完全由垂直的管子組成，流入管子的給
水轉變成爲蒸汽後流出鍋爐。第一座水管鍋爐爲喬治・貝柏考克（George
Babcock）和史帝芬・威爾考克斯（Stephen Wilcox）所開發成功。早期的
水管鍋爐，多與像是火車頭等所用的往復式蒸汽機（reciprocating steam
engine）結合。直到二十世紀，隨著蒸汽渦輪機的問世，加上大流量高壓蒸
汽的需求，水牆鍋爐才得以獲得充分發展。在先進的鍋爐當中，爐膛和鍋爐
的各種部件都已整合爲一體。

圖 7-4 所示爲一常見水牆鍋爐的流程。其中來自高壓給水加熱器（feed
water heater）的 230-260℃ 水，在節熱器（economizer）當中進一步加熱到
315℃，接著流到架在鍋爐頂部的汽鼓（steam drum）。一般汽鼓直徑 5 米、
長 30 米，其中的水主要藉著重力從蒸汽當中分離開來。此液態水從汽鼓順著
下導管（downcomer）流到聯箱（header）當中。接著，此受壓的熱水再一面
向上（由於負的密度梯度）流經上導管（upriser），一面轉換成蒸汽，回到
汽鼓。在汽鼓當中分出來的蒸汽，經由鍋爐的過熱器（superheater）流出的過
熱蒸汽（superheated steam），壓力達到 24 MPa，溫度達到 565℃。此溫度與
壓力都已分別超過水的臨界壓力（p_c = 22 MPa）及臨界溫度（T_c = 374℃）。

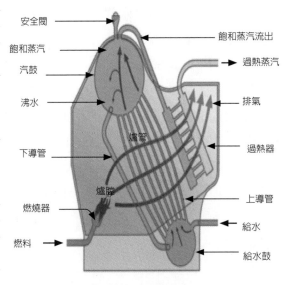

圖 7-4　常見水牆鍋爐的流程

此超臨界（super-critical）蒸汽可用來驅動高壓渦輪機（high pressure turbine）。從高壓渦輪機出來的排汽流經鍋爐的再熱器（reheater），在壓力 3.7 MPa 下，將溫度再度提升到接近 500℃。此蒸汽得以趨動低壓渦輪機。為了讓熱效率最大化，空氣在送進爐膛之前，會先在空氣預熱器（air preheater）當中加熱至 250-350℃。在燃燒器附近，燃氣主要是以輻射（radiation）方式將熱傳至爐管；在較遠處主要靠的則是對流（convection）。

1.4 蒸汽渦輪機

發電廠最早採用蒸汽渦輪機（steam turbine）於在二十世紀初期問世。相較於往復蒸汽機，其可應付更大的蒸汽流量、更大的壓力與溫度比率、以及更大的轉速。此蒸汽渦輪機算得上是整個發電廠當中最複雜的一項設備，當今全世界能生產蒸汽與燃氣渦輪機的廠商，屈指可數。

水輪機（water wheel）可算得上是蒸汽渦輪機的前身，蒸汽之推動渦輪機的葉片，就如同水推動水輪機葉片一般。而以蒸汽驅動機器的想法，其實早在工業革命之前至少 1700 年，就有人提出。距今大約 2000 年前，一位替亞歷山大效力的工程師 Hero 便設計出最早的反動式渦輪機（reaction turbine）。如圖 7-5 所示，蒸汽從噴嘴朝一個方向噴出，隨即在反方向產生反作用力，讓球體轉動。當時 Hero 只把這個裝置當作玩具，並沒有進一部發展成連續運轉的機器。

大約經過了 1400 年，義大利一群由達文西領導的科學家，相繼提出了許多以蒸汽作為動力來源的原動機。其中 Giovanni Branca 從 Hero 的構想得到靈感，設計出了第一部衝動式渦輪機（圖 7-6）。其以蒸汽直接衝擊在一輪子的葉片上，讓它旋轉。但由於蒸汽衝擊的力道不足，所以在接下來的 500 年當中，也沒有太大的進展。

比不同的是，蒸汽渦輪機必須應付高溫、高壓蒸汽的漏洩，強大的離心應力，以及蒸汽在渦輪機當中膨脹後凝結成水以致形成液、氣二相流體，此一再對蒸汽渦輪機的設計與製造，構成技術上的挑戰。圖 7-7 與圖 7-8 所示，分別為一簡單蒸汽渦輪機轉子的主要構造，及其實際照片。

先進蒸汽渦輪機的發展，應歸功於瑞典的古斯他夫德拉瓦（Gustav deLaval）（1845-1913）和英國的查爾斯帕森斯（Charles Parsons）（1854-1931）。德拉瓦

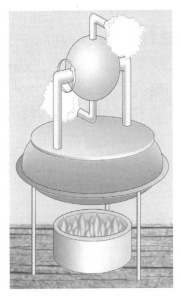

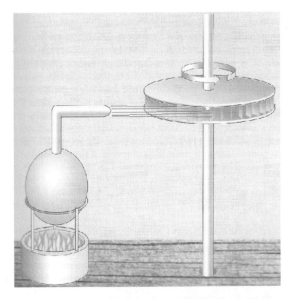

圖 7-5　由 Hero 設計的第一部反動式渦輪機　　圖 7-6　Giovanni Branca 設計的衝動式渦輪機

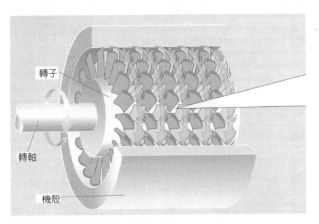

轉子

轉軸

機殼

圖 7-7　蒸汽渦輪機轉子的主要構造

圖 7-8　典型蒸汽渦輪機轉子

著眼於衝動式渦輪機（impulse turbine），其採用漸縮-漸擴噴嘴（converging-diverging nozzle），將蒸汽流速增加到超音速，至今仍普遍稱之為德拉瓦噴嘴。帕森斯所開發的，則是多級反動式渦輪機（multistage reaction turbine）。其最早的商業化單元於 1800 年代末期，用於船舶推進。至於第一部用來發電的蒸汽渦輪機，則是 1909 年安裝在美國芝加哥斐斯克（Fisk）電廠的一部 12 MW 單元。

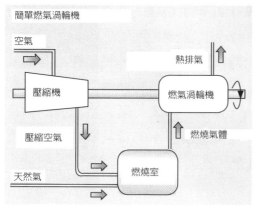

圖 7-9　簡單燃氣渦輪機系統

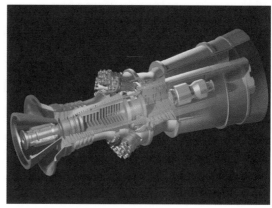

圖 7-10　480 MW GE 燃氣渦輪機

1.5　燃氣渦輪機

圖 7-9 與圖 7-10 所示，分別為簡單燃氣渦輪機系統，及一部 480 MW GEH 系列燃氣渦輪機。燃氣渦輪機動力廠所用的燃料，包括油、天然氣、及合成氣（synthesis gas, syngas）。其以燃燒產生的氣體（combustion gases）直接驅動燃氣渦輪機，而並非將熱傳遞給蒸汽，再以之驅動蒸汽渦輪機。其所需要的渦輪機相較於蒸汽渦輪機，要能適應更高溫度及具有和蒸汽截然不同熱力性質的燃氣。燃氣渦輪機能較輕易的和系統銜接，也較能與負載配合，唯其效率較蒸汽渦輪機為低，燃料價格也較貴。因此燃氣渦輪機過去多半僅用於尖峰發電，或僅作為像是主發電廠發生緊急狀況時的備用動力。然而，近年來在許多國家都安裝了許多燒天然氣的燃氣渦輪機，其通常都用於具有較高效率的複式循環（combined cycle）電廠模組。此時，燃氣渦輪機以前述柏雷敦循環的原理運轉，首先壓縮空氣與氣態或液態燃料，分別進入一燃燒室當中，而燃燒所產生的高溫燃氣，便接著用來在壓縮機—渦輪機系統當中做功。燃氣溫度可達 1100-1200℃，大約正是當今製作燃氣渦輪機葉片所用合金鋼所能承受的上限。為了克服葉片在此溫度下所承受的熱應力與腐蝕等問題，必須以空氣或水對葉片的內、外側進行冷卻。

1.6　冷凝器

在熱機循環當中，工作流體在做完功之後，就必須將熱排到一個冷體（cold body）當中。蒸汽渦輪發電機正是以熱機原理做功。其持續將大量的熱釋入環境當中，大約相當於所產生電能的 1.5 至 3 倍。一座 1000 MW，熱效率為 25% 的火力發電廠，所排放到環境當中的熱，大約是 3000 MW，而

若效率達 40%，則大約要排放掉 1500 MW。此排至環境的熱當中，有一部份要在蒸汽循環當中透過冷凝達到，其餘的則經由煙囪排至大氣。

在前述郎肯蒸汽循環當中，蒸汽在渦輪機內膨脹之後，先是在冷凝器當中凝結成水，再藉由給水泵循環回鍋爐。從冷凝器出來的循環水將熱排到鄰近海洋等水體，或者是藉冷卻塔（cooling tower）排入大氣。冷凝器的角色不僅在於凝結高品質的鍋爐給水，同時也在降低冷凝水的蒸氣壓力。藉由降低此蒸氣壓力，可在渦輪機排汽端形成真空，進而提升渦輪機的效率。

1.7 冷卻塔

如同前述，源自蒸汽循環的大量熱，可排至海洋等表面水或是大氣當中。過去大多數發電廠都濱臨河川、湖泊、或海洋。當大量熱水直接排入這些水體，可造成熱污染（thermal pollution）而可能危及水中生物。同時，源自於水管與冷凝器等的重金屬等污染物，也可能污染水體。因此，有些國家的環保主管機關會要求僅能將廢熱經由冷卻塔（cooling tower）排入大氣。

冷卻塔有濕式與乾式兩種，也有結合乾式與濕式的冷卻塔。而也有結合冷卻塔與表面水，進行冷卻的發電廠。

1.8 發電機

發電機為發電廠的心臟。但相較於鍋爐、渦輪機、冷凝器、冷卻塔和其他一些輔助設備，發電機在整個電廠空間當中僅佔一小塊。其產生的噪音程度比起煤研磨機、燃燒器、泵、通風、及渦輪機等的，幾可忽略不計。

發電機所用的電磁原理，簡言之渦輪機軸帶動導體線圈在磁場中運轉，引發在現圈中流動的電流。發電機的電功率輸出，相等於從渦輪機軸輸入的機械功率，減去線圈當中佔很小部分的電阻損失和摩擦損失。為了防止發電機因為這些損失造成過熱，會以高熱傳性的氣體，像是氫或氦，加以冷卻。

發電機產生 60 Hz 或 50 Hz 的交流電。因此渦輪機必須以一定轉速運轉，以產生前述確切頻率（frequency）的交流電。發電機所產生的電壓，需經過變壓器（transformer）升壓，再饋入電網（grid）。由於電阻損失和電流的平方成正比，和電壓成正比，因此電力最好能以高電壓、低電流傳輸。由發電廠發出的電力，往往是在幾十萬伏特的電力範圍內，經過很長的距離傳輸到用戶。等送到用戶端時，電壓會再經過變壓器降壓至 110 或 220 V。

② 排放防制

火力發電廠運轉必然會產生大氣排放，其中空氣污染物的量，若未加以控制，必會超過用以保護人體健康與環境的排放標準。以一座 1000 MW 的燃煤電廠爲例，假設所燃燒的煤當中含有 10% 的礦物和 2% 的硫（這是一般情形），假設其在 100% 容量和 35% 熱效率情形下運轉，又假設煤的熱值爲 28 MJ kg^{-1}（12,000 Btu lb^{-1}），所有的礦物在燃燒後都經由煙囪以顆粒狀的飛灰排出，而硫則以二氧化硫（SO_2）的狀態排出。則該燃煤發電廠，每年會排放 3.2×10^5 公頓顆粒和 1.3×10^5 公頓 SO_2。此外，該電廠還會排放大量氮氧化物、未完全燃燒產物（product of incomplete combustion, PIC）、一氧化碳、及揮發性微量金屬。很顯然，這類發電廠若未加妥善管制，必會對人體健康與環境帶來嚴重風險。因此，絕大多數國家，都會要求其火力電廠裝設污染防制裝置。這些裝置不僅增加發電廠的投資與運轉成本，還會因爲本身需耗掉一部份該廠所發出的電力，以致於在某種程度上降低其熱效率。這些成本終將在電費上轉嫁到用戶。而若是公營電廠，則還可能得由納稅人負擔一部份。當然，既然上述污染物不能從煙囪排出，前述污染防制設備終究要產生固態或液態廢棄物，而必須另外處理或處置。

2.1 PIC 和一氧化碳

PIC 和一氧化碳算是比較容易控制的。如果是較進步的燃燒器，燃料和空氣均勻混合，加上以過剩空氣燃燒，其燃燒氣體所含 PIC 和 CO 都會很少。對於電廠而言，力求均勻混合與過剩空氣，不僅可減少這類污染物的排放，同時也可讓燃料完全燃燒以增加熱效率。當然偶而，PIC 和 CO 還是會產生，尤其是當啓動階段和系統當中有元件故障，以致燃料與空氣混合物的溫度未能達最佳狀態的情形。這可明顯從煙囪冒出的黑煙看出。

2.2 顆粒控制

顆粒又稱爲粒狀物（particulate matter, PM），若未能在源頭加以控制，將成爲發電廠的主要污染物。這主要在於煤甚至是燃油當中，含有相當部份無法燃燒的礦物。老式的發電廠，這些礦物會累積在鍋爐底部成爲底灰（bottom ash），而以固態廢棄物移除或用水沖出。較進步的燃燒煤粉電廠，絕大部分（約 90%）這些礦物都燒成飛灰（fly ash）吹出。這些飛灰當中含有相當多的毒性金屬（例如，砷、硒、鉻、錳、鎘、鉛、及汞，以及非揮

發性有機物，包括多環芳香碳氫化合物（polycyclic aromatic hydrocarbons, PAHs）；這些若釋入大氣，將對民眾健康和環境形成威脅。因此絕大多數國家，都對其火力電廠的微粒排放祭以嚴格規範。

2.3 靜電集塵器與濾袋

靜電集塵器（electrostatic precipitator, ESP）是 1900 年代由美國人柯特雷爾（Cottrell）所發明，當時的目的在收集生產硫酸的工廠所產生的酸霧（acid mist）。其接著很快陸續應用在收集水泥窯的粉塵、鉛熔爐、焦油、造紙與紙漿廠等其他工廠。到了 1930 和 1940 年代，ESP 開始應用在燃煤電廠。早期的 ESP 的除污功能超越了環保規範的要求，業者得以藉此免於因為微粒排放危害身體而挨告。

靜電集塵器的原理主要在於，先藉由一電暈放電（corona discharge）讓微粒帶負電，再以帶正電的平行板子吸引、收集這些微粒。

濾袋（filter bag）又名袋屋（baghouse），工作原理一如家用吸塵器。燃燒排後出的廢氣在進出濾袋的過程中，將粒徑大於濾材的顆粒留在袋中加以收集。每隔一段時間，袋屋當中裝設的震擊裝置會作動，將累積成餅狀的粒狀物震落，加以收集。

2.4 硫的控制

煤所含硫份最大可佔總重量的 6%，燃油可達 3%。大多數煤和燃油含硫遠低於此百分比。燃煤電廠所產生的主要為二氧化硫、少數的三氧化硫、和硫酸，若不加以控制，都將經由煙囪排放至大氣。硫氧化物為酸性沉降物和妨礙可見度煙霧的先質（precursors）。由於燃煤電廠是大氣當中硫氧化物的最主要來源，其餘的則源自世界各地的工業鍋爐、非鐵熔爐、燃油與柴油，這些廠場的營運都必須藉著換用含硫量較低的燃料或是加裝硫排放防制裝置，盡可能降低其硫氧化物排放。

基本上將低硫排放的作法有三：在化石燃料燃燒之前、當中、或之後。

2.4.1 燃燒前

洗煤（coal washing）當煤從礦場開採出來，其中必然含有一些礦物。這些礦物大部分由矽氧化物和鈣、鎂、鋁、鐵的碳酸物及黃鐵礦，即硫化鐵、鎳、銅、鋅、鉛等金屬所組成。由於煤當中很多這類礦物的比重，比煤的主要成分碳來得大，因此可以藉著水洗加以去除。煤經過水洗後，不僅可

降低煤中含硫，還可降低灰含量，因而提高煤的熱值（焦爾／公斤或 Btu／英鎊），同時降低微粒去除系統的負荷。

洗煤通常是在礦口完成，通常是將輾碎的煤以水傳送，浮於水流之上，較重的礦物隨即沉入水底。接著，將濕煤經由眞空過濾器或漩渦脫水。煤可接著以熱空氣流進一步加以乾燥。

洗煤的一個問題是，洗出的礦物可能溶有毒性金屬且也可能具酸性。有些國家會藉由嚴格的法規，防止不肖業者將這類既毒且酸的廢料，未經處理即傾倒在環境當中。

煤氣化　煤可藉由化學程序轉換成稱爲合成氣的氣體。如此氣化過程可將大部份硫從煤中去除。這類乾淨脫硫的合成氣，可直接用作燃氣渦輪機或複合火力電廠的燃料。

油脫硫　煉油廠可將原油當中所含的硫，去除到任何所要的程度。這可藉著在名爲克勞斯過程（Claus process）的催化還原過程當中達成。首先是將氣態氫吹入具有觸媒的原油，將油中硫化物還原爲硫化氫：

$$RS + H_2 \rightarrow H_2S + R$$

其中 R 爲有機 radical。接著，再將 H_2S 藉大氣中的氧，氧化爲 SO_2，而同時 SO_2 再藉 H_2S 在具有觸媒的情形下，還原爲硫元素：

$$H_2S + 3/2O_2 \rightarrow H_2O + SO_2$$
$$2H_2S + SO_2 \rightarrow 2H_2O + 3S$$

此硫元素是煉油的重要副產物。其呈現黃色，也是生產硫酸的主要原料。

2.4.2　在燃燒當中

流體化床燃燒（fluidized bed combustion, FBC）　是將任何固體燃料，鋪在下方流著空氣的石灰石等顆粒材料當中。最初開發 FBC 技術的目的是在於針對 SO_2 排放減量，而並非爲了焚化或燃燒工業和醫療廢棄物及瀝青等煉油殘餘物。混在當中的石灰石的主要作用爲，吸取硫和燃料當中的雜質。

在燃煤鍋爐當中，硫被石灰石吸收劑吸收後形成亞硫酸鈣（$CaSO_3$）和

硫酸（$CaSO_4$）顆粒。這些顆粒和尚未作用掉的石灰及尚未燃燒的煤粒，由燃氣攜帶進入一旋風集塵器（cyclone）。這時較大的顆粒會從中分離出，回流到流體化床重新燃燒。較小的顆粒，則從旋風集塵器流出，再藉靜電集塵器或濾袋去除。

2.4.3 燃燒之後

燃料在爐膛或鍋爐當中燃燒後，將硫氧化物從燃燒氣體當中去除的過程，稱為燃氣脫硫（flue gas desulfurization, FGD）。脫硫的方法包括吸收劑噴入（sorbent injection, SI）和濕式與乾式洗氣器（scrubber）。

吸收劑噴入。在吸收劑噴入過程中，通常是將乾燒結的 $CaCO_3$ 或 CaO 在鍋爐頂層噴到燃氣當中。吸收 SO_2 的過程就如同在 FBC 當中一般，最後形成硫酸鈣和亞硫酸鈣的混合物。如此收集硫氧化物的效率，取決於許多因素：溫度、燃氣中氧和水分含量、吸收劑和 SO_2 接觸的時間、以及吸收劑的性質（例如燒結的吸收劑、孔隙率、其他混入的吸收劑等）。所產生的顆粒，包含水合亞硫酸鈣與硫酸鈣及未作用的吸收劑、加上飛灰，都須藉由靜電集塵器或濾袋加以收集。

濕式洗氣　在濕式洗氣器（wet scrubber）處理過程當中，先是以水泥漿的吸收劑（一般為石灰石 $CaCO_3$ 或 CaO）在一分離塔當中處理燃氣。燃氣在離開靜電集塵器後，進入一吸收塔，當中有吸收劑自一陣列噴嘴噴出。以下方程式表示 SO_2 和吸收劑之間的一系列反應：

$$CaCO_3 + SO_2 + 1/2H_2O \rightarrow CaSO_3 \cdot 1/2H_2O + CO_2$$
$$CaSO_3 \cdot 1/2H_2O + 3/2H_2O + 1/2O_2 \rightarrow CaSO_4 \cdot 2H_2O$$

過程當中形成的水合亞硫酸鈣與硫酸鈣混合物，會和未經反應的石灰石沉到洗氣器底部，成為濕污泥的狀態。最後，經過真空過濾系統後再盡可能加以乾燥，接著可再與從 ESP 收集的飛灰混製成厚實的污泥餅，最後送到掩埋場或焚化爐處置。

乾式洗氣器　在乾式洗氣器（dry scrubber）當中的化學反應機制，與在濕式洗氣器當中的類似，亦即藉由 $CaCO_3$、CaO 從燃氣當中吸收 SO_2，形成亞硫酸鈣和硫酸鈣混合物。其間的差異在於，乾式洗氣器以很細微的吸收劑含水混合物噴入逆向的燃氣流。由於吸收劑與燃氣的比例已經過微調，其混

合物可在洗氣器當中蒸發。接著，在此情況下，乾粉狀的亞硫酸鈣和硫酸鈣及未經反應的吸收劑隨即形成。通常在此洗氣器下游裝有一濾袋等顆粒去除裝置。如此一來，有別於濕式洗氣器，乾式洗氣器因而不致產生黏稠而輸送困難的汙泥，然而卻在顆粒去除系統上造成了較大的負荷。

乾式洗氣器的 SO_2 去除效率大約只達 70%-90%，不如濕式洗氣器的。但其投資成本與運轉成本可略低於濕式的。燃煤火力電廠是否安裝洗滌器，各國情況不盡相同。在美國，所有新建燃煤電廠都需裝設洗氣器，但目前已裝設的也占其全部燃煤電廠的 25%。在德國和日本，則幾乎所有燃煤電廠都裝有洗氣器。

2.5 氮氧化物防制

化石燃料燃燒的另一類主要污染物為氮氧化物，稱為 NO_x，包括一氧化氮 NO、二氧化氮 NO_2（及其二聚物 N_2O_4）、三氧化氮 NO_3、五氧化二氮 N_2O_5、及氧化二氮 N_2O。相較於 NO 與 NO_2，其他氮氧化物僅有微小的排放量，因此 NO 與 NO_2 和起來即一般所謂 NO_x。

煤與油燃燒產生燃料的與熱 NO_x，而天然氣則只產生熱 NO_x。由於有機氮無法在燃料燃燒之前去除，NO_x 排放防制也就只能在燃燒過程中和燃燒後達成。

2.5.1 燃燒過程中

低 NO_x 燃燒器。低 NO_x 燃燒器（low-NO_x burner, LNB）採取的是稱為階段燃燒（staged combustion）的一套過程。在鍋爐上加裝 LNB 相當容易且不貴。使用 LNB 發電所增加的成本大約僅 2-3%。而大多數燃燒化石燃料的發電廠和工業鍋爐，也都裝有 LNB。問題在於加裝 LNB 只能比一般鍋爐減少 30-55% 的 NO_x。由於在都會工業地區所面對酸性沉降與高臭氧濃度問題嚴重，通常也就有必要裝設比 LNB 更能有效降低 NO_x 排放的方法。

2.5.2 燃燒後

選擇性催化還原　在選擇性催化還原（selective catalytic reduction, SCR）過程當中，會以氨氣（ammonia）或尿素透過觸媒反應器（catalytic reactor）噴入燃氣流當中。尿素噴入會發生以下反應：

$$4NO + 4NH_3 + O_2 \rightarrow 4N_2 + 6H_2O$$

如此一來，NO 被氨還原，而氨又被 NO 與 O_2 所氧化，形成氮元素。至於觸媒（catalyst），為分散在蜂窩狀結構當中的氧化鈦與氧化釩的混合物。SCR 反應器是放在，燃氣溫度約 300-400℃ 的鍋爐節熱器（economizer）與空氣預熱器（air preheater）之間。該反應可完成八至九成，因此有 10-20% 的 NO_x 會從煙囪跑掉，同時還有 10-20% 未作用掉的氨也會跑掉。此稱為阿摩尼亞流失（ammonia slip）。雖然屬毒性氣體，在燃氣團溢散至地面之前，其濃度堪稱無害。

當燃氣當中含有飛灰與硫氧化物時，觸媒本身很容易中毒。（注意，觸媒反應器位於 ESP 和洗氣器的上游）。因觸媒需經常更新，而成為一套 SCR 運轉最主要的一項成本。在一燃煤電廠當中，使用 SCR 大約需額外增加 5-10% 的成本。

選擇性非催化還原　NO 的還原也可在高溫下，不需觸媒，以選擇性非催化還原（selective noncatalytic reduction, SNCR）過程達成。在此過程當中，會以水溶尿素而非氨氣（ammonia），噴入鍋爐當中溫度約達 900-1000℃ 的過熱器段。在此夠高的溫度下，可幾乎完成以下反應：

$$4NO + 4CO(NH_2)_{2(aq)} + O_2 \rightarrow 4N_2 + 4CO_2 + 2H_2O$$

如此一來，因為過程當中用不到觸媒，而廣受發電廠經營者歡迎。然而尿素比氨來得貴。另外，因為尿素噴射器可以很容易直接架設在鍋爐爐牆上，很適合在既有的鍋爐上進行改裝。SNCR 可以和低 NO_x 燃燒器結合使用，最終可降低 NO_x 達 75-90%，其額外增加的發電成本約為 3-4.5%。

2.6 毒性排放

煤和油（較少有這種情形）因含有一些礦物，而使其在燃燒過程中，可能產生毒性蒸氣和粒狀物。這些直徑大於 1 至 2 微米的粒狀物，幾乎全都可藉由靜電集塵器或濾袋等顆粒去除系統攔截掉。至於較小的顆粒和蒸氣，便可能從煙囪跑掉，而污染環境。水銀、硒、鎘、砷等皆屬半揮發性的有毒金屬，一部分也可能以蒸氣型態自煙囪跑掉。由於在有些湖泊和海岸水中都可發現水銀，其排放尤其令人關切。魚和其他水生生物都可經由生物濃縮、放大，將水銀透過食物鏈傳遞給人。近年來，美國、日本、和歐洲，都有一些

針對水銀擴散問題的研究，試圖找出可用以降低源自火力電廠水銀的方法。

燃煤電廠的另一問題在於氡排放。氡爲放射性氣體，可釋放出 α 粒子。其爲鈾的蛻變產物，而鈾的礦物又可能附屬在煤當中。若持續追查大氣當中無所不在的氡的來源，當中有一部份，可追蹤到燃煤電廠。

2.7　廢棄物處置

燃煤電廠會產生大量固體廢棄物。燃油電廠所產生的就少得多，至於燃氣電廠則幾乎不產生固體廢棄物。根據估算，若一座 1000 MW 燃煤電廠所燒的煤當中含有 10% 的礦物，則每年產生的飛灰量約 32 萬公噸。若該煤中含硫重量佔 2%，電廠藉由濕石灰石洗氣（wet limestone scrubber）進行脫硫，則另外還會產生三、四十萬公噸的濕污泥，其中含有水合亞硫酸鈣、硫酸鈣、及未作用掉的石灰石。雖然有些火力發電廠可以將飛灰賣或送掉，作爲混凝土或鋪路柏油的混合建材，但洗氣器所產生的濕污泥，就幾乎毫無這類資源化的機會。有些煤在燃燒後，所產生的飛灰和洗氣污泥當中，還含有毒性有機和無機化合物。這類廢棄物的處置必須審慎爲之，謹防其滲透進入地下，對土壤和地下水造成污染。

3　先進電廠的循環

目前最佳火力電廠的熱效率約 40%，全世界平均爲 33%。燃氣渦輪機電廠熱效率更低，約僅 25 至 30%。這表示電廠所燒燃料的熱值當中有 60% 至 75% 都浪費掉了。尤其是，電廠所發出的千瓦小時電力的排放物，又與其效率成反比。亦即，電廠的效率愈低，其污染愈嚴重，所排放的 CO_2 也愈多。所以長期以來，無論公營或私營電廠都寧願投入大量金錢和力氣，試圖藉著採取先進的循環，以改進電廠熱效率。

3.1　複合循環

圖 7-11 爲燃氣渦輪機複合循環（gas turbine combined cycle, GTCC）發電廠的示意圖。在頭一個循環稱爲頂端循環（topping cycle）當中，天然氣等流體燃料燃燒後產生燃氣，驅動一燃氣渦輪機。從燃氣渦輪機排出，但仍相當熱的排氣，流經一稱爲熱回收鍋爐（heat recovery boiler, HRB）的熱交換器，再從煙囪排出。同時，在 HRB 當中給水轉換成爲蒸汽，用以驅動一蒸汽渦輪機，此是爲底端循環（bottoming cycle）。有時系統也可設計成，在燃氣

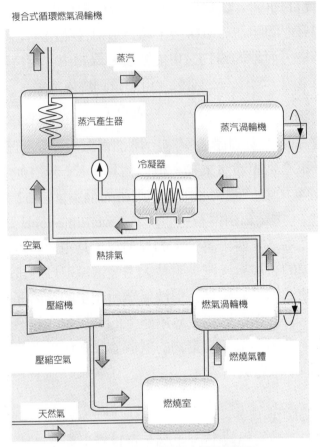

複合式循環燃氣渦輪機

蒸汽

蒸汽產生器

蒸汽渦輪機

冷凝器

空氣

熱排氣

壓縮機

燃氣渦輪機

壓縮空氣

燃燒氣體

天然氣

燃燒室

圖 7-11　燃氣渦輪機複合循環發電廠

渦輪機的排氣當中補充更多的燃料（熱），再送進 HRB 以產生蒸汽。若結合此二循環，則可獲致 45% 的熱效率。

　　複合循環的最大問題，在於其一般都以天然氣作為初級燃料，單位熱值的價格比煤來得貴。何況，天然氣的蘊藏量也遠不及煤的。因此，複合循環較適合於天然氣供應相對於其他燃料來得充裕、價格低廉，或者是環境法規嚴苛，以致對燃煤電廠在技術與財務上都形成不利的地方。例如在台灣等地處人口稠密、環境敏感且各種燃料都仰賴進口的火力電廠，便特別適合採用複合循環。因為其一方面免除了煤儲運在土地與設施上的龐大需求，另一方面亦較易於符合空氣污染防制等環境法令的要求。至於當地民間反對，對於建廠所形成的阻力，更是在進行評估、衡量優劣時，不可忽略的重要考量。

永續小方塊 1

深澳電廠擴建

　　儘管燃煤電廠是台灣二氧化碳的最大來源，經建會於四年前通過了每年二氧化碳排放量高達 884 萬公噸的深澳燃煤電廠。深澳更新擴建計劃，當初經費逾 580 億，迄今已成長一倍。

　　2008 年透過具體實施節能減碳獎勵辦法，使台灣整體電能需求相較於 2007 年，降低了 7.2%。這意味著用來決定要不要蓋電廠，以及電廠要蓋多大的電能需求預測（成長 3.4%）之間，有超過 10% 的落差，相當於 4589 MW，將近三座擴建後的深澳火力電廠。新設計的電廠為效率 43.5% 的「超臨界」燃煤電廠，並需附帶在興建中的海洋科技博物館前方澳灣（圖 7-12）中興建超出水面 10 公尺、長達 1420 公尺的防波堤、7.62 公頃填海新生地、以及卸煤專用碼頭與煤倉等相關儲運設施。後經上百個團體組成的「我愛番仔澳連線」歷時兩年和平抗爭暫停。

圖 7-12　深澳電廠擴建所在番仔澳

美國總統歐巴馬在其就職演說當中，一開始即不忌諱幾近唱衰的，指出美國將面臨前所未有的經濟困境。言猶在耳，長期支撐美國經濟與象徵強大國力企業巨擘，通用汽車集團（General Motor, GM）和奇異電機集團（General Electric, GE）於上週，分別面臨破產和股價跌到不夠買兩顆省電燈泡的慘境。

究此企業由長期極盛走向衰敗，經營不善，可能只是表面原因，真正的問題恐怕在於，政府政策與產業整體走向的不確定性與欠缺前瞻。像是 GM 的獲利來源，超過一半是標榜耐操、力猛的運動休旅車（SUV）和卡車。然其也因過度耗油而使銷售量在前一年，隨著油價攀上高峰而直落谷底。

同一期間，台電的財務狀況，依陳董事長在力爭調漲電價時所稱，前一年虧損三百多億，接著若不調漲電價恐將虧損達千億，財務嚴重的程度，似乎不輸給 GM 或 GE。一如奇異和通用之面臨垮台，足以撼動美國的經濟強權地位和造成經濟體質嚴重內傷，台電的走向若有偏差，不也會對台灣經濟造成難以復原的後果？

3.2 煤氣化複合循環

複合循環電廠亦可能完全以煤作為燃料，只不過此煤需預做氣化（gasification）。煤氣化成合成氣後，用以驅動上述頂端循環當中的燃氣渦輪機。採用煤氣化與複合循環的發電廠，則稱為整合性氣化複合循環電廠（integrated gasification combined cycle plant, IGCC）。

其實早在十九世紀，各種煤氣化的方法就已經開發成功，用來供應家庭暖氣、烹煮、和照明所需。此市氣（city gas）在二十世紀中期之前，當天然氣尚未普及，即在歐美許多都市廣泛供應。第二次世界大戰期間，缺油的德國即以此煤氣，作為汽車、卡車、和軍用運輸工具的燃料。

煤可以氣化成為具有低、中、高不等熱值的合成氣。其製程各有不同，主要取決於氣化採用的是空氣或是純氧，以及產生的氣體是否濃純，或是仍

含有相當的二氧化碳。若用於 IGCC，則最好是高熱值的合成氣。

氣化過程的第一步，不外先將煤碾碎。若這時傾向於將煤壓成餅狀，便可能需將其預做氧化，讓煤的表面形成孔隙。接著再將碾碎的煤送到一反應罐（retort），在觸媒存在的情況下，和純氧（99% 以上）與蒸汽作用：

$$3C + O_2 + H_2O \rightarrow 3CO + H_2$$

純氧是從一特殊的空氣分離單元（air separation unit）供應來的。上述反應所產生的氣體當中，會混有高分子量有機化合物和硫化氫（H_2S）。下一步則稱為焠火（quenching），其藉由冷凝和水溶液進行洗氣，將重油（heavy oil）和焦油（tar）從混合物當中去除。最後再將 H_2S 去除。

從上述反應當中產生的合成氣，熱值還相當低，大約僅 9.1 至 18.2 M Jm^{-3}。此還不足以作為 IGCC 的燃料。為提升熱值，會另外以一氧化碳和氫在 400℃ 下通過一觸煤，以形成甲烷，此過程稱為甲烷化（methanation），主要反應如下：

$$3H_2 + CO \rightarrow CH_4 + H_2O$$

如此產生的合成氣，熱值可達 36 至 38 M Jm^{-3}，很接近甲烷的，而可用在一般燃氣渦輪機上。另一作法是在水氣轉換作用（water gas shift reaction）的過程當中生產氫：

$$CO + H_2O \rightarrow CO_2 + H_2$$

上述反應所產生的氫，可藉著薄膜分離和 CO_2 分開，用於高效率 H_2/O_2 燃料電池當中。

估計一煤氣化複合循環發電廠的熱效率可達 40 至 45%。此函蓋了用於空氣分離和煤氣化所消耗的能源。

3.3 共生

共生（cogeneration）一詞通常指的是，藉著燃燒燃料以同時提供電力和

可用熱源的系統。在工業或商業裝置當中，此熱一般都用作為空間取暖或是為材料加工。採取共生的誘因，主要在於因為其同時供電和供熱，以致所需成本低於電與熱分開供應，例如從電力公司購電，卻同時會從另外的爐膛或鍋爐產生熱的情形。採取共生是否夠划算，仍取決於此共生系統的細部設計與運轉。同時，就污染防制來看，大型電廠也往往比小規模汽電共生廠來得有效率，除非後者所用燃料為天然氣。

一部發電用的熱機在運轉的同時，也會產生高溫排氣。此熱氣除了足夠用作暖氣或加工熱源外，往往還足以擷取其中的焓，來滿足共生所需。假設 $Q_{燃料}$ 為用來產生電力 $P_{電}$ 及加工熱 $Q_{加工}$ 所需消耗燃料的熱產生率，則：

$$Q_{燃料} = P_{電} + Q_{加工}$$

且若 $\eta_{熱}$ 為發電過程中的熱效率，則

$$P_{電} = \eta_{熱}\, Q_{燃料}$$

同時

$$Q_{加工} = \eta_{熱排氣焓}\, Q_{排氣焓} = \eta_{熱排氣焓}(1-\eta_{熱})Q_{燃料}$$

在上式當中，$Q_{排氣焓}$ 為排氣的焓，$\eta_{熱排氣焓} \leqq 1$，為實際上從排氣焓當中提供作為加工所用熱的部份。至於燃料的熱 $Q_{燃料}$ 當中所含的電力 $\eta_{熱}Q_{燃料}$ 與加工熱 $\eta_{熱排氣焓}(1-\eta_{熱})Q_{燃料}$ 分別各佔多少，則取決於該熱機的熱效率 $\eta_{熱}Q$ 及熱交換器的效率 $\eta_{熱排氣焓}$。其中後者主要取決於輸送的加工熱溫度與排氣溫度二者之間的比較。若二者差異大，則此值最大；若差異最小，則此值小。因此，當所需用來作為加工熱的溫度要求很高時，能得自共生系統的可用加工熱，比起發出的電便可能會嫌太小，而不足以考慮接受此一複雜的系統。此時，可能反倒應該考慮從一效率高的中央發電廠買電，而僅從廠內較有效率的鍋爐或爐膛，去獲取所需要的加工熱源。

當加工或暖氣所需要的屬低溫熱時，共生會最有用。此時，上式中的排出 $Q_{加工}$，與其棄之於冷卻塔或冷凝器，而終至溢散於環境（大氣或水體）當

中，倒不如經由熱交換裝置加以回收，作爲乾燥或暖氣等，僅需相當低溫的熱源。當某中央發電廠或焚化爐正好位於人煙密集或商業區附近時，其實也可將其 $Q_{加工}$ 直接以管路送至建築，用作空間或水的加熱。

3.4　燃料電池

燃料電池並非熱機。燃料電池當中有一部分化學能直接轉換成電能，其餘則轉換成熱，排至環境。若輸出電力低，就發出的電相對於輸入的燃料化學能而言，其理論熱效率幾近 100%。然而由於其中例如電阻等寄生熱損失（parasitic heat loss），以及例如泵、風扇等輔助設備的電力需求，目前所採用的天然氣或氫與空氣（而非氧）的燃料電池，在最大出力下運轉的熱效率，則要小得多，大約僅 40-50%。尤其，假若以氫作爲燃料，則尚需另外耗能，藉由電解水等過程產生。不過，由於分解水爲氫和氧，每公斤水需要大約 18 MJ 的電能，還超過在燃料電池中以電解所得氫所發出的，因此燃料電池的氫通常是藉由甲烷的重組產生。

4　小結

火力發電廠消耗掉全世界化石能源的 55.5%。全世界大約三分之二的電能，皆產生自化石能源，其中八成爲煤。幾乎所有這些燃燒化石能源的電廠，都以熱機原理進行運轉。所輸入的化石能量當中，25-40% 轉換爲電能，其餘絕大部份皆以熱的形式排入水體或空氣當中。尤有甚者，火力電廠，特別是燃煤電廠，會產生大量污染物，包括微粒、氮與硫的氧化物、以及其他毒性有機和無機燃燒產物。這些排放的污染物皆須進行防制，以保護大眾健康及環境。而這些排放控管裝置，不僅降低發電廠的熱效率，尚且增加發電成本。發電廠同時產生大量固體與液體廢棄物，消耗大量淡水，而最後還要排放大量導致全球暖化的首要溫室氣體 CO_2。

然而，終究一個工業化現代社會一旦缺電將無以爲繼。我們須力圖提升發電廠的熱效率、改進其排放管控技術、並逐步以燃料電池、太陽能、風能、及其他再生能源發電加以取代。最後，終究隨著化石燃料的逐漸枯竭，以及全球暖化的危機，許多國家恐怕將不可避免，比目前更廣泛的採用核能電廠。

習題

1. 以流程圖說明，傳統燃煤火力發電廠的汽水循環過程。

2. 目前各類型蒸汽循環電廠的熱效率大約為何？

3. 解釋造成火力電廠的熱效率偏低的主要理由。

4. 就離你最近的火力電廠，了解其燃料及主要來源為何？

5. 試接上題，簡要繪出這座電廠的燃料，在進入鍋爐燃燒之前的主要流程。

6. 分別敘述，一座燃氣、燃油、燃煤電廠大氣排放物，的種類和數量。

7. 試接上題，敘述使用不同類型燃料的發電廠，分別採取什麼空氣污染防制技術。

8. 試從經濟層面論述，一座預定在台灣興建的火力電廠，適合採取的規劃。

9. 試從環境的角度論述，一座預定在台灣興建的火力電廠，適合採取的規劃。

10. 試從較全面且較長遠的角度論述，一座預定在台灣興建的火力電廠，適合採取的規劃方式。

捌　使用化石燃料對環境的影響

　　使用化石燃料，無論是煤、石油、或天然氣，都會帶來環境與人體健康遭受危害的風險。這些負面衝擊肇始於採礦階段，接著在輸送與提煉過程中延續其效果，直到最後經過燃料的燃燒與廢棄物的處置過程後，才終告一段落。

　　過去幾世紀當中，數以千計人命，因甲烷氣爆炸、坍塌、及礦工吸入大量煤粉塵，而葬送在煤礦坑之中。此外，陸上與海域石油與天然氣鑽探的同時，除產生大量泥材外，這些鑽井亦存在著油溢出（oil spill）等污染、火災、及爆炸的風險。

　　煤、石油、及天然氣之藉由鐵路、管路、駁船、及大型散裝輪船，在世界各處輸送，亦必然存在著原油與油品溢出、火災、及爆炸的風險。提煉過程中產生的毒性氣體，若非直接釋入大氣，便須燃燒掉。而往往一些液體與固體副產品，也可能各具毒性。為避免這些毒性廢棄物對人類與動、植物及環境造成威脅，便必須落實嚴格的相關法規。

　　化石燃料無論是煤石油或天然氣，燃燒之後便不可避免，會產生大量、各類型有害甚至具毒性的副產物，包括：(一)進入大氣的氣體與粒狀排放物，(二)流出液體，及(三)固體廢棄物。很多國家都在其環境法令當中，對於從發電廠、工業鍋爐、或爐膛等大型燃燒設施，所可能排放到空氣、表面水、或地下等的污染物，設定最高容許限度。

　　但長期而言，對於環境造成最大威脅的，恐怕在於大氣當中穩步推昇的二氧化碳濃度。而其絕大部分仍歸因於化石燃料的燃燒。CO_2 和其他同屬所謂溫室氣體（greenhouse gases, GHG）可吸收源自地球向外散失的熱輻射，以致造成全球暖化與氣候變遷。

　　本章主要在討論使用化石燃料所引發的一些環境問題，分別就空氣污染、水污染、及土地污染等主題。

1　空氣污染

　　在使用化石燃料所引發的各類型環境衝擊當中，危害空氣品質，恐怕是問題最大的。釋入大氣的排放物大多源自於燃燒化石燃料。源自煙囪和燃燒柴油的車輛與設備的排氣管的煙霧，大多顯而易見。然除了這些肉眼可看出

的煙（visible smoke）之外，還有很多其他肉眼看不見的各類型污染物，也都源自於燃燒來源。除此之外，大氣排放物也可能源自於化石燃料的擷取、輸送、提煉、和儲存過程當中。這些實例包括煤礦和火力電廠煤堆的煤灰，車輛在加油過程中蒸發的油霧，從管路和儲槽漏出的天然氣，燃燒後的煙灰堆的逸散灰燼等等。

　　19 世紀末 20 世紀初，人類從幾個空氣污染事件（air pollution episodes）意識到空氣污染問題的嚴重性。1873 年，實為空氣污染的所謂倫敦「霧」（London "fog"），意外奪走了 268 性命。1930 年，在比利時高度工業化的 Meuse Valley，在三天的空氣污染事件當中，導致 60 人喪命及數百人送醫急救。1948 年，美國賓西凡尼亞州擁有許多煉鋼廠和化工廠的 Donora，在長達四日的空氣污染事件中，其一萬四千人口當中的半數居民生病，其中 20 人喪生。倫敦於 1952 年十二月 5 日至 8 日，空氣污染事件再度發生，死亡人數高達四千。這些死者絕大多數都有呼吸道與心臟疾病的病史。而這些事件，促使英國於 1956 年通過了清淨空氣法案（Clean Air Act）。此法案的落實，加上英國大幅從燃煤轉為燃油，有效的清淨了英國的空氣，而「倫敦霧」也從此成為難得出現的現象了。

　　美國參議院緊接著也在 1963 年，通過了其清淨空氣法案（Clean Air Act）。接著其餘已開發國家，也陸續立法限制了工廠等固定污染源（stationary pollution），空氣品質也逐漸獲致明顯改善。只不過，此期間隨著汽、機車的普及，分散的移動污染（mobile pollution）卻日漸嚴重。台灣的許多快速發展的都市，皆為明顯實例。

1.1　空氣污染物

　　我們可將空氣污染物（air pollutants）分成初級（或稱一次，primary）與次級（或稱二次，secondary）二大類。前者指的是直接從源頭排放出的，後者則是初級污染物在大氣當中經過化學反應，所轉換成的。初級污染物的實例包括二氧化硫（sulfur dioxide, SO_2）、氮氧化物（nitric oxide, NO_x）、一氧化碳（carbon monoxide, CO）、有機蒸氣（organic vapors）、以及微粒（particles，含有機物、無機物及碳元素）。次級污染物的實例包括硫和氮的進一步氧化物、臭氧（ozone, O_3）、以及在大氣當中透過蒸氣凝結與初級顆粒凝聚所形成的微粒。

迄今絕大多數已開發國家，皆已針對源自排放源的各種污染物的最大排放量設定限度，以此為排放標準（emission standards）。針對大排放源，此排放標準通常便是排放出的污染物，在空氣中歷經一段距離的擴散後，仍不至於對人體健康和環境造成重大影響的程度。至於針對汽車等小排放源，此排放標準設定的原則在於防止所有來源累積後，對健康造成不利影響。

為能有效保護人體健康和生物，許多國家同時針對各種污染物，訂定了空氣當中的最大容許濃度（maximum tolerable concentrations）。此稱為大氣標準（ambient standards）。一旦超過此標準，政府可對肇因排放源開罰，甚至吊銷執造。以台灣為例，表 8-1 所示為汽力機組發電廠（固定污染源）的空氣污染物排放標準。表 8-2 所示，為適用於汽車、火車、及船舶（移動污染源）的空氣污染物排放標準。表 8-3 所示，為台灣各項空氣污染物之空氣品質標準規定。

表 8-1　汽力機組發電廠空氣污染物排放標準

空氣污染物		排放標準
粒狀污染物（重量濃度依排氣量而定）		目測判煙：不得超過不透光率 20%
硫氧化物（Sox，以 SO_2 表示）	氣體燃料	50ppm
	液體燃料	(1)500ppm (2)300ppm
	固體燃料	(1)500ppm (2)200ppm
氮氧化物（NO_x，以 NO_2 表示）	氣體燃料	(1)300ppm (2)150ppm (3)120ppm (4)100ppm
	液體燃料	(1)400ppm (2)250ppm (3)200ppm (4)180ppm
	固體燃料	(1)500ppm (2)350ppm (3)300ppm (4)250ppm

資料來源：環保署官方網站

表 8-2　小汽車、火車、及船舶空氣污染物排放標準

新車惰轉狀態排放標準（2008 年）					
CO（克／公里）	HC（克／公里）	NO_x（克／公里）	HC+NO_x（克／公里）	CO(%)	HC(ppm)
2.11	0.045	0.07	–	0.5	100

火車	一、允許起動時（引擎起動及列車機車油門進段加速過程中）十秒內不超過不透光率 60%。
	二、目測不透光率 40%，相當於林格曼二號。

船舶	一、允許主動推進動力 3000kw 以上之船舶起動時 20 秒內，3000kw 以下之起動時 10 秒，不超過不透光率 60%。
	二、目測不透光率 40%，相當於林格曼二號。

資料來源：環保署官方網站

表 8-3　台灣各項空氣污染物之空氣品質標準規定

項目	標準值
總懸浮微粒（TSP）	二十四小時值 250μg / m³
	年幾何平均值 130μg / m³
粒徑小於等於 10 微米（μm）之懸浮微粒（PM₁₀）	日平均值或二十四小時值 125μg / m³
	年平均值 65μg / m³
二氧化硫（SO₂）	小時平均值 0.25 ppm
	日平均值 0.1 ppm
	年平均值 0.03 ppm
二氧化氮（NO₂）	小時平均值 0.25 ppm
	年平均值 0.05 ppm
一氧化碳（CO）	小時平均值 35 ppm
	八小時平均值 9 ppm
臭氧（O₃）	小時平均值 0.12 ppm
	八小時平均值 0.06 ppm
鉛（Pb）	月平均值 1.0 ppm

資料來源：環保署官方網站

1.2　對健康和環境的影響

空氣污染物一旦超過一定濃度，便會對人類、動物、及植物帶來急性或慢性疾病。同時其也可防礙能見度、造成氣候變遷、並造成材料與結構的傷害。一般對空氣污染的關切，主要著眼於對人體健康的影響。有些國家如美國，將其空氣污染標準分為著眼於保護人體健康的初級標準（primary standard），和著眼於保護「福祉」的次級標準。

表 8-4 當中所列，為一些和使用化石燃料有關的空氣污染物，對於健康與環境的影響。所列出的污染物為環保署所區分出來的準則污染物（criteria pollutants），包括：SO_2、NO_x、O_3、CO、和微粒（particulate matter, PM）。不同的人和動植物對於某些特定污染物會特別敏感。這些污染物可造成呼吸道疾病，而有些則疑似毒物、突變物、致畸物、致癌物，也可能是導致動、植物相通疾病的媒介。

大氣標準當中的 PM 濃度，以每單位體積的質量表示（如 $μg/m^3$）。當然，其對於健康和生物的影響並不完全取決於所吸入的質量濃度，而是還決定於其性質，亦即其組成。也就是說，相同的濃度，雖然一般路上的塵土並不會對健康造成嚴重危害，但含酸性物質、重金屬、煙灰、和多環芳香碳氫化合物的顆粒，卻可能造成呼吸器官、神經性及致癌的疾病。比方說，長時間在田裡工作而吸入大量塵土的農夫，所受到呼吸道、神經性疾病損害的程

表 8-4　空氣污染物對健康與環境的影響

污染物	對健康的影響	對動物與植物的影響	對材料與結構的影響
SO_2	支氣管縮小、咳嗽	細胞受傷、葉枯黃和脫落、表面水酸化導致有些水生物群落移轉與死亡、可能對植物經由根吸取鋁等毒性金屬造成影響	風化與腐蝕、紀念碑等建築物表面受損
NO_x	肺充血與水腫、肺氣腫、鼻眼過敏。	葉子失綠或枯斑壞死、酸雨和光氧化物的先質	風化與腐蝕
O_3 和光氧化物	肺氣腫、肺水腫、哮喘、眼鼻喉過敏、肺活量降低。	植被受損、樹葉和果斑、生長遲緩、光合作用受抑制、可能造成森林枯萎與作物減損	攻擊並破壞天然橡膠、聚合物、紡織品等材質
CO	神經性徵狀、妨礙光線反射與能見度、頭暈、目眩、噁心、錯覺，由於高濃度導致不可逆之血紅素結合以致死亡。	未知	未知
微粒	非特定微粒組成：支氣管 bronchitis、肺氣腫、哮喘。視微粒組成而定：腦及神經性影響（例如：鉛汞），毒物（例如：砷、selenium、鎘），喉癌與肺癌（例如煤灰、焦煤煉爐排放、多氯聯苯、鉻、鎳、砷）。	未知	材質與衣物土化，由於微粒造成光散射而妨礙能見度。

資料來源：Wark, K., C.F. Warner, W.T. Davis, 1998. Air Pollution: Its Origin and Control.

度，並不高於都會居民僅吸入少量，但卻對健康危害性高的光化學煙霧顆粒的結果。儘管如此，由於分析 PM 化學組成的儀器和技術都既貴且複雜，因此一般也就僅以其質量濃度作為標準。

　　初級空氣污染物在離開煙囪和排氣管後，即藉著大氣擾流的擴散、風的對流、及與大氣中物質進行化學反應轉換成次級污染物，而擴散到大氣當中。我們對在空間和時間當中污染物的濃度進行預測，即稱為空氣品質模擬（air-quality modeling）。其亦稱為來源收受者模擬或擴散模擬，此來源可能是某個點（例如某根煙囪）、某條線（例如某條公路）、或是某個面（例如某個工業區）。至於該收受者，則有可能是某個社區或是敏感生態區。

1.3　空氣污染大氣學

　　風的統計數據是進行空氣品質模擬的基本資訊。風在地面上會從高壓地區吹向低壓地區。而既然地球保持著自轉並繞太陽公轉，地面上任何一點所受到太陽的照射也就會日以繼夜，並在四季當中隨時改變著。此外，山與谷、海洋陸地的交會、街道旁建築物所形成的峽谷等等，隨時都可能改變風向與風速。

　　全世界，特別是已開發國家，都能提供來自不同氣象站的氣象數據。這些氣象站都會持續量測並記錄地面與高處的風、大氣壓力、溼度、降水量、

日照、及溫度等。這些測值，一般都在每天格林威治平均時間（Greenwich Mean Time, GMT）的 0000 和 1200 報出，因此全世界的量測也都會是同步的。

在大氣當中，擴散主要是靠渦流（eddy）或擾流（turbulent）造成的。擾流的成因不外是機械或熱方面的。機械擾流乃由於在自由大氣當中的風剪（wind shears），或是風在吹過地面的樹林、山、建築物等障礙物而遭致摩擦所引起的。至於另一個擾流的成因，即為大氣當中熱梯度（thermal gradient）。在對流層（troposphere）低處當中，接近地面的氣溫一般都較高，接著隨高度而遞減，這便是所謂的「高處不勝寒」。然而夜裡，由於地表的輻射絕熱冷卻（adiabatic cooling），可能使氣溫隨高度而遞增。此稱為逆溫現象（inversion）。大氣狀況在逆溫情形下，由於排放自地面的空氣污染物傾向集中在此，而特別容易導致前面才提到的空氣污染事件。隨後，若太陽出來，化解了此逆溫層（inversion layer），污染物便得以逃逸至高空，空污事件也就隨之解除。盆地當中或群山環繞的都會地區，特別容易出現逆溫層，因此也就容易發生空污事件。

1.4 光氧化物

光氧化物（photo-oxidants）是由一些化石燃料燃燒後產生的初級污染物所形成，屬於次級空氣污染物。顧名思義，這些化學物質的形成都會受到陽光照射所影響，且全都有很強的氧化能力。其會刺激並破壞（氧化）呼吸道、眼睛、皮膚、動物器官、植物組織、以及材料和結構體。臭氧為其最重要代表，其他化合物還包括：酮（ketones）、醛（aldehydes）、烷氧基（alkoxy radicals, RO）、過氧基（peroxy radicals, RO_2）、硝酸過氧化乙醯（peroxyacetyl nitrate, PAN）、及過氧苯醯硝酸酯（peroxybenzoyl nitrate, PBN）。前述符號 R 用以表示碳氫化合物部分，少掉一個氫。

我們在此，必須先特別將被稱為「壞臭氧」的對流層臭氧（tropospheric ozone）和所謂「好臭氧」的平流層臭氧（stratospheric ozone）加以區分。對流層臭氧主要是燃燒化石燃料的結果，而平流層臭氧則是在太陽紫外線輻射影響下的光化學反應，所自然形成的。世界上大多數都會區都有高臭氧程度的情形，特別像是墨西哥市、聖保羅、雅加達、孟買、開羅、伊士坦堡、羅馬、雅典、馬德里等日照特別高的城市。

二氧化氮（NO_2）是唯一能在對流層當中引發形成臭氧的先質（precursor）。雖然其他的氣體，無論是人為或天然的，也都能形成臭氧，但引發此過程的則僅 NO_2 而已。二氧化氮為棕色氣體，為一氧化氮 NO 經氧化所形成。NO 和 NO_2 加起來，便合稱為氮氧化物 NO_x。氮氧化物主要是因燃燒化石燃料所形成。NO_x 當中有一部分，是因為尤其是石油和煤等化石燃料，當中所含的氮而形成，稱為「燃料 NO_x」（fuel NO_x）。而大部分 NO_x 卻是在燃燒過程當中，空氣中的 O_2 和 N_2 在高溫火焰下結合而成，此稱為「熱 NO_x」（thermal NO_x）。

二氧化氮氣體可在波長小於 420nm 的陽光下光解離（photo-dissociate），導致氧原子與氧分子結合形成臭氧：

$$NO_2 + (h\nu)_{\lambda \leq 420nm} \rightarrow NO + O$$
$$O + O_2 + M \rightarrow O_3 + M$$

上式中的 M 是將氧原子與氧分子結合，所不可或缺的惰性分子。而由於在上式當中所形成的 O_3 又能被在下式過程當中所形成的 NO 所摧毀，這一連串的反應循環，尚不足以解釋全世界很多地方所出現的高濃度臭氧。

$$O_3 + NO \rightarrow O_2 + NO_2$$

直到 1950 年代末和 1960 年代初期，科學家假設 NO 接著被大氣當中一些 O_3 以外的氧化物重新氧化成為 NO_2，然後重新開始了第一個反應，讓 O_3 得以從相當少量的 NO_2 逐漸累積起來。該神祕的氧化物後來証實為一過氧基。此根則是在以下一連串反應當中所形成：

$$RH + OH \rightarrow R + H_2O$$
$$R + O_2 \rightarrow RO_2$$
$$RO_2 + NO \rightarrow NO_2 + RO$$

式中的 RH 為碳氫化合物分子，OH 是氧根，RO 是一烷氧基，而 RO_2 則是一過氧基。

1.5 酸性沉降

　　圖 8-1 為酸性沉降示意圖，顯示空氣污染物的轉換與沉降路徑。酸性沉降（acid deposition）通常被稱為酸雨（acid rain）。不過，由於沉降到地面的酸性物質，並不僅止於雨水、還有像是雪、冰雹、和霧等較乾的型態等，所以還是以酸性沉降一詞稱呼較為恰當。酸性沉降因為是初級排放污染物轉換成的產物，而屬次級污染物。

　　發電廠、工業、商業、住宅、及移動來源所排放的酸性沉降先質，是為硫氧化物與氮氧化物。該先質受到風的對流及擾流的擴散，在空氣中傳送時與空氣當中所存在的各種氧化物和水分子作用，形成了硫酸與硝酸（H_2SO_4 與 HNO_3）。這些酸隨即以乾或濕的型態落在地面和水上，進而對環境造成如前面表所列的不利影響。

　　從先質轉換成為酸性物質的確切機制，迄今仍存有爭議。比較顯而易見的是，其轉換路徑有「氣態」（gas-phase）機制和「水態」（aqueous-phase）機制二種。在氣態機制當中可能發生的反應如下：

$$SO_2 + OH \rightarrow HSO_3$$
$$HSO_3 + OH \rightarrow H_2SO_4$$

以及

$$NO_2 + OH \rightarrow HNO_3$$

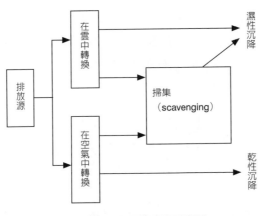

圖 8-1　酸性沉降示意圖

　　該酸可直接以氣體分子落於土地和水面，或是吸附到外界的氣膠（aerosols）上，接著以乾顆粒型態沉降下來，但也可能被降下的水分掃過，而以濕的狀態沉降。

　　在水態機制當中，先質先是與雲的顆粒結合，接著再與雲粒當中常常出現的過氧化氫（H_2O_2）和臭氧等氧化物起作用。

　　前述二機制，由於氣態機制可能表示所形成的酸和空氣中 SO_2 與 NO_2 的濃度之間存在著線性關係，而水態機制所存在的是非線性關係，而有必要加以區分。若所顯現出的傾向於非線性關係，便不能預期酸性沉降速率和酸性先質排放速率成正比。

　　降水的平均酸鹼值，pH 只能用來表示一部份的酸性沉降問題。氫離子的黏度沉降率，是評估該問題的較佳方法之一。河川、湖泊、海灣等表面水體，隨著多年來承受酸性沉降，加上其中鹼性成分的逐漸排出，其酸性會持續累積。通常氫離子沉降，可從在一星期當中用桶子收集得的降水當中量取。將一年當中每週沉降率加總，便是年度沉降率（annual deposition）。

　　前述 pH 為一水溶液當中氫離子的濃度 $[H^+]$ 莫爾／公升，取對數後的負值，亦即，$pH = -\log[H^+]$。例如中性的水的氫離子濃度為 10^{-7} 莫爾／公升，因此 pH 值為 7；某濃度為 10^{-1} 莫爾／公升的氫氯酸（鹽酸），pH 值為 1。檸檬汁的 pH 大約是 3，碳酸的 pH 約為 5.6。因此即便沒有其他類似 H_2SO_4 與 HNO_3 等酸性物質，雨水和大氣中的二氧化碳接觸仍會呈現 pH 介於 5 與 6 之間的弱酸性。另一方面，雨水若與大氣當中的 $CaCO_3$，CaO，$MgCO_3$ 等鹼性物質接觸，則實際上是有可能出現 pH 大於 7 的情形。一般我們所能稱得上「酸雨」，實際上指的是 pH<3.5 的情形。

1.6　地區性煙霧和妨礙能見度

　　直徑比 1-2μm 小的微小顆粒在空中會落下得很慢，而且有可能從排放源頭旅行數百至數千公里。這些細微顆粒當中，有一部份從工業、商業、住宅、或交通工具等來源直接排放出，稱為初級顆粒（primary particles）。然而，大多數細微顆粒皆為包括光化學過程在內的，氣體至顆粒轉換過程（gas-to-particle transformation process）的產物。此稱為次級顆粒（secondary particles）。該顆粒可涵蓋極廣大的面積。從衛星照片上經常可以看到，大片顆粒覆蓋著大陸，並且一直延伸到數百公里的外海。這種現象稱為區域性煙

霧（regional haze）。其通常只有在一冷鋒（cold front）通過該區域，伴隨著對流雲（convective clouds）、雷雨、和降水，將顆粒好好洗過之後，才告終止。

前述顆粒的組成隨排放的先質的不同，各地區互有差異。例如在北美、中歐、和東南亞，大多數顆粒皆由主要為燃燒高硫煤和油所產生的硫酸及氨和鈉的鹽類所組成。其餘則由硝酸與其鹽類、含碳材質（碳元素和有機碳）、及聚合物質（土壤、石灰、及岩石等的微塵）。至於在世界上一些都會或工業地區，微粒的主要組成則為硝酸與碳酸物質。這主要是因繁重的機動車輛交通、化學工業、煉油業、火力電廠、及其他都會與工業排放使然。

② 水污染

消耗化石燃料亦將對水質本身和水的使用，造成重大影響。自開礦與擷取能源階段，水即開始受到污染，一直到輸送與提煉，乃至最後燃燒留下灰渣的各個階段，這些污染都會進一步隨逕流進入河川、海洋、湖泊等表面水體，或是滲入地下水層當中。因此，我們必須對礦場酸性排水、洗煤水、煤堆和煤灰堆滲漏水、以及燃燒後毒害性副產物的大氣沉降等，可能造成的水污染加以防制。

2.1 海洋油污染威脅

石油從鑽探、儲存、輸送、到使用的過程中，都對環境，特別是海洋環境，造成威脅。以海域鑽油為例，海域石油海探的主要環境顧慮，包括缺乏有關深海鑽探的環境影響評估、欠缺環境報告、開鑽材（drill cuttings）排放的影響、廢棄物處置、及產生氣體的回收利用等。

大部份石油都依賴巨型油輪（oil tanker）運送。運輸過程中發生的重大溢油（oil spill）大多離不開嚴重的海難，例如觸礁、撞船、結構損毀及火警與爆炸，且一般都發生在海域或港外。在某特定地區當中的所運送油的數量，並不能用以表示這些災難所可能帶來的溢油風險，但如將其與其他像是高船舶交通密度、或是惡劣天候與狹窄擁擠海峽等因子結合，則可發現與過去的大型溢油事件之間的關聯性。許多處於遭受大型溢油事件風險的國家並非大石油輸入國家，而其威脅也就往往源自於在海峽當中，前往其他目的地的油輪。

2.1.1 海上溢油風險

海上溢油（oil spill）事件由於其漫延迅速、影響範圍廣大、場面怵目

驚心，很容易成為社會矚目的焦點。例如民國 66 年以來陸續在台灣發生的布拉哥油輪事件，東方佳人號事件，長運輪高雄港爆炸事件以及近幾年來接連發生的，白米溪、高雄林園、大林埔、桃園沙崙等溢油事件，皆曾造成喧然大波並受到輿論嚴厲指責。然而與 1967 年的 Torrey Canyon、1978 年的 Amoco Cadiz、1989 年的 Exxon Valdez，及 1993 年的 Braer 等國際間著名的大型油污染事故比起來，過去二十幾年來在台灣所發生的所有油污染事件，與其說是慘痛的教訓，毋寧說只是幸運的強烈警訊。

中型溢油（介於 100 至 1000 噸之間）通常發生於港口或其鄰近地區，可能是在其進行油的例行傳輸過程當中，例如裝油、卸油、添加燃油或是輕微撞船、觸礁、與靠泊事故等較不嚴重的災害的後果。中型溢油在風險上的最大不同在於，其與個別國家，而並非該整個區域，進出口石油量之間的密切關係。進口大量石油的國家，比起那些大石油出口國，顯然更具風險。其中的理由不明，但可能與例如較為嚴峻的氣候與海況，以及船員於油輪航程終點處於疲憊狀態等因素有關。

無論在各個不同的區域性海區之間或是當中，大型油輪溢油事件的風險的差異皆相當大。面臨最大遭致大型溢油風險的區域為地中海、黑海、東北大西洋、東亞海（East Asian Seas）、及西北太平洋等。

表 8-5 當中摘錄針對十九個區域性海區（regional sea areas）遭致溢油的風險及其準備程度所做的評估。其整體風險與準備程度分成低中高三個等級。在表中最後一欄所顯示的是依據合併分數所得到的優先排序。

近年來，隨著自裡海輸往國外的石油大幅提升，黑海所面臨的威脅也有提升的趨勢。其他有類似運油量增大趨勢的波羅的海、上西南大西洋、及西非與中非區域等，其所伴隨的風險亦受到重視。

紅海與亞丁灣是歐洲與遠東之間，特別是石油的重要航道。全世界大約有 11% 海運石油經由此區，但卻從未有源自海運的大型溢油事件（>5,000噸）。此區大多數溢油，皆因運轉排出、設備故障及觸礁等所造成。

然而儘管在此區當中發生的大型溢油事故甚少，龐大的海運量所帶來沿著海岸線的焦油珠（tar ball）卻造成長期、慢性污染。從水質研究當中發現，每平方公里紅海環境當中所含油污高過任何其他海洋區域。而愈來愈多與海岸開發有關的的濬濼與建造及工業廢棄物對於海洋環境再在造成威脅。

表 8-5　十九個區域性海區遭致溢油的風險及其準備程度之評估

區域性海	風險類別	準備程度	優先排序
東北太平洋（North-east Pacific, NEP）	低	低	0
東南太平洋（South-east Pacific, SE/PCF）	低	低	0
上西南大西洋（Upper South-west Atlantic, SWAT）	中	中	0
泛加勒比海（Wider Caribbean, WCR）	中	低	＋1
中西非（West & Central Africa, WACAF）	中	低	＋1
東非（Eastern Africa, EAF）	中	低	＋1
紅海及亞丁灣（Red Sea & Gulf of Aden, PERSGA）	中	低	＋1
灣區（Gulf Area, ROPME）	中	低	＋1
地中海（Mediterranean, MED）	高	中	＋1
黑海（Black Sea, BLACK）	高	低	＋2
裡海（Caspian）	中	低	＋1
波羅地海（Baltic, HELCOM）	中	高	−1
東北大西洋（Nor-east Atlantic, OSPAR）	高	高	0
南亞海（South Asian Seas, SACEP）	中	低	＋1
東亞海（East Asian Seas, EAS）	高	中	＋1
南太平洋（South Pacific, SPREP）	低	低	0
西北太平洋（North-west Pacific, NOWPAP）	高	中	＋1
北極（Arctic, PAME）	低	中	−1
南極（Antartic）	低	低	0

　　中美洲僅出產少量原油，一部分輸往美國，大部分在當地消耗。儘管如此該區域卻是自巴拿馬通往阿拉斯加的重要航道，同時巴拿馬運河亦為石油從阿拉斯加運往美國東岸所必經。2001 年，每天總共有 613,000 桶原油加上油品運經此運河，相當於自大西洋運往太平洋總油量（包括原油與石油產品）的 57%。

　　東北太平洋屬低風險區，紀錄中有史以來僅發生過一次大型（>5000 噸）油輪事故。該區自 1974 年以降共發生過 62 次油輪事故，其中 60 次不及 700 噸。所有油輪事故當中，41 次發生在巴拿馬（71% 在運河內，29% 在太平洋岸）；這些主要肇因於卸油與加油等例行輸油作業，其他則因輕微撞船與觸礁所導致。

　　在 1990 年代期間，裡海黑海及歐亞中部區域成了全世界供應石油最重要的區域之一，一方面吸引大量投資，同時亦提供了新的重要出口收入。只要出口維持不中斷，如此發展對該區域無疑是一大利多。

2.1.2　國際合作應變溢油

自 1974 年起，聯合國的國際海事組織（International Maritime

Organization, IMO）與環境計畫（United Nations Environment Programme, UNEP），即鼓勵在其區域性海計畫（Regional Seas Programme）之下進行國家間合作。這項國際合作的精神於 1990 年，藉著通過國際油污染準備、應變、及合作公約（International Convention on Oil Pollution Preparedness, Response and Co-operation, OPRC）的通過，而正式形諸條文。自此，所特別強調的便在於由政府與業界強化整合性措施，以朝向 OPRC 的目標發展。而另一方面，IMO 也與國際石油與海運業者結合成名爲全球計劃（Global Initiative）的伙伴關係，以促進溢油的準備。

聯合國的 GESAMP 在透過對陸上活動與污染源對海洋環境的品質與利用所造成影響的廣泛瞭解後，指出對意外溢油控管進行改進的二大主軸，即(一)風險的降低和(二)溢油應變能力的建立。尤其是，在 GESAMP 的報告（2001 年）中其結論指出，藉由擴大既有技術與程序的落實，特別是開發中國家，當可獲致重大成效。

另外，由於對油污染認知的差異，以致如何看待溢油以及在應急計劃當中的重要性等的決定，也受到影響。理想上，有效應變溢油之道在於妥善準備，且準備與應變也應具同等份量。然而，實際上在一些財力、人力、及行政資源短缺的開發中國家，準備工作往往必須遷就現實。

2.1.3 溢油應變之經濟性

溢油應變計畫談的是針對溢油意外事件所帶來污染問題的預防與緊急挽救。亦即，溢油應變計畫的任務乃在藉由預防、事前準備及對臨場應變的預先規劃，協助敏感地區持續保有面對任何規模的溢油意外的回應與處理能力。溢油應變的專業人員普遍認爲，在第一時間投入受過訓練的應變人力及高度有效的設備與運作系統，是增加水面油污回收、減少沿岸污染的重要關鍵。愈是延遲反應或未能投入有效應變人力與物力，愈將增加挽救的難度，相對的愈可能造成環境與生態的浩劫、危及大眾的健康與安全。

對於某一特定海岸，若採用某一種溢油污染防治技術（例如前述爲最常見的，以圍欄包圍溢出的油，接著以汲油機回收溢油），究竟準備付出多少代價來達到保護海岸的目的？或問一個最簡單的問題：究竟要準備多長的圍欄來保護海岸？依照經濟學剩餘理論的講法，最好是讓保護海岸的邊際成本，剛好相等於其所能提供的邊際效益。而若分別對這成本與效益仔細分析，應該可以選出最佳保護程度。

此外，一旦發生溢油事件，所要保護的海岸可能受到的污染程度各有不同，而其對污染的承受能力程度也有差異，因此要決定海岸與海洋環境應受到多少與受到何種保護，須先決定出以下相關因素：

・油污所危及的海岸型態與特性　由於須視其所在位置而定，其所受保護的可能性與有效性，以及其潛在的效益都可能會隨著改變。

・溢油事件的類型　污油的類別和其如何抵達海灘等，都是改變保護海岸成本與效益的變數。

・油污自溢漏至抵達海岸過程的可能分佈情形。

・海岸地區受保護的優先次序　重要敏感區應獲優先保護，而其區域的劃定應事先作成周延考慮，並在各相關團體與單位間取得共識，加以排定。

2.1.4　溢油衝擊模擬

海洋油污染的成本並不一定與溢出油的量，或是發生事故船舶的尺寸大小，或受損的嚴重程度成正比。該項成本應是取決於以下因子：

・溢出油的類別及其物理和化學規格

・溢出油的量

・溢油的位置：海岸、海域、深海等

・溢油排出率

・當地環境狀況，例如風、浪、流等

・所完成對溢油擴張範圍的設限

・所採取之任何除油方法

・溢油當地或可能影響所及地區的經濟性活動

・大眾對於溢油的注意程度與其影響力

・實際財產損失

因此，在評估實施溢油應變計畫的成本與效益時，應就可能發生的溢油事件進行模擬，考慮不同規模事件發生的機率以及上述各項參數變化的情形。

2.1.5　降低社會經濟成本

海上溢油事件一旦發生，對直接受害地區、鄰近地區、居民、地方政府，乃至中央政府都產生嚴重社會經濟面的衝擊，引發社會經濟成本。此類成本包括油污染對財產造成的損害、因自然資源受損而導致的利用價值喪失（如公園、景觀等），以及因而導致相關產業的收入降低或支出增加（如漁

業、旅遊業、休閒業、海洋運輸業、商業貿易等等）。尤其，如果溢油事件發生於重要港區或航道，阻礙海上運輸，則牽連的社會經濟成本更形加劇。

美國的油污染法（Oil Pollution Act of 1990）明文規定，其聯邦政府得向污染的肇事者，索取以下的社會經濟成本賠償：

· 自然資源利用價值的損失

· 財產（動產與不動產）毀壞的損失

· 作為維生用途的自然資源受到破壞導致的損失

· 因溢油污染造成財產或自然資源損害而導致的政府稅捐或收益短少

· 因溢油污染造成財產或自然資源損害而導致的獲利能力降低

· 因溢油清理與善後以至於政府必須額外提供的公共服務的成本

民間受害者亦藉由訴訟，針對以下相關經濟損失，建立向溢油肇事者成功求償的先例：

· 油污清除及受創財產復原的相關支出

· 因喪失旅遊或商業機會而導致的經濟損失（如利潤喪失）

· 受損機具、設備或設施的修理或重置成本（如漁具、碼頭設施等等）

· 因漁業資源受創而導致的漁業收益減少

· 因必須異地捕撈而產生的漁業成本增加

· 當地或鄰近地區房地產損害，包括因位於或緊臨「溢油事件發生地」而造成的市場價值降低

· 油污染引發自然生態改變所導致的經濟損失（例如因油污染而致使既有自然資源無法再生，甚至為新產生自然資源取代）

· 遊憩漁業活動與相關經濟收益的喪失

· 原住民維生所需資源（如為其糧食的漁產）的損失

永續小方塊 1

阿瑪斯號事件

1991 年元月，希臘籍貨輪阿瑪斯號於鵝鑾鼻外海觸礁漏出燃料油逾千噸，引起廣泛報導與討論，並對台灣社會造成重大衝擊。依過去經驗，輪船在海上大量溢油後較易受到關切的問題包括漁業資源減損和市場價格下

跌、水產養殖受損、及生物棲息地的改變或減少，例如為顧及人體健康而關閉漁場或魚具污損等，都可能在經濟上造成難以彌補的損失。其他像是工業（例如發電廠的冷卻水）、生態保護區、附近遊憩公園等也都是值得高度關切的。當然長期、慢性對海岸或河口水質及對生態系與食物鏈所造成的衝擊也將受到質疑。

　　除此之外，不論是從理論的角度，或是從法令制定與訴訟的實際經驗來看，現今社會上已普遍認定：溢油事件所導致的社會經濟成本不僅包含實際必須支付的費用或開支，亦包含受影響的居民、政府或社會大眾所認定的未來潛在經濟利益的喪失。此成本大小則受到許多因素影響，包括：溢油事件的大小、溢油事件發生的時點與地點、溢油事件發生時的天候與海象、溢油造成的污染程度、溢出油品的類別與性質、溢油污染能藉由清除回收而彌補的程度等等。而是否能即時啟動已有妥善準備的溢油應變計畫，更對溢油污染程度，乃至隨之而來的社會經濟成本，具決定性關鍵影響。愈是能即時啟動或愈是熟練且資源充分的應變準備，愈能縮小溢油污染所帶來的社會經濟成本。

　　一項在阿拉斯加艾克森瓦迪茲（Exxon Valdez）溢油事件發生近十年之後（1998 年）對阿拉斯加原住民進行的訪問調查顯示：83.9% 的原住民認為傳統生活方式已受到艾克森溢油事件的創傷而難以恢復。

2.2　煤礦與洗煤酸性排水

　　從可估算的量來看，使用煤所造成的最嚴重水污染問題，當屬源自於煤礦、煤堆、和洗煤的酸性排水。這些排水含有酸性、毒性物質，且往往還有放射性同位素。其測得的 pH 值可低到 2.7。至於濃度較高的毒性物質，包括砷（arsenic）、鋇（barium）、鈹（beryllium）、硼（boron）、鉻（chromium）、氟（fluorine）、鉛（lead）、汞（mercury）、鎳（nickel）、硒（selenium）、釩（vanadium）、及鋅（zinc）。煤中所含放射線同位素包括對環境無害的 ^{14}C 及 ^{40}K，以及對環境和人體皆構成威脅的鈾（uranium）和釷（thorium）及其產物（daughters）。

　　有些洗煤（coal washing）過程在礦場進行，有些則在後續處理過程中進行，目的之一，在於去除礦物當中的不可燃部份，以提升燃燒熱值。更

重要的目的，則在於去除當中可佔煤中硫化物量達 50% 的黃鐵礦硫（pyritic sulfur）。在洗煤過程中，藉著水沖洗軋碎的煤礦加上重量分離，可初步將沉澱的較重且含有酸性、毒性、放射性的礦物，自浮在上層的煤當中分出，另外進行審慎分析與後續處置。

③ 發電廠的環境議題

3.1 固體廢棄物

雖然藉著上述過程，得以將一大部分礦物去除，在送進發電廠燃燒的煤當中，仍附有不少可通稱為煤灰（ash）的礦物。煤灰約佔煤灰重量的 1% 至 15%。而即便燃燒的是油，亦含有灰，重量佔 0.01% 至 0.5%。噴入鍋爐的煤微粒或油滴經過燃燒，其中的這些礦物若非落入爐底（稱為底灰，bottom ash），便是隨著燃氣（flue gas）被吹出成了飛灰（fly ash）。現今的燃煤鍋爐，飛灰約佔 90%，底灰 10%。在飛灰當中，除了粒徑特別小的（<1μm）會逸散到空氣中外，絕大部份皆可藉靜電集塵器（electrostatic precipitators, ESP）加以收集。飛灰當中所含酸性、毒性、和放射性物質，皆和原始的煤中礦物相當，必須經過慎重的化學分析與妥善處置。

由於許多國家針對酸性沉降，都訂定了相關防制法規，燃煤電廠和工業鍋爐，也就必須配備燃氣脫硫裝置（desulfurization devices）。若用的是高硫含量的煤（重量超過 0.6%），便需用到濕石灰洗滌器（wet limestone scrubber）。燃氣通過 ESP 之後，隨即進入洗滌塔（scrubber tower）。這時含有 SO_2 和其他含硫化合物的燃氣，將遇上噴出的石灰石。在洗滌器底部收集的的污泥當中，除了一些尚未作用的石灰石外，還包括濕的硫酸鈣（calcium sulfate，石膏）和亞硫酸鈣（calcium sulfite）。接著會讓殘留的污泥，儘可能脫除水分（不過石膏要脫水很難），再加以處置。由於污泥當中也可能含有主要為砷（arsenic）、鉻（chromium）、汞（mercury）、和硒（selenium）等毒性元素，其最終處置可能還需用到特別設計的安全儲存池（secure impoundment）。

3.2 發電廠耗水與熱污染

以我們對熱力學第二定律的了解，類似火力電廠這樣的熱機，輸入的燃料能量當中，最後必然有一部份會以熱的型態排放到大氣或水體當中，

讓水或空氣帶走。一般在燃料當中，大約有三分之一潛熱值（inherent heat value）會經由蒸汽冷凝器，再進入海洋等水體環境。另外會有三分之一經由煙囪進入大氣，而大概也只有剩下的三分之一能量，會轉換成有用的功。海洋等水體可很有效的吸納從冷凝器排出的廢熱（waste heat），這正是為什麼大型發電廠和工業往往位於海邊、湖邊、或大河邊的原因。若非如此，該設施產生的廢熱便須藉由冷卻塔（cooling tower）或人工冷卻池（cooling pond）吸收了。而從冷卻塔釋出的蒸發水氣，在進入大氣受冷空氣凝結的過程中，會形成很醒目的白色煙團（plume）。以一座 1000-MW，熱效率 33% 的發電廠來說，若平均氣溫 15℃，則每年所要用來冷卻的水量可達 1.7×10^7 公噸。這當然會引發利用大量珍貴水資源作為冷卻的合理質疑。只不過，迄今無論是採取何種方式來吸收火力電廠或核能電廠的餘熱，都尚無不需付出龐大代價的周延方法。

3.3 毒性污染物大氣沉降至表面水體

一般談及火力電廠的燃燒排放，多半僅著眼於會帶來酸性沉降的氮氧化物硫氧化物以及懸浮微粒。而除了氮與硫的氧化物之外，其實還有一些其他的燃燒產物，也會從煙囪逃逸而終告落在土地和水中，以致對人體健康與環境都造成不利影響。這類沉降物當中的兩個重點，一個是毒性重金屬，另一個是多環芳香碳氫化合物（polycyclic aromatic hydrocarbons, PAH）。

3.3.1 毒性重金屬

先前我們提到過，燃煤電廠的飛灰當中含有像是砷（arsenic）、鉻（chromium）、鉛（lead）、汞（mercury）、硒（selenium）、釩（vanadium）、及鋅（zinc）等毒性金屬。這些測出的金屬都是很小的微粒，直徑小於 1μm，並不能單靠 ESP 有效收集，而很容易逃逸至大氣當中。而也正由於粒子太小，幾乎不受重力影響，而可能傳輸到幾十萬公里以外的地方。不過終究，其不管是乾的或濕的狀態，都會落在土地或水上。這些毒性金屬，可能從地面表層滲入地下水層，或是隨著逕流進入溪流、河川、湖泊、或海洋當中。如此一來，其勢將進入食物鏈當中，或是直接經由水源乃至飲水，或是間接透過水生生物進入人體，對懷孕婦女尤具威脅。而經常食用這類魚的孕婦所生下的嬰孩，則可能顯現缺陷或智力發育遲緩。另就汞而言，除了燃煤電廠外，城鎮焚化爐亦為主要來源，這是因為未經單獨收集，

混入垃圾當中的電池、開關等電子零件及日光燈管，都可能含有水銀，一旦焚燒，隨即逸至大氣。其他如鉛等重金屬，也可能造成智力遲緩及其他腦部與中樞神經系統方面的缺陷。進入地面水與地下水的鉛，有一部分即來自於大氣沉降。幸好，隨著含鉛汽油的淘汰，與鉛有關的疾病也隨著減少了。

3.3.2　多環芳香碳氫化合物

PAH 為含有兩個或兩個以上苯環（fused benzene rings）的有機化合物。有些 PAH 已知或疑似致癌，最常見的便是苯甲基（benzo（α）pyrene, PAH）。PAH 為燃燒不完全的產物。由於 PAH 附著在煙灰微粒上，所以只要看到帶灰的煙，就可確定其中含有 PAH。蒸氣或微粒狀態的，會由風攜帶最終沉降在土地或水面上，至於藉著廠中洗氣設備掃除的，則呈現濕的狀態。

由於 PAH 很不穩定，會在陽光下分解或被大氣當中的氧化物氧化，其自煙囪逃逸後傳輸得不如金屬遠，而多半會沉降在燃燒源附近。由於 PAH 甚為（hydrophobic），其不容易與雨滴結合，因此其乾性沉降遠超過濕沉降，特別是在已然遭受污染的都市。鄰近工業化都市的河川、湖泊、及海岸水體，特別容易受到各種燃燒源所產生 PAH 的影響。此外，吸附了 PAH 的煙灰顆粒也會沉澱在這些水體底泥當中。而住在這些底泥當中的底棲魚和甲殼魚類，便可能吸收水中和底泥當中的 PAH。由於 PAH 會溶於脂肪組織當中，一些器官便可能因此累積 PAH，並藉著食物鏈傳遞到人體。

不過諷刺的是，從集中且大型的燃燒來源所排放的 PAH，倒不如那些小而分散的來源來得多。相較之下，大型發電廠、工業鍋爐、及城市焚化爐，對於其包括 PAH 在內的不完全燃燒排放物進行防制還算容易。基本上，這包括初級初級／一次（primary）方法及次級／二次（secondary）方法。前者指的是，在燃料和空氣混合物當中提供過剩空氣量（excess air）、提高火焰溫度、及在燃燒室中保持充裕的駐留時間（residence time）。在這些情況下，幾乎可將所有含碳化合物都燒成 CO_2 和 H_2O，而不至於留下會形成煤灰和 PAH 的有機分子或基。

3.3.3　土地污染

在所有化石燃料對土地造成的各類型衝擊當中，最重大的當屬煤礦開採，特別是表層採礦（surface mining）或亦稱為帶狀採礦（strip mining）。而由於實際上，煤很少真的就位於表層，所以常需移除上層深達 100m 的表土、砂、粉砂、黏土、及頁岩。有些煤位於山邊或河岸，這時便要用上鑽探

（auger mining）技術，以特大鑽具將煤從岩縫中鑽出。

　　表層採煤會在地貌上留下巨大傷痕，其對生態系的破壞，和損及土地的其他可能用途更不在話下。也因此，一般國家都有其採礦相關法令，必須在採礦前先取得許可，要求進行開採的環境影響評估（environmental assessment），以及提出停止採礦後的相關復原程序等。照說，該片土地必須恢復成在還沒有開礦前，所具有的利用價值的狀態。至於要求在採礦過程中必要的安全，並符合應有的生態標準，亦不在話下。

　　最後一提的是，除上述煤礦開採之外，無論在陸地上或海域探勘和開採石油或天然氣，在感官上和生態上，皆在在構成大規模、不容忽視的威脅。

4　結論

　　人類大量消耗化石燃料，對於環境與健康皆造成許多不利影響。這些影響肇始於化石燃料的開採，接著是透過運輸、提煉、燃燒、以致最終處置。

　　迄今對環境與人體健康造成最大衝擊的莫過於在爐膛、爐灶、煉爐（kilns）、鍋爐、燃氣渦輪機、及內燃機當中燃燒化石燃料，以驅動我們的汽機車、卡車、曳引機、火車頭、船舶、以及其他各類型動態與靜態的機器。這些燃燒過程，透過煙囪、通風管、及排氣管排出像是微粒、硫氧化物與氮氧化物、一氧化碳、不完全燃燒產物、及揮發與毒性金屬等污染物。這些污染物當中，有的對人類、動物、及植物具有毒性，而其他也有些在大氣層當中轉換成為臭氧、有機化合物、及酸等等毒性污染物。

習題

1. 試述人類注意到空氣污染問題的由來。
2. 列數各種空氣污染物對人體健康的可能影響。
3. 列數各種空氣污染物，對於環境可能造成的影響。
4. 說明最靠近你家的火力發電廠的大氣排放，是否符合法規標準。
5. 說明你所使用的汽機車排放，是否符合法規標準。
6. 論述儘量減少開（騎）車，對於海洋環境的助益。
7. 論述在生活和工作當中盡力省電和提高用電效率，對於海洋環境的助益。
8. 論述在生活和工作當中盡力省電和提高用電效率，對於土地的助益。

玖　地球暖化

2009 年 9 月 22 日聯合國氣候變化高峰會議場

　　在所有因為使用化石燃料對環境造成的影響當中，地球暖化（global warming）和包括一道產生的氣候變遷或氣候異常（climate change）在內的問題，是最麻煩、最具威脅潛力，也是以及公認最棘手的。其肇因於大氣當中，多半因為人類活動所持續累積的 CO_2 以及像是 CH_4、H_2O、氟氯碳化物（CFCs）及煙霧質（aerosols），達到超過工業革命開始之前，維持了好幾世紀的程度，所致。這些稱作溫室氣體（greenhousegases, GHG）的物質，強化了地球大氣的溫室效應（greenhouse effect），而在地球表面形成暖化的氣候。

1 全球趨勢

　　地球暖化導致從十九世紀中期以來，地表年平均溫度上升 0.5℃ 至 1℃。雖然聽起來微不足道，此溫升卻很有可能在二十一世紀結束前達到 2℃ 至 3℃，而確定將造成氣候變遷，以致對地球上的所有生物，造成不可預期的後果。

　　根據國際間主要能源研究機構所提供的資料顯示，1990 年至 2007 年，全球因為使用化石燃料和生產水泥增加了 34% 的二氧化碳排放。2000 年至 2004 年期間，全球二氧化碳排放量每年增加 3.2%，大幅超過 1990 年至 1999 年平均每年 1.1% 的增長速度。在 2007 年當中，全球所排放的二氧化碳超仍提高了 3.1%。大部分的溫室氣體和其他大氣排放，都是為了滿足我們對於能源需求的增加，而使用大量化石燃料所致。每燃燒一公斤煤，排放大約

3.4kg 的二氧化碳，石油的是 3.1kg，天然氣則是 2.75kg。圖 9-1 所示，爲全球不同區域，由於使用化石燃料及生產水泥所造成的 CO_2 排放。表 1 所示，爲 2000 年經濟先進國家主要溫室氣體排放來源的數據。

從表 9-1 當中可看出，由於生產電與熱所造成的排放，占了與能源生產相關排放的 76.3%。儘管在石油提煉及煤與天然氣的重組上，隨著技術的提升可獲致較佳的效率，然實際上，這些技術並無顯著的進步。暫態排放，主要指的是和化石燃料的開採及輸送相關的部份。這些排放主要爲甲烷與氮氧化物。隨著採礦技術的進步，開採過程中所帶來的排放，亦得以大幅減輕。

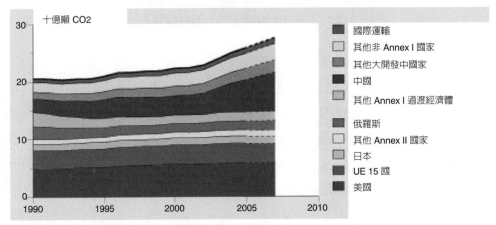

圖 9-1　全球各區域源自於化石燃料使用與水泥生產的 CO_2 排放

註：聯合國京都議定書當中的 Annex I 國家包括：Australia, Austria, Belarus, Belgium, Bulgaria, Canada, Croatia, Czech Republic, Denmark, European Union, Estonia, Finland, France, Germany, Greece, Hungary, Iceland, Ireland, Italy, Japan, Latvia, Liechtenstein, Lithuania, Luxembourg, Monaco, Netherlands, New Zealand, Norway, Poland, Portugal, Romania, Russian Federation, Slovakia, Slovenia, Spain, Sweden, Switzerland, Turkey, Ukraine, UK, Northern Ireland, USA。Annex II 國家包括：Australia, Austria, Belgium, Canada, Denmark, European Economic Community, Finland, France, Germany, Greece, Iceland, Ireland, Italy, Japan, Luxembourg, Netherlands, New Zealand, Norway, Portugal, Spain, Sweden, Switzerland, UK and Northern Ireland, USA。

資料來源：IEA, 2007; BP, 2008; USGS, 2008

表 9-1　2000 年，經濟先進國家主要溫室氣體排放來源

排放來源	TgCO2^{e}	佔總共的 %
電與熱的生產	3831.2	76.3
石油提煉	420.7	8.4
其他能源生產（煤與天然氣的重組）	324.6	6.5
暫態（Fugitive）排放（煤、石油、天然氣）	441.5	8.8
能源生產總共	5018.1	38.1[a]
所有來源的排放	13175.3	

註(a)：佔所有來源排放的%

資料來源：CSES（2004）

預防地球暖化，必須在我們目前能源使用的型態上，作出重大改變，以減輕對化石燃料的依賴。無可避免的，如此改變勢將造成能源商品成本的提升、就業型態的大幅改變（工作機會不一定減少）、替代技術的發展、效率的提升、以及節約措施的普及。而正由於其所帶來社會與經濟上的大幅改變，一些預防暖化政策的落實，也勢必遭致重大反對。此反對將源自於包括煤、油、氣供應商、汽機車製造商、鋼鐵、水泥等重工業者，其相關股東與銀行，以及其政治代表等在內的利益團體。反對也可能來自開發中國家，宣稱其人民的經濟水平遠低於已開發國家而必須仰賴使用化石燃料，以提升此水平。不過另一方面，全世界大多數科學家都認為，為了避免全球氣候重大改變，以致對人類和生態系造成衝擊，預防措施確有其必要。

　　根據跨政府氣候變遷委員會（Intergovernmental Panel on Climate Change, IPCC）的建議，全球於 1997 年在京都召開了氣候變遷議定書會議（Framework Convention on Climate Change），針對國際間共同抑制溫室氣體排放進行討論。已開發國家，和前蘇聯與東歐國家等所謂的「轉型國家」（transition countries）同意，在 2010 年之前，將其 CO_2 排放降低到平均比起 1990 年的水平還少 6-8%。不幸的是，較低度開發的國家如中國、印度、印尼、墨西哥、和巴西，皆未簽署京都議定書。而一些已開發國家如美國和澳洲，後來也都退出，不接受該議定書。因此，除掉一些經濟衰退的國家之外，CO_2 和其他溫室氣體，是否得以在不久的將來有效降低，倍受質疑。

永續小方塊 1

氣候變化峰會

　　2009 年 9 月 22 日，史上規模最大的氣候變化高峰會，在紐約聯合國總部閉幕（圖如本章標題正下方所示）。

　　聯合國氣候變化綱要公約第 15 次締約國大會（COP15）暨京都議定書第 5 次締約國會議（CMP5），將於 2009 年 12 月 7 日至 18 日在丹麥首都哥本哈根舉行，這次峰會的目的，在為其奠基，包含領袖和部長級代表，共有來自 180 多個國家的代表出席會議。

　　主持會議的聯合國秘書長潘基文呼籲各國代表，為了地球的未來，拿

出最高水準的政治決心，協助處理日益嚴重的氣候變遷問題。特別是富裕國家應先跨出第一步，帶動其他國家採取措施。會議中，美國與日本提出至 2020 年，與 1990 年相比，降低 10% 至 30% 不等，的溫室氣體減排目標。歐盟也提出 20% 的減排目標，同時主張應提出對發展中國家也具約束力的減排目標。

中國和印度等開發中國家，則抗議已開發國家提出的目標，和造成地球溫室效應的歷史責任相比，規模過小。要求已開發國家的減排目標，應該提升到 40%，同時每年應向開發中國家提供 1500 億美元的支援資金和技術經驗。

各界共同關注的中國動向。胡錦濤在會中提出中國的新節能減碳計畫，包括增加森林面積、使用對氣候友善的科技、並在 2020 年前，達到 15% 能源來自再生能源。除了國內減排，中國也將提出一套碳排放的交易架構。北京環境交易所（CBEEX）宣布，將提出一套稱為「熊貓標準」碳排放標準。

雖然尚未說明具體細節，但聯合國氣候變化綱要公約執行秘書德波爾（Yvo de Boer），稱讚中方提議的計畫極具野心。此不僅將中國推向全球減碳領導國家，也勢必對幾近無為的美國強力施壓。由於美國參議院先前把減排的碳交易立法，推遲到 2010 年之後，全球嚴重質疑美國對抗全球暖化的意願。

❷ 溫室效應是什麼？

「溫室效應」一詞，採自栽種花或蔬菜的溫室（greenhouse）。在以玻璃（或透明塑膠布）覆蓋的溫室當中，太陽輻射得以進入，供應給栽植在暖活環境當中的植物和土壤，而該溫室也阻擋了熱，經過對流和輻射，散發到周遭大氣當中（圖 9-2）。

同樣的原理，進入大氣的太陽輻射，溫暖了地球表面，但一些如前述所稱溫室氣體的特定氣體，卻攔阻了外流的輻射熱，造成地面溫度上升。

地球表面遭特定氣體暖化的效果，首先是 1827 年，由知名的法國數學家傅立葉（Jean-Baptiste Fourier）發現。到了 1860 年左右，英國科學家汀大爾（John Tyndall）量測出，受到 CO_2 和水氣所吸收的輻射紅外線，而認為可能是因為大氣當中 CO_2 濃度降低，導致冰河期。到了 1896 年瑞典科學家阿

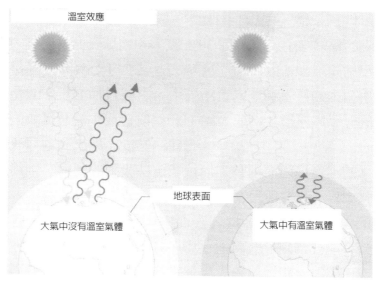

圖 9-2　地球溫室效應

瑞尼爾斯（Svante Arrhenius）估計，若大氣當中 CO_2 倍增，則可能使地表溫度上升 5℃ 至 6℃。

天然的 GHG，主要爲水氣和二氧化碳。若非這些氣體，地表溫度將長期低於冰點，而不適合人居住。所以，我們自然要問，大氣當中多一點人爲的 GHG，又有什麼好擔心的？這樣一來，地球住起來豈不更舒服？答案是：人類和生態系都已然適應了目前的氣候型態，改變此一氣候型態，可能導致對氣候、生態、及社會產生難以預期的後果。

2.1　太陽與地面輻射

太陽所釋出的電磁輻射當中，包括了從波長很短的微波、珈瑪射線（γ）、X 射線、紫外線（UV）、可見光、到波長較長的紅外線（IR）。位於海平面的太陽輻射光譜與位於大氣頂端的大不相同，主要在於地球大氣當中的氣體吸收或散射了輻射。在紫外線這一邊，平流層（同溫層，stratosphere）當中的氧和臭氧是主要的吸收氣體。在可見光的部份，大氣分子的密度波動會分散日光。在紅外線部分，在大氣低處對流層（troposphere）的多原子分子，像是 H_2O、CO_2、O_3、CH_4、N_2O 等等，會吸收太陽輻射。

2.2　太陽―地球―太空輻射平衡

　　來自太陽的輻射當中，有將近 30% 被雲和地球表面反射到太空當中。此一因子稱爲反射率（albedo）。另外有一部分（約 25%），則是被地球表面和大氣層低層當中的氣體和煙霧質所吸附。這些包括雲當中激化與分裂的分子和離子化的分子與原子（例如太陽 UV 輻射造成平流層臭氧的形成及離子層（ionosphere）當中的自由電子）。其餘約 45% 則來到地球表面並爲之吸附，地面與水的溫度也因而提升。而很多這些吸附的輻射，則用以從海洋和其他地表水體，將水蒸發到大氣當中。

　　在過去的地質年代當中，地球表面平均溫度持續變化。造成此溫度改變的，一部分可能要歸因於大氣層當中 GHG 濃度的變化。其他造成地球氣候變遷的因素，則可能和地球繞太陽運行的軌跡，和她本身傾斜角的改變有關。首先地球大約每隔十萬年，運行軌跡偏心便會有所改變，地球的日照（insolation）亦隨之改變。其次地球的對面蝕缺（vis-à-vis the ecliptic）在 21.6° 至 24.5°（目前 23.5°）在 41,000 年期間也會有所變化。此亦改變半球的日照量。第三個可能因素，則是太陽常數（solar constant）的改變。

2.3　回授影響

　　地球暖化除了因 GHG 濃度提升導致輻射增強，地面溫度的上升，亦將不可避免造成二次影響，此稱爲回授影響（feedback effects）。此可用如下比例關係式表示：

$$\triangle \text{Ts} \alpha \triangle \text{Q}/\beta$$

　　其中 $\triangle$Ts 爲地面溫升，$\triangle$Q 爲因 GHG 所造成的輻射增強，而 β 爲將回授影響納入計算的因子。若 $\beta < 1$，回授爲正值，地表溫升會比僅靠溫室氣體所造成的爲高。若 $\beta > 1$，則回授值爲負，如此將造成較小的地表溫升。至於可能造成回授影響的因素則包括：水氣、雲、大氣懸浮微粒、煙霧質、冰反射（ice-albedo）、及海洋洋流回授。

2.4　地球暖化模擬結果

　　根據 IPCC 針對地球溫度上升所作的模擬預測，本世紀內平均趨勢如圖 9-3 所示。其中的「最佳」預測爲，在本世紀結束前地球表面溫度將上升

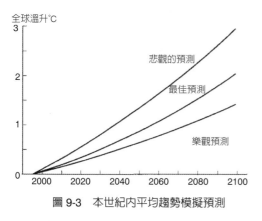

圖 9-3　本世紀內平均趨勢模擬預測

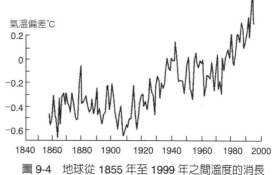

圖 9-4　地球從 1855 年至 1999 年之間溫度的消長

2℃，樂觀的預測為 1℃，至於悲觀的預測則為 3℃。所謂樂觀的預測，靠的是 CO_2 和其他 GHG 排放的減量，悲觀預測則假設一切維持不變（亦即 CO_2 和其他 GHG 持續成長），至於最佳預測則大致介於二者之間。

2.5　地球暖化趨勢觀察

由於大氣當中的 CO_2 濃度自工業年代開始的 280ppmV 增加到如今的 370ppmV，準此模擬，地球已暖化了約 0.5℃ 至 1℃。

圖 9-4 顯示觀測到的地球，從 1855 年至 1999 年之間溫度的消長。這些溫度都是分別從數以百計測站數據平均所得。從圖上可看出年溫度的大幅波動情形。除了波動，很明顯的是其呈現揚升的趨勢。求取這些波動的平均值，平均全球溫度上升了 0.5℃ 至 1℃。若在此預測模型當中，僅考慮溫室氣體的影響，全期上升溫度約為 1℃。不過，也有預測模型，假設人為大氣排放具有負回授影響，則平均溫升大約僅 0.5℃。因此，就上個世紀當中所作地球暖化的預測而言，其與實際觀測所得，大致吻合。

3　其他地球暖化的影響

如前面所討論，大氣當中 GHG 濃度增大導致了地表溫度上升。而此溫度上升又將對地球氣候與水文地質造成許多附帶作用，會帶來對人類棲地、福祉、及生態等層面的影響。

3.1　海平面上升

地表溫度上升將造成海平面上升，其主要因子有三：極地冰帽融化、冰河後退、及海洋表面水的熱膨脹。

海平面在過去的地質年代當中，便已經過大幅變動。在上一個冰河期開始之前的 120,000 年前，地球的溫度大約比今天的高約 2℃。而海平面也比今天的高約 5-6 米。到了上個冰河期結束前的大約 18,000 年前，在大部分北美和歐亞大陸南部的冰層上，夏季平均溫度大約比今天低 8℃ 至 15℃，海面溫度則比今天低 2℃ 至 2.5℃。而海平面大約比目前低 100 米。當時的不列顛群島（British Isles）與歐洲大陸相接，極地冰層在歐洲一直延伸到南英格蘭與瑞士，而在北美則擴及五大湖和南英格蘭。

冰帽融化對於海平面上升的實際影響算是最小的。這主要是因為兩個不相上下的影響因素。首先是隨著地表溫度上升，蒸發與包含下雪在內的降水（precipitation）亦隨著升高，而增大了冰帽。另一方面，冰帽的邊緣也會產生一些融化。其結果是，大約在下個世紀末之前，海平面會略微上升個幾公分。

最近一段時期，整個大陸上的冰河都明顯後退。而在過去一世紀當中，其導致海平面上升了 2 至 5 公分。假使整個南極和格陵蘭外的冰河都融化了，海平面可上升到 40 至 60 公分之間。

而造成海平面上升最主要的因素，還是來自於海洋表層的熱膨脹（thermal expansion）。至於這部份的預測還相當複雜，因為水的熱膨脹係數是溫度和經過混合的海洋表層深度的函數，而這些參數在整個地球也都有所差異。

結合冰帽融化、冰河後退、及海水熱膨脹這三個因素，據估計，在二十一世紀末之前，平均海平面將比當今的上升 30 至 50 公分。這將嚴重影響到較低窪的海岸地區，像是在太平洋和其他大洋當中的一些島嶼、亞洲的孟加拉、及歐洲的荷蘭等國。

3.2 氣候變遷

預測地表平均溫度上升後所造成的全球性和區域性氣候變遷，原本就極其困難，且充滿不確定性。可預期區域性溫度、盛行風（prevailing winds）、以及暴風雨和降水型態，都會起變化。只不過究竟何時與何地，以及會帶來什麼變化，則須借重最大型，稱為超級電腦（super computer）的電腦，進行廣泛且深入的研究和模擬。氣候不僅受到地表溫度變化的影響，其同時也受到隨著溫度起變化的生物與水文過程和海洋循環等的影響。

可預期的是，溫帶氣候將擴及較高緯度，而可能使得比目前可耕作地區

更北的地區，也變得能耕作穀物。只不過作物都需要水。平均而言，全球的蒸發與降水之間的平衡不會有太大的改變，雖然在任意瞬間內會有更多的水氣（溼度）滯留在大氣當中，而不降至地面。然而，降水的型態卻會改變，在任何一個降雨期當中的降雨量可能比目前的，都要來得大。結果，逕流和土壤侵蝕增大，而淹沒的流域（watershed）範圍也將擴大。

颶風和颱風，是水溫大於 27℃ 的情形下，在南、北緯 5 度至 20 度的範圍內形成的。由於地球暖化後表面水溫變暖，而緯度範圍也隨之擴大，結果很有可能使熱帶暴風雨的頻率和強度也都增大。

一些知名的洋流像是灣流（Gulf Stream）、赤道流（Equatorial）、拉布拉多冷流（Labrador）、祕魯海流（Peru）、及黑潮（Kuroshio current）都是受到風和水的密度差所驅動。最常聽到的一個例子便是聖嬰事件（El Niñoevent）。在秘魯和智利海岸，強風從岸邊吹向海域，將海面水從南美海岸吹向西邊。如此形成的一個三維洋流型態，當中暖和的表面水被深達 300米的湧昇冷水所取代。此冷水富有養分，餵飽了浮游魚類和小銀魚等其他水生物。此事件重複發生在耶誕節前後，因此稱為聖嬰。近幾十年的主要聖嬰發生在 1957-1958 年、1972-1973 年、1976-1977 年、1982-1983 年、1990 年代初期、及 1997-1998 年。聖嬰帶來好處是鳳尾魚的豐收；然其壞處是氣候效應的擴大，像是歐洲的濕、冷的夏季，在西太平洋、南中國海、南大西洋、及加勒比海的颶風與颱風頻率增大，以及東太平洋從墨西哥到加拿大的不列巓哥倫比亞海岸增大的強風暴雨所造成的土石流，這些都一再成為未來，隨著地球暖化將更形嚴重且更為頻繁的警訊。

海平面上升和氣候變遷，可能造成可觀的人口中心遷移和農業與森林資源的重新分布。這些所帶來的額外投資與財產保護等付出，將難以估計。

4　溫室氣體排放

大氣當中 GHG 濃度的上升，主要為人類活動來源排放這類氣體所導致。其中 CO_2 為最主要的氣體，但 CH_4、CFCs，及 N_2O 之排放，以及 O_3 濃度的改變，也需一併納入考慮。

4.1　二氧化碳排放與碳循環

由於所有生物體的大部分主要質量皆由碳所組成，地球上活著的生物圈和其化石殘留物（fossil remnant）當中都積存了大量的碳。沉積的石灰岩

（CaCO₃）當中，大約 12% 質量爲碳。這些石灰岩當中，有一部份源自於貝殼和古生物骨骼，另一部份則源自於降水當中過飽和的 CaCO₃ 溶液。

生物圈與大氣圈當中的 CO_2 會持續交換。陸生植物和海洋與其他表面水當中的水生植物透過光合作用，從大氣層當中吸收二氧化碳。而此二氧化碳又透過動物的呼吸和死去生物的分解（碳化合物緩慢燃燒），送回到大氣當中。

圖 9-5 所示，爲生物圈與大氣層和海洋與大氣層之間的碳交換率，圖中也可看出，源自化石燃料燃燒與森林燃燒的排放（每年 Gt）。

每年，陸地上的生物經由呼吸作用和分解，放出大約 60Gt 的碳到大氣層當中，而光合作用則吸收了大約 62Gt。因此，透過陸生生物，每年大約可從大氣層淨吸收少量的 CO_2。同時透過海洋和其他表面水當中水生植物的光合作用，也可從大氣層吸收大約 92Gt 的碳。另外，海洋每年也透過呼吸作用和排氣（outgassing）將大約 90Gt 碳送回到大氣當中。從此可看出，大氣當中淨增加的碳，每年約 3Gt，比起在陸地和水體之間循環的 150Gt，可說是相當的少。

目前，每年大約有 6.8Gt 碳（25GtCO₂），因爲燃燒化石燃料而釋入大氣。另外有 1.4 至 1.6Gt 因爲森林砍伐和土地開發（主要因人爲熱帶地區火燒雨林和成樹砍伐）干擾了光合作用，排至大氣。大氣當中每年增加大約 3Gt 的碳。海洋和生物圈每年各吸收大約 2Gt。

圖 9-6 呈現出從西元 1000 年至 2000 年間，全球大氣層當中 CO_2 濃度的成長情形。圖中 1958 年之前的濃度是從冰心（ice cores）所估測的。雪花在

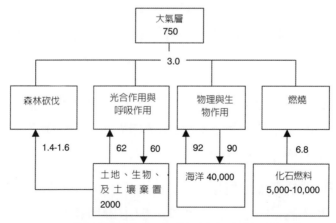

圖 9-5　生物圈與大氣層和海洋與大氣層之間的碳交換率

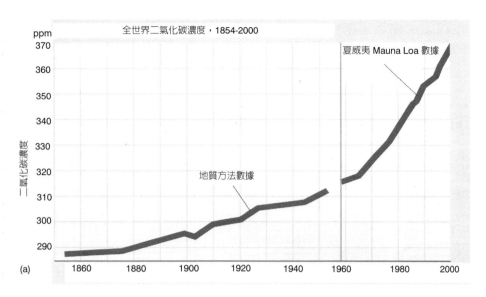

圖 9-6　1000 年至 2000 年間全球大氣層當中 CO_2 濃度的成長情形（數據源自：Carbon Dioxide Information Analysis Center, 2000. Trends Online: A Compendium of Data on Global Change. Oak Ridge: Oak Ridge National Laboratory.）

大氣當中降落時，與大氣當中的 CO_2 達成平衡。雪接著在落抵地面時被壓成了冰，而保存了當中所含的 CO_2。如果我們知道冰層的年齡，便可重新建立當年雪花降落時，大氣當中主要的 CO_2 濃度。Charles Keating 在 1958 年，在夏威夷的 Mauna Loa 山頂設立了一套利用紅外線吸收，量測大氣當中 CO_2 濃度的精密裝置。這套儀器迄今仍持續運轉，而其從那時起所取得的量測數據，提供了全球平均 CO_2 濃度的精確紀錄。

　　從圖 9-6 當中的歷史紀錄可看出在二十世紀之前，大氣當中的 CO_2 濃度大致維持在 280ppmV，只在十六與十七世紀出現下滑，應驗了所謂「小冰期」（"little ice age"）。從大約 1900 年起，化石燃料加速使用，CO_2 濃度以大約每年 0.4% 穩步攀升，在 2000 年達到將近 370ppmV。假使以同樣增率持續到未來，大約在 175 年內，CO_2 濃度可望倍增。然而，如果不採取降低 CO_2 的措施，則由於人口增加同時加上化石燃料加速使用，CO_2 濃度的年增率將大於 0.4%，則其倍增勢將提前到來。

永續小方塊 2

CO₂ 排放超過燃料重量？

Q：燃燒所釋出的 CO_2 的重量，怎麼會超過所燒掉燃料的重量？又超過多少呢？

A：碳燃料一般都是以還原了的型態存在，也就是說，碳原子幾乎都是和氫原子接合在一起。在燃燒的過程當中，碳也跟著氧化（和空氣當中的氧結合），而形成了 CO_2。由於氧比起氫要重得多，其產物也就比燒掉的要來得重。

就拿汽油為例，其主要的成分之一，辛烷（C_8H_{18}），是由八個碳原子和十八個氫原子所組成的分子。一莫爾（6×10^{23} 個單位）辛烷分子的重量，相當於八個碳原子（每莫爾 12 公克）加上 18 個氫原子（每莫爾一公克）的重量。因此每莫爾辛烷的重量為 114（$8 \times 12 + 1 \times 18$）公克。

每莫爾 CO_2 的重量為 44（每莫爾 1×12 公克碳和每莫爾 2×16 公克氧）公克。假設所有的辛烷燃燒成二氧化碳，其八個當中的每個碳原子都成了 CO_2 分子的一部份，以致每個辛烷分子燒掉就產生八個 CO_2 分子，或是每莫爾辛烷燃燒及有八莫爾 CO_2 產生。燃燒一莫爾辛烷，也就因而會產生 352（8×44）克的 CO_2。

如此一來，所產生 CO_2 和所燒掉辛烷的重量比，便是 352 比 114，約莫是 3 比 1。然而，實際的比值會有所變化，因為汽油並非純粹只是辛烷。

4.2　甲烷

甲烷（methane, CH_4）是在像是沼澤中有機質的厭氧分解，以及動物吃草腸內發酵等的自然作用過程當中所產生。人為的 CH_4 排放，則來自於石油或天然氣井、天然氣管路、及儲存槽的漏洩。而在煤礦當中累積的 CH_4 則可能在開採過程當中釋入大氣。目前全世界的 CH_4 濃度大約為 1.7ppmV，且以每年約 0.6% 成長。由於每個 CH_4 分子對於 IR 輻射的吸收能力比 CO_2 來得強，其溫室效應將比 CO_2 強，即便其目前在大氣中的濃度，僅僅是大約 CO_2 的 0.005 倍。假設 CH_4 與 CO_2 在大氣中的濃度持續增長，在 2100 年之前，CH_4 對於地球暖化的貢獻將可達 15%。

4.3 氧化氮

氧化氮（nitrous oxide, N_2O），和在化石燃料燃燒過程中產生的空氣污染物 NO 與 NO_2 不同。氧化氮是在土壤中的細菌在固定氮和閃電的過程中，自然釋出的。另外有少部分是在化石燃料燃燒，和一些化學製程（例如硝酸、化學肥料、及尼龍生產）當中產生的。其目前在大氣中的濃度約 0.3ppmV 且每年以大約 0.25% 成長。由於 N_2O 在波長 7 至 $8\mu m$ 範圍內爲強遠紅外線吸收氣體，目前該氣體所量得的濃度還小，其成長也比 CO_2 爲慢，估計到大約 2100 年，其對於地球暖化的貢獻大約爲 10%。

4.4 氟氯碳化物

氟氯碳化物（chlorofluorocarbons, CFC）全爲人造產物。其在化工廠生產出來，用作冷媒、噴霧罐推進劑、吹泡劑、溶劑等等。透過國際公約，其已逐漸停止生產。然而由於其仍慢慢從既有的用品當中釋出，加上在大氣當中的漫長壽命（好幾百年），其在停止生產後，仍將對地球暖化持續貢獻很長一段時間。據估計，在 2100 年，氟氯碳化物對地球暖化可能造成 5-10% 的貢獻。此外，氟氯碳化物還會降低平流層當中的臭氧濃度。

4.5 臭氧

提及臭氧（ozone, O_3），我們首須強調在大氣層當中有兩層臭氧，其一是在平流層當中的（即所謂「好臭氧」），另一爲在對流層當中的（即所謂「壞臭氧」）。平流層當中的臭氧是從氧分子在太陽 UV 輻射的影響下自然產生的。有些對流層 O_3 會從平流層往下擴散下來，其他的則是人爲先質（precursors），氮氧化物（NO_x）及揮發性有機化合物（volatile organic compounds, VOC），在太陽輻射的影響下所產生的。

臭氧氣團密度隨著緯度、高度、及季節變化很大，且在都市化與工業化地區和偏遠地區之間，也有很大的不同。因此要建立全球性年平均臭氧密度隨高度改變的輪廓，也就相當困難。目前，平流層臭氧受到氟氯碳化物的耗蝕，而由於源自陸地的紅外線輻射受到平流層臭氧的吸收，其對於地球暖化形成一微小負回饋的情形。隨著全球淘汰 CFC，估計平流層臭氧的濃度會慢慢（大約要再幾十到幾百年）才能回到 CFC 之前（pre-CFC）時期的狀態。另一方面，由於臭氧的先質 NO_x 和 VOC 排放仍持續增加，對流層的臭氧亦將持續增加。在對流層上端，溫度比地面的爲低，人爲臭氧會吸收一些由地

面往外的輻射，對地球暖化造成正回饋。前後平衡之下，我們可假設，在可預見的將來，平流層臭氧短少和對流層臭氧過剩將彼此抵銷，其結果，臭氧對於地球暖化的貢獻，也可預期不至於太大。

5　GHG 管控

總結而言，在 2100 年之前，CH_4、N_2O，及 CFC 大約會對地球暖化，構成三分之一的貢獻，剩下的三分之二則屬 CO_2 所致。就甲烷的限制而言，主要的努力在於限制從天然氣井、輸送管路、儲槽、LNG 輪船、煤礦、及其他人為 CH_4 來源的漏洩。而我們對於 N_2O 的產生則所知有限，因而難以限制其排放。至於 CFC，全世界已然淘汰，其終究會在大氣當中消失。無論在技術或經濟上，最大的問題仍在於降低 CO_2 排放。

5.1　CO_2 排放控管

地球暖化可藉著降低 CO_2 和其他溫室氣體排入大氣，而獲得舒緩。

目前全世界所使用的初級能源當中，大約 86% 得自於化石燃料的消耗。全世界能源（大致與化石燃料一致）消耗，平均每年大約成長 1.5%。而隨著化石燃料趨於稀少且更貴，加上其他能源技術逐漸問世，整體耗能當中化石燃料所佔比例，也將趨於減小。然而，儘管如此，在接下來的幾十年當中，我們仍期望藉由先是減緩，接著翻轉化石能源消耗成長率，以減緩地球溫度上升。同時，目前也已有一些技術，可用以在燃燒源收集產生的 CO_2，並埋藏（sequestering）在地底和海洋深處。而 CO_2 排放減量，可藉著結合以下幾個措施達成：

- 能源末端使用效率改進與節約
- 能源供應面效率提升
- 收集 CO2 並埋藏在地底或深海
- 利用 CO2 作為促進石油與天然氣開採，及促進生物質量生產（透過光合作用）
- 改使用非化石能源

5.2　能源末端使用效率改進與節約

最簡單，同時也是最成本有效的減碳措施，便是透過改進能源末端使用效率與進行節約。在住商部門，這包括降低冬天與升高夏天的空調溫度設

定、改進隔熱、減少熱水使用、將鎢絲燈泡換成省電燈、將電烘衣機換成瓦斯烘衣機等等。

在工業部門，能達最大節能效果的，便是減少直接使用化石燃料（例如以煤提供加工熱源）、製程調整、使用高能源效率馬達、及熱交換器改進等等。

在運輸部門，全世界所消耗的化石燃料能源持續躍升。人口的增加與生活水平的提升，加上從農村移居都市與工業地區，勢必有愈來愈多的人和貨裝上汽車、卡車、火車、飛機、和船舶進行運送。流體燃料（液體或氣體），例如汽油、柴油、噴射機油、酒精、甲烷、丙烷、或合成燃料等一般得自化石燃料的，都是運輸部門最便於使用的燃料。由於期望減少運輸工具或運輸距離都不切實際，因此在運輸部門減碳，也就只有寄望效率的提升了。這包括選擇從較小、較輕的汽車，到油電混合車或燃料電池動力車。

永續小方塊 3

電能盤查

有些電器在名牌和說明書上，所提供的並非瓦特（Watt, W）數，而是只有安培（amps, A）數，在台灣只要將此安培值乘上電壓 120 伏特（Volts, V），便可得到瓦數。而一千瓦便是 1 kilowatt，或 1 kW。利用這些數字，我們可以很容易進行電能盤查。

例如，先從爐子和烤箱開始，

一般電爐每天使用_____小時乘上_____kW（一般約 3 至 5kW），等於_____kWh／天；

接著是電鍋微波爐等等，依此類推：

一般電鍋每天使用_____小時乘上_____kW（一般六人份約 0.6kW），等於_____kWh／天；

- ・微波爐
- ・印表機
- ・有線電視轉換器
- ・烤麵包器
- ・空調
- ・電視
- ・電熨斗
- ・電扇
- ・錄放影機
- ・電茶（開水）壺
- ・除濕機
- ・音響

・吹風機	・手提電熱器	・電話答錄機
・電腦	・吸塵器	・電燈
・電腦銀幕	・電鐘收音機	・其他消費型電器

永續小方塊 4

冰箱有效節能

・電冰箱：只選擇有節能標章的，其一般耗能爲每天 1.2kWh（=1.2度）。早期在 1980 年代至 1990 年代的冰箱，一般耗電約每天 1.8

・好好整理你的電冰箱。電冰箱就像汽機車一般，勤於保養檢修可立即收節能之效。

・每年將背後的散熱線圈（黑色鐵網）徹底清掃一遍。

・冷凍庫若會結霜，達 0.5 公分厚時即可除霜。

・門上的橡皮墊圈若不能保密，便該更換。

・以溫度計量測，確認冰箱是在正確溫度範圍內。

・如果你的電冰箱上有省電開關，依照說明書儘量使用。

・好心點，爲付帳的人想想。

5.3 能源供應面效率提升

這裡所說的能源供應面效率改善，所指主要爲電力供應。全世界一般發電廠的碳排放，大約佔整體的三成多。電力業者隨著電力需求趨於增大，也有許多降低碳排放的選項，主要包括：

・從煤改爲天然氣。就每單位產生能量而言，天然氣排放的碳大約是煤的一半。

・將單循環燃氣蒸汽發電廠換成複合循環燃氣渦輪機動力廠（combined cycle gas turbine, CCGT）。由於單循環電廠熱效率大約介於 35-40%，而複合循環電廠可達 50-55%，碳排放可減少 10-20%）。

・將單循環燃煤發電廠換成燃氣複合循環渦輪機動力廠。如此碳排放可減少在 60-70% 之間（50% 是因爲從煤轉爲天然氣，剩下的 10-20% 則歸於效

率的提升。

‧將單循環燃煤發電廠換成燃燒從煤擷取的合成氣的複合循環渦輪機動力廠。就輸入煤的能量來算，這類電廠效率約為 40-45%。如此碳排放可減少僅 5-10% 之間。雖然一座 CCGT 比起單循環電廠的效率為高，煤的氣化首先便需耗掉一部份煤的能量。

圖 9-7 所示，為一個整合煤氣化，加上 CO_2 收集系統的複合循環發電廠示意圖。

5.4 收集 CO_2 並埋藏在地底或深海

就如同許多的廢棄物處置方法一般，既然無法有效降低產生量，「眼不見為淨」，也就自然成了當今 CO_2「減量」的主流思維。一般情形，在化石燃料發電廠的燃氣體積當中，CO_2 大約佔 9-15%，取決於燃料（例如天然氣之相對於煤）及在燃燒當中的過剩空氣量。而由於從此燃氣當中，要將小部分的一樣氣體（CO_2）與佔大部分的氣體（N2，H_2O，及過剩 O_2）分離，不僅既困難且昂貴，同時又需額外耗能，此勢將降低該電廠的熱效率。

由於燃煤所排放的 CO_2 遠高於燃油和燃氣的，收集 CO_2 也就只有在大型電廠，尤其是燃煤者，尚屬划算。一座 1000MW 的燃煤電廠，每年所排放的 CO_2 大約在 6 至 8Mt 之間。如果全世界的大型燃煤電廠都對 CO_2 進行收集，則可望對全球碳排放帶來顯著的減量效果。以下是迄今已開發成功的電廠 CO_2 收集技術：

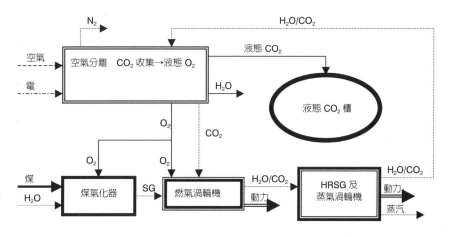

圖 9-7　整合煤氣化加上 CO_2 收集系統的複合循環發電廠

· 空氣分離及 CO_2 回收

· 溶劑吸收

· 薄膜氣體分離

5.5　空氣分離及 CO_2 回收

此法須在純氧而非空氣當中燃燒化石燃料。採用此法的電廠需具備空氣分離單元（air separation unit, ASU），亦即在燃燒之前而非燃燒之後，即進行氣體分離。此法雖然在進行氣體分離過程當中所省下的能源不多，但卻有其他益處。首先，ASU 可產出有用的副產品，像是氮和氬。其次，在 ASU 當中所產生的氧，部份可用作煤的氣化，如此可讓電廠以熱效率較原本單循環燃煤蒸汽渦輪機模式為高的複合循環燃氣渦輪機模式運轉。第三，其燃燒「合成氣」（syngas，CO 與 H_2 的混合物）與氧，不致釋出 SO_2、NO_x、或微粒。所有這類污染物，都已在煤氣化過程當中和之後加以去除。合成氣和純氧的燃燒產物，幾乎也就僅止於 CO_2 和 H_2O。其中水氣冷凝成水，而 CO_2 得以收集。如此也就等於沒有廢氣產生，而實際上這類電廠本身也就不需要煙囪了。

估計這類電廠的熱效率約 37%，這包括消耗在空氣分離和氣化煤的能源在內。此熱效率和當今一般燃燒煤粉，但須排放大量 CO_2 和其他空氣污染物的發電廠相當。至於具煤氣化、空氣燃燒、和未進行 CO_2 收集的電廠，效率估計約 40-45%。

當然整合煤氣化複合循環加上 CO_2 收集的成本，會比未收集 CO_2 的高（10-20%），且比起單循環燃煤又高得更多（20-30%）。而此高出的成本還不包含運送和埋藏 CO_2，所另外增加的成本（10-20%）。

5.6　溶劑吸收

二氧化碳可溶於某些溶劑當中，最主要的是乙醇胺（ethanolamines），例如單乙醇胺（monoethanolamine, MEA）：

$$C_2H_4OHNH_2 + H_2O + CO_2 \rightleftharpoons C_2H_4OHNH_3{}^+ + HCO_3{}^-$$

溶劑吸收法在過去幾十年來，一直用於從燃燒氣體當中來產生 CO_2。此產生的 CO_2 則用於生產乾冰和碳酸飲料。而用得最多的是，藉著將高壓 CO_2

注入油井，以從半枯竭的石油蘊藏層當中促進採油。只不過所有這些 CO_2，都是從天然氣燃燒過程中所收集的燃氣而得。理由在於煤和油的燃燒，都會產生相當大量的 SO_2、NO_x、和其他可能「毒化」溶劑的污染物。因此若要以煤或石油作為 CO_2 的來源，則其燃氣必須徹底純化，要不然就得在煤燃燒之前先進行氣化。

整體而言，相較於空氣分離回收 CO_2，此法效率略低、成本亦較高，唯其計術除了當中的氧燃燒技術尚處開發階段外，皆已大致成熟。

5.7　膜片氣體分離

以膜片分離氣體，端賴在通過薄膜孔隙時，不同氣體間滲透率的差異性。特別是氫，由於其分子尺寸小，比起任何其他氣體能更快通過小孔隙。

煤氣化產物當中的 CO_2 和 H_2 混合物，可藉由膜片法將 CO_2 分開收集。比起 CO_2，氫滲透過膜要快得多，而大約只要經過幾段膜分離，也就可達將近 100% 的氣體分離效果。如此分離出來的 H_2，可用作燃氣發電渦輪機或燃料電池的燃料。至於分離出的 CO_2，則可經過加壓再埋藏。相較於其他方法，以膜分離法收集 CO_2 尚待進一步了解。

5.8　CO_2 藏埋

收集了的 CO_2 最好是能永遠埋藏，使不致回到大氣當中。以下是幾種研發中的儲藏場，其中也不乏已實際進行的實例：

- 枯竭的石油與天然氣脈
- 深海
- 深層地下水層

5.8.1　枯竭的石油與天然氣脈

石油與天然氣脈通常都由不可滲透的岩盤所覆蓋，因而將 CO_2 注入之後，也就可望不再進入大氣。不過實際進行時，石油與天然氣不盡相同。CO_2 可在石油抽取的同時注入礦脈當中，天然氣則必須在完全開採枯竭之後，始可注入 CO_2。事實上，將 CO_2 注入半枯竭的石油礦脈當中的技術，原本就相當成熟，其倒不是用以埋藏 CO_2，而是在促進石油開採（enhanced oil recovery, EOR）。

全世界大約有 71 個油田採用二氧化碳促進採油（CO_2–EOR），大多位於美國德州和科羅拉多州，其他則位於歐洲北海。所有已然枯竭石油與天然

氣礦脈的儲存容量，大約可藏碳達 40Gt。而每年全世界大約排放 6.8Gt 碳。不過據估計，全世界可藉石油與天然氣脈儲藏碳的潛力達 140Gt，大約只能用上 50-100 年。採取此法埋藏 CO_2 的問題倒不僅止於有限的容量，另一事實是僅有極少數的燃煤電廠，位於前述可能利用礦脈的可運送距離內。然而，儘管如此，利用枯竭與半枯竭的油、氣礦脈埋藏 CO_2，仍可望在未來舒緩全球暖化上扮演一定角色。

5.8.2 深海

海洋原本就是 CO_2 的一個天然儲場。在龐大的海洋（覆蓋地球表面 70%、平均深度 3800 米）當中，CO_2 一直在大氣和海洋之間持續進行交換。海洋每年大約從大氣中吸收 92Gt 的碳，同時釋入氣體至大氣達 90Gt。因此，海洋其實是碳的淨吸收者（2Gt），這可能是大氣當中的 CO_2 濃度並不如預期，會因人為排放而快速升高的原因之一。大部分海洋與大氣之間 CO_2 的交換，發生在平均大約 100 米的海洋表層。而 CO_2 在此表層也大致飽和。在較深的 100 米至 1000 米之間，海水溫度穩定下降（此稱為 thermocline）。在大約 1000 米深以降，溫度維持在幾乎不變的 2℃ 與 4℃ 之間，密度則因壓力而略微增加。此使得海洋深層相當穩定，而「反轉」時間（"turnover" time），亦即深層與表層海水交換所需時間也就相當長，大約要幾百到幾千年。

至於海洋當中深過 1000 米的部份，則 CO_2 高度不飽和。此深層海洋吸收碳的容量估計達 10^{19} 公噸。因此看起來，就算地球上所有化石燃料燃燒所排放的 CO_2 都埋藏於此，離其飽和也還有很大的距離。而樂觀的想，由於排放到大氣的 CO_2 終究還是要歸於深海，以人為方法將 CO_2 注入深海，不也就是走此原本要花上幾百到幾千年的自然循環的捷徑罷了。

CO_2 必須注至 1000 米以下的海洋當中，不止是因為在此 CO_2 未飽合，同時還因為 CO_2 所具備的物理性質。根據實驗，若注入不及 500 米，液態 CO_2 將立即閃化（flash）成氣態 CO_2，以氣泡形態升至水面。若從管口擴散器（diffuser）將液態 CO_2 注至 500 至 3000 米之間，其將解散成若干不同直徑的顆粒。由於液態 CO_2 的密度在此深度比海水的小，這些顆粒將因浮力而上升至 500 米，接著閃化成氣態 CO_2。

5.9　CO_2 的利用

如前面所述，CO_2 可用來促進石油與天然氣開採。其他 CO_2 的用途還包括，像是製造乾冰、碳酸飲料、及一些像是尿素、甲烷、或其他氧化燃料的化學材質。這類 CO_2 的利用存在著兩個問題，其一是這些產品當中的碳終將分解或燒成 CO_2，而進入大氣，其次是將 CO_2 還原成有用的產品，終究仍需消耗會釋出 CO_2 至大氣的能量。

以下以將 CO_2 轉換成甲烷為例：

$$CO_2(g) + 3H_2(g) \rightarrow CH_3OH(l) + H_2O(l) - 171 \text{ kJ mol}^{-1}$$

從式中可看出每莫爾 CO_2 進行反應，將放出 171 kJ 的熱。此外，此反應尚需要 3 莫爾的氫，以產生一莫爾的 $CH_3OH(l)$。而若藉分解水以生產氫，每莫爾需要 286 kJ 的能量。

另一個例子是從 CO_2 生產尿素。尿素除了是重要的化學肥料外，也是生產聚氨酯類發泡及其他許多化學品所需。生產尿素的簡單反應式如下：

$$CO_2(g) + 3H_2(g) + N_2(g) \rightarrow NH_2CONH_2(s) + H_2O(l) + 632 \text{ kJmol}^{-1}$$

此例再次顯示，除非是從非化石能源生產氫，試圖利用 CO_2 以轉換成其他化學品，需消耗大量氫，而毫無道理可言。

透過大自然當中的光合作用，以 CO_2 及促進生物質量生產可寫成：

$$nCO_2 + mH_2O \xrightarrow{\quad hv \quad} C_n(H_2O)_m + O_2 + 570.5 \text{ kJmol}^{-1}$$

式中 hv 代表太陽光子，$C_n(H_2O)_m$ 代表產生生物質量的基礎。由此反應式可看出，每產生一莫爾 $CH_2O(s)$，需要 570.5 kJ 的能量。此能量得自於太陽。而世界上所有植物的光合作用，也都準此反應。由於所有植物皆位於食物鏈底層，所有動物與人類皆賴此反應生存。而事實上，所有的化石燃料也不外由生物質量藉由地質化學轉換，成為煤、石油、及天然氣。

在此值得一提的是，促進生物質量成長而不加以利用，對於降低大氣中 CO_2 濃度也有正面效果。據估計，一般針葉和熱帶森林每公頃每年可吸收碳

達 6 至 10 公噸（tC ha⁻¹y⁻¹）。在 1997 年的京都議定書和接著的 1998 年布宜諾斯艾利斯會議當中，即通過藉由造林以舒緩溫室效應。其鼓勵 CO_2 排放大戶國家，在其他國家（大多為熱帶、低度開發國家）投資造林，以降低全球 CO_2 濃度。這些 CO_2 排放國家可獲得，和所種植樹木吸收的 CO_2 量相當的，CO_2 排放減量績效。

同時，我們也需知道砍伐森林有相反的效果。每砍伐一公頃森林即等於減少 CO_2 吸收量達 6-10 tC ha⁻¹y⁻¹。至於當今在許多熱帶國家仍然盛行的燃燒樹木以開闢土地，則更具加成效果：除了終止了植物吸收 CO_2 的功能，另外據估計燃燒森林本身，還可在大氣當中增碳達 1.5Gty⁻¹。

5.10　改用非化石能源

若能轉而使用非化石能源，當然也就可舒緩 CO_2 所造成的暖化。全世界所消耗的能源當中，大約有 86% 來自化石，6.5% 為核能，另外 7.5% 為再生能源（絕大部分為水力）。由於對大多數國家而言，由化石能源轉為核能，對社會大眾和政體在可見的未來仍難以接受，最有可能的仍在於轉為提升能源效率及再生能源。

在再生能源當中，水力仍經常受到大眾反對。因此，所有期待也就自然轉向太陽、風、地熱、及海洋能源。而其是否能取代化石能源，絕大部分仍取決於經濟。只不過現實的情況是，目前再生能源所分配到的這一小塊餅，也只有是在短期未來相關成本更便宜，或是化石能源價格漲得更高，才有可能長大一些。

5.11　氫經濟

近一、二十年來，一直有人倡議以對環境最友善的氫作為燃料電池的燃料，以高效率、在不排放任何空氣污染物的情形下發電，廣泛應用。以下為兩個較為可行的產氫途徑，前者為甲烷重組，後者為水電解：

$$CH_4 + H_2O \rightarrow CO_2 + 4H_2$$
$$2H_2O \rightarrow 2H_2 + O_2$$

以上二反應皆需加入能量才能完成。前者須另外燃燒甲烷，以供應將甲烷轉換成氫所需供應的熱。後者僅依賴熱，尚不足以造成反應，因為其必須大幅提升自由能量（free energy）。而此自由能量的提升，則端賴一電解電

池提供的電能。而如果此電能必須得自於化石燃料的燃燒轉換，如此電解產氫勢將極爲缺乏效率，因爲實際上氫的熱值，還不及在火力電廠當中所燃燒化石燃料的三分之一。

很明顯的，從氫的組成可看出，以其取代汽機車當中所燃燒的化石燃料，不會有二氧化碳排放。不過，如果此氫是從化石燃料中重組產生，那結果也就沒有二氧化碳排放減量（淨減量，net reduction）的效果了。而且，大多數的情形，此碳排放量和其成本，還會更高。若是電解產氫，只要所耗的電是得自於火力電廠，亦無法回收二氧化碳達排放減量之效。此外，儲存和輸送氫也都極爲昂貴，所以以電解產氫，最經濟的，便是在當地就用掉。

不過，另一方面，從化石燃料產氫，倒是提供了回收 CO_2，並加以埋藏（sequestration）的路徑。在此情形下，先是將某化石燃料轉換成非碳燃料——氫，而在像是前述反應式的轉換過程中所產生的 CO_2 則可加以回收，並儲藏在地底或海洋當中，而避免了如同直接燃燒化石燃料排放到大氣的後果。在此情形下，化石燃料的熱值當中有 60% 至 80% 得以加以利用，同時還減少或免除了 CO_2 的排放。

永續小方塊 5

什麼是「藤原效應」？

藤原效應（Fujiwhara effect）是指，兩個距離不到 1000 公里的水旋渦或大氣旋渦（例如颱風），相互繞著相連的軸線，作反時針方向旋轉的狀態。旋轉中心的位置，取決於兩個颱風的相對質量及颱風環流的強度。有時兩個颱風，會逐漸合成一個超級強颱。

藤原效應最早由日本氣象學家藤原櫻平在 1921 至 31 年間發現，可用來解釋，當兩個颱風同時形成並互相靠近時，所產生的交互作用。史上出現藤原效應的雙颱不少，像是 2006 年造成中國大陸嚴重災情的寶發颱風與桑美颱風。

依過去經驗看來，藤原效應大多出現在西北太平洋，主要可歸因於西北太平洋生成熱帶氣旋或颱風較頻繁，容易在同一時間出現兩個活躍的熱帶氣旋，接著產生藤原效應。至於南大西洋，因爲幾乎沒有熱帶氣旋，至今未見過藤原效應。

6 結論

　　儘管全球暖化、氣候變遷對人類的威脅已普遍經由科學證明無庸置疑，但同時卻也有相當份量的科學證據看似足以反駁前述結論，這可從前一陣子國內、外平面媒體讀者對 IPCC 所提出報告的反應看出。

　　對於不是專家的一般人，實在無從判別，同樣擺在他面前的觀點，究竟誰的思維是主流，誰是非主流。因此我們也可臆測在科學界，其實在這些事情上面也是有派別的。就拿香菸作例子，由於癌症通常都得暴露在致癌物環境下好長一段時間才會顯現，而且又沒人能說得準究竟這麼多暴露在致癌物下的這麼多人當中，究竟誰才會被擊垮，情況也就因此變得更糟。這些香菸廠商也正是靠著製造對其產品與癌症之間關聯性的懷疑，好好繼續享受了好幾十年的暴利，而多少人也就因此在期間冤枉喪命。

　　氣候變遷這件事終究很難讓人冷靜的評估。因為這件事所牽扯的政、商意涵既深又廣，何況它還是從我們人類文明成就的核心發展過程當中，揚升上來的。也就是說，一旦我們去強調它，就同時製造出了贏家和輸家。而一些特定利益團體只要提出辯解，便很容易增殖出一連串的誤導故事。

　　不過終究情況還是樂觀的。迄今，絕大多數已開發國家領袖已在最近對此議題形成共識。身為個人，我們的確可以在不損及的生活型態的前題下，做出一些改變，來對抗氣候變遷。

習題

1. 敘述全世界二氧化碳的排放趨勢。
2. 敘述工業先進國家二氧化碳排放的主要來源。
3. 瞭解並說明最近京都議定書的進展。
4. 解釋地球暖化與人類活動所造成的二氧化碳排放，之間的關係。
5. 論述地球暖化對於海洋環境的影響。
6. 試舉兩個實例，說明氣候變遷的事實及其目前顯現的後果。
7. 什麼是溫室氣體（GHG）？它包含了哪些？主要來源分別為何？
8. 解釋「臭氧層破洞」、「臭氧污染物」、及「臭氧溫室氣體」，這些稱呼當中的「臭氧」，究竟有何異、同之處。
9. 試分別就你目前所住的房間、住家、和學校，進行初步的能源盤查。
10. 延續上題，從初步盤查結果，草擬可依優先次序達到減碳效果的作法。

拾　核能發電

　　1950 年代末到 1960 年代期間，美國開發出了商用核能電廠，生產出龐大的電力，自此電被認為將可「便宜到不值得計費」。而且，該電廠將不再造成空氣污染等對環境有害的影響。何況，一些原本需依賴進口化石燃料才能發電的國家，也可望從此不再受能源進口的杯葛與價格上揚所影響。

　　直至 21 世紀初期，核能供應了全世界近 6% 的初級能源，相當於全世界所用電力的 17%。其中有三個國家的電力大多得自於核能：法國的核電占全國用電的 76%、立陶宛 74%、比利時 57%。2002 年，全世界共有約 439 座核電廠。

　　1979 年發生於美國的三哩島（Three Mile Island）核電廠事故，1986 年的前蘇聯車諾比爾（Chernobyl）電廠事故，以及最近一次發生於 1999 年的日本東海村（Tokaimura）核燃料加工廠事故，再再引發世人對於是否進一步接受核能發電的疑慮。同時，高輻射核廢料無法處理，以致持續在廠內累積的問題，迄今在世界各國仍然無解。而在台灣，甚至連低放射核廢料，也一直找不到可長期穩當儲存的場址。

　　另外，運轉中核能電廠維護的經濟性，也是一大顧慮。基於核能電廠所涉及，愈來愈多的各種複雜因素，相較於火力發電，核能發電成本早已不再低廉，甚至有超越之勢。目前，新建一座核能電廠的資本投入，比起一座燃煤或燃氣複合循環電廠，包含其所需排放管控設備的資本投入在內，大約要貴上二倍至好幾倍。同時，化石燃料目前還算便宜，大約每 Btu 美金 2 至 5 元之譜，其使用尚不致構成壓力。至於法國和日本等一些缺乏化石能源的國家，能源安全議題終究勝過其他議題，因此核能發電所佔比例仍持續攀高。

然而，未來上述情況恐將改變。全球化石能源供應受限，加上全球暖化、氣候異常等環境議題持續增溫，勢將抑制化石燃料的使用。再生能源可能在邊際能源使用上，扮演更重要的角色。然以再生能源大幅取代火力電廠或核能電廠，供應現代工業地區電力所需的前景，則還令人存疑。

核能資源比起化石燃料資源要豐沛得多。據估計，高等級鈾礦大約可滿足目前全世界所有核反應器需求達 50 年，至於低等級鈾礦則可用上好幾個世紀。若使用的是釷礦（thorium ore）和快速滋生反應器（fast breeder reactors），則更可延長核能資源達千年。因此，世界各國的核能電廠未來仍有可能再度廣受歡迎，並且在經濟上與其他能源抗衡。

本章當中，我們將介紹核能的基本原理、其在發電上的應用、核燃料循環以及核能電廠所涉及的安全、核武擴散、核廢料處置、及核電未來的前景等議題。

1 核電緣起

繼兩顆原子彈結束了第二次世界大戰之後，美國總統艾森豪於 1953 年在聯合國大會演說，強調「原子能的和平用途」（Atoms for Peace），開闢了核能應用之路，其中尤以核能發電成長最為迅速。其在 1954 年至 1962 年之間的幾項重要進展如下所列：

全世界擁抱核電最力的法國，目前約有 50 座運轉中的核能電廠，供應其超過四分之三的電力。對核電也有相當熱情的日本約有 40 座核能電廠，供應其逾三分之一電力。用電遠超過其他國家的美國在 1990 年，有 20% 的電力供應自核能電廠，其在 2001 年共有超過 100 座運轉中的核能電廠。目前總共全世界運轉中的核能電廠超過 400 座，大約供應總耗電量的 17%。然而，在二十世紀的最後二十年當中，核能電廠卻變得不受歡迎。

1954 年	蘇俄 Obninsk APS 為世界上第一部發電核反應器，發電容量 5MWe。
1956 年	英國完成第一座氣冷式反應器 Calder Hall 1。
1957 年	第一座商業用核電廠在美國賓州運轉。
1957 年	美國西屋公司在賓州 Shipping Port 完成第一座商用壓水式反應器核能電廠，容量 60MWe。從此開始商業化核能發電。
1960 年	美國奇異公司的第一座容量 184MWe 沸水式反應器，在伊利諾州 Dresden 運轉發電。
1962 年	第一座重水式反應器在加拿大誕生。

根據英國皇家協會（Royal Society）與皇家工程學會（Royal Academy of Engineering）於 1999 年聯合出版的研究報告，由於世界上的第一代核電廠開始屆臨運轉壽限，除非整體的政策上有重大改變，全世界核電的比例在 2010 年左右將達到尖峰，並緊接著下滑。

核能工業在過去近 40 年來的拓展當中，除了電廠本身，還包括世界各地的鈾礦開採、燃料的製造與濃縮設施、以及核廢儲存設施等的增加。一些像是英國和法國等國家，並且還擁有用以從使用過的燃料當中提煉鈽的再加工廠。

② 核能科學原理

2.1　核分裂

核能源自於將原子核當中核子（nuclei）結合在一起的力。此每個核子的結合力，最大的屬位於週期表中央的元素，最小的則屬較輕和較重的元素。當較輕的核子融合（fuse）在一起時，會釋出能量，而當較重的核子進行分裂（fission），同樣也會釋出能量。當 ^{235}U（鈾的同位素）的核子受到中子（neutrons）撞擊，其同時會釋出數量相當於所吸收中子數二至三倍的分裂產物。例如以下反應式所示，^{235}U 受中子撞擊，即分裂成 ^{144}a（鋇的同位素）和 ^{89}Kr（氪的同位素），同時釋出三個中子（n）及 177MeV 的能量。

$$^{235}U + n \rightarrow ^{144}Ba + ^{89}Kr + 3n + 177MeV$$

大部分的分裂產物皆屬放射性。由於在此分裂反應當中所產生的中子超過一個，連鎖反應即隨之發生，產生能量的速率也隨之增加。此釋出的能量當中，大部分（約 80%）都存在於分裂產物的動能當中，並顯現出熱。其餘能量當中還有一部份，會立即以 γ 和 β 射線及中子的形態，從分裂產物當中釋出。最後剩下的分裂能量，則會以延遲的放射線，留在分裂產物當中。

正當 ^{235}U 分成分裂產物的同時，其亦釋出 2 至 3 個中子，部份中子可經由燃料中較多的 ^{238}U 所吸收，將其在一系列反應當中，轉換成一鈽的同位素，^{239}Pu，同時產生 β 與 γ 射線：

$$^{238}U + n \rightarrow {}^{239}U + \gamma \rightarrow {}^{239}Np + \beta \rightarrow {}^{239}Pu + \beta$$

鈽元素可以化學方法從殘留的燃料當中取得，用來供作反應器的新燃料。問題是，此回收的鈽還可用來生產原子彈。因此，殘留核燃料的加工，將不可避免帶來核武擴散的風險，而在有些國家是禁止的。

2.2 輻射線

某些特定包含天然和人工製造元素的較不穩定同位素的核子，在衰變的同時會釋出具有巨大能量的輻射線。而在釋出幅射線的同時，另一個通常較原來元素穩定的同位素（isotope），甚或是一新元素，亦隨即形成。值得一提的是，此幅射線乃直接由原子核，而並非整個原子射出。這點很重要，因為大家所熟析的 X 光的放射線，雖然同樣具有輻射破壞性，其卻是從原子的內層電子層中射出，而非來自於原子核。

輻射衰變過程當中有三種放射線，即 α、β、和 γ。其中僅 γ 是以電磁輻射型態，其餘二者皆為能量甚高的粒子，但三者皆稱為離子化輻射（ionizing radiation）。圖 10-1 所示為輻射穿透情形。其中的中子，雖然不會放射出自然輻射，但因其在核反應器當中極具重要性，所以也一併納入圖中。

以 α 粒子為例，其穿透力最小，只要一張紙、十幾公分的空氣、或人體皮膚，便足以將其阻擋。拉瑟福（Rutherford）指出，其為含有二質子及二中子的氦核。如圖 10-2 所示，鈾核釋出 α 粒子，原子序少了 2，原子量少了 4，形成了釷元素。

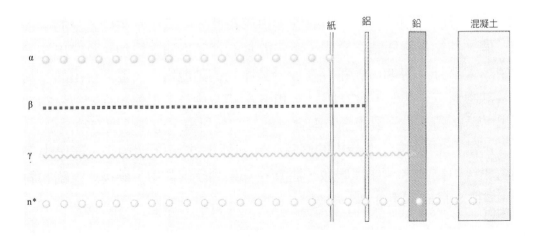

圖 10-1　輻射穿透力

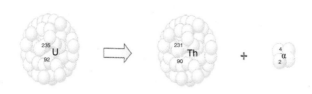

圖 10-2 從鈾 235 釋出 α

2.2.1 衰變速率與半衰期

放射性核子的衰變速率（decay rate）取決於指數衰退定律（law of exponential decline）：

$$-dN/dt = kN$$

式中 N 為時間 t 時的衰變核子數目或質量，k 則是衰變速率，單位為 t^{-1}。上式經過積分後可得：

$$N = N_o \exp(-kt)$$

其中 N_o 為在開始計時時核子的數目或質量，衰變到核子數目減半所費時間，稱為半衰期（half-life）$t_{1/2}$：

$$t_{1/22} \equiv \ln2/k$$

有些元素的放射性核子衰變得很快，其半衰期以秒計，有些則衰變得很慢，半衰期可達數天、數年、甚至幾世紀。

半衰期在核廢料處置議題上至為重要。例如核能電廠的廢燃料當中，含有多種放射性同位素，像是鍶（strontium, Sr）-90（半衰期 28.1 年）、銫（cesium, Cs）-137（半衰期 30 年）、及碘（Iodine, I）-129（半衰期 1570 年）。Sr-90 和 Cs-137 的輻射線可在幾百年內衰變至很少的量，但 I-129 便有可能永遠存在於周遭。表 10-1 所示，為在核能電廠燃料循環當中，扮演一定角色的一些輻射同位素，的放射性和半衰期。

表 10-1　在核能電廠燃料循環當中，的一些同位素的放射性和半衰期

同位素	$t_{1/2}$	放射性
氪（Krypton, Kr）-87	76 分鐘	β
氚（Tritium, Tr）（^{3}H）	12.3 年	β
鍶 -90	28.1 年	β
銫 -137	30.2 年	β
氙（Xenon, Xe）-135	9.2 小時	β、γ
鋇 -139	82.9 分鐘	β、γ
鐳（Radium, Ra）-223	11.4 天	α、γ
Ra-226	1600 年	α、γ
釷（Thorium, Th）-232	1.4E(10) 年	α、γ
Th-233	22.1 分鐘	β
U-233	1.65E(5) 年	α、γ
U-235	7.1E(8) 年	α、γ
U-238	4.5E(9) 年	α、γ
錼（Neptunium, Np）-239	2.35 天	β、γ
Pu-239	2.44E(4) 年	α、γ

2.2.2　劑量單位與安全標準

就對生物造成的影響而言，主要著眼的是輻射與生物分子之間相互作用，所生成的離子和激發分子的數量與及分佈情形。其採用的單位包括：

·吸收劑量（absorbed dose）：描述輻射生物效應時的基本單位，其含意是指每局部單位品質所吸收的能量。單位是拉特（rad），1rad = 100erg/g，通用於所有輻射類型；

·吸收劑量率（absorbed dose rate）：單位時間內的吸收劑量（如 rad/min）；

·輻照量（exposure）或空氣劑量：X 或 γ 射線的計量單位。指的是在光的作用下，單位體積空氣釋放的電子受阻，形成的離子所攜帶電荷總數。單位是倫琴（R）；

·輻照劑量率（exposure rate）：指單位時間內的照射劑量；

·劑量當量（dose equivalent）：基於輻射防護目的，把不同射線的校正係數和在受同位素內照射時的體內分佈係數與吸收劑量相乘之積，以倫目（rem）表示；

·目前國際間多採用瑞典科學家西弗之名，Sievert（Sv）做為輻射劑量單位，以判斷人類接受輻射的多寡。較常見的毫西弗（mSv）是西弗的千分之。

自然環境當中的土壤、岩石及動植物等，都含有微量的放射性物質，包括鈾、釷、鉀等。而環境當中的天然背景輻射，隨著地理與地質環境及人們飲食習慣等的差異，而有相當程度的不同。例如台灣北投區地熱谷的溫泉中，便含有較多的放射性物質。另外，輻射也會隨著交通網或建築等的設置而改變。

根據「聯合國原子輻射效應科學委員會」所提出，全世界平均每人每年所接受的天然背景輻射劑量為 2.4mSv。其中約 0.3mSv 來自宇宙射線、0.5mSv 屬大地所提供、0.2mSvm 源於礦物、另有微量來自空氣中的氫氣等。在台灣則大約為 2.0mSv，遠比相關法規所規定的人體可接受輻射劑量限值 5mSv 為低。

3　核子反應器

全世界第一個受控制的核反應器為 Enrico Fermi 於 1942 年建造，並展示於美國芝加哥大學。當時該反應器僅產生 200W，且僅持續沒幾分鐘。第一座商業規模核電廠容量為 180MW，於 1956 年在英國的 Calder Hall 開始運轉。而在此之前，第一艘核子動力潛艇於 1954 年下水。

3.1　反應器原理

核能電廠當中的核反應器（nuclear reactor）實為一壓力容器。其中包含進行連鎖反應產生熱的核燃料，將熱傳給大多為水，在容器當中流通的流體。假設此流體為水，其經過加熱後轉變為蒸汽，便可送至並帶動一蒸汽渦輪機，進而發出電來。

核能發電廠依其核反應器類型，可大致分為沸水（boiling water）式、與壓水（pressurized water）式兩種。在圖 10-3 當中的沸水式核反應器當中，與控制棒相間較粗的圓棒為鈾 235 燃料棒，須一直泡在水中。水除了吸收核分裂反應產生的能量外，還兼做中子的緩和劑（moderator）。圖 10-4 所示為 U-235 的分裂過程。當中子被 U-235 核所吸收，即形成不穩定的 U-236（如圖中的鐘型），其中兩個帶正電何相斥導致分裂，產生新的輻射核，即核分裂產物（fission products, FP）。在此同時，會有二、三個自由中子和迦瑪射線（γ）釋出。

圖 10-4 左側使鈾 235 發生分裂的中子，必須是低能量的中子（亦稱為慢中子或熱中子）。欲使快中子引發下一個鈾 235 原子核之分裂（反應式：n +

U→Kr + 3n），其能量必須降低，此可藉水中的氫原子與快中子多次碰撞，將能量傳給氫原子而變成慢中子。因此水在此亦扮演緩和劑的角色，而核分裂反應也就得以持續進行。圖 10-5 所示為控制下的連鎖反應過程，圖中 FP 為核分裂產物。

一核反應器（圖 10-3）的基本組成包括燃料棒（fuel rods）、緩和劑（moderator）、控制棒（control rods）、及冷卻劑（coolant）。

燃料棒含有 ^{235}U 及或 ^{239}Pu 同位素。天然鈾當中含有 99.3% 的 ^{238}U 和 0.7% 的 ^{235}U。而光是天然鈾同位素 ^{235}U 的濃度，並無法維持大多數發電廠反應器的連鎖反應，因此同位素需要濃縮（enrich）到 3-4%。在燃料棒當中含

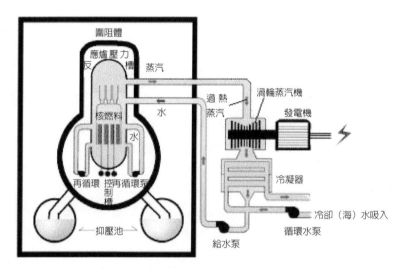

圖 10-3　沸水式核反應器

（資料來源：核能發電原理（2006）。檢自於 2007.10.23，http://www.taipower.com.tw/leftba r/powerlife/tw_power_develop/
home_1_7/main3.htm）

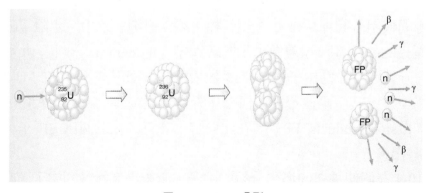

圖 10-4　U-235 分裂

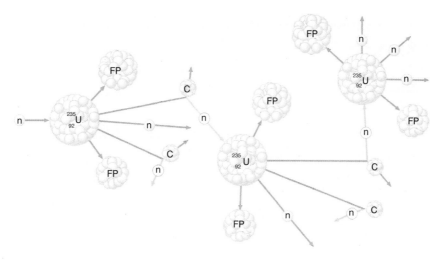

圖 10-5　控制下的連鎖反應

有金屬鈾、固體二氧化鈾（UO₂），或者是某二氧化鈾與氧化鈽（plutonium oxide）的混合物，稱爲 MOX，皆塑造成陶瓷顆粒。該顆粒裝設在鋯錫合金（zircalloy）或直徑約 1cm，長 4m 的不鏽鋼管當中。

　　緩和劑在於減緩從分裂反應當中產生頗具能量的中子，使之成爲低能量中子，或稱爲熱中子（thermal neutrons）。如此可增加中子被吸收到另一核子的機會，進而延續連鎖反應。緩和劑所含原子或中子，其核具備高中子擴散與低中子吸收之特性。一般的緩和劑有輕水（H₂O）、重水（D₂O）、石墨（C）、和鈹（Be）。輕水和重水緩和劑在燃料棒週遭循環。石墨或鈹緩和劑則是形成塊狀，燃料棒插入其中。

　　控制棒所含原子其核具有高度吸收熱中子的可能性，因此其不會進一步讓核分裂。有了控制棒，連鎖反應得以控制或全部停止。一般控制棒是以硼（B）或鎘（Cd）作成的。

　　反應器所產生的熱必須持續移除。此熱不只是分裂反應所產生，其亦得自於分裂產物的輻射衰變。用來移除此熱的冷卻劑，除了前述沸水與加壓水外，也可能是某金屬（例如鈉）熔融、或某氣體（例如氦或二氧化碳）。1979 年發生於美國賓西凡尼亞州 Harrisburg 附近的三哩島（Three Mile Island）電廠事件，便是因爲在停止（控制棒完全插入）後，反應器當中的冷卻劑卻完全疏漏殆盡，因此導致燃料棒當中殘存的輻射線使反應器熔毀。

　　藉冷卻劑移除的熱，可能是蒸汽或是受壓熱水的形態，可用於傳統熱力

循環當中，產生機械能與電能。除了冷卻劑所儲位置外，冷卻劑的質量流亦決定了電廠的輸出。

3.2 反應器種類

沸水反應器

前面圖 10-3 為沸水反應器（boiling water reactor, BWR）的示意。大多數 BWR 使用 3-4% 濃縮 ^{235}U 作為燃料。輕水在此作為冷卻劑與緩衝劑。當控制棒抽出，連鎖反應隨即開始，而冷卻緩衝劑水即告沸騰。其飽和蒸汽的溫度約為 300℃，壓力為 7MPa。當蒸汽在汽水分離器當中將水分離後，即用以驅動帶動發電機的渦輪機。蒸汽在渦輪機當中經過膨脹，即在冷凝器當中冷凝，再經由給水泵送回爐心。

在直接循環當中，由於蒸汽不需經過熱交換器即直接驅動渦輪機，其具有簡單和相當高熱效率的優點。BWR 的另一優點在於其能自行控制。當連鎖反應趨於密集，冷卻水亦隨之加速沸騰。而隨著冷卻劑當中液態含量的降低，密度降低，該連鎖反應亦得以自動減緩。

在一 BWR 當中，其核心包含在一鋼製容器內，再整個包覆在強化混凝土當中。第二個容器由強化混凝土做成（核電廠的帷幕型建築），包含了蒸汽分離器和廢燃料儲存池。蒸汽渦輪機、冷凝器、及發電機則位於第二包圍容器外。雖然冷卻劑已經過去礦物處理，一些放射性材質仍會從爐心滲入冷卻劑水，最終透過蒸汽傳至蒸汽渦輪機。尤有甚者，冷卻劑水當中也可能含有具輕微放射性的氫同位素（氚 [^3H] 和氮 ^{16}N 與 ^{17}N）。

壓水反應器

全世界大多數核電廠皆屬壓水反應器（pressurized water reactor, PWR）類型。壓水式核反應器（如圖 10-6 所示）和沸水式核反應器最大的差別是壓水式反應器在水加熱成蒸汽的過程中採用了兩套迴路，在壓水式反應器中的主迴路當中，冷水經過爐心加熱後只增加溫度但不變成蒸汽，熱水送至蒸汽產生器，把熱量傳給次迴路的水後，變成冷水再送回爐心。而次迴路的水則會被加熱成蒸汽，以推動蒸汽渦輪機，用過的蒸汽再經海水冷卻後重複使用。這種設計可以確保蒸汽渦輪機所使用過的蒸汽，絕無核分裂反應所產生的放射性物質。但其運轉與維護也因系統較複雜，而相對困難些。

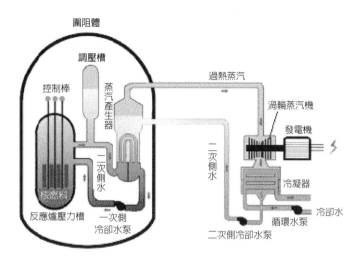

圖 10-6　壓水式核能發電流程

（資料來源：核能發電原理（2006）。檢自於 2007.10.23，http://www.taipower.com.tw/leftbar/powerlife/tw_power_develop/
home_1_7/main3.htm）

在包圍反應器核心的主要迴路當中，冷卻水維持在大約 15MPa 的壓力，因此即便水溫在 340-350℃ 的範圍內，水還不至於沸騰轉換成蒸汽。水在此溫度下，其壓力高過蒸汽壓力，因此只存在液態。此雖熱但卻不沸騰的水，泵送到了和反應器核心一起的熱交換器當中。給水在此熱交換器的一次級迴路當中，在大約 7MPa 下沸騰成爲蒸汽。該蒸汽再依傳統郎肯循環，驅動渦輪機進而驅動發電機。此蒸汽渦輪機和冷凝器位於前述封閉容器外部。

PWR 的一個好處在於，因爲冷卻水僅爲液相（BWR 的冷卻劑有液相和蒸汽二相），其緩衝容量得以準確調節。通常在此，會將硼酸加到冷卻劑當中，用以提升緩衝容量。如此僅使用較少的控制棒，便足以維持反應器的設計容量。另一優點在於從熱交換器產生的蒸汽，可以不必和冷卻劑接觸。如此，冷卻劑當中若有任何放射線，也僅侷限在封閉容器當中的主迴路當中。但也因爲此熱交換器的緣故，PWR 的整體熱效率比起 BWR 的要低。

氣冷反應器

1956 年在英國 Calder Hall 進行運轉的首座商業核能電廠，用的即屬英國所開發的氣冷反應器（gas-cooled reactor, GCR）。一般這類反應器採用的是天然或是濃縮鈾，可能是金屬或陶瓷氧化鈾。其緩衝器爲石墨，而其冷卻劑顧名思義即爲氣體，通常是 CO_2，但也有用氦氣的。由於氣體的熱傳容量相較於液體爲小，其在反應器當中的接觸面積和流動通道，也必須比液體冷

卻反應器的來得大。爲能獲取合理的熱效率，CGR 的運轉溫度會比 PWR 或 BWR 的高，因此相關材料也必須能耐較高溫度。圖 10-7 所示爲較先進的氣冷式反應器。

滋生反應器

在滋生反應器當中，主要的滋生機制是從 ^{238}U 轉換成 ^{239}Pu。此過渡 ^{239}U 的半衰期爲 23 分鐘，接著轉換成半衰期 2.4 天的鎿 239（^{239}Np），接著衰變成半衰期 24,000 年的 ^{239}Pu。

有別於能有效率的以零點幾個 eV 的慢熱電子進行分裂的 ^{235}U，^{238}U 是在 MeV 的額度內很有效率的捕捉快速中子。爲了得到此中子能量的寬廣頻段，其需要非輕水或重水的冷卻劑和緩衝劑。冷卻劑最好是液態鈉，而如此反應器便稱爲液態金屬快速滋生反應器（LMFBR）。鈉核的質量比氫和氘都大，因此一中子在與鈉核撞擊後，會以近乎原有的動量反彈。圖 10-8 所示，爲一 LMFBR 的主要部件。

在一滋生反應器當中的燃料利用效率，可以所形成分裂核的數目與所摧毀數目的比率表示，即：

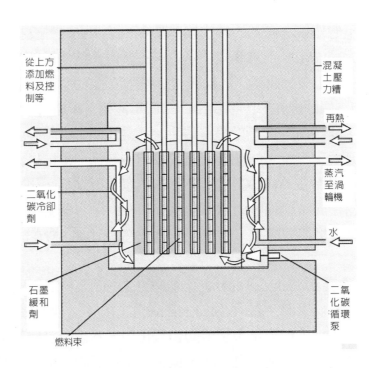

圖 10-7　先進的氣冷式反應器

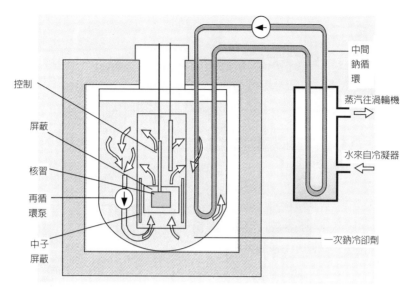

控制

屏蔽

核罜

再循
環泵

中子
屏蔽

中間
鈉循
環

蒸汽往渦輪機

水來自冷凝器

一次鈉冷卻劑

圖 10-8　液體─金屬快速滋生反應器（LMFBR）

$$BR = 所產生分裂核數 / 所摧毀分裂核數$$

當 BR 大於 1，即告滋生。須注意的是，在式中的分子和分母的分裂核不只包括 ^{235}U，也包括 ^{233}U 和最開始的 ^{239}Pu。

滋生反應器也可以釷做為燃料。^{232}Th 可透過以下過程轉換成 fissile 分裂 ^{233}U：

$$232Th + n + \gamma \rightarrow {}^{233}Th + \beta \rightarrow {}^{233}Pa + \beta \rightarrow {}^{233}U$$

式中 ^{233}Pa 為元素鎂的同位素。由於全世界釷礦的蘊藏量和鈾礦相近，利用釷礦可望讓核燃料資源利用期延長一倍。不過目前的釷滋生反應器，還僅處規劃與發展階段。

④　核燃料循環

核燃料循環始於鈾礦或釷礦的開採，其經過濃縮鈾萃取、轉換成金屬鈾或氧化鈾、燃料棒成形、安裝在反應器上、將用過的燃料回收加工、及最終的廢燃料處置，整個過程如圖 10-9 所示。

圖 10-9　核燃料循環

4.1　開採和提煉

世界上很多地方都有含有不同濃度鈾的鈾礦。富級鈾礦可含鈾到 2%，中級鈾礦 0.5-1%，低等級的少於 0.5%。澳洲、哈薩克、加拿大、南非、那密比亞、巴西、及俄羅斯等，都有豐富蘊藏量。

最經濟的鈾礦開採方式，是直接從地表開採。由於鈾礦通常都離不開其衰變的產物（daughters），像是鐳和氡等，這些礦石往往有輻射線，工作人員從開礦起便須特別進行防護。開放式礦場直通大氣，因此大多輻射線，尤其是氡氣也就直接逸散至大氣當中。因此，人員必須配戴面罩以免吸入含有放射性元素的礦塵。

開採出來的礦石經過打碎、研磨後，以硫酸將鈾和其他溶於其中的金屬析出。一般稱為黃糕（yellow cake）的氧化鈾的組成接近 U_3O_8，經過沉澱和乾燥，即裝在 200 公升桶子當中，準備運送。雖然從桶子跑出來的輻射線微乎其微，但經過硫酸析出的固體卻可能含有鐳、鉍（bismuth）、和鉛的放射

性同位素。

天然鈾中作為沸水式核能發電燃料的鈾 235 含量只有約 0.7%，必須經過濃縮處理使提高到 2-5%，以增加核分裂反應的機會。原子彈的濃度則在 99% 以上。為了承受核電廠運轉時 1000℃ 以上的高溫，還須將鈾做成二氧化鈾粉末，再燒結成直徑與高度皆為 1.6 公分左右的柱狀「燃料丸」，再裝進長約 3.86 公尺，厚約 0.8 公分的鋯合金管內，成為如圖 10-10 當中所示的「燃料棒」。

4.2　氣化與濃縮

從礦場運來的濃縮 U_3O_8，一般同位素分配為 99.3% ^{238}U 和 0.7% ^{235}U，接著再進行濃縮。這時會用到氣態鈾化合物。

該濃縮物先是以氟化氫氣體處理，將氧化鈾轉換成六氟化鈾 UF_6。此為白色固體，在一大氣壓 56℃ 下，會昇華（sublimates）成蒸氣。接著再對 UF_6 進行濃縮。

4.3　廢燃料加工與廢料暫存

燃料在沸水和壓水反應器當中進行發電，一待就是兩、三年。經過這段期間，分裂產物和其他中子吸收劑持續累積，而其產汽與發電量亦隨之逐漸下降。這時便需更新燃料棒。以 CANDU 型反應器為例，其燃料棒每 18 個月便需更新。這些換下來的燃料棒會放出高輻射線，一般都儲存在發電廠以鋼和混凝土為牆的水池內的密閉容器當中。

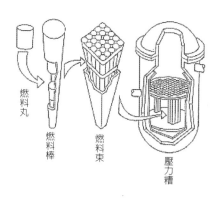

燃料丸

燃料棒　　燃料束　　壓力槽

圖 10-10　核燃料加工過程

資料來源：核能發電。檢索於 http://www.jtis.org/project1/ch41.htm）

一旦這些廢燃料的輻射線降低到某個程度，便應該移送至一永久儲存場。只不過，即便地大如美國，迄今也還未認可任何一處永久儲存場。而所有的廢燃料棒，也都還分別暫存在發電廠當中。

但在有些國家，會將輻射線下降到一程度後的廢燃料進行加工。這些廢燃料當中雖然含有不到 $1\%^{235}U$，但卻是燃料當中原始鈾的 96%。另外有 1% 的鈾被轉換成了 ^{239}Pu。這些廢燃料棒先是斬碎，接著再滲以酸。溶解的鈾和鈽接著再以化學方法，從其他溶解元素當中分離出來。回收的又再送至濃縮設施，而回收的鈽則是與天然鈾混合後，製成稱為混合氧化物（mixed oxide, MOX）的新燃料。目前進行這類廢核燃料加工的，主要有法國、英國、俄羅斯、印度、和日本。其中日本是將廢燃料送至國外進行再製的。

加工過程中所產生的廢液，先是暫時儲存在以混凝土包圍的不鏽鋼容器當中，經過冷卻後，再進行乾燥，最後以玻璃熔融固化在鋼瓶當中。

4.4　永久性廢料處置

核能發電所面臨最嚴重的問題，在於各類型核廢料的永久處置。廢燃料的輻射程度每百年約降低十倍，千年後其可達大約最初萃取燃料鈾礦石當中的程度。

處置此廢料也僅將其置於地質組成穩固，不致受地震傷害，且其中還必須沒有地下水層或是比該地層還深處，才符合實際。儘管美國內華達州 Yucca 山當中的 Yucca Crest 地下 300 米具此條件，也經過許多研究結論認為可不受干擾達一萬年至百萬年之久，其中仍存在著許多不確定性，目前計劃在 2010 年重啟該場址。

不過即便如此，一如世界許多國家，美國由於缺乏永久廢料處置系統和經濟不利等因素，無論公營或私營的新建核能電廠都持續推遲。

5　融合

5.1　融合原理

核融合指的是從氫同位素氘與氚之間的反應產生能量，可能是一項長遠選項。融合發電具有成為本世紀後半世紀，取之不盡的經濟且安全的電力來源。

如前面所提，當核融合在一起，可產生大量能量。例如以下融合過程，

都會伴隨著生成能量：

$$^2D + {}^3T \rightarrow {}^4He + n + 17.6MeV$$
$$^2D + {}^2D \rightarrow {}^3He + n + 4MeV$$
$$^2D + {}^3He \rightarrow {}^4He + p + 18.3MeV$$

　　融合在一起的核質量加起來（方程式左邊），並不會剛好等於融合成的核的質量加上放出的中子或質子的質量（方程式右邊）。而此短少的質量，也就等於是轉換成的能量。至於這些放出的中子和質子，當其和週遭的物體撞擊，即將其動能轉換成了顯熱（sensible heat）。如此融合反應，正是太陽和其他自行發光的恆星的動力來源，而熱核子彈（thermonuclear bomb）或稱為氫彈（hydrogen bomb）亦同。

　　當然，我們最好能在受控制的情況下進行融合反應，如此可將產生的熱能傳遞給某冷劑工作流體，進而驅動渦輪蒸汽機。核融合電廠主要的優點有三：其一是因為氘是氫的天然同位素（6500 氫原子當中有有一氘原子），因此用來進行融合反應的原始材料或燃料，幾乎是可無限供應的。自然界雖找不到氚，但其可透過以下反應，從某個鋰同位素當中製得：

$$^6Li + n \rightarrow {}^3T + {}^4He + 4.8MeV$$

　　其二，融合反應僅產生極微量的輻射線。有一些放射性同位素可能因為吸收了融合反應器週遭材質當中的中子而生成。而且，氚的放射性很弱僅放出半衰期約 12 年的低能量 β 射線。此外，核融合沒有核廢料。但透過萃取核廢料當中的成分，卻可以製成分裂性核武。

　　不過達成一受控制融合的一大困難，在於克服帶正電核之間的電斥力。如今要克服此斥力，撞擊的核必須具備相當於幾千萬度溫度的動能。在此溫度下，原子核完全分成了帶正電核和自由電子，謂之等離子體態（plasma state）。而若要產生大量的能量，便要有許多核相互撞擊。因此，該電漿也就必須關在一小體積和高壓的空間中。

　　融合發電既不產生二氧化碳，也不會產生長存輻射物質，在安全上有其優勢。氘因為可萃取自水，存量相當豐富。氚雖無法自然生成，但可從在地

殼中相當豐沛的鋰製造出來。

5.2 融合的發展

　　許多國家所做的廣泛研發，到目前為止都得到令人失望的結果，而國際能源總署於 2001 年也認為，融合技術至少在 2050 年之前，都還無法商業化。不過，同樣的，遲遲無法作出決策和提供適當的資助，更加阻礙了這方面的進步。

　　自 1950 年代以來，即有俄羅斯的沙克赫魯夫（Andrei Sakharov）等許多科學家力圖控制融合過程。圖 10-11 所示為沙克赫魯夫所設計名為托卡馬克（Tokamak）的一種環狀大電流的箍縮離子體實驗裝置。迄今，所得到的進展極為有限，而在融合實驗當中僅達所謂「打平」點（"break-even" point）。也就是所產生的能量，僅接近或略大於所消耗的能量。目前較樂觀的預測，是在四、五十年後，才會有第一座商業運轉的融合電廠。而較悲觀的預測，則是融合型電廠相較於分裂型反應器或再生能源發電廠，會因為太貴而永遠都不符合實際需要，更遑論和化石能源電廠相競爭了。

　　核融合的研究支出大約在二十年前攀至最高峰，然隨即大幅下滑。然而，到了全世界首座能產生 500MW 脈動熱電（pulsed thermal power）的融合試驗電廠建造之後，在開發融合發電潛力的努力，即告進入重要里程碑。該裝置所呈現的是，永來證實融合過程能夠產生熱能，所需要的所有主要系

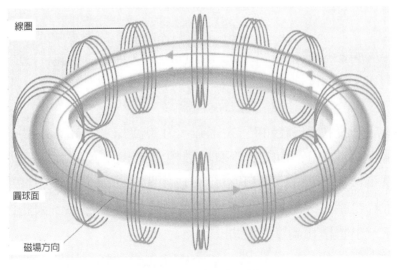

圖 10-11　托卡馬克裝置

統。這套試驗系統是結合中國、歐盟、日本、韓國、俄羅斯、及美國科學家的一項國際合作計畫。這項名為 ITER 的計畫是建立在，前述最初由俄羅斯於 1960 年代發明，用來涵蓋和控制融合過程的托卡馬克裝置，經過多年的實驗和理論工作，所累積的基礎上。該計畫正處於著手進行實驗之前，必要的建造階段。此融合研究所需經費相當龐大，包括 50 億美元的建造經費，預定長達 20 年的運轉所需要的 50 億美元，以及 10 億美元拆除所需。

　　歐洲和日本將進一步針對設計，用來銜接 ITER 與第一代商業電廠之間差距的 DEMO，進行研究。而在美國的研究，則著眼於具有進一步改進經濟效能，足以取代標準托卡馬克觀念的商業發電廠。

6 核電的前途

　　核能技術自第二次世界大戰後引進以來，逐漸成為可靠新能源。而當今核電，誠屬一項重要國際性產業。然而，在最近幾年，核電腳步已大幅放慢，新設置的電廠寥寥可數。

　　由於核電廠運轉，並不會像火力電廠產生大量二氧化碳氣體，其在對抗全球暖化與氣候變遷上，勢將扮演日趨重要的角色。然而，在本節當中，我們也將看到，核電終究既非安全，也不是經濟上可靠的選項的相關討論。希望我們可從中了解，何以核電爭議始終熱烈且從無停歇的跡象。

圖 10-12　世界核反應器的分布。圖上所示共有 439 作反應器分布於 31 個國家

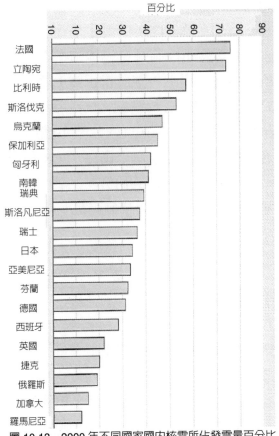

圖 10-13　2000 年不同國家國內核電所佔發電量百分比

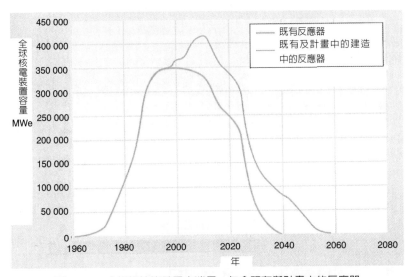

圖 10-14　全世界核能發電之消長，包含既有與計畫中的反應器

6.1 走下坡的理由

我們先來看看核電何以在近幾年逐漸式微，並藉以探討導致此景的問題能否克服。

用來解釋核電支持度明顯下滑，最常見的莫過於在一連串事故之後，所導致的對核電安全的恐懼。由於一般大眾心存核子武器所帶來的核災恐懼，其對於核能技術當中所存在的風險，也就原本心存顧忌。而後來發生的一些意外事故，使其更加確信，核電廠也存在著嚴重問題。其結果，一般大眾不再歡迎核電廠，而政府所提出的相關規劃，也就難以獲得支持。

不過，我們接著可以看出，此一論調並未托出核電全盤。另一說法是，其實核電之所以不再那麼受到支持，主要在於該選項的經濟性，相較於其勁敵如天然氣等其他選項，是相當差的。換言之，由於安全顧慮提升所導致在核電廠規劃上另外增加的安全功能，使得核電成本大幅提高。亦即，核電事故除了直接導致大眾不安及相關政治困難度外，同時也間接損及其原本所大力標榜的經濟優勢。

6.1.1 核電事故

早年核電被廣泛視為夢幻科技，其當時不僅便宜、安全，並且還可望對經濟發展，提供幾乎無窮盡的動力。當年甚至對於原子動力汽車與飛機的幻想，都不在話下。只是，現實並非如此。除了核子動力船（主要為潛艦、航空母艦、和一些破冰船）問世，以及一些產業和醫藥採用了輻射同位素之外，唯一的一項重大非軍事用途，即供應電網電力。

最開始，大多數人確實認為核能發電是項了不起的想法，只不過在一連串意外事故之後，才知道原來核能技術一旦出錯，將會帶來非常嚴重的後果。結果，核電開始遭到反對。

接下來，我們僅針對兩個讓大眾對核電的態度造成最大影響的意外事故，進行討論。一個是 1979 年美國的三哩島（Three Mile Island）事故，另一個是 1986 年發生在烏克蘭的車諾比爾（Chernobyl）事故。

1979 年位於美國賓西凡尼亞州的三哩島核電廠，因冷卻水減損，導致反應器核心當中的燃料部份融毀，洩漏了一些輻射線物質，並導致當地630,000 人撤離。儘管終究沒有造成直接的傷亡，但後來卻一直存在著長期健康影響的疑慮。

相對的，1986 年的車諾比爾事故，就嚴重許多。其輻射塵擴散到了歐

洲西北邊，雖然來到北美和北半球一帶時已經大幅削弱，卻仍造成全世界關切。該事故發生在現場四部反應器當中的一部，當時雖僅有 6% 的輻射材質漏洩到大氣中，卻造成了 31 人當場死亡，以及接下來在該廠附近的嚴重傷亡和疾病。

永續小方塊 1

車諾比爾死亡估算

欲知車諾比爾事故就竟造成多少傷亡，可以參考國際原子能總署（International Atomic Energy Agency）、世界衛生組織（World Health Organization）和歐盟（European Commission），於事故發生十年紀念研討會的報告—《車諾比爾過後十年（One Decade After Chernobyl）》（http://www.iaea.org/worldatom/Programmes/Safety/Chernobyl/），以深入了解。

經整理，其分析如下：

‧在事故過程中，有三人遇害。在發電廠工人和參與應變的消防員當中，237 人疑似得到急性輻射疾病（acute radiation sickness, ARS）。經過治療，有 28 人因為此一傷害，在十年當中即告死亡。其餘得以倖存的，一般健康和精神狀況都很差。

‧繼事故初期之後，大約派出了二十萬人力，進廠收集和埋藏從爐心溢出的輻射材質。而據估計，這些人在清除工作之後，有 2500 人得到癌症。

‧……

6.1.2　核能經濟

僅管核電存在著風險和大眾的顧慮，其往往被視為解決能源供給問題的良方。似乎，僅僅使用少量相當廉價且豐沛的材料，便可獲得大量能量。而這在第二次世界大戰之後，更加獲得肯定。甚至，如本章一開始所題，有人預測核電將會便宜到無法想像。

可惜實際情形卻似乎並非如此。經過五十年來全世界大舉投資研發、興建、及運轉之後，其發電成本仍屬高昂。如此出乎人們意料之外的因素之

一，在於鈾屬相當集中的能源。理論上，一公斤的鈾應可以產生，等量煤所產生能量的 20,000 倍。因此，和煤相較，用來讓核反應器運轉的鈾量很少，而燃料成本也就很少。一般而言，核燃料成本僅佔整個發電成本大約 2%。只不過鈾還需經過加工和濃縮，才成為可用的燃料。不過就算如此，製造好的鈾燃料，也僅佔整體發電成本的 20%，大約是燃煤電廠燃料成本的三分之一。

然而，真正的問題倒不在於燃料成本，而是在於整個電廠的成本。核電廠的投資（建廠）成本比燃煤電廠的要高得多，大約是三倍。以 2000 年的輕水式反應器電廠而言，大約介於每 kW$1700 至 $3100 之間（WEA, 2000）。這主要是因為需用到特殊材質，並需加上複雜的安全功能和備用控制設備使然。這些大約就佔了核能發電成本的一半。而實際上，如果再加上由於此技術的複雜性，所導致的建造工程延宕等，將使此成本問題更加嚴重。

不過，這種情況可隨著採用新技術而獲得改進，根據 EIA 於 2000 年的報告，先進核電廠的設置成本為每 kW$2188 元，遠高過燃煤電廠的每 kW$1092 元，和燃氣電廠的每 kW 大約 500 元（EIA, 2000）。此外，核電廠的運轉成本也偏高，且隨著對安全顧慮的加深，更加上升。一般，以美國為例，其核電廠的運轉與維修成本大約是化石燃料電廠的三倍。

核電成本究竟如何，一直受到廣泛的辯論。而最近核電尤其受到低發電成本的高效率燃氣渦輪機發電技術的嚴峻挑戰。在大多數國家，主要是因為就目前的核電技術而言，並無法和複合循環燃氣渦輪發電機競爭，而無法在經濟上行得通。

永續小方塊 2

核電廢棄物處置與核電廠除役成本

核電成本持續在變的一個理由，是在最開始業者並不太在意核燃料循環的背後的成本，包括廢棄物加工、中間儲存和最終處置、以及電廠最終除役。只不過，中就這些活動的重要性愈來愈受到矚目，而在估算成本時亦然。

起初，廢棄物管理成本一般都被認為僅佔整體成本的一小部份，因為所產生廢棄物的量還算少。只不過，隨著地方傾向拒絕在其附近處置，廢棄物管理的議題不僅愈來愈是個問題且也愈來愈貴。世界核子協會（World Nuclear Association）目前將核電廠廢棄物管理與處置成本估算為，占其總發電成本的 5%。

電廠除役（plant decommissioning），包括一長串對反應器和其相關元件進行拆解，即儲存拆解下來的大量廢棄物，其不僅複雜且相當昂貴。據世界核子協會估計，如此除役可在核電廠初期投資成本上另外加上 9-15%。不過世界核子協會也說，畢竟這筆除役成本只有在電廠壽終時才需支付，因此可在這段長時間當中獲得折扣，因此可能僅佔投資成本的一小部份。

6.1.3　全世界核電衰退

經濟問題加上社會大眾的反對，讓全世界許多國家的核電計劃，無論私人或國家的，都衰退了相當一段時日。美國的核電原本占全部電力來源大約 20%，但由於三哩島事件加上成本趨於沉重，有效抑制了核電的擴張。在 1970 年代末 1980 年代初期，希臘、丹麥、奧地利、瑞典、西班牙和挪威等國，不是停止建造新的核反應器，便是淘汰掉既有的核電廠。1986 年的車諾比爾核災，更使俄羅斯取消並放棄掉好幾個核電廠計畫，而接著大多數西歐國家，也跟著停止進一部擴張或是建立起核電淘汰計畫。義大利在 1987 年，以公投決定放棄核電；波蘭於 1990 年停建新核電廠；荷蘭於 1994 年決定在 2003 年將其 Borselle 電廠淘汰。德國也決定淘汰其十九座核電廠，並計劃在 2032 年之前，完全廢核。同樣的，比利時決定在 2025 年之前廢核；而土耳其也在 2000 年，決定不再投資核電。

相反的，法國仍大力建造新核電廠，其 76% 電力來自核能。只不過，其於 1997 年當選的社會主義執政黨，決定在就未來技術進行評估期間，暫停新核電開發計畫。

6.2　以核電長遠解決氣候變遷？

1997 年在一場由鈾研究院（Uranium Institute, UI）（即當今的世界核子協會，World Nuclear Association, WNA）所主辦的研討會當中，國際原

子能總署（International Atomic Energy Agency, IAEA）署長布里克斯（Hans Blix）指出：正當燃燒化石燃料可能導致地球暖化從未如此令人擔心，而同時期待提升能源效率或增加再生能源使用，以協助限制 CO_2 排放，也遙不可及而顯得不切實際時，核能選項卻被普遍忽略，這似乎也未免太令人費解了。

核電廠產生能量的核分裂過程，並不會導致一般的污染，或是二氧化碳等溫室氣體排放。這樣看來，核電業界普遍辯稱，其自應在作為解決地球暖化上受到支持，究竟這樣的辯解，說得通嗎？

首先，可能要指出的是，宣稱核電廠不產生二氧化碳，嚴格來說並非事實。所有發電廠都須在建廠時耗能，若此能量源自於化石燃料，其自然也就免不了碳排放。除此之外，不像其他大多數發電廠，其用於核電廠的燃料，需從原始材質礦石經過大幅加工。且一旦在反應器當中使用過，便須加工處理。比如說，核燃料加工，可用到相當於其反應器在生命週期當中最終所發出電力 3% 以上，端視所採用的礦石等級和濃縮（enrichment）所用技術而定。而大多數國家，這部份加工所需電力，仍須得自於會排放二氧化碳的化石燃料電廠。

儘管如此，整個核電廠在發電過程中，所排放的二氧化碳仍比化石燃料電廠要少得多。根據 Meridian International Research（1989 年）所做的估算，整個燃料循環當中的二氧化碳排放，核電廠為每 GW 小時 8.6 噸，燃煤電廠為 1058 噸，複合循環燃氣電廠則為 824 噸。然而，畢竟這類估算，會隨其假設前題，有很大的變化。

畢竟核電還是有其嚴重缺陷。而核電業者所面對的挑戰，也正是當初造成其衰退的各種問題。我們所一直面對的這些問題，主要還是和立即性的，像是意外的風險和核能發電的經濟性等議題有關。不過如果我們必須依賴核能作為長期解決氣候變遷問題的答案，另外還是有一些必須面對的，比較基本的長期性議題。

聯合國所贊助和世界能源委員會（World Energy Council, WEC）於 2000 年共同發行的世界能源評估（World Energy Assessment, WEA）當中，作成以下結論：若要讓核能在克服氣候變遷上做出重大貢獻，其容量必須在未來 100 年內，至少增加十倍（WEA, 2000）。

而如果真的要考慮如此大幅擴張，以下二長期性議題必須強調：

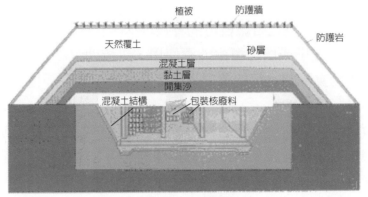

植被　　防護牆

防護岩

天然覆土　　　　砂層

混凝土層
黏土層
閒集沙

混凝土結構　　包裝核廢料

圖 10-15　低放射性核廢料儲存

－是否具備長遠解決核廢處置問題的答案？

－是否有充足鈾儲存量，以維繫此一計劃？

6.2.1　核廢料

　　所有核電廠都會產生，包括使用過的核燃料（仍具高放射性），和受輻射污染的工作服、零件、工具等低放射性核能廢料（nuclear wastes）。圖 10-15 所示為低放射性核廢料儲存示意。而其所帶來的，並不僅止於核廢處置的經濟成本問題，主要還在於其可否長保安全。有些核廢料可危險千年以上。一些科學家和工程師宣稱，在技術上可能開發出長期性防護系統，儲存在適當的穩定地質結構當中。法國和德國也已開發出，能將最危險的高放射線核廢料經過玻璃化（vitrification）過程，轉換成玻璃化型態。

　　圖 10-16 所示為瑞典所提出的深層儲存技術。圖中，其在大約 500 公尺深的垂直孔中，儲存直徑約一米長約五米的廢燃料銅罐。然而，迄今世界各國尚無真正得以長遠儲存高放射線廢料的實例，絕大多數都在地方上受到的強烈反對。

　　核廢料實際所面臨的問題在於，即便是短期，也幾乎沒有地方願意接受將核廢料儲存在其附近，而核廢料卻又不停的產出。這讓人們不得不相信，除非今後不再產生核廢料，此問題將永無解決之日。

6.2.2　鈾存量

　　另一項長期議題是，由於鈾存量有限，或說得更精確些，能夠經濟的擷取的可用鈾很有限，核電可說只是個相當短程的一個選項。

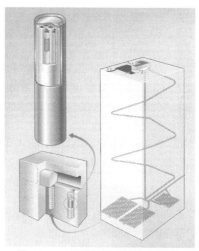

圖 10-16　瑞典的核廢料深層儲存

表 10-2　已知可擷取得的鈾資源（1999 年數據）

國家	公噸	佔世界總存量 %
澳大利亞	889,000	27
哈薩克	558,000	17
加拿大	511,000	15
南非	354,000	11
那密比亞	256,000	8
巴西	232,000	7
俄羅斯	157,000	5
美國	125,000	4
烏茲別克	125,000	4
世界總共	3,340,000	

資料來源：OECD, NEA 及 IAEA, 2000。

　　表 10-2 所示為 1999 年所發行，已知蘊藏鈾資源的估計量。除了已知蘊藏量（known reserves），另外還有從一些間接證據，和地質探勘所得到的疑似蘊藏量（speculative reserves）。除了這些估計量尚待進一步確認外，由於其確認和擷取，都比已知蘊藏量的來得困難，成本也就比較高。

　　另外，由於優質鈾礦趨於稀少，接下來也只好採用較低等級的鈾礦，而價格也可能隨之上升。然而，即便採用較低等級鈾礦在經濟上是可以接受的，在能源平衡上也會出現問題。也就是說，我們可能會因而需要耗用過多能源，才能從低等級鈾礦當中擷取可用燃料。

6.2.3　延長存量使用年限：快速滋生反應器

有一說法是：蘊藏的鈾可以在快速滋生反應器（fast breeder reactor, FBRs）當中用得更爲有效。快速滋生器（fast breeder），爲可以從原本將廢棄掉的鈾當中一部份，滋生出鈈的反應器。基本上，其可以從鈾當中多擷取 50 至 60 次的能量，亦即，理論上同樣的材料，可以延長 50 至 60 倍。根據這樣的說法，假設目前鈾的蘊藏量可用 100 年，有些擁核人士便會提出：「鈾礦其實可用上千年甚至數千年」的說法。

就此議題，很重要的一點是，滋生器要在能源上做出重大貢獻，仍需耗上一段時間。儘管名爲「快速」，整個滋生過程其實也並不快，所謂快，所指的也僅在於造成分裂的中子的速度。實際上，滋生出和輸入反應器當中同樣多的鈈，便需好幾年。而所謂的「倍增」時間，可能是 20 年以上或達到 30 年，尤其如果將燃料冷卻、再加工及再成型等過程都納入考量。

快速中子在滋生器當中將鈾的非分裂部分轉換成鈈。此過程在傳統的反應器當中也有，只是效率較低。爲得此鈈，舊的用過的燃料需再加工，因此一快速滋生系統需用到大得多的再製設施。如此一來，不只核廢料的量會大幅增加，在各個不同反應器和再加工廠之間運送廢燃料與鈈的次數也將大幅增加。如此將造成安全與保安問題的擴大，而鈈遭竊作爲核彈製作活動的風險提升亦不在話下。

因此，儘管快速滋生選項有其吸引力，也可望拉長鈾資源的年限，其仍存在著一系列的難題。全世界有許多快速滋生計畫都已告關閉。美國前總統卡特，顧及鈈滋生的安全與保安問題，於 1977 年對其快速滋生計畫叫停。德國位於 Kalkar 的快速滋生器雛型於 1991 年終告放棄。英國政府驚覺位於 Dounreay 的 FBR 計畫的龐大成本，於 1994 年叫停。法國也於 1997 年放棄了其 FBR 計畫。最後剩下的日本，仍保有一大型 FBR 計畫，但由於 1995 年發生在 Monju 廠的意外事故，促使重審其核能計畫。

6.2.4　核融合：最終答案？

另一個重要的核能選項，雖然還很遙遠，便是核融合（nuclear fusion）。其每公斤燃料所能產生的能量比核分裂的要多得多，而且基本上可以在控制好的情況下進行。雖然其在一般研究裝置上的表現持續進步，只是其融合反應的情況大約只能維持幾秒鐘。圖 10-17 所示爲位於英國 Culham 的這類實驗裝置，歐洲夥伴圓環（Joint European Torus, JET）。另一個較

圖 10-17　位於英國 Culham 的 JET

先進的裝置，所謂的「國際熱核實驗反應器（International thermonuclear experimental reactor）」，目前正處規劃階段，成本大約 40 億英鎊，目標在於接近可持續的融合反應狀況且可以有能量的淨收入。

　　由於一般僅能視核融合為相當遙遠的事，一種說法是，等到可行的核融合系統開發出來，地球上的能源和氣候變遷問題到時也早已解決。不管情況如何發展，或許持續一些核融合研究有理由作為一項長遠的保險，但從另方面來看，由於同時面對能源相關經費短缺與環境問題緊迫，與其在地球上嘗試建立一座經濟可行性未知的核融合反應器，倒不如充分利用人類已然擁有的太陽，才屬務實而有效。

6.3　核電最新發展

　　在思考以核電作為面對氣候變遷的答案之一時，必然也須面對其一些長期限制。我們已大致知道一些基本的運轉議題，像是二氧化碳排放、廢料長期處置的需求、鈾資源的獲取性等。而如果以核電，無論屬何種型式，作為解決氣候變遷主要方案之一時，另外還有其他議題仍需強調。這主要指的，便是在經濟性與安全性的改進。

6.3.1　更安全的核電

　　近年來，人類試圖開發出更新、更安全的核分裂技術。例如，為化解大眾對安全的疑慮，業界一直提到開發所謂的「整體安全」（safe integral）或是「被動式」（passive）反應器技術，設計成在所有情況下都能安全失效（fail-safe）（例如緊急冷卻狀況），而並非依賴複雜而可能失效的作動式

（active）安全系統。其結果便發展出一些較小的反應器，因為此處藉自然對流進行被動冷卻較為可行。亦即，萬一冷卻系統失效時，反應器核心過熱及燃料熔化的機會較小。至於核廢料，也可藉著新反應器技術，獲致減量。

而在歐洲，一些標準的壓水反應器（Pressurized Water Reactor, PWR）也已重新設計成較先進的歐洲加壓反應器（European Pressurized Reactor, EPR）。美國西屋（Westinghouse）也已開發出自己的「演進」PWR（Evolutionary PWR），AP600 和 AP1000。其中 AP 即「先進被動」（Advanced Passive）之意。不過目前還是有一些原版以 PWR 為基礎的設計。其中一個例子便是過程具備極致安全（Process Inherent Ultimate Safety, PIUS）系統，將反應器核心浸在硼酸鹽水（borated water）當中，一旦壓力或冷卻劑有所減損，連鎖反應即告中斷。

另一個較為積極的作法便是高溫反應器（High Temperature Reactor, HTR），其利用石墨做為緩衝劑並以氦氣作為冷劑。過去幾年來已有過好幾個 HTR（像是英國的 Dragon 反應器）經過測試，只是都不太成功。不過，南非的電力公司 Eskom 正開發的小型，稱為珠床模式反應器（Pebble Bed Modular Reactor, PBMR）100MW HTR 反應器（圖 10-18），將燃料裝在幾千顆以矽包覆的彈珠當中。這些珠珠裝在一漏斗當中，而氦氣在空隙當中流通。由於從核心流出，溫度達 900℃ 的氦氣直接驅動氣輪機（gas turbine），而省掉了二次熱交換，以致熱能轉換效率甚高（預計達 40%）。其用過的燃料可在完整包覆的情況下，一併進行最終處置無需再處理。不過，該系統的弱點便在於，如果一部份珠子破碎，整個系統將都會受到輻射污染。

除了所宣稱在安全方面的優點外，PBMR 的小型模組似乎也較容易量產，且理論上也較容易接近用電者，而可能較適宜應用在開發中國家。

採用小型精實核心的方法之一，即以鈉等液態金屬作為冷卻。例如日本的電力中央研究院即開發出很小的僅約 200kW 稱為 Rapid L 的反應器，採用鋰熔融作為緩衝劑，液態鈉作為冷卻劑，在 530℃ 下運轉。液態鈉具高熱傳密度無沸騰之虞。然而也正由於鈉為高度化學反應材質，其可能意外釋出與火災使適用性存疑。

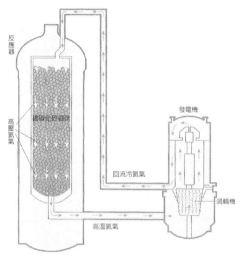

圖 10-18 珠床模式反應器當中有幾千顆外表塗佈矽的鈾珠。藉由將高壓氦氣，由上而下，在珠堆當中流通，擷取核反應產生的熱，驅動氣輪機。

6.3.2 廢料管理與再加工

　　若是要讓核電順利推展，為核廢料找出路，勢必是關鍵議題。然在各國即便不籌劃任何新核電廠，其仍是重大問題。在未來幾十年當中，全世界很多第一代反應器即將面臨除役，而必然會對尋求輻射材料處置途徑形成更大的壓力。圖 10-19 當中所示，為從使用過的核燃料（spent fuel）再加工，所產生的高、中、低劑量核廢料，的體積比較。如同前面所提，絕大多數利用核電的國家迄今仍無處置各種不同程度輻射核廢料的下落。最近引發的一項疑慮在於恐怖攻擊所帶來的風險和影響。例如，雖然核電廠在設計上都能承受飛機意外墜機，卻幾乎沒有針對已大型客機作為攻擊武器的設計。根據歐洲 Parliament 所建議，從英國 Sellafield 所釋出的高劑量輻射廢棄物所帶來的後果可能會比車若比爾事故所造成的更為嚴重，因為 Sellafield 所儲存的銫 137（caesium-137）和其他輻射同位素，更為嚴重。

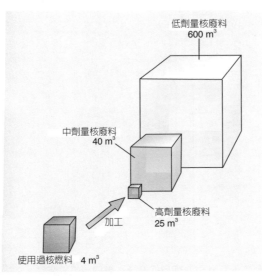

低劑量核廢料
600 m³

中劑量核廢料
40 m³

高劑量核廢料
25 m³

加工

使用過核燃料　4 m³

圖 10-19　從使用過的核燃料再加工，產生的高、中、低劑量核廢料，的體積比較

6.3.3　核電會比較便宜？

　　未來核電得以重登世界能源舞台的關鍵條件，恐怕仍在於其經濟性是否能提升了。其所能採行的第一步，便在於既存電廠運轉效率的改進。例如英國繼 1996 年將核電廠私營化成立了不列顛能源公司（British Energy）之後，即大幅提升了效率。不過即便如此，其經濟性仍處於邊緣，尤其加上英國整體電價也隨著電力業私有化而大幅下滑，使獲利更形困難。

　　因此核電的前途，終究有賴新技術的問世。的確有些新建電廠宣稱，能以競爭力大得多的電價供電。例如，據估計前述珠床反應器電廠的建廠投資成本為每千瓦美金 1000 元，且能以每 kWh 2.4-4.3 美分成本發電（WEA, 2000）。然而這些數據迄今都只是宣稱，卻非商業化運轉系統數據，因此要能對其可靠性實際作出判斷，尚需相當時日。一個較為先進的選項是對 PWR 概念重新設計的 600MW 西屋（Westinghouse）的 AP600。據擁有該項設計授權的 BNFL 宣稱，其發電成本比起當今任何其他核電廠的都要低得多。

　　然而到目前為止，這些提出的數據都還相當令人存疑，因為它們多半都須假設，像是擁有某些形式的補助，要不就是某些新技術已然成熟。

　　例如，芬蘭是目前西歐國家當中，唯一計畫擴充核能者，所作成的結論認為，新建核電廠包括建造運轉及除役的成本就價格而言，比其他包括複合循環燃氣渦輪機在內的發電方式都要具競爭力。然其分析須先假設，天然氣

價格將上漲 50%。儘管這當然有可能發生，但就算真的發生，其他能源技術大概也將變得更具競爭力。

至於針對對核能的補助而言，全世界各國過去長年來便已做得很夠了。而也的確，我們可以說，若不是補助或是其他形式的財務協助以保護其得以迴避競爭，很多核電廠也就不會存在。

同時核電業者也受到立法保護，例如美國的安德森價格法（Price-Anderson Act）及歐盟的類似設計，使其免於無限制負擔意外責任（unlimited liability for accidents）。例如英國 1965 年的核能設置法（Nuclear Installations Act）即規定，任何經營者的每件意外事故的責任險理賠，以最高一億四千英鎊為限，若造成的損害超過此金額，則得以公共基金支付補償，最高可達三億鎊。這些對受害者的補償金額，可望在法案的修訂版本中提高。

1997 年，在日本京都召開的聯合國氣候變遷會議（UN Climate Change Conference）當中，清淨發展機制（Clean Development Mechanism, CDM）首次提出，其目的在於贊助開發中國家的一些得以避免溫室氣體排放的新項目，並對這類開發者頒發「績效」（credits）。而由於這類績效點數可進行交易，這類項目的成本實際上也可獲得減輕。以核電廠而言，估計成本即可降低二成或三成。然而，2001 年於德國波昂召開的京都同意書會議當中，在 EU 的壓力下，與會國家決定從 CDM 績效中排除核電項目。理由是核電既非一潔淨、安全或可持續的選項，亦非一有用的經濟開展工具。

永續小方塊 3

台灣核四延期

台灣電力公司證實，原定 2009 年商業運轉的核四電廠，確定再度延期，最快 2011 年才能商轉。圖 10-20 所示，為核四廠進行反應器壓力槽吊裝過程。核四在 2002 年復工之後，接連遭逢包商倒閉、原物料上漲等問題，被迫延後商轉。其自興建以來爭議不斷，1999 年獲原子能委員會核發建廠執照，卻於 2001 年政黨輪替後喊停，不久因發現損失過大（至少上千億元台幣）等原因又宣告復工。

核四工程於 2009 年九月核定再延後工期 29 個月，第一部機將自原訂

圖 10-20　核四廠進行反應器壓力槽吊裝

的 2009 年 7 月，延至民國 2011 年 12 月 15 日商業運轉，興建期程將達 15 年。同時，核四預算三度追加 402 億元，使總預算高達 2,737 億元，較原編列預算追加逾 1,000 億元，核電從此恐怕不再廉價。核四三次延長工期並追加預算的理由，分別是停建復建工期延長二年、因應全球原物料上漲再延長三年、以及工程進度延宕。

6.4　核電的未來：持續爭議的看法

IEA 在 2004 年預測到 2030，在維持不變（business as usual, BAU）情境下的發展情形如下：

‧全世界整體，在 2002 年到 2030 年之間，核能發電只增加 10%。

‧相同期間，OECD 的核電預期會下降 6%，但在其他國家則會增加 109%。

‧源自於核能所產生的所有電與熱，會從 2002 年的 18.4% 下降到 2030 年的 11.5%，至於在總初級能源當中所佔百分比則會從 6.7% 降至 4.6%。

從前面的討論可看出，核電議題混合了不同的看法。很顯然，核能業界極力增加使用核電技術，並視氣候變遷為可能的救命恩人。不過另一方面，反核者辯稱拿另一個問題（核輻射污染）來解決一個問題（氣候變遷），分明就是愚昧。他們相信將錢花在再生能源和能源節約上，才是正道。

因此，核子資訊與資源中心（Nuclear Information and Resource Center）曾提出，核子擴張對於環境將會是雙輸選項：

不只是核能產業會擴張，所帶來輻射廢料產量增加與災難意外風險亦將持續，而且花在核電上的每一塊錢，原本都是可用來發展永續能源系統，和對抗氣候變遷的有效措施的。

NIRS, 2000

　　不過最近幾年，這類反面的聲音，似乎變得不如以往那麼堅定了。例如世界核子協會（World Nuclear Association, WNA）便於 2000 年五月，在一國際能源研討會上提出論文表示，雖然目前世界上電力有大約 17% 來自核能，看到目前建造當中的核反應器僅相當的少，加上一些早期的電廠也都即將相繼關閉，隨著世界電力輸出的成長，其佔有率勢將下滑。

　　或許核電可提供政府，作為同時達成幾個國家政策目標的機會。這些目標包括能源供應安全與環境保護，特別是透過降低空氣污染與溫室氣體排放。但這些與政策相關的效益，卻也會隨著政策的改變而變得很薄弱，而並不能確保核能的未來。同樣的，外部成本（externalities）的內化（亦即將環境成本納入發電成本當中）為一政策上的決定，但這類政策的落實究竟會在何時，和會做到何種程度，也仍不明朗。因此，核能業者仍需藉由技術上的開發與創新，提昇其經濟競爭力。

　　雖然美國前總統布希政府於 2001 年提出要重新思考其核電政策，而當時的副總統錢尼（Dick Cheney）更指出，其支持核能擴張，並認為核電為安全潔淨且充沛的能源。不過，在英國，其於 2001 年由內閣辦公室的效能與改革小組（Performance and Innovation Unit, PIU）就未來 50 年的能源政策進行全盤衡量，認為核電仍會一直相當昂貴。未來 15 至 20 年內的新電廠，發電成本大約介於每 kWh 3-4 英磅。因此英國的 PIU 將核電擺在長程的「保險」角色，只有當其首選，再生 能源、熱電複合、及能源效率等選擇無以滿足需要時，才會用上。PIU 作成結論表示，目前既有的核電技術缺乏大眾的支持，不過其也補充，「保留核電選項的空間」（keeping the nuclear option open），還頗能站得住腳。

　　這項「保留核電選項空間」的政策，顯然也獲得聯合國開發計畫（UN Development Programme）、聯合國經濟與社會事務部（UN Department of Economic and Social Affairs）及世界能源委員會（World Energy Council）所共同完成的世界能源評估（World Energy Assessment）的支持。其結論道：

「如果短期內在能源革新上，能致力於加強改進能源效率、再生能源、以及減碳化石能源策略，則世界團隊應可在 2020 年之前瞭解，或是比目前更加瞭解，究竟是否需依賴大規模核電，才能符合永續能源目標」。

 結論

7.1 前景

核電的引進始於 1950 年代，直到 1970 年代石油危機，獲致大幅進展。在 1970 年代期間，核能電力容量每年約增加 12GW，來到 1980 年代上升到 18GW，但在 1990 年代期間，卻減緩為每年僅增加 2.5GW，主要原因一方面在於化石燃料價格偏低，同時加上以煤和天然氣發電因所需投入成本低，較具吸引力使然。大眾對於核能安全的顧慮，也是一項因素，尤其是在 1986 年的車諾比爾事件之後。

固然，核能原料在中期內供應無虞，且亦無直接的溫室氣體排放。然而，根據經濟學人雜誌（The Economist, 2001）所指出的，核電廠的新建，在先進國家都受限於三項因素：(一)相較於替代能源技術的高投資成本；(二)許多國家在政治決定上傾向廢除核電；以及(三)地方上反對核電廠，可導致建廠延宕乃至在經濟上，不具吸引力以及衍生財務風險。

在 OECD 的歐洲國家的核電廠當中，預計在 2030 年之前，會有將近百分之七十五要面臨除役。只有法國期望在 2030 年之前，將其核電基礎，進行大規模汰換。芬蘭的財團 TVO 也自 2006 年六月，開始建造首座核電廠。美國繼 1979 年三月的三哩島事件之後，即未再建造新的電廠。不過目前看來，所有既存的核電廠到 2030 年，都將持續運轉。同時許多既有的核電單元，也可擴充其發電容量。

繼 IEA 在 2004 年尾所作能源預測之後，核電廠的前景略有改變。全球氣候變遷對核能產業，提供了翻盤的契機。其在亞洲的展望極佳。中國大陸已有九座核子反應器，其計畫增加 30 座。在印度、日本及南韓，也都分別考慮增加新的核電容量。俄羅斯也有好幾座核電廠正興建當中。

相較於 IEA 的預測，核能會在 2030 年之前，下滑到總初級能源的 4.6%，科學偵探（Scientific Detective, SD）反而認為在 2030 年之前，核能會再度增長到佔總能源 15% 以上，且在 2050 年之前，會持續攀昇。

7.2 核電議題

核電議題甚爲複雜，以下整理出其中幾項基本要點：

·核電爲一主要能源選項，其能夠可靠的提供大規模電力，卻不致產生大量和化石燃料火力電廠相關的任何排放（例如二氧化碳氣體）。然而近年來基於對安全和經濟性的顧慮，核電業持續低迷。其未來有可能成爲氣候變遷問題的回應，而得以在某時期復甦。

·目前核能發電在經濟上，並不能與燃燒天然氣發電競爭，而也很少有國家政府願意對它提供補貼。

·即便採用最好的設計技術，仍有可能發生意外事故，而縱使發生嚴重核災的機會很少，其所帶來的衝擊卻可能相當嚴重。

·核電運轉，特別是那些和使用過燃料再加工有關的，仍不免有在允許範圍內的經常性低放射線物質釋出，而許多人仍一直顧慮其所造成的影響。

·核廢料處置仍一直無法解決，而同時目前國際間的一些政治氣氛，導致對於其所衍生的核武擴散和恐怖份子攻擊的顧慮，有增無減。

·對於安全與經濟上的顧慮，導致一些，但並非所有國家對核電選項的興趣持續低迷。在大多數國家，社會大眾對於核電的接受程度一般也仍偏低。

·儘管目前尚有一定的鈾存量，但只要全球普遍爲了回應氣候變遷問題，而企圖大量採用傳統核電廠，該存量可能變得稀少且昂貴。

·快速滋生反應器或許可延長鈾存量，但所需成本卻仍不確定，而其廢料與鈽擴散（plutonium proliferation）的問題，也可能因而增加。

·核融合若得以示範成功，或許可提供作爲一個長遠能源的機會。然其畢竟有其安全和經濟上的問題，而只能作爲「遙遠未來」技術的期望。

從以上幾點看來，究竟以核電作爲氣候變遷問題的主要答案是否可行，仍無法確定。然而核能業者目前所開發的新核電技術，在於設計成既安全又經濟，此使得核電在例如某些亞洲和美國等地區，仍然具有成長潛力。此外，如果對氣候變遷的顧慮繼續增長，而其他非化石燃料選項又未能長足發展，則擁核便有可能重振並獲致成長。

相較於其他能源，核電廠在設計上，每 MW 的投資成本甚高。其運轉與維護成本亦較高。這些成本並無法以核電廠相對較低的燃料成本打平。而目前還沒有一個國家，對於核電廠除役及廢棄物處置，所不可或缺的設施與操

作技術，以及防止核子材料落入恐怖份子手中，所需耗費的成本，具有完整的概念。以致在任何對未來的核電計畫的社會成本進行預測時，仍存在相當高的不確定性。所以目前有關核電發展的相關議題，主要著眼的，還在於這些在經濟與社會層面所受的限制。

新電廠的設計，主要在於降低建廠成本、建廠時間、運轉與維護成本、及燃料回收成本，同時仍能確保運轉安全。以下為達此目標的幾項必行措施。

‧在其初級與次級系統上減少元件數目，以降低投資與運轉成本。

‧採用工廠組裝與模組化，以降低建造成本並縮短期程。

‧將反應器尺寸減小到 300MW 以下，以降低發電單元的成本並縮短期程。

‧從硬體系統到檢驗與測試上，簡化並降低所有安全系統與過程的成本；同時達到像是利用釷（thorium, Th）作為反應器燃料的主要元件，並且減少低與中度廢棄物比容，以達成廢棄物管理目標。

展望較長遠的未來，核能研究應著眼於，反應器安全、廢燃料與放射性材質的長遠確保與安全儲存。更新且更安全的反應器觀念亦有待開發；尤其是能產生較少輻射廢料並降低嚴重意外事故風險的反應器。用做長遠處置廢棄物的場址與技術仍有待研究。目前的廢棄物處置方法仍極不恰當。沒有一個國家已建立所謂的「永久」廢棄物處置場。即便宣稱理想的地質儲存方式，亦非最終答案。澳洲所開發出的合成岩（Synroc）過程，或許可對核廢料處置提供答案。最後，核子恐怖主義（nuclear terrorism）及核子材料的安全，仍有賴適當的安全議定書加以強調。而上述這些安全相關目標，則仍待政府以重大研發案，作為支持。

習題

1. 試簡單敘述人類何時開始擁抱核能發電，後來發生了什麼事，以及目前情況如何。
2. 解釋核能是如何產生的？
3. 解釋「核分裂」與「核融合」。
4. 解釋生活當中和在自然界當中放射線的存在情形，及其對健康的影響。
5. 解釋衰變及半衰期。

6. 解釋核能發電廠沸水（boiling water）式反應器的工作原理。

7. 解釋核能發電廠壓水（pressurized water）式反應器的工作原理。

8. 繪簡圖解釋核燃料從開採到萃取、轉換到使用乃至回、處置的整個過程。

9. 解釋核融合的基本原理。

10. 論述核融合發電是否是人類未來能源的希望。

11. 論述核電未來會持續式微或翻身成為明日能源之星。

12. 論述核電屬相對低成本的電力。

13. 論述核電屬相對高成本的電力。

14. 解釋高劑量與低劑量核廢料分別是什麼。

15. 瞭解並說明目前和未來台灣核廢料的去處。

16. 論述以核電解決氣候邊遷問題是否洽當。

拾壹 油機與氣機

油機

往復蒸汽機（reciprocating steam engine）的開發始自於 17 世紀，應用於工廠、火車、船舶和發電廠的動力。直到 19 世紀末之前，先進的新材料與高品質精密零件隨之設計與應用開來，而其運轉效率亦得以持續提升。時至 1880 年代，蒸汽渦輪機問世，其性能遠遠超過往復蒸汽機。直到今天，蒸汽渦輪機仍為幾乎所有化石燃料（火力）發電廠所不可或缺。

只不過蒸汽技術終究屬於外燃機（external combustion engine）。燃料在爐膛當中燃燒在鍋爐當中將水加熱產生蒸汽，用以驅動引擎。而另一種更為廣泛使用的引擎實為內燃機（internal combustion engine），其燃料真的在引擎當中燃燒。本章所要介紹的，是在二十世紀當中人類大舉開發出來的三種內燃機，包括汽油或火花點火（spark ignition）引擎、柴油或壓縮點火（compression ignition）引擎，以及燃氣渦輪機（gas turbine, turbojet engine）。最後再介紹另一種，有別於蒸汽渦輪機的外燃機，即史特靈引擎（Stirling engine）。上述各種引擎都各有其特定發展時期。汽油引擎雖然在 1880 年代即已發明，但直到 20 世紀第一年，才開始在交通應用上嶄露頭

角。至於柴油引擎雖然早在 1890 年代便已發明，但也直到 1930 年代，才被用作交通工具。燃氣渦輪機及其噴射引擎，則爲 1930 年代末期和第二次世界大戰的產物。其接下來的發展主要仰賴的是，能耐高溫的新材料的問世。使特靈引擎則爲 19 世紀，蒸汽渦輪機的另一項選擇。儘管其在過去已長期被忽略了好一陣子，但隨著近代高溫鋼材和一些新設計的結合，其可望再度嶄露頭角。

1 火花點火汽油引擎

儘管在十九世紀當中，以蒸汽機做功便已習以爲常，但總是一直不能很確定，到底是不是眞的有必要第一步先用熱將水變成蒸汽，而將做功這件事弄得那麼複雜。難道就不能直接讓燃料在氣缸當中燃燒做功，直接推動所謂的內燃機（internal combustion engine）？最早的內燃機原有好幾種設計雛型，但第一部運轉得較好的，是出生在盧森堡的法國人 Etienne Lenoir 在 1860 年所發明的一部 4 匹馬力汽油引擎。其將汽油與空氣吸入氣缸當中，然後以電火點著。當時該引擎的效率雖然很低，但也已足以和小型往復蒸汽機匹敵。

請先記住：1 馬力等於 746 瓦

如此設計引起了德國工程師，尼古拉斯・奧古斯特・奧圖（Nicolaus August Otto）（圖 11-1）的極大興趣。奧圖所組成的團隊先將汽油和空氣在氣缸當中壓縮，接著果然將一個重重的活塞，向上推行了很大一段距離。而在接下來的向下行程當中，這個活塞以齒條和小齒輪（rack and pinion）帶動了一個飛輪迴轉。

這部引擎經過測試，顯示其效率比起先前 Lenoir 的引擎要大得多，並於 1867 年在巴黎世界展覽會（World Exhibition）當中獲得金牌。儘管當時這部引擎噪音很大，其仍在最初的五年當中生產了將近一萬部。

奧圖和藍琴（Otto & Langen）深知其引擎在設計上的問題，便接著在 1876 年做出了革命性的設計，成爲世界上第一部商業化四行程引擎。相較於先前的，人們爲它取了個「寂靜引擎」（silent engine）的稱號。除了震動與噪音的理由不難想見，其效率的提升也可以預期。

圖 11-1　尼古拉斯・奧古斯特・奧圖

永續小方塊 1

四衝程引擎和二衝程引擎

　　近代汽油引擎的主要型式有二，一種是採用奧圖循環的四行程引擎（4-storke）以及另一種採取的是二行程（2-stroke）循環。二者皆以一活塞在氣缸當中上下運動，同時透過一聯結在一起的曲柄軸（crank shaft），將往復運動轉換成為迴轉運動。在一四行程引擎的頂部，有一個具有數個用來控制汽油進、出的閥門。而所謂的四行程即：吸入、壓縮、爆發及排氣（依序為 induction, compression, power, and exhaust），如圖 11-2 當中所示。

　　在吸入行程當中，少量的汽油和空氣經由開啓的吸入閥吸入到氣缸當中，閥隨即關閉。在接下來的行程當中，此油氣混合物被壓縮成很小的體積。此在體積上的減小比率稱為壓縮比（compression ratio），是個很關鍵的因素。現代的汽車，此值大約為 9：1，亦即該燃油／空氣混合物被擠壓成原本體積的九分之一，而成為一高度可燃的混合物。此混合物接著在瞬間，被通了電的火星塞（spark plug）所產生的火花給點燃。

　　此氣體迅速燃燒，達到 750℃ 以上的高溫，同時膨脹，在爆發的出力行程當中將活塞下推。最後，到了排氣行程，前述燃燒所產生的氣體被迫從開啓的排氣閥（exhaust valve）推入排氣系統。如此循環一得以週而復始。

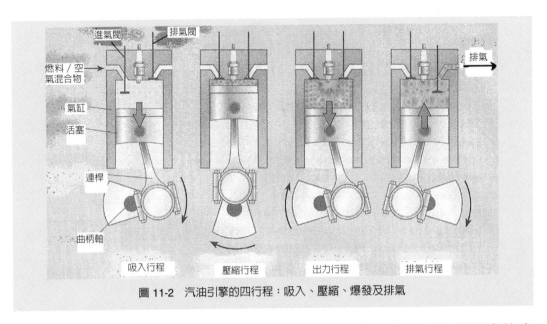

圖 11-2　汽油引擎的四行程：吸入、壓縮、爆發及排氣

　　一部二行程引擎當中的曲軸箱（crankcase）是密閉的，這使得活塞的底部，具備了泵（pump，幫浦）的功能。噴入的油氣混合物，行經曲軸箱向上進入氣缸，並在其中燃燒。其行程如圖 11-3 所示，進行：(a) 燃燒的油氣混合物由火花點燃將活塞下推，壓縮了在曲軸箱當中新的一批油氣混合物。當活塞幾乎來到行程的底部時，(b) 讓一個位於氣缸側面的排氣孔開啟，而讓燃燒氣體從該孔逃到排氣系統當中。當活塞一直降到了行程的底端 (c)，會讓一傳遞閥（transfer valve）開啟。如此一來，該受到壓縮的燃油／空氣混合物，得以經由曲軸箱進到上方的工作氣缸。而此上升的活塞也就堵住了排

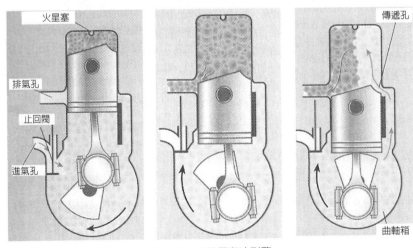

圖 11-3　二行程汽油引擎

氣孔，同時也壓縮了油氣混合物。在此活塞上升途中，會有更多的燃油和空氣，經由該止回閥（non-return valve）進入曲軸箱內。直到該活塞到達其行程的頂部，油氣混合物隨即點燃，而循環亦得以回到最初狀態，週而復始。

大多數小型二行程汽油引擎，在設計上都需要有潤滑油和汽油混合，藉以潤滑曲軸箱內的軸承。而此潤滑油當中，的確有一小部分潤滑了軸承，但其餘的卻都燒掉了，使得排氣管出口看起來，有一股淡淡的藍白煙排出。在一些空氣污染防制法規較嚴的地區，這類引擎也就很容易逐漸被四行程引擎所取代掉。台灣總數超過一千萬輛的機車，便有類似趨勢。

四行程「安靜」引擎的效率，大約是其前身的三倍，其在設計上最好是符合以下條件：

‧在點火之前，油氣混合物最好能充分壓縮
‧在點火之後，燃氣的膨脹要愈大愈好

奧圖所設計的引擎，正符合上述條件。奧圖在最初十年當中，製造了大約三萬部奧圖引擎。

可勒克（Scotsman Dugeld Clerk）於 1878 年建造了一部二行程引擎，其中的燃油是由一部獨立的泵氣缸供給的。接下來的設計則將此二功能合而為一，讓活塞的上部用來做功，至於下部則當作泵來用。儘管無論就效率或排氣而言，二行程引擎的表現難以和四行程引擎抗衡，不過二行程設計一直到二十世紀都還相當受歡迎，尤其是用在機車和船舶上。

2 汽車引擎的誕生

戴姆勒（Gittlieb Daimler）和梅巴赫（Wilhelm Maybach）於 1886 年，先是在一部動力腳踏車上裝上了引擎。同年，他們接著建造了第一部汽車，在一輛傳統馬車上裝上單氣缸引擎。到了 1889 年，他們生產了第一部二氣缸引擎汽車，並開始量產。

在此同時，德國人朋馳（Karl Benz）也開始生產商業用汽油引擎。其於 1886 年，以一部裝了 0.75 馬力（約 550 瓦）汽油引擎的三輪車（圖 11-4）申請專利。這部車有一個前輪，配備了可以同時控制剎車的方向盤。當時朋馳先生雖然分別在巴黎和慕尼黑展示了這部車，但買主卻寥寥可數。後來還是他的法國銷售員說服了他，汽車得有四個輪子，跑起來才能穩定和舒適。所以朋馳在 1893 年推出了裝了三匹馬力，最快可跑到 18 公里／小時的維多

圖 11-4　朋馳於 1886 年開著剛得到專利的三輪汽車

利亞（Victoria）車，果然在一年當中賣了 45 輛。接下來在 1901 年末之前，朋馳的公司總共賣了 2700 輛汽車。

　　在同一時期，戴姆勒和梅巴赫也於 1890 年成立了戴姆勒汽車公司。那時戴姆勒寧願選擇專門用在巴士、救護車、消防車、和曳引機上的引擎。1904 年，一部 24 匹馬力、34 人座的雙層巴士，在水晶宮車展（Crystal Motor Show）上與世人見面。當年就有 17 部這種巴士在倫敦街頭服役，1913 年達到 2000 輛，成為後來英國市街的招牌，而香港等世界上許許多多的城市，也陸續複製這種發展。在 1880 年之前，各大都市所謂「進步」的市街，仍都以馬車作為大眾交通工具，但到了 1913 年，幾乎全都以此新一代汽油引擎的巴士和電車所取代。

永續小方塊 2

功率與速率

　　對於開車的人而言，速率（speed）大概是一輛汽車最關鍵的性能，接下來大概就是車子的大小和爬坡力。其中的道理可單純的想成是移動一樣重物，同時要克服滾動摩擦和空氣阻力。因此在設計上，便牽涉到各方面細膩的考量。

質量與動能

　　通常在談話當中，我們都是速率與速度（velocity）不分。不過若要說得精確一些，速率是一純量，只有大小，適用於我們不太在乎究竟是在哪個方向上運動時。至於速度，定義的科學一些，指的是位置的改變率。其為一向量，既有大小也有方向，比如說朝正南方。在實際生活當中，車子的速率以每小時多少公里或每小時多少英哩表示。在科學上則以每秒的公尺數（ms^{-1}）來表示。例如：

$$每小時 80 公里 = 每小時 50 英哩 = 22.2ms^{-1}$$

一部車每當加速到一定速率時，即因為運動而獲致動能（kinetic energy, *KE*）。此能量需由引擎提供。當需要讓車子慢下來時，此動能便須透過煞車上的熱能加以散失。

　　由於某物體的動能與其質量（*m*）以及且與其速度（*v*）的平方成正比，因此

$$KE = 0.5\ mv^2$$

　　而一部質量為 1000kg 的汽車速度為 30ms^{-1}（大約為每小時 110 公里），其動能為：

$$KE = 0.5 \times 1000 \times (30)^2 = 450,000J = 450kJ$$

　　既然動能隨質量成正比，一部兩噸的車的動能便是一部一噸車的兩倍。而由於動能與速率的平方成正比，同一部車以原來兩倍速率行駛，動能將增加四倍。

　　假使以部車要設計成，能在 20 秒內從靜止狀態達到 30ms^{-1}，則該車所需配備的引擎，所需傳動給車輪的平均動力便是：

$$450kJ/20s = 22.5kJs^{-1} = 22.5kW 或是 30hp。$$

此值取決於車的質量和加速率。假如車子是原來的兩倍重，則平均需要的出力便提升到 45 瓩。另外，如果質量不變，但卻必須縮短在 10 秒內加到同樣速率，則也需相同的出力。

車子加速不易，讓車停下同樣是個難題。讓車子停下來時，須將動能透過煞車以熱散失掉。將上述汽車在 20 秒內停下，等於要在這段時間內，將 450kJ 的動能轉換成熱，亦即需要 22.5kW 的散熱率。若要在 10 秒停車，需要 45kW，而若要在 5 秒內緊急煞車，則提升到 90kW。

簡言之，一部重車要快速加速，需要一部強大引擎，而要將它即時停住，則需要很好的煞車。

爬坡

從騎單車得到的經驗，在平地上騎還算輕鬆，但爬起坡來就恐怕不是如此了。一部汽車爬坡，其引擎必須用來提升該車的重力位能（gravitational potential energy）。如同位能的定義，當我們將質量為 m 的物體，抗拒地心引力往上移 H 高度所需要的能量為 mgH，其中 g 為重力加速度。

假設一噸的汽車，須以 60kph 的速率爬上 100 米高的山丘，其所需要的能量為：

$$m \times g \times H = 1000\text{kg} \times 9.81\text{m/s}^2 \times 100\text{m} = 9.81 \times 10^5 \text{J} = 981\text{kJ}$$

完成這件事須行駛 2km。而以 60kph 行駛，需耗時 2 分鐘，因此所需功率是：

$$981\text{kJ} \div 120\text{s} = 8.2\text{kJs}^{-1} = 8.2\text{kW}$$

以上實例正是小功率車只能緩步爬坡的原因。而其中值得一提的是，質量是重要因素。車子重量加倍，所需要用來爬坡的馬力，也需跟著倍增，而若要車速加倍，道理亦同。

從坡頂下來又是另一回事了。這時的重力位能，反而可用來推動車子往前衝，只不過同時，可能會需要將許多能量透過煞車以熱的形態散發

掉。持續將 8kW 的熱散掉，可不是件輕鬆的事，即便疾駛的車子可以在幾秒內煞住，散掉產生的熱卻需要好幾分鐘。這是為什麼我們下坡時，最好將車子放在慢速檔，以儘量利用引擎的摩擦，幫忙散發此熱。

空氣阻力與滾動摩擦

車子即使在平路上行駛，也需用到大量出力。低速時，車子引擎產生的能量，大致平均消耗在以下幾個地方：交流發電機和冷卻風扇等裝置；齒輪箱（變速箱）等驅動裝置；車體的空氣阻力和輪胎上的摩擦阻力。因此降低上述各項消耗，也就成為決定車子達到某車速和維持在某油耗之下，所需引擎出力的重要關鍵。

由於克服車體空氣動力黏滯（aerodynamic drag）的動能，隨車速的平方成正比，其在車子高速行駛時便更形重要。此可藉車體流線加以降低。德國的 Paul Jaray 於 1914 至 1923 年之間，經過風洞實驗開發出 1930 年代問世，有著圓滾外型的福斯金龜車（Volkswagen Beetle）。

至於滾動摩擦，則可藉著提升車輪軸承和車胎（例如輻射胎紋）的設計，獲致降低。

2.1 美國的汽車化

汽油引擎車到了美國才大量問世。起初美國從歐洲，特別是法國，輸入大量汽車。接著到了 1908 年，亨利福特才以 850 美元賣出其首款車 Model T。他相信要量產就得簡化車型。他的一句名言是：「客戶可以有任何顏色的車，只要這部車是黑色的」。他在 1913 年，在車廠內建立了第一條移動式生產線，並在兩年內將每輛車的裝配時間，從 12 小時縮短成 93 分鐘。果然，車價隨即下跌，銷售量亦得以揚升。其在 1923 年一年當中的銷售量達百萬輛。

汽車對於美國社會隨即帶來重大影響。到了 1923 年，美國的洛杉磯和鹽湖城，每三個人就擁有一輛汽車。1925 年，汽車工業成為美國最大產業。「汽車文化」（car culture）很快在全美擴散開來。時至今日，每四個美國人即擁有三輛車（包括跑車和 SUV）。此情形在歐洲並未發生。例如英國一直到 1980 年代，擁車率才達到美國 1930 年代初期的水平。

圖 11-5　亨利福特於 1896 年做出了一部汽油四輪汽車，並開始生產賽車，甚至親自參加賽車。

2.2　飛機汽油引擎

飛機在設計上必須既輕且出力大。萊特兄弟在 1903 年所建造的輕型飛機，配備的是 12hp 四行程引擎。

飛機引擎在設計上的考量，和汽車的不盡相同。飛機飛得愈高，空氣愈稀薄，而引擎所能提供的出力也就愈小。解決此問題，靠的是過給氣機（supercharger），其為由引擎驅動的泵，將空氣在供應給引擎之前，先形壓縮。飛機引擎在此情形下，能在 10000 米以上的高空，仍維持一定的性能。另一壓縮空氣的方法，是利用一部由引擎廢氣所驅動的小型渦輪機（turbocharger）。而如今許多新型汽、機車引擎，也都配置這類機器，用以提升引擎出力。

2.3　壓縮比與辛烷值

20 世紀初期的汽油引擎所用的壓縮比僅約 4：1。1920 年代起，一連串的研究力求找出，提升引擎性能的方法。愈來愈明顯的是，提高壓縮比便得以在較高溫度下燃燒，而也就能從相同燃料量當中，產生較高的功。1930 年代一般汽油引擎的壓縮比約 6：1，1940 年代晚期升到約 7.5：1，如今更提高到了 9：1 以上。

只不過，汽油的噴入必須與火花的點燃，在時間上配合的恰恰好，否則就會產生所謂爆震（knocking or pinking）的噪音。更糟的是，它還會導致過熱，並對引擎造成損傷。壓縮比愈高，所要求燃料的等級也愈高，以防爆震。此一防止爆震的能力，即稱為燃料的辛烷值（octane rating）。純異辛烷（iso-octane）因為抗爆性最佳，而設定其辛烷值為 100。相對的，正庚烷

（heptane）的抗爆性特差，便設其辛烷值為 0。因此，若將 80% 的異辛烷和 20% 正庚烷混合，此混合物的辛烷值，則設定為 80。

實際市面上的汽油，是由組成很廣泛的各種碳氫化合物所混合而成，但都以其抗爆特性或辛烷值分級。而每公升高辛烷值和低辛烷值的汽油，所含能量也其實無異。其間不同的，在於其用在具有較高做功溫度及較高熱效率的，較高壓縮比引擎上的能力。比方說，將引擎的壓縮比從 7.5：1 提高到 10：1，可同時提升約 17% 的出力和耗燃效率。而一般壓縮比在 7.5：1，需要用到辛烷值 80 的燃料，當壓縮比提高到 10：1，則需使用辛烷值 100 的燃料。當今市面上的高級無鉛汽油（premium unleaded）的辛烷值為 95，超級無鉛汽油（super unleaded）的辛烷值為 98。近年來汽車引擎經過在氣缸頭上的精心設計，壓縮比已達 10：1，使用 98 汽油。

2.4 鉛添加劑

來到 20 世紀，汽油廠商極力從低級原油當中製造出高辛烷值汽油，以增加收益。其所採用的，除了在煉油過程中透過催化裂解（catalytic cracking），將長鏈分子分成短鏈分子，以增加揮發性汽油產量外，便是尋求適合的化學添加劑。

米葛雷（Thomas Midgley）（他也曾享有發明氟氯碳化物 CFC 的美名）於 1916 年首先在美國將四乙基鉛加入汽油，使得汽油的辛烷值提升了 10 至 15 點。

其同時還降低了引擎的磨耗、並且在氣缸頭的排氣零件上，形成氧化鉛保護層，而得以使用較廉價的引擎零件。而最終，汽油當中的所有鉛，都可以很細微的氧化鉛，從排氣管徹底排出。

雖然當時有想到鉛的毒性問題，但相關調查，卻只對其在大氣當中對於環境，所可能造成的影響輕描淡寫。直到 1960 年代，人們才開始認真去瞭解，其對於腦部，尤其是小孩的，所可能造成的危害。直到 1980 年代，鉛的比率才得以穩定下降，而同時也依靠較先進的煉油技術，提供具高辛烷值的較佳油品。然而完全無鉛的汽油，主要是為了消除排氣中另一樣污染物氮氧化物（NO_x），才推出的。而諷刺的是，生產高級的高辛烷無鉛汽油，卻導致另一污染問題。油公司最初是在汽油當中添加辛烷提升劑—苯，而如今也因為其毒性，而完全禁用。

3 柴油引擎

汽油引擎需要靠火花點燃燃料和空氣（油／氣）的混合物。較進步的柴油引擎，將空氣吸入氣缸，隨即將它壓縮得很熱。在行程的頂端，很小量的燃油噴入氣缸，隨即點燃，接下來驅動引擎，一如汽油引擎。將燃料分開噴入的想法，首次出現於 1892 年，由史督爾特（Hebert Ackryod Stuart）設計的引擎當中。為能點燃燃料，其需先在一氣化器當中分開加熱。該引擎的效率大約為 15%。

魯道夫狄賽爾（Rudolph Diesel）於 1892 年，以其先將空氣壓縮到一個程度，接著燃料與空氣混合物，同時在瞬間點燃的構想，取得專利。講得精確一些，其如同一小爆炸一般「引爆」（detonate），而並非像火花點火引擎一般，瞬間燃燒。這也正是為什麼，相較於同級汽油引擎，柴油引擎總會發出較大響聲的緣故。同時在引擎的元件當中，尤其是活塞，必須做得更重、更堅固，以承受氣缸當中突然上升的壓力。另外，在最早一直難以克服的問題便是，能夠耐得住所產生的，高溫、高壓的排氣閥。所以，即便時至今日，最大型的柴油引擎都採取二衝程。

雖然迪賽爾並未達成，他最初要以煤粉作為引擎燃料的目標，這部不燒油的雛形，卻達到了 26% 的效率，遠遠高過同期的汽油引擎和蒸汽機的。柴油引擎的關鍵優點之一，在於其能燒任何等級，只要是能夠泵送的燃料。濃稠的燃油是需要預熱，但這可利用引擎本身產生的廢熱做到。其甚至也能在調整壓縮比之後，燒天然氣進行運轉（圖 11-8）。很多先進的柴油發電機，皆以天然氣和柴油的混合燃料運轉。而早在 1920 年代，也曾經從煤提煉出稱為 coalene 的汽油，作為汽車燃料（圖 11-9）。

圖 11-6　魯道夫狄賽爾於 1892 年取得壓縮點火引擎的專利。他於 1913 年從一艘船上神秘消失。

圖 11-7　1920 年代三個直立氣缸引擎

圖 11-8　早年的天然汽車以皮囊置於車頂，儲存旅途中需要的燃料。

圖 11-9　1920 年代以從煤提煉的 coalene 作為汽車燃料。

3.1　用於船上的柴油引擎

　　繼效率提升超過 40% 之後，藉由大型二衝程柴油引擎來推進船舶，也顯得更爲理想。其效率遠超過往復蒸汽機，甚至蒸汽渦輪機的。當然，柴油用起來也比原來所用的燃料—煤，方便許多。

　　由於柴油比起煤，無論在機械效率和人力節約上都高太多，以致儘管每噸油的價格最高大約是煤的三至四倍，使用柴油引擎仍較爲經濟。到了 1926 年，超過全世界船舶總噸數 5%，都以柴油引擎推進，到了 1937 年更超過了 20%。如今，柴油機已經是幾乎所有商輪的動力來源。

　　雖然在二十世紀當中，引擎的發展都趨向更小、更輕、更快，大型船舶的柴油引擎卻一直維持慢而重。目前世界上最大的柴油引擎爲 Wartsila Sulzer RTA96C 二行程引擎，用於推進可一次裝載逾萬 20 呎貨櫃的超大型貨櫃輪。其具備 12 個氣缸，每個內徑接近一米，衝程 2.5 米，最大連續出力爲 67MW（89640 匹馬力），轉速維持在 100rpm，通常連接到直徑約 9 米的大型推進器（螺槳）。此引擎重約 2000 公噸，其中曲柄軸佔 300 噸。其熱效率可逾 50%。

3.2　應用於路上與空中

用於車輛的小型柴油引擎，直到 1920 年代才出現。而即使是當時的法律，也認定二行程柴油引擎的排放是不合格的。當時路上行駛的車子，需要的是四行程引擎，和將燃料噴設進入氣缸的一套機械方法，而並非狄賽爾的複雜鼓風系統。到了 1910 年，有人發明了一套基本的設計，但當中有許多技術上的問題。時至今日，這還屬於一部柴油引擎當中，相當昂貴的一部份。

1924 年德國的 MAN 公司在柏林汽車大展（Berlin Motor Show）當中，推出了一部五公升氣缸容量的柴油引擎車，配備的是一部燃油噴射泵。接著英國製造商 Gardner 推出了一部船用柴油引擎，隨即裝在巴士上進行試驗。一直從事蒸汽卡車（lorry）生產的 Foden 卡車公司，也在 1931 年推出其第一部柴油卡車。到了 1934 年英國大部分新的卡車和巴士，都採用了柴油引擎。

柴油引擎甚至也用到了空中。德國的 Junker 公司在 1930 年代，成功生產了一部二型成飛機引擎 Jumo 205，由於其良好的燃料效率，而用於跨越大西洋的航班。

英國以柴油動力取代了蒸汽動力火車頭，大幅提升了不列顛鐵路公司（British Railway）的整體燃料效率。1950 年代中期，英國的鐵路網消耗的能源，幾乎全都是煤，佔全英國初級能源近 5%。其地下鐵雖然已達相當程度的電氣化，但蒸汽火車頭仍佔相當比例。該公司在 1955 年宣佈了一套現代化計劃，包括採購大量的柴油火車頭。這套計畫在 1957 年至 1967 年間持續落實，其中也包括持續擴充其地下鐵電氣化。

4　內燃機排放與防制

4.1　大氣排放物

汽、柴油乃至煤等燃料在空氣過剩情形下燃燒，主要的產物為二氧化碳和水氣。若空氣量不足，則其他像是一氧化碳（CO）、碳氫化合物（HC）及粒狀物質（PM）等污染物，便會隨之產生。CO 的形成，主要取決於過剩空氣量、燃燒溫度、及其空氣／燃料之混合物在燃燒室中是否均勻分佈而定。通常若是過剩氧含量夠多而燃燒過程也有效，則 CO 的排放量會很有

限。人們對於 CO 排放的關切主要是在於其和血液結合後具有相當大的毒性，會抑制血液吸收氧，導致腦部缺氧。

若是燃料當中有硫，則燃燒後會形成二氧化硫（SO_2）等硫氧化物（SO_x）。用於船上或火力發電廠的燃料油（fuel oil）當中，含有相當程度的硫（2% 以上）。SO_x 是直接源自所用燃料中所含的硫，其在燃燒室中氧化後大部份都成了 SO_2，極少的一部份則成了三氧化硫（SO_3）。較令人關切的 SO_2 問題，是其對人體呼吸系統、植物、以及建築物材料的不利影響，最好能在煉油過程當中，儘量將硫脫除。

其他嚴重的空氣污染物還包括氮的氧化物（NO_x），最令人關切的問題是對人呼吸系統與植物的戕害，同時也是造成酸雨的主因之一。NO_x 與揮發性有機化合物（VOC）涉及光化學反應所導致，危害人體健康與植物的對流層臭氧量的提高。而 NO_2 在平流層中的臭氧耗蝕與全球氣候變遷中亦具有某種程度的影響。表 11-1 當中所列，為不同類型船舶廢氣中主要污染物之排放程度。

引擎排氣中的 HC 主要包括了燃料和潤滑油未燃或未完全燃燒的部分。排氣中 PM 主要包含了元素碳、礦物灰、重金屬、及各種未燃或部分燃燒之燃油或潤滑油碳氫化物等有機與無機物質的複雜混合物。從應用在各方面的柴油引擎的研究結果，不難預期其可能導致一般呼吸問題，及較嚴重的毒性病變和致癌等後果。

表 11-1　各類型船舶廢氣中主要污染物之排放程度

	NO_xKg /噸燃油（g/l）	SO_2Kg /噸燃油（g/l）	CO_2Kg /噸燃油（g/l）	HCKg /噸燃油（g/l）	PMKg /噸燃油（g/l）
海上航行					
油輪	75(65)	54(47)	3179(2764)	2.5(2.2)	-
貨櫃輪	85(77)	54(47)	3179(2764)	3.0(2.6)	-
客輪	62(54)	54(47)	3179(2764)	2.2(1.9)	-
漁船	65(57)	53(46)	3179(2764)	2.1(1.8)	-
港內靠泊					
油輪	55(48)	54(47)	3179(2764)	6.3(5.5)	9.6(8.3)
貨櫃輪	62(54)	54(47)	3179(2764)	6.7(5.8)	6.7(5.8)
客輪	50(43)	54(47)	3179(2764)	4.4(3.8)	7.7(6.7)
漁船	59(51)	54(47)	3179(2764)	1.8(1.6)	3.6(3.1)

資料來源：Turner, 2005

永續小方塊 3

聯合國負責海洋相關事務的國際海事組織（International Maritime Organization, IMO）於 1995 年完成防止船舶造成海洋污染議定書（MARPOL 73/78）草案，並於 1997 年 9 月通過增訂附則陸（Annex VI），藉以規範源自船舶之空氣污染。許多國家的主管單位已著手在其境內限制船舶的大氣排放物。而同時也有一些針對此類排放物的區域性合作。該「防止船舶空氣污染法規」自 2005 年 5 月 19 日生效。總的來說，Annex VI 在於對船舶排氣當中的硫氧化物與氮氧化物設限，並禁止任意排放 CFC 等臭氧耗蝕物質。

該法規將船用燃料油（bunker）之硫含量上限定為 4.5%，並要求 IMO 在該議定書生效之後，隨即對船用燃油含硫量全球平均值進行監測。ANNEX VI 當中還包含了建立對硫排放有特別嚴格控制的「SO$_x$ 排放管制區」的相關條款。在該區域當中船上所用燃油的硫含量不得超過 1.5%。或者，另一選擇是船上必須裝設排氣清淨系統，或採用其他用以限制 SO$_x$ 排放的技術。

4.2 汽油機污染防制

汽油在化學上幾乎完全由碳和氫所組成，所以照說，汽油在空氣中燃燒，應該只產生二氧化碳和水。理想上，一部汽油引擎的化油器（carburetor）或噴然系統（fuel injection system）應該在重量上，每供應一份汽油，即供應 14.7 份的空氣。此比值稱為理想配比值（stoichiometric ratio），通常以希臘字 λ 表示。以此完美混合物為例，其 λ = 1。

假若混合物太濃（rich），燃料過多、空氣又不足，λ 會小於 1，空氣量不足以達成完全燃燒。此時，燃料當中會有很多的碳，僅止於轉換成一氧化碳，而不能一直轉成二氧化碳。其餘未完全燃燒產物則為碳氫化合物，從未燃汽油到細微碳灰粒，都有。其中還有未燃苯（benzene）和諸如 1, 3 丁二烯（1, 3 butadiene）及醛（aldehydes）等，都格外的毒。

所以看來，最好是能始終確保引擎當中的燃油／空混合物有過剩的

空氣，也就是稀（lean）的燃料。只不過，稀的混合物燒起來又太熱，而往往產生過多的氮氧化物。因此，自 1970 年代以來，引擎設計者便絞盡腦汁，試圖設計高效率汽油引擎，好將三個主要污染物，未燃碳氫化合物（unburned hydrocarbon）、一氧化碳、及氮氧化物都一併降至最低。最後所得到的三個基本商業化解答為：稀燃引擎、三用觸媒轉化器（3-way catalytic converter）、及提高油耗效率。

4.2.1　稀燃

改變汽油引擎的空氣／燃油比（air/fuel ratio），可立即改變燃燒的進行。混合物太濃稠（約 12：1），排氣中會有太多的一氧化碳和未燃碳氫化合物。而油耗效率當然也就偏低。

若將混合物調得稀一些（約 16：1），雖可得到較佳的油耗效率，但 NO_x 也會太多。若再進一步調得更稀一些（約 20：1），則燃燒可以進行得快到 NO_x 來不及形成。如此若能加上極為周延的引擎設計，便可得到比起一般引擎既更有效率，且 CO 和 HC，尤其是 NO_x 等排放物，也會低得多。

4.2.2　三用觸媒轉化器

另一種作法是，仍使用一般的引擎，只不過加上所謂的末端（end-of-pipe）處理。這是讓引擎排氣通過一含有塗覆了能將在引擎當中未完全燃燒的部份，進一步燃燒的選擇性觸媒的陶瓷基材（ceramic substrate）。

所謂觸媒，為一種能加速化學反應，本身卻又不致改變的物質。長久以來，鉑（platinum）即廣泛應用於許多化學反應上，包括在煉石油當中的觸媒裂解（catalytic cracking）。觸媒轉化器當中用了三種觸媒，分別用於轉化不同的污染物，構成了所謂三用觸媒轉化器。鉑和鈀（palladium）可用來將未燃燒的碳氫化物和一氧化碳氧化成二氧化碳，而銠（rhodium）則是用來將將氮氧化物還原回氮和氧。

困難的地方在於，只有當空／燃比需控制得很準確，比 λ =1 略微濃一些，這些觸媒才得以發揮功效。而也正因為空／燃比須如此精確，絕大多數汽車廠商都早已放棄了以機械方式控制空／燃比的化油器，轉而採用一般以電子控制的燃油噴射系統。準確獲致進入引擎的空／燃比的最佳方式，是直接量測離開引擎排氣當中的氧量，再將此量測結果送到引擎控管系統的電腦當中，去控制燃油的噴射。

另一個困難，在於觸媒轉化器。其非得夠熱才夠靈。它須等到被引擎的

排氣熱到一定的點燃溫度（light off temperature），大約在 150℃ 到 300℃ 之間，才開始發揮功效。也就是說在引擎剛發動不久的這段路程當中，其無法有效作動。還有就是，因為和排氣管一起懸吊在車子下方，其還很容易碰撞受損，尤其是在路面有減速隆起等狀況，特別容易發生這類問題。

使用觸媒轉化器，也會對選用的汽油購成限制。若車子燒的是含鉛汽油，則會導致觸媒遭氧化鉛中毒，而完全失效。所以，觸媒轉化器非得和無鉛汽油一道用在車上不可。同時，汽油當中的硫份也必須減到最少，否則觸媒轉化器會被硫化沉積物堵塞，而在暖機時釋出硫化氫的臭雞蛋味道。

4.3 柴油機污染防制

柴油引擎不同於汽油引擎，其可以在很廣的空／燃比範圍下運轉。一般在油門開啟一部份的情況下，柴油引擎會以很多的空氣來燒油，而產生的一氧化碳和未燃碳氫化合物也就低得許多。

然而，在全部出力的情況下，其空燃混合物就很可能太濃，以致產生黑煙（主要為微粒）。這往往出現於巴士或卡車。這類污染，在某種程度上可藉著引擎管控獲致改善。而現今的巴士或卡車，多半可藉著加裝排氣濾清器獲得解決。

至於柴油小汽車，則可採用「氧化」觸媒轉化器，將排氣當中未完全燃燒的碳氫化合物，加以進一步氧化。不過條件是，其必須使用脫硫柴油，以免排氣當中的硫氧化物，導致觸媒中毒。當然這類所謂「綠色」無硫柴油（green diesel oil），會需要在煉油過程當中，付出較多成本。

一般而言，柴油引擎車的氮氧化物排放，比起汽油引擎車的要高些。這主要是因柴油引擎氣缸內的最高溫度，要比火花點火的汽油引擎為高。

4.4 效率最佳化

汽油機與柴油機的另一項重要空氣污染物，當屬二氧化碳。而降低此排放的最佳方法，不外讓引擎在最大效率下運轉。一般在一部汽油引擎當中，大約只有四分之一燃料的熱能，會作動在曲柄軸上。柴油引擎車的則大約為32%。而上述數字，也只有當引擎和負荷配合的很洽當時，才能達到。

對於購車者而言，宣稱一部汽車能跑到每小時 150 公里，固然有其賣點，但實際上一部車大部份時間，也不過是以遠低於其最高速率，在短程範圍內行駛。現今汽油車，一般都設計在轉速大約 6000rpm 的範圍內運轉，至

於柴油車的轉速則略低，大約是 4000rpm。而引擎的最佳效率，通常是在此轉速的一半時，才會達到。

車速與引擎轉速之間的搭配，靠的是一個齒輪箱，可能是手動（手排）或自動操作（自排）。早期的汽車，一般只有三速或四速齒輪箱。那時的頭一段齒輪，通常是設計成在平路上，以最大車速行駛用的。然顧及能讓車子，長時間在最大能源效率下，以適當車速（大約每小時 100 公里）行駛，亦即汽油引擎車轉速約 3000rpm，柴油車則約 2000rpm，因而須在頭一段齒輪之前，再另加一段。這正是當今汽車都提供五段變速，甚至六段變速齒輪箱，或者額外加上一個操駛（overdrive）齒輪箱。要提醒駕駛人的是，除了可獲致較大能源效率之外，採用比最大轉速為低的轉速，尚可獲致降低引擎噪音與延長引擎壽命等的效益。

然而，從一部汽油或柴油引擎獲致絕對最佳效率，除有賴於在最有效引擎轉速下運轉外，並且須在接近其全負荷的此轉速下運轉。答案之一，便是同時將引擎和齒輪箱透過電腦自動控制，持續將所使用的齒輪比和引擎設定最佳化，以獲致最佳耗燃經濟性。更進一步的作法，是採用油電混合驅動系統（hybrid petrol-electric drive system）。如此可讓汽油引擎在必要時，得以在全馬力下運轉，同時對電瓶進行充電。但在像是交通壅塞的市區慢速行駛，只需很小的馬力時，引擎便自動關掉，改以儲存在電池當中的電力，供應電動馬達，以驅動車子。

4.5 燃氣渦輪機

前面章節當中介紹了 1880 年代所發明的蒸汽渦輪機。以下要介紹的是，不需用到鍋爐，直接在渦輪機內部燃燒作功的燃氣渦輪機（gas turbine）。

雖然挪威艾琳（Egidius Elling）早在 1884 年，便已取得燃氣渦輪機的發明專利，但直到 1903 年，才真的完成一部能真的充分做出功的機器。根本問題出在那時的金屬材料，無以承受持續燃燒所產生的高溫氣體。儘管接下來的三十年當中，陸續有法國和德國所建造的實驗雛形，其所呈現的性能，仍一直無法與柴油引擎或蒸汽渦輪機匹敵。

4.5.1 燃氣渦輪機原理

較為先進的燃氣渦輪機，主要是因飛機所需要的高性能引擎，而獲致

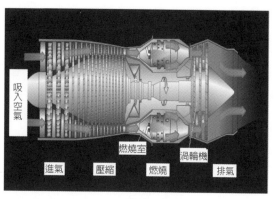

圖 11-10　燃氣渦輪噴射機引擎，左圖為 Lycoming T-53 燃氣渦輪機

成長。在 1930 年代，針對飛機發動機的設計與實驗，主要著眼於能產生噴射氣體的機器。第二次世界大戰前後，奧海因（Hans von Ohain）和惠特（Frank Whittle）這兩位發明家，分別完成了滿足這類需求的機器。

其設計基本上很相近，先是將一股連續的空氣流壓縮，接著噴入燃料，最後再將產生的燃燒高溫氣體，在一渦輪機當中膨脹，作功。從高速旋轉的渦輪機所產生的功，再回過頭來驅動壓縮機。圖 11-10 所示為燃氣渦輪噴射機引擎。

燃氣渦輪機主要包括壓縮機（compressor）、燃燒室（combustion chamber）、渦輪機（turbine）三部份。由渦輪產生的一部份機械能，會用來驅動壓縮機，另一部份則經由傳動軸輸出，用以驅動發電機或傳動系統等。

壓縮機的功用是對氣流做功，以提高氣流的壓力。一般燃氣輪機的壓縮機通常有軸流（axial flow）式和離心（centrifugal）式兩種。軸流式壓縮機的轉子在旋轉的過程中將氣流向後推，其壓力與溫度隨之提升。至於其中靜子的功用，則是將轉子作用產生的氣流導引回軸向，進入下一組轉子。離心式壓縮機透過葉輪旋轉產生離心力將氣流往外推，同時加壓。

當今中、大型飛機幾乎全都使用渦輪發動機做為動力。大型飛機上除了主引擎外，通常還會裝設一具小型的燃氣輪機，提供輔助動力，用以在主引擎未發動時提供液壓、發電、空調等輔助動力，並可來發動主引擎。

4.5.2　微型燃氣渦輪

微型燃氣渦輪機的開發，原本針對的是分散式發電和氣電共生用途。目前也是油電混和車的應用科技之一。其在市場上從一瓩到數千瓩都具相當潛力。

微型燃氣渦輪機在許多方面，都超越傳統汽、柴油機等往復式引擎包括：能量密度效率較高、熱輻射極低、移動部件極少而容易維修等。不過就電力需求變化反應而言，活塞引擎發電機仍較適合。而盡管微型燃氣渦輪機的效率一直在改進，目前仍不及活塞引擎，尤其是在低輸出情況下。

4.6　史特靈引擎

4.6.1　緣起

雖然今天在交通上普遍採用的汽油機、柴油機、和燃氣渦輪機都是內燃機，但這並不表示它們就一定比蒸汽機等外燃機要來得好。從熱力學我們知道，熱力效率高的基本要件，是使用高的溫度。而蒸汽渦輪機，正是因為所用的水的物理性質，而在這方面受到限制。雖然其在十九世紀出現了史特靈引擎（Stirling enging）這個競爭者，唯史特靈引擎的熱力性質，卻因當時的金屬性質，而受到限制。後來我們也看到燃氣渦輪機，如何因為新的金屬能夠承受高溫，而得以獲致長足發展。因此時至今日，史特靈引擎也自有其發展潛力。

史特靈引擎的第一個專利是 1816 年，由 26 歲的蘇格蘭人史特靈（Reverend Robert Stirling）所取得。他因為目睹幾個人在鍋爐爆炸事件當中喪生，而企圖開發出能不必使用高壓蒸汽的機器。他在 1818 年建造了一座，直徑 2.5 公尺的飛輪和一個 2 公尺長的氣缸所組成的引擎，能產生二馬力的出力。其後續發展，主要由他弟弟 James 進行。

史特靈引擎在整個十九世紀當中與二十世紀初期，和蒸汽機形成相互競爭的局面。其最成功的是較小型的，能為一般人使用，而又沒有鍋爐高壓危險之虞的機器。二十五年來，有數以千計的史特靈引擎，用於農業泵送灌溉用水，其他用途就更多了。史特靈不同於其他類型引擎，其可以製作得很小，卻不致過度損失效率。其沒有汽油或柴油引擎發出的內燃爆發噪音，只要製作得夠好，即可達幾乎完全靜音。其在過去廣泛用於家用電扇、牙醫磨牙機、甚至是爆米花震盪機。但隨著電力在世界各地撲展開來，這類應用也就自然為電動馬達——取代了。

4.6.2　原理

初期的史特靈引擎主要屬「集中活塞」（concentric piston）類型。其主要原理如圖 11-11 所示。

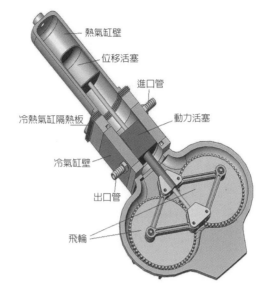

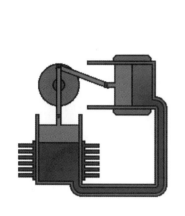

熱氣缸壁
位移活塞
進口管
冷熱氣缸隔熱板
動力活塞
冷氣缸壁
出口管
飛輪

圖 11-11　史特靈引擎

　　其體受熱會膨脹。若接著將其冷卻，便會收縮。集中活塞引擎利用的便是一個，在一頭加熱，在另一頭冷卻的氣缸。鬆鬆的置於其中的是一個位移活塞（displacer piston），其主要功能在於重複的將氣體從熱端移到冷端。氣體在熱端膨脹，在冷端則進行收縮。密合於氣缸當中的另一個活塞，隨著氣體的膨脹與收縮，而進行往復運動，產生機械能，是為動力活塞（power piston）。上述二活塞透過適當聯結，保持 90 度相位差。進一步改進的做法，是在氣缸熱端和冷端之間，加裝一個狀如金屬盤的熱儲存再生器（regenerator），讓氣體在其中流通。如此可提升該循環的熱力效率。如今一些像是 Rinia 的改良型設計，採用四個活塞安排成圓環狀，已廣泛開發使用。

　　在 1940 年代之前，空氣是最普遍用於引擎當中的工作流體。而為達最高熱力效率，工作流體須具備適當的熱力性質。氦是目前用得很普遍的一種，其適用於高達 100 大氣壓的情況。若史特靈引擎由馬達趨動，還可發揮熱泵的功能。其可作為冷凍機，以單級產生液態空氣。

4.6.3　飛利浦引擎

　　荷蘭飛利浦公司於 1937 年，對輕巧的發電機產生了興趣。其需要很安靜，能不需用到電氣介面，而又很容易使用。其基本上採用了史特靈先生的集中活塞設計，並應用了新的耐高溫鋼材，以及自動引擎的設計。其在第二

次世界大戰持續發展，做出了以一部幾近寂靜的 2.5 馬力引擎，用來驅動一艘小船，在荷蘭的運河當中行駛了 50 海浬。

飛利浦於 1946 年，完成了一部能發出 200 瓦特的引擎發電機雛形。相較於十九世紀晚期的模型，其提升了 10 倍的速度，提升效率達 15 倍，以及出力與重力比，達 50 倍之多。其自 1952 年起，展開小規模生產。

然而飛利浦也意識到，電氣的普及和電晶體的發展，會對小型發動機的發展形成阻礙，而轉而專注於開發，採用液態空氣的史特靈冷凍機。在 1963 年之前，一部溫度能達到 12K 的單級冷凍機，亦即有些金屬的合金電阻完全消失，已足以展現超導的效果。

4.6.4 史特靈汽車引擎

美國通用汽車公司（GM），於 1957 年與飛利浦簽署了一份十年的授權合約。其主要著眼於開發：一部船舶舷外機、一部美國陸軍用的野外發電機、以及一部太空衛星用的太陽加熱發電機。此時的太陽能光電池（PV）技術僅處萌芽階段。

通用汽車和飛利浦在接下來的十年當中，設計出一系列新產品。其中包括一部 23kW 的菲利浦機器，效率達 38%，足以和當時的柴油引擎抗衡。然而，儘管他們也建造了好幾部大型船用史特靈引擎，在噪音和效率等方面的表現都比柴油引擎優越，但到了 1968 年，通用並未再和飛利浦續約。不久通用放棄了所有史特靈研究，閒置了 300 份相關研究報告未加以發表，達數年之久。

飛利普自此，仍持續進行一些交通工具的研究。其於 1971 年，在一部 DAF 巴士上安裝了大型史特靈引擎，測試相當成功，福特也在 1972 年，測試了一部四氣缸汽車。不過這類工作卻再度於 1978 年停止。然而，在此之前，全世界有超過 100 個團隊，從事史特靈引擎相關研究。菲利浦對史特靈失去興趣後，主要研發轉移到了瑞典為主的其他地方。瑞典的設計著眼於小型熱電（combined heat and power, CHP）單元上的應用。

值得一提的是，雖然史特靈在污染和噪音防制等性能上遠勝過傳統引擎，且屬外燃機而可燒各種不同的燃料，其並非百分之百適用於直接驅動車輛。其最佳應用可能是在混合驅動（hybrid drive）的應用上，亦即利用引擎來為電池充電。

圖 11- 12　早在還沒有電風扇時，倒已經有以位於下方的史特靈引擎驅動的風扇

4.6.5　近來發展

瑞典 Kockums 造船公司自 1988 年起，在瑞典潛艇上安裝了四氣缸史特靈引擎。傳統的柴電潛艇不同於核子潛艦，其一旦潛入水中，便必須以電瓶電力驅動。而此史特靈引擎，不僅具備靜音（比柴油機安靜 10 分貝）的特性，還能在水下持續為電池充電，提供潛艦所需動力。此最大優點在於，其可以柴油和液態氧的混合物作為燃料運轉，在潛入水中的潛艇外部的水壓下燃燒。

若採用適當的材料，史特靈引擎可以高溫熱作功。西班牙和美國，即曾經試驗將陽光以凹面鏡聚集，用以推動史特靈引擎發電。此試驗獲致 30% 的能源轉換效率，和最新一代的光電電池性能相近。圖 11-13 所示為西班牙 Plataforma Solar de Almería（PSA）具有太陽追蹤器和拋物鏡面聚焦對準高架的史特靈引擎。

圖 11-13　具有太陽追蹤器和拋物鏡面聚焦，對準高架的史特靈引擎。

5　小結

　　在這章當中，我們介紹了好幾部，自 19 世紀末以來發展出來的引擎。有人可能要問：「究竟誰才是最佳引擎？」其答案是，這些引擎分別都有許多不同的用途，而在整個引擎演進史當中，每部引擎各有其適用的時期。

　　首先是帶動工業革命的往復式蒸汽機，先是燒木材，接著燒煤。當時的火車頭，熱效率很少超過 10% 的，但也正因為其設計所著眼的，僅止於載重的出力，而並不在乎燃料效率。另外，往復蒸汽機有很大的起動扭力，且在相當廣的速率範圍內，都能維持合理的效率。也就是，其並不須用到汽、柴油引擎所需要的變速齒輪箱。三段膨脹蒸汽機的最佳設計，效率可達 25%。只不過，時至今日，與其搭配的鍋爐，仍一直存在著爆炸的顧慮。

　　到了 1880 年，渦輪蒸汽機問世，出力與重量之比，相較於往復蒸汽機要好得多，因此也就很快成了燃煤和燃油的輪船和發電廠的首選。但卻仍未在火車上取代往復蒸汽機。迄今無論燃煤、燃油或是核能發電廠，絕大部分仍採用蒸汽渦輪機。單單一部渦輪機的出力可達 1GW，效率可達 40%。

　　內燃機於 1860 年代問世，一直到 20 世紀，仍廣泛用於工廠和大型醫

院等的小型發電站。即使到了今天，燃燒天然氣的小型往復式內燃機仍用於熱、電共生，發電效率達到 25-30%。

自 1880 年代將汽油引擎用作汽車動力以來，即改變了整個世界。目前全世界大約有五億輛汽車，一般熱效率約 25%。到了 1930 年代，重型車輛如大卡車和巴士所用的，仍以汽油引擎為主。而一直來到 1950 年代，其也同時是飛機動力的主流。汽油引擎的最佳出力範圍在 1kW 至 2MW 之間。

可使用等級較低燃料的柴油引擎於 1890 年代問世。其最有用的出力範圍在 20kW 至 50MW 之間。如今絕大多數大輪船都採用它，熱效率可達 40-50%。儘管油價遠高於煤價，由於效率高加上容易使用，燃油一直是輪船的首選。1920 年代問世的燃油噴射泵，讓巴士、卡車、和曳引機，也都從原本效率較低的汽油改用柴油，可提升至 30-40%。英國鐵道公司，於 1960 年代將蒸汽火車頭，以較有效率的柴油引擎取代之後，讓整體的能源消耗得以大幅將低。目前，車用小型過給氣柴油引擎與汽油引擎，形成劇烈競爭的局面。

1940 年代開發出燒煤油的燃氣渦輪機，完全取代了必須燒高辛烷值汽油的往復式引擎。目前工業用發電廠，廣泛採用燒天然氣的燃氣渦輪機，尤其是若和蒸汽渦輪機結合，其整體效率可達 50%。燃氣渦輪機最有用的出力範圍，在 100kW 至 500kW 之間，其出力與重量之比特佳。

在大型發電機和小型馬達問世之前，史特靈引擎廣用於小型功率。由於其屬於外燃機，因此可使用的燃料選擇很廣，即便是太陽熱能亦然。其同時還可設計成只需用到很少的運動零件，而大大降低維修需求。其目前所造的，出力範圍在 3 至 20kW 之間，可進一步降低至 5 瓦。

目前大家都想問的應該是，「什麼引擎才是最佳車用引擎？」在 1980 年代，這個問題的答案可能是，「NO_x 和 CO 排放最少的」。在 1980 年代到 1990 年代之間的研究顯示，蒸汽、燃氣和史特靈機，在這方面更勝於汽、柴油機一籌。自此，經過積極研發得到的觸媒轉化器和電腦控制引擎管理系統，大幅降低了汽、柴油引擎的污染排放情況。

今天，我們對於整體燃料消耗與 CO_2 排放同感關心。而汽車則轉變為汽、柴油引擎（經過電腦控制與油／電驅動以提升效率的）和燃料電池等新技術之間的競爭。

習題

1. 分別舉例解釋，什麼是內燃機，什麼是外燃機。

2. 繪簡圖解釋火花點火汽油引擎的作動方式。

3. 繪簡圖解釋壓縮點火柴油引擎的作動方式。

4. 敘述二行程與四行程汽油引擎的作動方式。

5. 何以常聽到：二行程機車造成的空氣污染情況較四行程的高得多的說法。

6. 說一個汽車引擎誕生的故事

7. 是以自己跑步或騎單車爬坡的經驗，解釋一部汽車引擎在爬坡中的汽油消耗情形。

8. 論述台灣的汽車文化，對於推動節能減碳的影響。

9. 論述油機的發展前景。

10. 解釋何以當今汽車，幾乎都以油機帶動。

替代燃料車

車上原有的汽車引擎被換成 16 顆電瓶而成了電動車

　　幾乎所有今天在馬路上行駛的汽車、機車、卡車、和公車，都是以汽油或柴油推動運轉。但這種情形並不會持續下去。世界各國皆不乏為未來交通需求找尋替代品的研發與政策，且也都在近幾內有了顯著的進展。

　　替代燃料車（Alternative Fuel Vehicle）指的是以傳統汽油或柴油以外的燃料運轉的車輛；也就是其引擎的驅動不完全依賴石油，像是電動車、汽油-電力混合車（例如圖 12-1 所示）、太陽能驅動車等。基於特別是在歐洲對燃料加重課稅和像是在美國加州等嚴格的環境法令，加上未來國際間可能進一步對溫室氣體排放設限等因素的結合，全世界各國的政府和汽車製造商，都已將替代動力系統列為汽車設計與生產的首要。

圖 12-1　豐田汽車的混合車 Prius 出現在 2005 年日本愛知博覽會

目前國際間對替代燃料車的研究，主要著眼於能以電力和內燃機共同驅動的油電混合車（hybrid car）。其餘替代動力型態的研發，則致力於開發燃料電池、汽油直接噴射（gasoline direct injection, GDI）和均衡過給壓縮點火（homogeneous charge compression ignition, HCCI），及壓縮空氣引擎（air engine）等。

永續小方塊

一公升跑 100 公里

福斯（Volkswagen, VW）於 2009 年 10 月在法蘭克福車展當中，展示了接近量產一公升跑 100 公里的 L1 概念車。此概念的實現關鍵有三：超高效率的動力系統（supremely efficient powertrain）、完美的空氣動力特性（great aerodynamic）、以及輕巧的工程設計（lightweight engineering）。其動力系統，為一部與一套 14-hp 電動馬達結合的雙氣缸、39 馬力渦輪柴油引擎。其有一起／停系統，加上一套七速雙離合器傳動系統。L1 最快可開到 100mph，但在此速下，油耗會掉到只剩下每 100 公里 1.38 公升。

圖 12-2　VW 每公升跑 100 公里 L1 概念車

1　空氣車

空氣車（air car）的空氣引擎採用壓縮空氣作為汽車動能來源，屬大氣零排放引擎（atmospheric zero-emission engine）。法國工程師 Guy N 錄 re 發明了第一部壓縮空氣車。壓縮空氣在膨脹過程當中，推動經過改裝的引擎當中的活塞。其效率可在先對空氣進行預熱，再經由此非絕熱膨脹過程之後，獲致大幅提升。而其僅有的排氣為冷空氣（−15℃），還可用作車子的冷氣

來源。

　　經過發展，目前的空氣車可搭載五位乘客，行駛達 160 至 320 公里。其主要優點在於，一方面在行駛過程當中零排放，同時技術成本也低。其引擎也可以食用油進行潤滑（每 50,000km 僅需加一公升），以及在車上和引擎的排氣整合在一起的空調系統。由於目前已有通過安全標準（70MPa）的碳纖維空氣儲存槽，其行駛距離可望很快達到原來的三倍。該儲槽在加氣站大約只需三分鐘即可充足，或者也可選擇插上市電，透過車上配備的壓縮機，在二、三個小時內充飽。而如此充氣，估計只需美金三元。

② 電池電動車

　　電池電動車（battery electric vehicles, BEVs）指的是，將主要電能儲存在電池當中的化學能當中的電動車。由於其在行駛當中不產生排放物，堪稱零排放車（zero emission vehicle, ZEV）。一部 BEV 車上用以驅動的電能，可以各種不同方式儲存在電池組當中，並且也可依類似露營拖車等的額外動力需求，設計成油電混合的型式。電動車上所用電池包括浸泡鉛酸（"flooded" lead-acid）、吸收玻璃棉（absorbed glass mat）、鎳鎘（NiCd）、氫化鎳金屬（nickel metal hydride）、鋰離子（Li-ion）、鋰聚合物（Li-poly）及鋅空氣（zinc-air）電池。

　　電動車（electric vehicles, EVs）之大力開發肇始於 1950 年代，當時的第一部電晶體（transistor）控制的電動車為 Henney Kilowatt（圖 12-3）。儘管早期由電池帶動的電動車賣得不好，但一直來到 1990 年代，仍然有像是美國通用汽車（GM）的 EV1 等各型的電動車陸續開發出來。只不過由於成本、車速及行駛範圍等因素，一直是無法使其滿足現實需求的主要因素。

圖 12-3　第一部電晶體控制的電動車亨尼千瓦（Henney Kilowatt）

使用鉛酸電池的電動車，在一般情形下若耗電超過 75%，其充電容量就會大幅降低。NiMH 電池雖然要好一些，但卻貴得多。其他像是採用鋰電池的 Venturi Fetish 等車，雖然最近在性能和行駛範圍上都有極佳的表現，但還是太貴。

既然電動車靠的是電而非汽、柴油驅動，其也正是以電池（電瓶）而非油箱儲存燃料。這些車上的電池可以靠著將插頭插在充電站或家裡或辦公室裡的 220 伏特插座上充電。圖 12-4 所示為以一般家庭插座充電中的電動車。

已廣泛使用的電池 EVs 的實例包括高爾夫車、小型摩托車、以及其他用作短程和低速行駛的個人代步工具。有些汽車廠在最近推出了適合於都會地區，很精實的雙座客車。這些車最快超過時速 40 公里，充一次電可跑超過 90 公里，對於在大都市需經常走走停停的短程交通而言，可說是接近理想的交通工具。

打開 EV 的引擎蓋，看不到引擎和燃油管路等附屬系統，但可以看到的是一個電動馬達、控制器和電瓶。控制器主要在配合駕駛的腳踩油門，控制從電池流到馬達的電量。馬達則在於將電能轉換成機械能，以驅動車子。

圖 12-4　充電中的電動汽車

圖 12-5　EV 和一般汽車最基本的差異，便在於其內部所配置的許多電瓶

　　在路上開一部如圖 12-5 所示的 EV，幾乎不造成任何污染。而即便將發電廠發電所造成的污染考慮在內，整體上 EVs 所產生的污染仍少於汽、柴油車的。同時，如果我們再將煉油廠生產汽、柴油和發電廠發電擺在一起比較，EVs 的效率還可達汽、柴油車的兩倍。

　　當一部 EV 停在塞車的車陣當中時，它不必像汽、柴油引擎需要繼續耗油，並持續排放廢氣。另外，其所多出來的效率，主要靠的便是所謂「可再生煞車」（regenerative braking），而得到的。當一部 EV 因煞車而慢下來時，其馬達持續運轉，但產生的動力卻不會流到車輪上，反倒是饋回到了電池。因而只要駕駛人每次將車慢下來或下坡時，便可讓電池略作充電。

3　生物酒精／乙醇車

　　以生物酒精或乙醇（bioalcohol/ethanol）作為內燃機的燃料，無論單獨或是和其他燃料結合，一直都最受到矚目，主要在於它可能在環境和長期經濟上，都優於化石燃料。

　　甲醇和乙醇都是考慮的對象。雖然二者都可取自於石油或天然氣，但由於乙醇可視為再生來源，可以很容易從穀物、甘蔗、或甚至甜菜等作物當中的糖或澱粉得到，而特別受到重視。由於乙醇在自然界，只要酵母菌遇到像是過熟的水果當中的糖溶液便會產生，大多數酵母菌也就因此進化成為承受得了乙醇，但甲醇就對酵母菌而言，則具有毒性。其他還有對也能從過熟食物所產生的丁醇進行實驗的。

　　酒精燃料一旦混入汽油，即得到名為汽醇（gasohol）的產物，以 E 後面

跟著乙醇的百分比表示。例如 10% 乙醇和 90% 汽油混合成的 E10 汽醇，在許多國家早已相當普遍。含 85% 乙醇和 15% 汽油的 E85，也已在有些國家問世。而在巴西和阿根廷，則已廣泛使用純乙醇的 E100。

雖然如此，使用乙醇和乙醇與汽油混合物也並非全無問題。1980 年代中期所生產汽車，燃油管路上的密封用特殊橡皮材料，很不幸會被純乙醇慢慢分解。據說即使是 E10 也會對較老的這類系統造成嚴重傷害，持續使用一段時日，這些車可能出現危險的漏油。由於汽油的揮發性比乙醇爲高，因此有些引擎在使用混有較高比例乙醇的情況下，會有起動的困難，特別是在寒冬中情況會更嚴重。而即便是近幾年的新車，若用的是 20% 以上的乙醇，也會有類似的問題。

同樣的理由，一些像是巴西等已經普遍用到 E100 的國家，一般車上都會附掛一個小汽油箱，一方面作爲預防乙醇短缺，另一方面則是基於提防前述啓動困難而必須改用汽油的理由。另外，乙醇具導電性（汽油則是有效的絕緣體），遇到早期設計的一些燃油泵和燃油箱感測器，便會發生問題。高百分比乙醇對於含鎂和鋁的零件的腐蝕也是個問題。乙醇的每單位體積具有的能量比汽油的爲低，所以儘管乙醇的辛烷值較高，而有利於高壓縮比引擎，混入乙醇的汽油每公升行駛公里數也就比純汽油低得多。

巴西在 1975 年，就針對石油價格高漲和其愈來愈依賴進口石油的困境作出反應，其政府大手筆補貼生產源自本土甘蔗的乙醇燃料及乙醇驅動汽車。這種僅燒乙醇的汽車，到了 1980 年代很受歡迎，只不過接著到了 80 年代末期，卻又因油價下跌加上甘蔗價格上漲，而又在經濟上變得不切實際。最近幾年，巴西政府一直鼓勵開發彈性燃料汽車，好讓車主可以使用任何乙醇和汽油的混合方式。在 2005 年，巴西銷售的車當中，70% 皆屬彈性燃料車。

4 生物柴油車

柴油引擎的最大優點是，比起即使是最好的汽油引擎的 23%，其燃料效率可達 50%。目前有些柴油動力車僅需要微幅，甚至不需調整，便可使用生產自蔬菜油的 100% 純生物柴油（biodiesel）。蔬菜油在天氣很冷時容易固化，因此需修改車子，使其得以在此情況下能預熱燃油。有些先進的低排放柴油引擎車（多半是符合 Euro-3 與 Euro-4 排放標準）者，由於操作壓力較高，而需要在噴油系統、油泵和密封等處作較大幅改裝。可預料，此將降低生物柴油的市場。

生物柴油可生產自蔬菜油、回收速食餐廳的油炸油、及動物油脂（圖 12-7）等。相較於柴油，生物柴油產生的污染物和二氧化碳都少得多，而排氣聞起來還有點像炸薯條或玉米花的味道呢！

5 生物氣

生物氣（biogas）經過淨化與壓縮，便可用於內燃機。其標準生產方式在於去除 H_2O、H_2S 和微粒，品質媲美壓縮天然氣。

6 壓縮天然氣車

天然氣的最大優點是可以燃燒得相當乾淨，所排放的有害物質比起汽油的要少得多。天然氣可加壓成壓縮天然氣（compressed natural gas, CNG）或是冷卻成液態天然氣（liquefied natural gas, LNG），儲存在車上的固定的大型儲氣槽裡。

圖 12-6　燒黃豆生質柴油的巴士

圖 12-7　炸過薯條、香雞排的食用油可回收用來配製生質柴油

具有高壓的壓縮天然氣主要組成爲甲烷，可取代汽油用作內燃機的燃料。所有化石燃料當中，就屬甲烷燃燒所產生的 CO_2 量最少。汽油車可以改裝成仍繼續保有汽油箱的雙燃料天然氣車（natural gas vehicles, NGV）。開的時候可在 CNG 和汽油之間切換。估計當今全世界行駛中的 CNG 車約有五百萬輛。

7 彈性燃料車

彈性燃料車（flexible-fuel vehicle）或是雙燃料車（dual-fuel vehicle）指的是，一般可交替使用兩種燃料來源的汽車。比較常見的一個例子是，一部車可接受混入各種比例的乙醇成爲前述汽醇。有些就如前述，車上配備了天然氣瓶，而可在天然氣和汽油之間切換使用。

在有些國家如美國，有許多彈性燃料車可接受達 85% 的乙醇（E85）。其混合的燃料，可藉由感測器自動偵測，而在藉著電子控制單元（ECU）對火星塞和噴燃器之間進行微調，燃料可在引擎當中燃燒得很乾淨。起初，彈性燃料車所用的是燃料管路和排氣系統當中的感測器。最近幾年，車廠倒是轉而僅在排氣管當中的觸媒轉化器前方安裝感測器，卻捨去了燃油管上的感測器。這主要是因 E85 比較具腐蝕性，而得使用特殊的燃油管線才行。過去有些車廠還要求這類車必須採用一種特別的機油，不過目前除了還有一家車廠外，其餘都省掉了此一要求。

8 油電混合

混合車採用多重推進系統作爲其動力來源。最常見的爲汽油電力混合車（gasoline-electric hybrid vehicles），其使用汽油和電池，分別提供驅動內燃機和電動馬達所需要的能源。這類原動力場通常都相當小，甚至可說是「動力不足」，但其卻可以在加速和其他操控等需要較大出力時，仍滿足正常駕駛所需。

豐田的 Prius（圖 12-1）於 1997 年在日本問世，是世界上第一種商業化輛產的混合汽車。該車於 2000 年進入世界市場，到了 2003 年底共有將近 160,000 輛銷售於日本、北美、和歐洲。接著下來，在 2004 年一年當中的銷售量，卻超越了前面四年的總合。混合 EVs 的受歡迎程度明顯上升，而其他各大車廠也都卯足全勁設計與生產這類新車款。本田的 Insight 雙座斜背混合

汽車，爲第一輛輛產，並在美國銷售（1999 年至 2006 年）的混合汽車。其目前以喜美 Civic 混合車取代。

如前述，混合 EVs 採用較小、更有效率的汽油引擎取代傳統汽車上的汽、柴油引擎，因此得以排放較少，同時達到較佳單位耗燃里程數—目前有些車款以可達 30km/l（60mpg）。目前的混合 EV 車在尺寸和舒適度上，與絕大部分受歡迎的汽油引擎車無異。和電池 EVs 不同的是，混合車不必插電／充電。其電池可在正常行駛當中透過電動馬達或發電機充電。車上的再生式煞車系統，也可再車子慢下來時，對電池略作充電，回收駕駛人踩煞車時所耗損的能量。

⑨ 腳踏輔助電動混合

如果實際上只需要很小的車，則所需要的動力也可大幅降低。而和人力結合之後，該電動車的電池壽命也就可大幅延長。圖 12-8 當中所示，爲兩種商業化腳踏輔助電動混合車（Pedal Assisted Electric Hybrid Vehicle），左邊的 Sinclair C5 和右邊的 TWIKE。

⑩ 氫車

氫車（hydrogen car）指的是以氫作爲主要推進動力來源的車輛。這類車用的是兩種方法之一：燃燒，或者是燃料電池能量轉換。如果是燃燒，氫在引擎當中「燃燒」，原理就和傳統汽油車一樣。至於在燃料電池轉換當中，氫透過燃料電池轉換成電，接著驅動電動馬達。無論採用的是何種方法，其僅有的產物皆只有水。

圖 12-8　腳踩輔助電池車 (a) Sinclair C5; (b)The TWIKE

圖 12-9　燃燒氫內燃機工作車

　　雖然目前僅有如圖 12-9 所示（本書作者搭乘），幾部氫車雛型，但卻有大量的研究正進行當中，努力於將此技術付諸實際。常見的以汽油或柴油為燃料的內燃機，也可改裝成以氣態氫作為燃料。只不過，要將氫用到效率最大的情況，最好還是利用燃料電池和電動馬達，而非傳統引擎。氫和氧在燃料電池當中起作用產生電，以驅動電動馬達。氫車的首要相關研究領域之一，為氫的儲存，力圖增加氫車的行駛範圍，同時減輕其重量、耗能、及儲氫系統的複雜性。目前的兩個主要儲存方式，分別為金屬氫化物和壓縮。只不過，也有些人認為氫車永遠不可能經濟可行，其並且強調此一技術，不過是分散了較有效率的混合車和其他替代技術的發展罷了。

　　一些高速車、巴士、機車、單車、遊艇、和潛水艇及太空梭等，都已經以各種形式的氫驅動。甚至也有玩具車，以太陽能驅動，利用可逆燃料電池以氫氣和氧氣的型態加以儲存。其接著可將此燃料轉換回到水，以釋出儲存的太陽能。

　　BMW 的潔淨能源內燃氫車（clean energy internal combustion hydrogen car）比起氫燃料電池電動車，擁有更大的出力且跑得更快。其於 2006 年底宣布開始有限量生產 7 Series Saloon。另一個 BMW 氫車雛型（H$_2$R），則打破了氫車車速紀錄時速 300 公里 km/h 締造了汽車歷史紀錄。馬自達也建立了燒氫的 Wankel 引擎。Wankel 採用一迴轉式運轉原理，氫在引擎的不同部位當中燃燒，如此減輕了以氫作為活塞引擎燃料會遇到的爆震（detonation）問題。

而美國汽車大廠像是戴姆樂克萊斯勒和通用汽車公司，則是投資在較慢、較弱、但卻較爲有效率的氫燃料電池上。氫燃料電池可直接以氫燃料驅動，或者，也可在車上透過甲烷或汽油或是天然乙醇重組產生氫。

11　燃料電池車

　　燃料電池車（Fuel-cell vehicles, FCVs）以如圖 12-10 所示的氫燃料電池（Hydrogen FC）驅動。雖然燃料電池車尚未眞的上路，但車廠和相關廠商都正努力於此。FCV 的運轉和 EV 很像，只不過其動力端賴氫，而非電池堆供應。

　　目前研發中的一種 FCV 雛型的主要部分包括三個燃料電池堆、一個氫槽、一個電動馬達、和一個換流器（或稱轉換器，Inverter）。此換流器在於將燃料電池所產生的直流電改變成爲交流電用以驅動電動馬達，帶動車輪，一如前述 EV。此產生的電流，同時也可對傳統車用電池充電，以供應車上電力需要。

　　FCVs 的效率是汽、柴油引擎的兩倍，並且不產生空氣污染物和二氧化碳。其排氣管僅排出水氣。其研發者目前面對的最大的挑戰，在於所需氫的取得。

　　化石燃料如柴油和天然氣當中都富有氫。而目前取得氫的最便捷途徑，也正是化石燃料。只不過以化石燃料產氫，勢必製造污染並消耗非再生資源。

　　其他氫的來源，還包括作物、農業廢棄物、以及食品加工廠的廢水。不過，迄今，從這些來源擷取氫所費能源仍過多，尚無法符合作爲車用替代燃料所需。可預期，未來幾年內所問世的 FCV 所用的氫，可能仍必須得自於化石燃料。長遠的目標，仍在於找出能有效率且不貴的方法，以從替代能源當

圖 12-10　燃料電池車所用的氫燃料電池組

中擷取氫。

12　液態氮車

　　液態氮（Liquid nitrogen, LN2）是儲存能量的方法之一。其首先以能量將空氣液化，再藉蒸發產生 LN2 並進行配送。一旦車上的 LN2 受熱，即產生氮氣，可用以驅動一活塞引擎或渦輪機。從一公斤的 LN2 當中可擷取 213W-hr，或者每公升可擷取 173W-hr 的能量，從其中透過等溫膨脹過程（isothermal expansion process）最多可用到 70W-hr 的能量。這樣一部車的續航範圍，和配備 350 公升油箱的汽車相當。理論上未來的引擎，採用 cascading topping cycles，可在一近似恆溫膨脹過程中，改進到大約 110W-hr/kg。其優點為，比起壓縮空氣沒有有害性的排放，且能量密度也更高，而以 LN2 驅動的車可在幾分鐘內充足燃料。

13　液化石油氣

　　汽車所用的液化石油氣（liquified petroleum gas, LPG）或可稱為汽車氣（Autogas），主要為丙烷與丁烷的混合物，可在傳統汽油引擎當中燃燒，所產生的 CO_2 比汽油的少。既有的汽油車可改裝成燒 LPG 而成為雙燃料車，在汽油與 LPG 之間切換運轉。估計目前全世界行駛中的 LPG 車有大約一千萬輛。

14　太陽能車

　　太陽能車（solar car）指的是透過車上的太陽能板擷取太陽能的電動車。太陽能車比賽如世界太陽能挑戰（World Solar Challenge）和北美太陽能挑戰（North American Solar Challenge）都在政府機關的贊助下定期舉行，往往可吸引世界各地的大學等團體參與，目的不外在推動像是太陽能電池和電動車等替代能源技術的發展。

　　如圖 12-10 所示的 Nuna 在澳大利亞舉辦的世界太陽能挑戰當中連續三次贏得冠軍的太陽能車系的名字，包括 2001 的（Nuna 1 或 Nuna）、2003 年的（Nuna 2）及 2005 年的（Nuna 3）（圖 12-11、12-12）。這些 Nunas 車都是由戴爾夫特科技大學（Delft University of Technology）的學生所建造。該項比賽要求參與的太陽能動力車，橫跨澳洲長達 3021 公里的距離，每次都吸引了來自世界各地由大學生或高中生及公司組成的隊伍。

圖 12-11　在賽車道上的 Nuna 隊伍

圖 12-12　太陽能動力車 Nuna 可在 140km/h（84mph）車速下行駛

15　蒸汽車

蒸汽車（steam vehicle），指的是配備了以木材、煤、和乙醇作為燃料的蒸汽機的汽車。和火力電廠類似，燃料先是在車上的鍋爐當中燃燒，將水轉換成蒸汽，此蒸汽來回推動往復蒸汽機當中的活塞，膨脹並持續作功，再透過一曲柄軸帶動車輪軸迴轉。整個過程就像在蒸汽火車或蒸汽輪船上一般。蒸汽車的設計和生產主要基於一種獨立自主運輸的想法，可以不需依賴進口化石燃料而僅使用當地所產的木材等燃料。

不難想見，因為需要產生蒸汽並且要暖機等理由，啟動一部蒸汽車得花上一段時間，但最終卻可跑到超過時速 161 公里。

上述蒸汽機用的是所謂外燃（external combustion）過程，和一般所謂的內燃相反。比較有效率的汽油動力車的效率大約是 25-28%。雖然理論上，類似有些火力電廠所採取的，一部和以燃燒氣體驅動燃氣渦輪機整合在一起的複合循環蒸汽機，效率可達 50% 至 60%。然而，實際的蒸汽引擎汽車的效率，卻只有大約 5-8%。

如圖 12-13 所示，過去市面上的史丹利蒸汽車（Stanley Steamer），算是最著名且賣得最好的蒸汽動力車。其在引擎蓋下裝置了一部精實的火管鍋爐，用以驅動一部簡單的雙活塞引擎，再直接驅動輪軸。在亨利福特引進月付分期付款購車方式而且非常成功之前，購買汽車大都是一次付清，對於一般人而言難以負擔。這也是為甚麼當年史丹利車會想要儘量設計得簡單些，好儘量降低汽車售價，讓多一點人負擔得起。

圖 12-13　史丹利蒸汽車　　　　　　　　圖 12-14　車上裝有木材氣化器的汽車

　　蒸汽動力也可和標準的燃油引擎結合，成為混合車。作法是在燃油燃燒後接著噴水到引擎當中，這時的活塞仍處過熱，通常溫度可達 1500 度以上，噴入的水會瞬間氣化成蒸汽成為額外動力來源，如此便可充分利用了原本將浪費掉的熱能。

16　木材氣車

　　只要在車上安裝木材氣化器，木材氣（wood gas）也可用在一般內燃機上，驅動車子。雖然看起來有點可笑（圖 12-14），其實這種車在第二次世界大戰期間，在歐洲和亞洲的一些國家都相當受歡迎。因為戰爭期間，大家所努力的一件事，就是防止敵人可以輕易而且合乎成本的獲取石油。而木材氣車也就成了名符其實的在地燃料車，可免於受石油短缺的影響。

17　人力車

　　當然自古以來，便少不了全靠人力驅動的車子。手推獨輪車、腳踏三輪車、和單車，都是人力交通工具的實例。即便時至今日，世界上仍有許多地方，尤其是燃料和車子對當地人而言，都很貴且很短缺的地方，大部分人的交通工具，其實也只有兩條腿了。

　　儘量利用人力，其實很有道理。走路和騎車既不產生污染，還可促進健康的環境。當然如此以來，還很有益於人體健康，經常運動可延年益壽且有助於防止肥胖和心臟病等健康問題。而人要補充燃料也很簡單，吃東西就行。

習題

1. 舉例解釋替代燃料車（alternative fuel car）。

2. 舉例解釋空汽車（air car）。

3. 舉例解釋電池電動汽車（battery car）。

4. 說明電動車在台灣推行的需要和困難。

5. 解釋 E100 車。其實際使用情形如何？

6. 說明壓縮天然氣車（瓦斯車）在台灣推行的需要和困難。

7. 在了解各種替代燃料車後，找出一種你最喜歡的，解釋喜歡的理由。

8. 論述太陽能車（solar car）的發展前景。

9. 論述燃料電池車（fuel cell vehicle）的發展前景。

10.論述明日汽車燃料（fuel for tomorrow）。

邁向永續能源體系

　　以目前的趨勢，本世紀末之前世界人口將幾乎倍增，其財富更可望增加十倍（圖 13-1）。而全即便效率持續大幅提升，世界的能源需求，仍將倍增甚至可能增為目前的四倍。在此之前，如何乾淨、安全、且可持續的，供給如此龐大的需求，顯然會一直是人類共同面對的挑戰。

　　永續能源體系的目標，在於將低風險且負擔得起的能源服務提供給窮人，以提升世界成長中的人口的生活水平。而人類也的確有理由樂觀的認為，藉著結合能源使用效率與再生能源的潛在優點，將可望達成此一目標。若能在需求端將能源使用效率最佳化，則能源需求與成本皆可望有效壓低，

圖 13-1　夏日海灘顯現人口成長壓力

而所省下的能源成本，則可投資在用以加速引進目前尚屬昂貴，但長遠卻較能永續供應的再生能源市場。

永續能源的關鍵，在於效率與再生能源的充分整合。光靠從傳統能源轉投資再生能源，或僅對能源使用效率投資，卻忽略藉再生能源與熱電共生，以分散能源供應，都無法收永續能源之效。

1 追求永續

1.1 面對的挑戰

目前整體能源供需的形態與趨勢，無論在工業化國家或開發中國家，皆非可持續。而此也只有透過整合，以充分發揮效率與再生能源的潛在優點，才足以扭轉。以下是人類當今所共同面對的挑戰：

・全世界大約有二十億人，至今還得不到現代與付擔得起的能源服務，諷刺的是這些窮人，往往卻必須為人類使用能源，承擔最高的代價。

・能源使用效率與再生能源，正面對許多市場與結構性障礙的阻撓，尤其是針對項目與國家政策層級上的整合。若非透過新政策以掃除這些障礙，長遠且成本最低的永續發展，將無以實現。

・若依照目前趨勢維持不變，在 2050 年之前，全世界的初級能源需求將倍增，所伴隨的將是高投資成本、高排放、氣候變遷風險等的威脅、以及核災與油氣等化石能源的衝突。

1.2 解決之道

能源使用效率與再生能源，皆可降低對於具風險的化石燃料與核能的需求，但也唯有結合二者，方足以經由負擔得起且風險最小化的途徑，實現永續能源體系。

・根據情境分析，在先進技術和良好政策的前題下，在 2050 年之前，世界初級能源的需求，可透過使用端與供應端的效率提升，獲得滿足。如此，一方面可讓再生能源滿足 50% 的需求，並使 CO_2 排放比起現今水平減少 50%，同時還可提升南方國家的生活水平，並使貧窮問題得以舒緩（IPCC/WBGU 2003）。

・在開發中國家和工業化國家，無論是架構現況、機關配置、誘因結構、及執行者的動機，往往都還是傾向於傳統燃料與核能供給。至於再生能

源的優點，尚需藉助分散能源策略加以凸顯，而待其與能源效率結合時，將會更為有利。

　　‧在所有部門當中（例如生產、建築、交通、灌溉、住家等），皆已顯現出具有很大具成本有效性，但卻尚未發揮的節能潛力（在 25% 至 80% 之間）（WEA, 2000）。利用先進的效率技術、改進的管理方法（例如使用端的管理）、加上積極的政策與措施，將得以以最低的過渡成本（transaction cost），掃除對於成本最小的能源服務，所造成的障礙。

　　‧從能源效率上省下的淨成本（net cost），可用以投入，剛開始成本偏高的再生能源，並將其加速引進市場。總之，其得以透過量產與學習效果降低成本，讓再生能源早日能與化石能源與核能競爭。

　　‧如此，當能源使用效率與再生能源達到充分整合時，即可為減輕能源進口需求、增進能源供給安全性、創造地方就業機會與收入、以及提升生活水準與減輕貧困，創造有利條件。

1.3　落實

　　無論對於已開發或是開發中國家而言，能源效率與再生能源的整合，必須做到以下幾點：

　　‧在能源部門的基本觀念、方法、及決策標準上做出改變：將以再生能源提供最低成本的能源服務，並取代具風險能源，列為首要；

　　‧藉由逐步引進能源稅，以降低補貼並內化外部成本（external cost），進而在價格當中反應出真實社會成本（societal cost）為目標，之能源政策；

　　‧以鼓勵追求需求面成本有效能源效率為目標，之政策工具適當組合；

　　‧支持廣泛落實再生能源，及結合效率與再生能源潛在效益，之政策工具適當組合；

　　‧針對整合能源使用效率、熱／冷與電共／三生，及再生能源，之支援性架構。

　　能源效率在能源使用與供給層面，都存在著巨大的成本有效能源效率潛力，而可藉著降低市場障礙，以降低過渡成本，獲致展現（如表 13-1 所示）。例如目前市面上最有效率的電冰箱所耗能源，相較於 1992 年所販售的，大約少三分之二。目前歐洲的住家和辦公建築，相較於過去傳統的，不僅更舒適、更便宜，且在大部分歐洲氣候條件下，幾乎不需額外提供冷、暖

表 13-1　開發中國家能源使用效率潛力

農業			交通	
曳引機	可達	35%	人與貨	10 - 35%
灌溉	可達	85%	**工業**	
耕耘	可達	70%		
建築			鋼鐵、水泥、化學	25 - 50%
工業、生產		50 – 60%	造紙、石油	30 - 40%
私人		50 – 70%	蒸汽、電動馬達與驅動	20 - 50%

資料來源：WEA, 2000

氣。至於經過最佳化的用水泵送系統，更可省下 85% 的能源。然而，根據分析，在未來 50 年，以每年約 2% 改進能源效率，有可能在 2050 年之前，仍能滿足全世界初級能源的需求。只不過，若未能同時將再生能源引進市場，便不足以將化石燃料需求與 CO_2 排放減半，而也就無以穩定世界氣候。

1.4　永續農業

農業為一個國家，尤其是當今開發中國家，追求健全經濟與人民福祉的關鍵。照說，當今仍相當程度依賴農業的國家，應減少對化學品和能源的依賴，以建立更為永續和更加整合的農業生產系統。這類系統通常得以維持收成、降低成本投入、增加農村收益、同時亦減輕生態問題。

二次世界大戰之後，已開發國家的作物收成巨幅提升。傳統上，藉由土壤有機質當中養分的循環，以維持土壤所涵養的肥力，原為農作收成所繫。過去六十年來，世界上許多高收成的新作物品種，持續開發成功。然而，獲致高農業收成所依賴的，卻是化學肥料與農藥等高能源投入，用以對抗單一農作或僅兩種作物輪作所導致的，變本加厲的病蟲害與雜草問題。

未來除非原本不顧危及小農與環境惡化，而只求收成持續增長的思維，能從根本改變，否則農藥與化肥的使用，將在世界普遍呈現近乎指數涵數持續攀升。

過去在許多已開發國家，繼高投入農作之後，所導致的是，特定作物的過度生產。其不可避免的造成了農業商品價格滑落，和農家收入短少。甚至於，農產的效率根本跟不上農業化學品生產，所賴的能源需求的成長。以 1980 年代末期的美國為例，其當時每收成一卡路里糧食，需花上三卡在生產，七卡在加工、輸配和準備。如此密集的農業耕作及農化使用，造成了各種類型的經濟、環境、及生態問題。其中對於環境的影響主要有：(一)土

壤侵蝕、(二)地下水與地面水的農化污染、(三)自然棲地的干擾與破壞、以及對於鄉間景觀的負面影響。至於其嚴重性，可以從一些數據像是，美國過去 200 年來，喪失了三分之一的農地表土，以至於四分之一的農地，必須持續承受嚴重土壤流失之害。除此之外，頻繁使用農藥，發展成了病蟲害的抗藥性，造成更多的農藥需求以及成本增加。甚至於，高度依賴能源的農業化學，也隨著能源價格愈趨昂貴，加上生產過剩和價格下跌，更造成已開發國家農民的嚴重經濟壓力。

與增加農化投入有關的經濟與環境問題，在開發中國家同樣帶來經濟與環境問題。在 1960 年代，透過綠色革命（Green Revolution），糧食生產得以急遽成長。這主要靠的是在氮肥和灌溉上的高度投入，所帶來的各種米、麥的高度收成。然而，在熱帶地區，由於農地上氮的迅速滲入與磷固定的增加，肥料效率隨之降低。而許多熱帶土壤因結構較差，導致容易在連續耕作後流失。同時，因為輪作過短或僅種植單一作物，亦增加了病蟲害事件的發生。此接著導致農藥使用增加，進而因為天敵的消滅，加上農化的依賴，而帶來了新的病蟲害問題。再來，對於人體健康的危害亦接踵而至。由於熱帶地區的濕、熱，讓人不願穿著具保護作用的衣物，加上貧農相對缺乏受教育，亦容易因使用不當而對環境造成危害。例如在供水系統當中清洗農化設備，以及任意處置農藥容器的實例，皆屢見不鮮。

過去三、四十年來，已開發國家曾經發起一些行動，試圖找出在耕耘、肥料、及農藥方面，能夠減輕化學品和其他能源相關投入的方法。而在僅很少或完全不減損收成的前提下，減少投入的確可讓農民有較大的經濟回饋，並確保農業收益。一方面較少的耕耘和較多的輪作，也可增加農地覆蓋，而改良後的耕作實務，更可有效降低土壤侵蝕。此外，減少後的農藥與肥料投入，亦大幅降低了地表水與地下水的污染。至於對環境所造成的其他衝擊，亦得以降至最低。

過去長期以來，一些開發中國家採行了溫飽型農作（subsistence agriculture practice），藉由提高投入，以達到增加收成的結果。如今其所要面對的，卻是病蟲害與雜草問題更加嚴重、土壤侵蝕增加、環境危害加劇、以及更加陷入經濟困境。而這些國家所面對，提升糧食產量的壓力，卻遠甚於過去。因此，能夠一方面求取農民的生產力與收益，同時可不至於危及資源基礎，並污染環境的永續農業體系的研究與教育，也就更趨於迫切。

儘管我們在前面介紹了一些再生能源，也認清了其潔淨的事實，然事實上不難預見，化石燃料仍將持續在人類所使用的能源當中，佔絕大部分。因此，追求再生能源的同時，也能兼顧在較爲符合永續前題的情況下使用化石燃料，或許稱得上務實的永續能源。

降低使用化石燃料的衝擊，作法有三：

首先在於改進，採用燃料的能源供應系統的能源轉換效率，以減少達到一定能量輸出所需消耗的燃料。此可在發電上採用例如高效率複合循環燃氣渦輪機（combined cycle gas turbine, CCGT）技術；採用熱電共生（combined heat and power, CHP）以善用發電所產生的「廢熱」（waste heat）；以及在建築上採用高效率冷凝鍋爐，或是在車輛上採用高效率引擎，使得以僅消耗較少的燃料，便可產生一定程度的可用輸出功。

其次在於採取各種方法，以淨化化石燃料燃燒，降低污染物的排放程度和影響。在前面章節當中我們介紹了源自於像是火力發電廠和車輛引擎，燃燒化石燃料所排放的 SO_2、NO_x、及微粒的影響，及其減輕方法。我們接著在此著眼於 CO_2 排放，期能減少其在化石燃料燃燒後，進入大氣進而造成氣候變遷問題。

第三種作法在於利用能量轉換裝置，直接從化石燃料當中擷取可用能源，以避免燃燒及所造成的排放，此即爲燃料電池。

燃料電池一般以一無碳燃料—氫作爲燃料。而展望氫經濟（hydrogen economy），除了水之外，氫可擷取自化石燃料，而過程中產生的碳則可在收集後加以埋藏、暫存。

2.1 減輕化石燃料燃燒的排放

火力電廠的煤燃燒後所產生的 SO_2、NO_x、及微粒，可採用像是如圖 13-2 所示流體化床（fluidized bed combustion）、燃氣脫硫（flue gas desulphurization）（圖 13-3）、低 NO_x 燃燒器（low-NO_x burner）、濾袋集塵器（圖 13-4）及靜電集塵器（electrostatic precipitators, ESP）等技術，有效降低。而在車輛等引擎當中燃燒汽、柴油，所產生的污染排放，也可藉著像是採用低硫燃料、觸媒轉化器、及稀燃引擎（lean burn engine）等技術，有效減輕。

圖 13-2 流體化床焚化爐

圖 13-3 燃氣脫硫塔

　　減輕排放的技術可望在未來幾十年，透過例如使用更乾淨的化石燃料、改進燃燒技術、微粒濾清器、較佳的引擎、更精密的引擎控制系統等，獲致改進。不過儘管如此，只要燃燒以碳為主要成分的化石燃料，二氧化碳排放所產生的問題，終將不可避免。

圖 13-4　濾袋集塵器等污染防制設備

2.2　換用燃料

換用像是天然氣等含碳量較低的燃料，可有效降低二氧化碳排放。如今可在效率極高（約 90%）的冷凝鍋爐（condensing boiler）當中燃燒天然氣，獲致重大 CO_2 排放減量。尤有甚者，雖然因空氣當中所含高濃度氮，而將不可避免產生 NO_x 排放，但其卻幾乎沒有硫氧化物與微粒的排放。

同樣的，火力發電廠從原來的煤改以天然氣發電，並採用複合循環燃氣渦輪機，不僅可達到相較於原本高得多的發電效率，由於天然氣含碳較煤少得多，其可達重大減碳效果（如表 13-2 所示）。同時，雖然 NO_x 排放不可避免，但卻幾乎完全沒有硫氧化物與微粒的排放。

2.3　捕集並儲藏化石燃料燃燒之碳排放

目前可以確定的是，人類必須在二十一世紀當中大幅降低 CO_2 排放，以抑制全球氣候變遷所可能帶來的不幸後果。而儘管化石燃料燃燒後必然會產

表 13-2　不同類型發電廠的溫室氣體排放比較

發電廠類型	每發出 kWh 電所排放溫室氣體 kg 數（CO_2 當量）
先進燃煤電廠（包含 FGD 和低 NOx 燃燒器）	1.1
燃油電廠（無 FGD 或低 NO_x 燃燒器）	1.1
複合循環燃氣渦輪機	0.5
核能	0.05

註：1. FDG = 燃氣脫硫（flue gas desulphurization）

2. 以上數據為每發出 kWh 電所排放相當於 CO_2kg 數。欲將此數字轉換為每 kWh 的碳 kg 數，需另外乘上 12/44，即碳分子量／二氧化碳分子量。

生二氧化碳，但也不表示其一定就會逃到大氣當中。目前有好幾個降低大氣當中 CO_2 濃度的作法，都在評估當中。這包括將大氣當中的碳加以捕集，並儲藏在森林當中、或地底下，或海洋當中。

2.3.1　碳埋藏在森林當中

成長中的樹會從大氣當中吸收二氧化碳。樹死了，二氧化碳吸收也告停止，而終告腐朽，又重新將 CO_2 釋入大氣。如果用以取代死樹的新樹自然長出或靠人種下，便只有極少的淨 CO_2 會釋入大氣。然而若不種下新樹，則會有 CO_2 從腐朽的樹和其地下的根當中釋入大氣。

所以，若是要藉著造林埋藏碳，便需要有非常長遠的植樹與重複栽植的完整計畫。而且若是要大量藏碳，還需要有夠大的規模。跨政府氣候變遷小組（IPCC）曾經針對一個延續到 2050 年的全球性計畫，包括降低森林砍伐、促進天然熱帶雨林再生、以及在全世界造林，可以儲藏大氣中碳達 6 至 8.7 百億噸，大約相當於預計在同期間燃燒化石燃料所排放 CO_2 的 12-15%。顯然，儘管以森林藏碳可以扮演重要的角色，但仍無法完全解決問題。

然而，其實也不是僅止於靠種樹被動的吸收從化石燃料燃燒所排放的碳，長出的樹也可收成，作為取代一部分化石燃料的生物燃料。假設這類生物燃料能燃燒得很完全、很有效率，以降低產生的非 CO_2 溫室氣體，並隨即在樹收成後重上新樹，則如此做法可以進一步大幅降低碳排放。

2.3.2　捕集碳並儲藏在地下

另一愈發受到矚目的藏碳作法，是將源自化石燃料燃燒的 CO_2 捕集後，藏到地表下，例如枯竭的石油或天然氣井（圖 13-5）、深層煤脈、或地下水層等岩層或砂層。而要埋藏燃燒產生的 CO_2，首先須加以捕集，其選擇主要有三：

・吸收（absorption）　吸收指的是讓氣體進入到某固體或液體內部。若是化學吸收（chemical absorption），該氣體與吸收物質起化學反應，分子結構隨即改變。乙烯氨便是一直用來如此吸收 CO_2 的。所產生的化合物可接著加熱，以收集 CO_2 同時將吸收液體再生以重複使用。實際的作法，是將液體噴入燃氣當中，可捕集當中的 CO_2 達 82-99%。另外，也有以有機溶劑物理吸收（physical absorption） CO_2 的。其中無化學作用，而 CO_2 分子在溶劑當中維持不變，適用於前述複合循環燃氣渦輪機（IGCC）火力電廠。

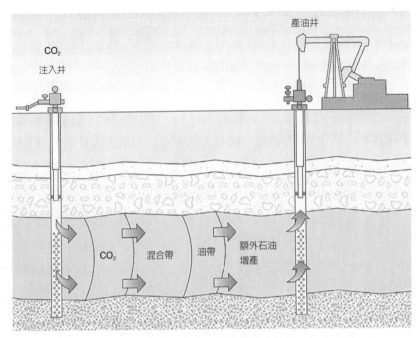

圖 13-5　將 CO_2 注入到油井以促進石油開採（資料來源：IEA, 2001）

・吸附（adsorption）　吸附指的是讓氣體層附著在某固體表面上。其可能屬化學吸附（chemical adsorption 或 chemisorption），氣體與固體表面上的分子以化學鍵結合，或是物理吸附（physical adsorption），氣體僅以較弱的凡得瓦爾力（van der Waals forces）附於固體表面。微小顆粒如活性碳或鋁，或是沸石等多孔隙物質，都因具有廣大吸附面積，而成為良好吸附材質。吸附材料在所吸附的 CO_2 收集之後，可經由加熱再生。採用此法，燃氣當中達 95% 的 CO_2 都可加以捕集。

・氣體分離薄膜（gas separation membranes）　此法以各種類型薄膜，藉著不同氣體通過其孔隙速度的差異，加以分離。通常分離效果不足，並且有複雜、高成本與耗能等缺點。

2.4　以海洋藏碳

目前正進一步研究的埋藏方法，在於增加海洋對二氧化碳的吸收量。海洋為在整個地球天然碳循環（natural carbon cycle）當中最大的碳儲存場。在此循環（如圖 13-6 所示）當中，探持續交替於地球上的土壤、植物、大氣層、及海洋之間。而人為排放的 CO_2 在 2000 年達到大約 6GtC。正常情況下，其中大約有 2GtC，透過天然碳循環從大氣層自然的傳遞到海洋。陸

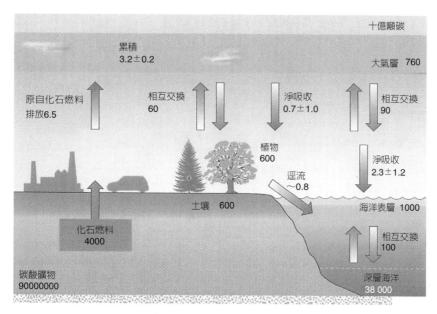

圖 13-6　全球碳循環（資料來源：RCEP 2000）

地上的森林等可自然儲藏大約 0.7GtC，但剩下的 3.3GtC 則須爲大氣層所吸收。這部份，當然也就造成了大氣當中 CO_2 濃度上升。

　　全世界海洋表層的 CO_2 已大致飽和，其接著，非常緩慢的傳遞到深層。海洋深處有龐大的吸收 CO_2 容量。因此，即便燒了全地球的化石燃料，並將產生的 CO_2 全埋藏在深層海洋當中，海洋當中的溶解無機碳（dissolved inorganic carbon, DIC）也只會增加大約 17%。

　　若要將燃燒化石燃料產生的 CO_2 儲藏在海洋當中，可採用方法主要有二。一是將 CO_2 捕集後注入到深海當中。另一是促進海洋對大氣當中 CO_2 的天然吸收。而此二法皆可單純的看作是，加速既有天然碳循環的過程而已。

2.4.1　CO_2 注入深海

　　在發電廠或其他大型固定來源所捕集到的 CO_2，可藉由管路或油輪運送到適合的海洋注入位址，如圖 13-7 所示。接著，注入到大約 800 公尺水深以下的 CO_2，會因爲壓力增大而將其從氣體轉變成液體。一些研究建議，最好將 CO_2 注至 1000-1500 米水深，以確保大部分 CO_2 能維持在海洋當中，一段夠長的時間。

　　另外一個雖然可以更確保有效埋藏 CO_2 但卻也更具挑戰性且更昂貴的作法是，將液態 CO_2 注至大約 3000-4000 米深的海床底下，以形成一「CO_2 湖」。

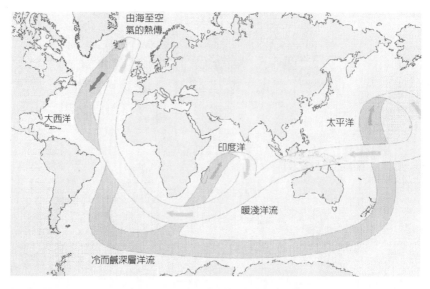

圖 13-7　CO_2 注入深海的幾個方法

2.4.2　促進海洋對 CO_2 天然吸收

有兩個天然過程合起來，會逐漸將海面的 CO_2 移往深處。頭一個過程是因為 CO_2 會相當易於溶解在高緯度地區的冷而密的海水當中，而接著沉至海洋底部。此將造成所謂的熱鹽環流（thermohaline circulation），也就是所謂的大洋輸送帶（Great Ocean Conveyor Belt），將北大西洋深海的冷而富有 CO_2 的水，在最後升至印度洋和赤道太平洋海面之前，向南輸送到南極區（圖 13-8）。

其次的過程靠的是世界海洋表面顯微的浮游植物，在其進行光合作用時將陽光的能量和溶解在水面的 CO_2 吸收。此浮游植物接著被浮游動物吃了，接著又被魚等海洋動物吃了。到了最後，當這些動物死了，其驅體當中一部分（大約 30%）的碳，沉至海底，接著大概要再過 1000 年，最後才在由細菌轉換回 CO_2 而後回到水面。有人稱此過程為「生物的泵送（biological pump）」。

有幾個方法可以加速此天然過程。一個是在海洋當中添加硝酸鹽與磷酸鹽等養分，以增加葉綠素及賴其以維生的生物量。如此可增加隨其殘骸沉至深海的 CO_2 量。另一方法是在某些已知缺乏鐵等微量養分的特定海洋範圍當中添加鐵。同樣的，這也會增加海面的生物生產力（也可能增加漁獲），而終究讓沉積到深海當中的 CO_2 增加。

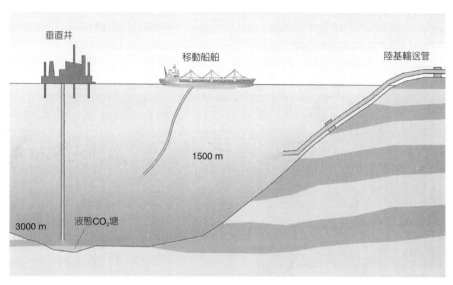

圖 13-8　大洋輸送帶

　　然而，這些措施卻引來對於可能破壞海洋生態平衡的關切。因此在大規模採行上述措施之前，尚須進行充足的研究。

3　燃料電池

3.1　沿革

　　1838 年德國科學家舒拜恩（Christian Friedrich Schonbein）最早提出了燃料電池原理。接著，威爾斯的科學家葛羅福（William Robert Grove）爵士（圖 13-9）於是根據此原理於 1843 年開發出第一個燃料電池（圖 13-10）。該燃料電池所用的材料類似今天的磷酸燃料電池（PAFC）的。到了 1955 年，美國奇異（General Electric Company, GE）公司的化學家格魯伯（W. Thomas Grubb）進一步將燃料電池的原始設計改成利用一 sulphonated polystyrene 離子交換膜作爲電解質。經過三年，另一位 GE 的化學家聶德瑞克（Leonard Niedrach）將白金鍍在膜上，以作爲氫氧化和氧還原反應所需要的催化劑（觸媒），成了所謂的「格魯伯-聶德瑞克燃料電池（Grubb-Niedrach fuel cell）」。GE 接著與美國太空總署（NASA）和麥道飛機公司（McDonnell Aircraft）繼續開發此技術，使得以用在雙子星計劃（Project Gemini）。此爲燃料電池首度用在商業用途上。直到 1959 年英國工程師貝肯（Francis Thomas Bacon）開發出一套 5kW 固定式燃料電池。1959 年艾爾

圖 13-9　發明 FC 的葛羅福　　　　　　圖 13-10　葛羅福的原始設計

瑞葛（Harry Ihrig）所帶領的團隊建立了一 15kW 的燃料電池曳引機，其採用氫氧化鉀作爲電解質，並以壓縮氫和氧作爲反應劑。接著在 1959 年，貝肯團隊展示了一個可實際用在一部電焊機上的 5kW 單元，1960 年間取得了用於太空計畫供電和飲用水的專利。

　　聯合科技公司（United Technology Corp.）的 UTC 電力公司（UTC Power）爲第一個將大型固定式 FC 商業化的公司，其爲一共生（co-generation）發電廠，主要用於像是醫院、大學和大型辦公大樓。UTC Power 接著問世的有 200kW 的 PureCell 200，其爲唯一供應 NASA 太空交通工具所需的 FC 的供應商，過去的阿波羅計畫和目前的太空梭計畫都採用它。其同時也正開發汽車、公車、和手機發射塔所需的 FC，該公司是第一家示範在冰凍狀況下，以質子交換膜作爲汽車燃料電池的公司。

3.2　燃料電池原理與效率

　　燃料電池爲一類似標準電池透過某化學反應，以產生電的裝置。不同於電池的是，燃料電池有一外在燃料來源（一般爲氫氣），只要持續供應此燃料，即可發出電來，亦即永遠不需要充電。在大多數燃料電池當中，在一燃料槽內的氫和空氣當中的氧結合，便產生了電和熱水。

　　燃料電池在將燃料轉換成爲電的效率上，比起一般發電廠或內燃機都要來得高，而且也不會排放污染物或噪音。由於其屬非污染能源且可作爲從發

電廠到汽車，乃至行動電話等所有東西的能量來源，燃料電池為當今所發展最具潛力的乾淨能源技術。目前已有許許多多的醫院、辦公建築、及工業設施，都已採用燃料電池。而汽車製造商們，也都對於利用它來作為其在世界上許多地方都被要求生產的「零排放車」（zero emissions vehicles）的動力，有著極高的興趣。

一燃料電池不同於電池的是其不致耗竭，只要不斷有燃料和空氣的供給，就可持續發電。燃料電池所需要的氧可由空氣供給，而目前其所需要的氫，則主要來自於像是天然氣等具有充沛氫的燃料。最終的目標，在於從本身含有許多氫的植物或是水擷取氫。

一燃料電池的效率，取決於從其中所能擷取的電量。一般而言，取出的電力（電流）愈大，損失愈大，效率也愈低。一般一個 0.7V 的電池的效率約為 50%，這表示氫所含有的能量當中，有 50% 轉換成了電能，其餘 50%則將轉換成熱。

一個處在標準狀況下的氫燃料電池，假若沒有反應劑漏洩，其效率等於該電池電壓除以 1.48V，端視該反應的焓或熱值而定。

3.3 燃料電池的應用

在像是太空船、偏遠氣象站、大型公園、偏遠住家等遙遠處，及特殊軍事用途，以燃料電池作為動力來源特別管用。而正由於燃料電池既沒有運動元件也不涉及燃燒，其在理想情形下的可靠度可達 99.9999%。等於是再六年當中當機不超過一分鐘。

其一項較新的應用，是用於家庭與辦公室建築和工廠的，微熱電共生系統（micro combined heat and power）。這類系統可產生穩定電力（沒用掉的可賣回電網），同時可從廢熱產生熱空氣和水。但由於大部分能量都轉換成了熱，其從燃料轉換成電的效率一般大約只有 15-20%。扣掉流失的熱，其結合電與熱的效率約為 80%。

圖 13-11 所示，為航行於德國萊比錫河道的世界第一艘經過認證（德國船籍協會，GL）的燃料電池小艇 HYDRA。該小艇已經運送了大約 2000 乘客，並無任何技術上的大問題。該項 AFC 技術的最大優點是，她可在冰點以下（−10℃）起動，且對於有鹽害的環境並不敏感。

圖 13-11　世界第一艘經過認證的燃料電池小艇 HYDRA 航行於德國萊比錫河道

　　1996 年美國通用汽車（GM）的是汽車業界的第一輛以氫燃料電池驅動的汽車。這輛 Electrovan 的重量比一般旅行車重兩倍以上，可在 30 秒內開到每小時 100 公里。

　　目前有相當數量，雛型或正式生產的燃料電池小汽車和巴士（圖 13-12）技術，正由各汽車製造商進行當中。例如，本田（Honda）便在 2008 年出產氫車（圖 13-13）。而德國海軍的 212 型燃料電池潛艇，則可下潛數週不需浮出水面（圖 13-14）。

　　美國波音公司和一些歐洲業界夥伴，也在 2007 年測試了一架載人燃料電池飛機。此示範飛機用的是質子交換膜（PEM）燃料電池／鋰電池的複合系統驅動一電動馬達，再傳動到傳統的推進器。

圖 13-12　澳洲伯斯的氫燃料電池公共汽車

圖 13-13　裝設 PEM 燃料電池的豐田汽車引擎蓋內部

圖 13-14　在船塢中的德國海軍 212 型燃料電池推進潛艇

3.4　燃料電池種類

燃料電池依所用電解質，分為以下幾種類型：

　·鹼性燃料電池（alkaline fuel cell, AFC）

　·質子交換膜燃料電池或固體高分子型燃料電池（proton exchange membrane fuel cell, PEMFC 或 PEFC）

　·直接甲醇燃料電池（direct methanol fuel cell, DMFC）

　·磷酸燃料電池（phosphoric acid fuel cell, PAFC）

　·熔融碳酸鹽燃料電池（molten carbonate fuel cell, MCFC）

　·固態氧化物燃料電池（solid oxide fuel cell, SOFC）

圖 13-15 所示為燃料電池的運作動原理。表 13-3 當中所列，為不同類型燃料電池的性質，包括電解質、操作溫度、電荷載具、陽極陰極材料、共生熱、發電效率、以及燃料來源。

　　燃料電池通常是將燃料供應到陰極（負電極），同時供應氧化物（通常是空氣中的氧）到陽極（正電極）。氫是用得最廣的燃料，其對陰極反應具有高反應性，且可以從許多種燃料透過化學反應產生。氫在陰極氧化，失去電子，電子流過電路到釋出氧的陽極。氫與氧也就在此結合成為水。

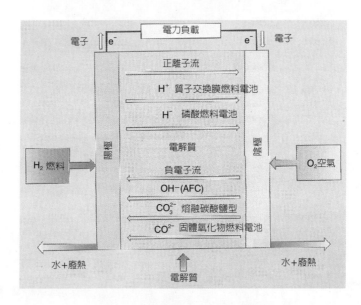

圖 13-15　燃料電池的運作動原理

表 13-3　各類型燃料電池的性質

性質	AFC	PEMFC	DMFC	PAFC	MCFC	SOFC
電解質	液態氫氧化鉀（30-40%）	磺酸機聚合物（操作時為水合狀態）	磺酸有機聚合物（操作時為水合狀態）	磷酸	鋰／鈉／碳酸鉀熔融	氧化釔（yttria）穩定氧化鋯（zirconia）
操作溫度°C	60-90	70-100	90	150-220	600-700	650-1000
電荷載具	OH^-	H^+	H^+	H^+	CO_3^{2-}	O^{2-}
陽極	鎳（Ni）或鉑（Pt）群金屬	鉑（Pt）	鉑－鎝（Pt-Ru）	鉑（Pt）	氧化鎳／鉻（NiO/NiCr）	鎳／氧化釔穩定氧化鋯
陰極	鉑（Pt）或 lithiated NiO	鉑（Pt）	鉑－鎝（Pt-Ru）	鉑（Pt）	氧化鎳（NiO）	鍍鍶（Sr）錳酸鑭
共生熱	低溫	低溫	低溫	多種用途可接受溫度	高溫	高溫
發電效率	60	40-45	30-35	40-45	50-60	50-60
燃料來源	H_2，需要從二道氣流當中移除 CO2	H_2，從低於 10ppm CO 來源重組[註]	水／甲醇溶液	H_2 重組[註]	H_2, CO，天然氣	H_2, CO，天然氣

註：重組指的是從化石燃料重組產生的純氫或高氫氣體。

3.4.1　鹼性燃料電池

自 1960 年代以來，鹼性燃料電池（Alkaline Fuel Cell, AFC），即被應用在阿波羅火箭和太空梭上。由於操作溫度低，其效率可高達 70%，為最有效率的發電裝置。AFC 採用的是多孔隙穩定陣列浸泡在液態氫氧化鉀溶液當中，其濃度隨操作溫度（65℃ 至 220℃）而異。

在 AFC 當中，氫氧離子（hydroxyl ion）從陰極（cathode）移行到陽極（anode），和氫作用產生水和電子。接著水從陽極移行回到陰極產生氫氧離子。電和熱於是產生。

由於 AFC 電池的敏感性，其目前僅限用於封閉環境當中而尚無法考慮真正應用在車量上。不過，裂解的阿摩尼亞因為不含碳，而能夠直接匯入電池形成氫，如此可免去像是從含碳燃料來源所產生的氫，所必要的純化。或者，若是以液態氫做為燃料，可以熱交換器來將二氧化碳從電池當中凝結出來。

3.4.2　質子交換膜

質子交換膜（Proton Exchange Membrane, PEM）燃料電池可能是目前所能獲取的燃料電池系統當中最便宜的，尤其是自從後來其所需要的鉑大幅減少以來。其採用的是有機聚合物聚過氟磺酸（polyperfluorosulfonic acid），類似鐵弗龍（Teflon）的固態電解質，如此一來，比起採用液態電解質的燃料電池，腐蝕和安全方面的問題也就得以減輕，而也可以在較低的運轉溫度下運轉。該膜也得以安全而簡單的處理，而電池也得以迅速啟動。當應用在例如汽車等精實發電機需求，或是要將餘熱用於共生時，最好採用液體冷卻。

PEM 燃料電池是在 60 至 100℃ 之間運轉，在常溫情況下，三分鐘之後即可提供大約最大出力 50%。如此的運轉溫度，使其用作家庭電和熱水的供應，甚為理想，再加上其既輕且穩固，也很適用於汽車工業。

3.4.3　磷酸燃料電池

磷酸燃料電池（PAFC）所採用的是浸在液態磷酸的一鐵弗龍接合的矽碳化物陣列。該陣列為多孔隙組織，可利用毛細管作用留住磷酸。在電極的陰極和陽極側，都有以白金催化的多孔隙碳電極。燃料與氧化物氣體透過碳複合材料板溝槽組成供應到電極背後。這些板皆具導電性，而電子也就可以在相鄰電池之間，從陰極移到陽極。

水可藉由流過電極背後的過剩氧化物，在電極上以蒸汽的形態移除，但蒸汽的溫度須在 190℃ 左右。溫度太低，水將溶於電解質當中。

PAFC 已開發逾 20 年，爲最成熟的燃料電池技術。PAFC 所使用之電解質爲 100% 濃度之磷酸。操作溫度介於 150℃ 至 220℃ 之間，具有能承受重組燃料與二氧化碳，以及所產生之廢熱可回收利用的優點。因此，可廣泛應用，燃料可源自於重組的天然氣或是在垃圾掩埋場利用產生的氣體。此外，其觸媒與 PEFC 同爲白金，因此也有成本過高的問題。目前正由於 PAFC 既大且重，多用於固定的大型發電機組，且已商業化。

3.4.4　MCFC

MCFC 的電解質爲碳酸鋰或碳酸鉀等鹼性碳酸鹽，所採用燃料電極或空氣電極材質爲多孔、具透氣性之鎳。操作溫度約 600℃ 至 700℃，廢熱可回收作爲加熱之用。儘管其熱電共生的效率高達 85%，很適用於集中型發電廠，然其本身的效率偏低，僅 35% 至 45%。由於溫度相當高，在常溫下爲白色固體狀的碳酸鹽熔融爲透明液體，能發揮電解質的功用，而不需要貴金屬當觸媒。目前相關研究著眼於藉由提升其操作溫度及磷酸濃度，以改善電池性能。

3.4.5　SOFC

SOFC 的電解質爲氧化鋯，因含有少量的氧化鈣與氧化釔，穩定度較高，不需要觸媒。一般而言，此種燃料電池之操作溫度約爲 1000℃，廢熱可回收利用，大都用於中規模發電機組。

3.4.6　微燃料電池

隨著小型隨身電子產品日趨複雜，其在電力上的需求，也會很快遠超過一般鋰電池所具有的容量。因此，高科技製造廠都很有興趣開發出，能夠提供更長的電池壽命與更加電力精實的微燃料電池。

能自行發電的微燃料電池，並不同於一般需要從外部充電的鋰電池。目前最看好的雛型之一，所用的電力來源爲甲醇。甲醇爲一般所稱的木精，可以買到用來填充裝置的小瓶裝。一個甲醇燃料電池若與鋰電池合併使用，可以讓一部筆記型電腦的工作時間，從三個小時拉長到 24 小時。

只不過甲醇爲毒性液體，因此並不那麼適合用在隨身電子產品上。而有些開發者倒是看上了，一般含酒精飲料當中就有的乙醇。乙醇燃料電池一般都利用酵素來擷取氫，以產生電流。理論上，這類燃料電池可由高梁酒或伏特加酒來驅動。

3.5 氫的儲存

氫一旦產生，接下來的問題便是要如何儲存氫了。每單位質量氫氣所含的能量相當高（120MJkg^{-1}，汽油的是 42MJkg^{-1}），但單位體積的能量則很低。換言之，在常溫常壓下以氫儲存能量，所需面對的第一個問題便是需用到相當大的體積。

氫可以用各種方法儲存，各有其利弊。而最終用來選擇採用何種方法的準則，在於安全和便於使用。以下所列，爲當今除了還處於研發階段的一些技術以外，實際已經可以採用的各種方法。

3.5.1 壓縮氫

在常壓之下，一公克的氫氣佔了略少於 11 公升的空間。因此，實用上氫氣需壓縮到好幾百個大氣壓，並儲存在壓力容器當中。液態氫只能儲存在極低的溫度下。而以上條件要在日常使用當中加以標準化，都不切實際。

儘管氫也可像天然氣一般，壓縮到高壓儲槽當中，只不過此過程需要加入能量才得以完成，而這些壓縮氣體所佔據的空間通常還都很大，以致相較於傳統的汽油儲槽，其能量密度還是偏低。一個儲存能量和汽油儲槽相當的氫氣儲槽，可能要比汽油儲槽大上三千倍。壓縮氫（compressed hydrogen）一如壓縮的天然氣，因爲氫分子很小，而比一般傳統燃料都容易從桶子等容器和管路當中逸出，因此需要很好的密合。氫氣一般都壓縮在最大爲 50 公升，主要材質爲鋁或碳／石墨的壓力瓶當中。只不過這種壓縮儲存的方法，因爲氫氣即使經過高度壓縮，密度仍很低，而使得所需壓力瓶重量很大，相較於其他選擇，並不具吸引力。

3.5.2 液態氫

氫可以液態存在，但必須是在極冷溫度之下。液態氫一般需儲存在 20°K 或 −253℃ 環境當中。如此儲存液態氫的溫度需求，使得用來壓縮與冷卻氫成爲液態的能量亦隨之提升。冷卻與壓縮過程需要能量，導致儲存液態氫所具有能量當中的 30% 成爲淨損失。該儲存槽須隔熱以保存溫度，並特別加以強化。

針對液態氫儲存的主要安全顧慮關鍵，在於維持儲槽完善及保持液態氫所需要的低溫。將讓氫成爲液態及維持儲槽的溫度與壓力所需能量加起來，相較於其他方法，液態氫儲存就變得很貴了。有關液態氫儲存的研究，主要著眼於複合儲槽材質的開發，期望能有更輕、更堅固的儲槽，以及更進步的

液化氫的方法。

3.5.3　氫化物

目前要將氫當作廣泛使用的氣體燃料使用，上述兩種儲存方法都還存在著一些問題。而金屬氫化物技術，則堪稱這些問題的解答。在金屬氫化物儲存方法當中，氫以一低壓固態形式儲存，如此得以解決壓縮氣體與冷凍液態法所面對的一些問題。此氫化物是一種合金，其能夠吸收並透過化學結合形成氫化物，以保存大量的氫。一種理想的儲氫合金，必須能夠在不損及其本身結構的情形下，吸收和釋放出氫。目前幾種相互競爭的做法，包括液態氫化物、車上燃料加工（on-board fuel processing）、以及富勒烯奈米管（Fullerenes nanotubes）。未來若發展成功，金屬氫化物可成為工業界的標準儲氫方式，而可應用於車輛等運輸方面，刺激燃料電池車輛的進一步發展。

3.5.4　化學儲存

由於氫是宇宙當中最豐富的元素，一般都可在各種化合物當中找得到。而這些化合物，當中就有很多都可用作氫的儲存。氫可在一化學反應當中，形成一穩定的含氫化合物，並在接下來的反應發生時釋出來，再藉由一燃料電池加以收集與使用。確切的反應隨各種不同的儲存化合物而異。

各種不同技術的一些實例，包括阿摩尼亞裂解、部分氧化、甲醇裂解等等。在這些方法當中，因為氫是應需求而產生出來，而也就省掉了原本產生氫所需要的儲存單元。

3.5.5　碳奈米管

碳奈米管（carbon nanotubes）為二奈米（十億分之一公尺）碳顯微管，將氫儲存在管子結構當中的顯微孔隙內。其機制類似金屬氫化物儲存與釋出氫的。碳奈米管的優點在於其所能儲氫的量。碳奈米管具備儲存相當於其本身重量的 4.2% 至 70% 的氫的能力。

美國能源部曾表示，要能實際應用在交通上，碳材質的儲氫容量須相當於其本身重量的 6.5%。碳奈米管及其儲氫容量仍處於研發階段。此一技術的研究著眼於系統性能與材質性質的最佳化、碳奈米管的製造技術的改進、以及成本的降低以促其商業化。

3.5.6　玻璃微球

微小中空玻璃球（glass microspheres）可用以安全的儲存氫。這些玻璃

球經過加熱其球壁的滲透性即隨之增加,當浸在高壓氫氣當中時,氫得以填充到球當中。接著再將球冷卻,便將氫閉鎖在玻璃球當中。接下來若升高溫度,即可將球中的氫釋出。微球可以很安全、抗污染,並能在低壓下保存住氫,而提高安全性。

3.5.7 液態載具(氫化物)儲存

這正是當今最普通的,將氫儲存在化石燃料當中的一種技術稱號。當以汽油、天然氣、及甲烷等用作氫的來源時,該化石燃料需要的是重組。重組過程將氫從原來的化石燃料當中移出。重組之後所得到的氫,接著將會毒害燃料電池的過剩一氧化碳清除後,即可用在燃料電池上。

液體氫化物為甲醇或環氧樹脂(cyclohexane)等物質。其就如同液態燃料那樣容易運送,但若要從其中釋出氫則還須進行重組或部分氧化(reformed or partially oxidized)。

圖 13-16 所示為甲醇燃料電池,其燃料電池堆為位於中央的層狀正方體。甲醇在室溫下為液體。因此在既有的網絡當中是可以輸配的。甲醇有很高的氫原子與碳原子比率。目前從甲醇當中萃取氫的雛型是在重組器(reformer)當中與水反應。相較於使用一般的汽油,採用甲醇可減少 30% 的二氧化碳排放。

圖 13-16　甲醇燃料電池其燃料電池堆為位於中央的層狀正方體

設置在車上的甲醇轉換器，會使燃料電池反應程序複雜許多，而這方面的另一研究重點便在於，轉換是否會造成觸媒毒化（catalyst poisoning）的問題。甲醇同時也是具高腐蝕性的材質，會使更換燃料槽成爲頻繁且昂貴的問題，更遑論環境的因素了。

3.6　氫的輸送與填充

世界上第一座公共加氫站（圖 13-17）於 2003 年四月在冰島的雷克亞未克開幕。該加氫站主要在於供應，由戴姆勒克萊斯勒汽車公司所建的三輛公車所需燃料。其配備了一組電解單元，產生的氫可同時滿足本身所需。該站沒有屋頂，好讓漏出的氫能很快散至大氣。

3.7　氫的安全性

自從 1937 年美國紐澤西州雷克赫斯特（Lakehurst）發生興登堡號事件以來，便一直有許多人認爲氫是非常不安全的。當時歸咎失事起因於氣球內氫氣漏洩、點燃。儘管 1997 年，前美國太空總署甘迺迪太空中心氫計畫工程師貝恩（Addison Bain）後來釐清，靜電和塗在飛船氣囊蒙皮上的易燃性塗料，才是災難的關鍵因素，唯時至今日，氫在安全性方面的顧慮，仍是其推廣使用過程當中亟待克服的障礙。

氫是無色、嚐起來無味、聞起來無臭、高度焰燃，同時也是最輕的氣體。包括氫在內的所有燃料都可燃燒，只不過氫的燃燒性質並不同於其他燃料。氫與空氣的混合物只要是在可燃範圍內，便可爆炸，且也可以極淡藍

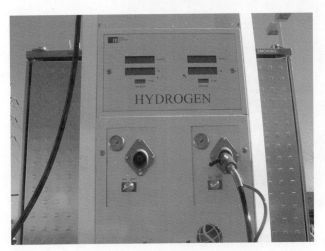

圖 13-17　加氫站

色，幾乎看不見的火焰燃燒。而其實只要嚴格遵守安全的儲存、處理、和使用的準則，氫也就可以和其他燃料同樣安全。像是從電氣設備來的火花、靜電火花、開放火焰、或任何極熱物體等點燃源頭，都必須確切消除。

由於氫本身並不具腐蝕性，其所用結構體並不需用到特殊材質。然而，當溫度和壓力上升時，有些金屬會因氫而脆化。因此固定的容器和管路在設計上，必須視其溫度和壓力，遵循例如美國機械工程師協會（ASME）和美國國家標準局（ANSI）的相關規範。而用來輸送的容器的設計，則須另外符合交通主管機關所訂的相關規範。

儘管氫氣無臭、無毒，但卻能稀釋空氣當中的氧，使之低於能維繫生命的程度。因此，需特別注意的是，能造成大氣缺氧情況所需要的氫量，是在可燃的範圍內。

永續小方塊 1

永續交通

從圖 13-18 可看出，全世界各種交通工具，在 2000 年之前五十年當中的消長。小汽車（轎車與旅行車）受歡迎的程度可明顯看出。火車一直維持相當穩定的使用數量。另一項大眾運輸工具公共汽車的使用，則逐年緩慢下滑。腳踏車在 1960 年代之前還佔有相當地位。值得注意的是飛機的運量在 1990 年代之後，似乎也有明顯的成長。如果以每位乘客旅行的里程所需消耗的能源焦爾數，來比較各種交通工具運送乘客的耗能效率（圖 13-19），顯然汽車，特別是大型汽車的效率最差（數字最大），騎單車和走路最好。而比較汽、柴油汽車，又以柴油車優於汽油車。作為大眾運輸工具之一的噴射客機的能源消耗似乎並不比汽車的遜色，甚至在最大乘載情形下，還尤有過之。值得特別注意的是，在台灣幾乎每二人就有一輛的機車，其耗能情形，並不因為車型小得多，而比汽車的少。

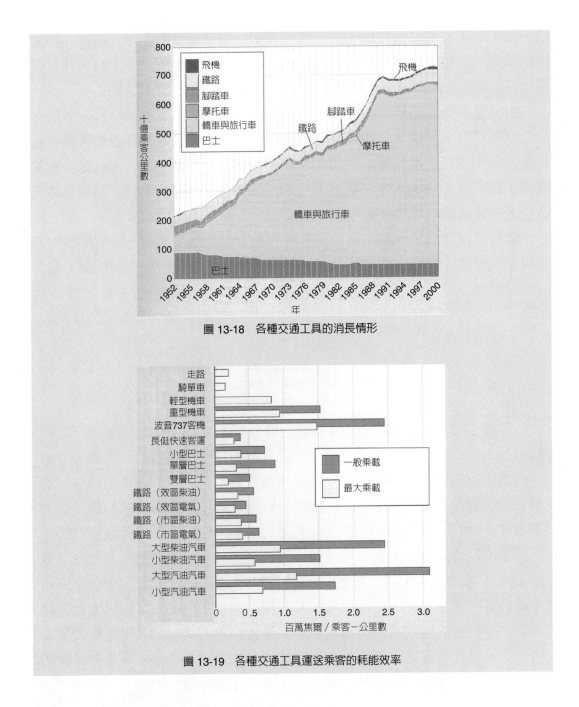

圖 13-18　各種交通工具的消長情形

圖 13-19　各種交通工具運送乘客的耗能效率

4　以化石燃料為基礎的氫經濟

科幻小說家馮先生（Jules Verne）在 1874 年的小說神秘島（The Mysterious Island）當中，寫了一段假設煤全都將用光的對話：

「那不燒煤燒什麼呢？」

「水啊！」哈定回答。

「水？」彭克勞福特大叫，「拿水做為蒸汽機和引擎的燃料？用水給水加熱？」

「就是啊，不過呢，是將水分解成它的基礎元素，」哈定回答，「而分解，毫無疑問的，要靠電，然後成為一股又強、又可加以控制的力……沒錯，朋友，我相信終有一天，水可以用來當作燃料。而組成它的氫和氧，可以單獨或合在一起使用，可以成為煤所遙不可及的，熱和光的永不枯竭來源。終有一天，輪船和火車頭的煤房所儲存的，將不再是煤，而是兩種經過凝結的氣體，可以在爐膛當中燒出巨大的熱力。」

在過去人類使用燃料的歷史當中，實可以看作是逐步去碳（de-carbonization）的過程，也就是先從煤轉往石油，再到最近的邁向天然氣。

目前看起來，到了二十一世紀中期，很有可能會進一步去碳，而零碳燃料—氫，將在世界能源系統當中扮演要角。在這些氫當中，有一部份會有可能是藉由水力、風和太陽等再生電力，電解水獲得。但也很有可能，其中很多是從天然氣或煤等化石燃料，搭配如圖 13-20 當中轉換過程所產生 CO_2 的捕集和埋藏，所產生的。

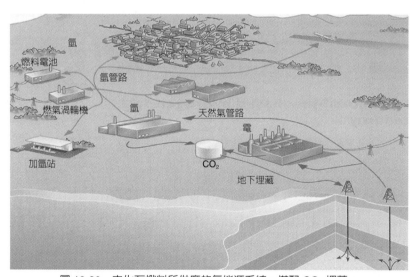

圖 13-20　由化石燃料所供應的氫能源系統，搭配 CO_2 埋藏。

將化石燃料轉換爲氫的理由主要有二。首先，在產氫過程當中，相較於將化石燃料在傳統的鍋爐等系統當中燃燒後才去捕集 CO_2，直接就先將 CO_2 從化石燃料當中分離，會容易得多。其次，我們看到，氫可在燃料電池當中轉換成爲電和熱，效率很高且又不排放污染物。而氫又和傳統燃料一樣，也可以直接在空氣當中燃燒產生熱。雖然會產生一些 NO_x，但除此之外，其產生污染物比起化石燃料燃燒要少得多。

　　只是，氫並不像化石燃料可以從地下擷取到。氫必須先從像是水和碳氫化合物等和它自然鍵結在一起的化合物當中取出，而此過程需用到能量。因此，氫屬於次級而非初級能量來源。而我們最好僅將它視爲能量載具（energy carrier）。也就是，它是一種便於將源自於初級能源的能量，儲存和輸送的方式。

　　在一段長距離當中，輸送氫所造成的能量損失，比起目前用得最多的能量輸配載具—電所造成的，要少些。

永續小方塊 2

淨煤發電

　　整合氣化複合循環（Integrated Gasification Combined Cycle, IGCC）電廠（圖 13-21），堪稱最能降低燃煤火力發電廠排放的一套作法。在該廠，如圖 13-22 所示，從煤產生的合成氣（syngas）在一如同前述複合循環燃氣渦輪機（CCGT）的燃氣渦輪機／蒸汽渦輪機複合循環當中燃燒。而其發電效率也和 CCGT 一樣高。但由於將煤轉換成合成氣需耗廢能量，起整體的效率低於 CCGT 的，大約爲 45%。圖 13-23 所示爲美國類似的淨煤（clean coal）FutureGen 計畫電廠概念。

　　IGCC 電廠的另一優點，是其產生的硫與氮的化合物，可在進入渦輪機之前加以移除。另外，雖然其在重組過程中會產生 CO_2，但由於是在高壓下產生，可以相當容易捕集，接下來進行前述埋藏。但儘管如此，目前全世界只有少數建造完成的 IGCC 電廠，主要在於成本相對較高。

　　在此 IGCC 電廠當中，研磨成粉的煤先是以大約 30bar 的壓力，和從一空氣分離單元（air separation unit, ASU）來的氧，一併送到氣化器（gasifier）當中。大約 1300℃ 的合成氣（syngas）從氣化器產生後，先

是冷卻到 200℃，再經由洗滌器（scrubber）以水洗去氨（ammonia,NH₃）
和氯化氫（HCL）等化合物。接著再進一步冷卻，並以溶劑洗除硫化氫
（H₂S）等硫的化合物。此淨化後的氣體再送入燃氣渦輪機當中燃燒。

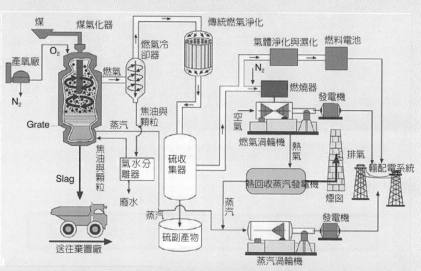

圖 13-21　整合氣化複合循環（IGCC）電廠淨煤系統。此系統整合氣化複合循環技術，將煤轉換氫與電，所排放的 SO_x, NO_x, 及 Hg 比傳統燃煤電廠低得多，且得以收集排放的 CO_2

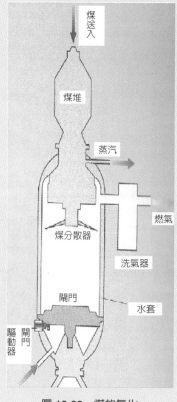

圖 13-22　煤的氣化

圖 13-23　為美國 FutureGen 計畫概念

永續小方塊 3

未來發電淨煤計劃 FutureGen Clean Coal Projects

　　美國聯邦政府於 2003 年二月，宣佈了一個十億美元的未來發電（FutureGen）計劃（圖 13-23），著眼於示範一革命性，幾近零排放的淨煤科技。此以煤為能源的商業運轉發電廠，預定同時產氫，並透過碳的捕集和儲藏，以兼顧溫室氣體排放減量。該廠位於伊利諾州的馬敦（Mattoon），採取煤氣化技術與複合循環發電整合，以及二氧化碳排放儲藏。

永續小方塊 4

清平致富

　　慈濟功德會證嚴法師於 2008 年年終呼籲台灣社會以「清平致富」精神對抗不景氣，回歸平平淡淡、克勤克儉、少慾知足、務實顧本，並強調「台灣人若願意勤儉，就不會貧到哪裡去」。她並說：「為了消費而消費，只會讓心靈越來越空虛，少慾知足，生活自然變得富裕，真正的幸福，就在人人彼此的感恩之中。」

⑤ 結論：以低碳生活迎接永續

當今我們社會的文化和我們的消費之間的關係，早已密不可分。我們所用來衡量經濟發展的，大致上也不外國家總生產毛額（GNP），即社會在一年當中所產生的總貨物和服務量。當然，對於台灣這類消費社會而言，愈是消費，在經濟上就愈顯得成功。大約十五年前，世界環境與開發委員會主席布魯特蘭德在他的報告《我們的共同未來》，提出針對「永續發展」的定義：「符合當前所需，卻不致妨礙後代滿足其所需的能力的開發」。過去，從環境保護與資源保育的角度來看，「永續發展」是經濟發展的上限，如今看來這個上限，其實也有兼顧穩健經濟的意涵。

美國國家經濟研究局（NBER）將經濟衰退定義爲：「全國普遍經濟活動重大下滑，持續幾個月以上，一般可以從 GDP、眞實收入、就業、工業生產、及批發零售。」在我們的生活當中幾乎各個層面，都受衰退所影響。造成經濟衰退的最重要原因之一，在於無度擴張的資本主義。如今的蕭條，其實是在爲們多年來的過度生產與氾濫貪婪付出代價。七零年代和八零年代的黃金資本主義時代，如今總算要在我們的經濟上付出代價。

另一個造成經濟衰退的重要原因，爲對貨物與服務需求的下滑。不難理解，當供過於求，對於過剩的生產需求並不存在時，便形同持續浪費資源。當前許多人都是以房貸和債台高築的信用卡，來支撐他們所無力負擔的生活型態。美國的次級房貸危機，正是導因於許多個人，自以爲擁有其所無力負擔房子的所有權使然。儘管政策上往往藉削減利率對消費者和商人誘以較低的利息，讓錢更爲廉價，不幸的是，給予已然手頭很緊的消費者便宜的錢，最大的問題是長期下來，他們不過是持續以低廉的債務，來支撐實際上無力負擔的生活型態。

然而，商品從生產、加工到消費，終需擷取並耗用自然資源（森林、礦物、化石燃料、水等）；其需要蓋工廠，連帶產生毒性副產物。至於商品本身（例如汽車）的使用，又會製造污染物和廢棄物。儘管如此，環保人士所最常提出的三個環境污染元兇—人口、科技、和消費當中，消費卻是最少被注意到的。無疑，理由之一，消費恐怕正是最難以改變的一項。尤其，對於主要影響全球經濟大局的富有國家而言，消費型態已然成爲人民日常生活的一部分，要改變，恐怕得在文化上大翻修，在經濟上更要進行嚴苛的重新定位。我們常聽經濟學家說，產品需求滑落，帶來的是伴隨著嚴重失業的經濟

衰退甚至蕭條。正因如此，此一體系也就必須延續下去。然在此體系當中，實存在著無視於其所必須付出慘痛代價的助長機制。

例如，當一群人健康面臨威脅，隨即帶來藥物銷售與私人醫療市場攀升，及相關產業陸續問世。此時，社會當中所顯現的，往往並非其中所需付出的代價，反倒是其提供更多工作、創造更多財富、以及其他可用以彰顯健康經濟的 GDP 等指標。至於用來支撐這些工作和產業，而其實並不需如此密集消耗與破壞的自然資源與環境，甚至價值觀，就往往被忽視了。

然而，與其怪罪消費者，不如進一步瞭解，如此普遍的消費主義文化，並不僅只源於本能需求，而是被創造出來的需求。亦即，其乃源自於大企業為銷售更多產品與服務，以賺取更多利潤而生。而在政治上，其也因有利於以滿足物質需要來爭取群眾支持，而受到鼓舞。其影響，由於這類產業必須藉坐大以減少競爭，其愈發更大規模且更具破壞性的發展，也就超出我們所能理解。

工業界持續成長與牟利的另一方法在於創造需求，其過程不外：先為過去所沒有或很少的產品創造需求，接著將奢侈品轉型成為必需品。然而繼「價格大戰」的競爭之後，即導致價格蕭條；繼有錢國家大量消費廉價進口貨後，需求進一步提升。接著，當出口國富起來，為了進一步追求利潤，以滿足所需而更加消耗資源，窮的生產者更加被邊緣化，如此導致進一步對環境需索，以增加生產。

圖 13-24　美國最大書店 Powell，沒有豪華的裝潢，所匯聚的是仍使用公共電話、騎單車，過簡約生活的人們。

圖 13-25　西雅圖港內有人寧可捨郵輪，選擇自己划。

　　除了回顧每個月的開銷，和找出明顯可銷減的項目外，更重要的，還在於改變爲永續生活的型態。首先在於將每個月的開銷當中，將「想要」的部分與「需要」的部分分開，並確保需要的部分都能準時滿足。而永續生活的關鍵在於也爲一些「想要」的部分，找出花費較低的替代方案。

圖 13-26　台北公園內土地供廟，設置了自動化控制監測燃燒排放物的金紙焚化爐（左圖），以及街頭傳統水銀燈與省電燈並存的路燈（右圖）。

圖 13-27　電力業者開始意識到少發電、少賣電，力圖降低營業額，或許才是永續經營之道。

習題

1. 試述未來人類追求永續能源，所面對的挑戰。
2. 論述如何可以讓化石燃料用得更爲永續。
3. 解釋火力發電廠當中的 FGD 和低 NO_x 燃燒器。
4. 敘述如何透過造林，捕集並儲藏化石燃料燃燒所排放的溫室氣體。
5. 繪簡圖解釋，複合循環燃氣渦輪機（combined cycle gas turbine, CCGT）發電廠的設施配置情形。
6. 敘述如何利用海洋，捕集並儲藏化石燃料燃燒所排放的溫室氣體。
7. 解釋大洋輸送帶（Great Ocean Conveyor Belt）對 CO_2 的全球性傳輸。
8. 講個通俗版的燃料電池故事。
9. 敘述近年來燃料電池的應用情形。
10. 論述以氫作爲車輛燃料的前景。
11. 敘述你爲自己設計的低碳生活型態。
12. 延續上題，敘述在如此生活型態下，可能的得與失。

參考文獻

永續 sustainability

Allen-Gil, Susan; Walker, Liz; Thomas, Garry; Shevory, Tom; Elan, Shapiro. 2005. "Forming a community partnership to enhance education in sustainability," International Journal of Sustainability in Higher Education (ISSN: 1467-6370); Volume 6, No. 4, pp. 392-402(11); 1 December 2005.

Alshuwaikhat, Habib M. & Ismaila Abubakar. 2008. "An integrated approach to achieving campus sustainability: assessment of the current campus environmental management practices," Journal of Cleaner Production, In Press, Corrected Proof, Available online 15 January 2008

Association of Physical Plant Administrators. 2008. The Educational Facilities Professional's Guide to Reducing the Campus Carbon Footprint.

Baldwin, Sherill; Chung, Kimberly. 2007. "Sustainable disposal of edible food byproducts at university research farms," International Journal of Sustainability in Higher Education (ISSN: 1467-6370); Volume 8, No. 1, pp. 69-85(17); 16 January 2007

Balsas, Carlos J. L. 2003. "Sustainable transportation planning on college campuses," Transport Policy,Volume 10, Issue 1, January 2003, Pages 35-49

Bardati, Darren R. 2006. "The integrative role of the campus environmental audit: experiences at Bishop's University, Canada," International Journal of Sustainability in Higher Education (ISSN: 1467-6370); Volume 7, No. 1, pp. 57-68(12); 1 January 2006

Barry, John. 2008. "Spires, plateaus and the infertile landscape of Education for Sustainable Development: re-invigorating the university through integrating community, campus and curriculum," International Journal of Innovation and Sustainable Development (ISSN: 1740-8822); Volume 2, No. 3-4, pp. 433-452(20); 24 April 2008

Beringer, Almut. 2007. "The Luneburg Sustainable University Project in international comparison: An assessment against North American peers," International Journal of Sustainability in Higher Education (ISSN: 1467-6370); Volume 8, No. 4, pp. 446-461(16); 25 September 2007

Bhasin B.S.; Bjarnadottir T.; Das V.N.; Dock M.M.; Pullins E.E.; Rosales J.R.; Savanick S.; Stricherz D.M.; Weller L.A. 2003. "Passport to Earth Summit 2002: A case study in exploring sustainable development at the University of Minnesota," International Journal of Sustainability in Higher Education (ISSN: 1467-6370); Volume 4, No. 3, pp. 239-249(11); 1 March 2003

Brunetti A.J.; Petrell R.J.; Sawada B. 2003. "SEEDing sustainability: Team project-based learning enhances awareness of sustainability at the University of British Columbia, Canada," International Journal of Sustainability in Higher Education (ISSN: 1467-6370); Volume 4, No. 3, pp. 210-217(8); 1 March 2003

Chase, Geoffrey et al. 2008. "Roundtable: Integrating Sustainability Into the Higher Education Curriculum," Sustainabillity: The Journal of Record, v1n6 (Dec 2008): 364-368.

Community Alliance with Family Farmers. 2008. Building Local Food Programs On College Campus: Tips for Dining Administrators, Family Farmers and Student Advocates.

Cooper, Joyce Smith. 2007. "Evolution of an Interdisciplinary Course in Sustainability and Design for Environment," International Journal of Engineering Education (ISSN: 0949-149X); Volume 23, No. 2, pp. 294-300(7); March 2007

Dahle, Marianne; Eric Neumayer. 2001."Overcoming barriers to campus greening: A survey among higher educational institutions in London, UK," International Journal of Sustainability in Higher Education (ISSN: 1467-6370); Volume 2, No. 2, pp. 139-160(22); 25 April 2001

Elder, James L. 2008. "Think Systemically, Act Cooperatively: Reaching the Tipping Point for the Sustainability Movement in Higher Education," Sustainability: The Journal of Record. October 2008, 1(5):

319-328.

Environmental Health and Engineering. Undated. Striving for Climate Neutrality On Campus: 7 Steps To Developing A Climate Action Plan for A Reduced Carbon Footprint.

Environmental Health and Engineering. Undated. Profiting Through Campus Sustainability: Financial Tools and Strategies.

Ferreira, A.J.D. & M.A.R. Lopes & J.P.F. Morais. 2006. "Environmental management and audit schemes implementation as an educational tool for sustainability," Journal of Cleaner Production, Volume 14, Issues 9-11, 2006, Pages 973-982

Fien, John. 2002. "Advancing sustainability in higher education: issues and opportunities for research," Higher Education Policy, Volume 15, Issue 2, June 2002, Pages 143-152.

Franz-Balsen, Angela; Heinrichs, Harald. 2007. "Managing sustainability communication on campus: experiences from Luneburg," International Journal of Sustainability in Higher Education (ISSN: 1467-6370); Volume 8, No. 4, pp. 431-445(15); 25 September 2007.

Harnisch, Thomas. 2008. "The State College Role in Advancing Environmental Sustainability: Policies, Programs and Practices," A Higher Education Policy Brief June 2008, American Association of State Colleges and Universities.

Karol, Elizabeth. 2006. "Using campus concerns about sustainability as an educational opportunity: A case study in architectural design," Journal of Cleaner Production, Volume 14, Issues 9-11, 2006, Pages 780-786.

Kermath, Brian. 2007. "Why go native? Landscaping for biodiversity and sustainability education," International Journal of Sustainability in Higher Education (ISSN: 1467-6370); Volume 8, No. 2, pp. 210-223(14); 17 April 2007.

Kim, Brent et al. 2008. Literature Review of Methods and Tools for Quantifying the Indirect Environmental Impacts of Food Procurement: A research report completed for Clean Air-Cool Planet. Baltimore, MD: The Johns Hopkins Center for a Livable Future.

Koester, Robert J. & James Eflin & John Vann. 2006. "Greening of the Campus: A Whole-Systems Approach," Journal of Cleaner Production, Volume 14, Issues 9-11, 2006, Pages 769-779.

Lidgren, Alexander & Hankan Rodhe & Don Huisingh. 2006. "A systemic approach to incorporate sustainability into university courses and curricula," Journal of Cleaner Production, 14 (2006) 797-809.

Lozano, Rodrigo. 2006. "Incorporation and institutionalization of SD into universities: breaking through barriers to change," Journal of Cleaner Production, Volume 14, Issues 9-11, 2006, Pages 787-796.

Moore, Janet. 2005. "Policy, Priorities and Action: A Case Study of the University of British Columbia's Engagement with Sustainability," Higher Education Policy (ISSN: 0952-8733); Volume 18, No. 2, pp. 179-197(19); June 2005.

Moore, Janet; Freda Pagani; Moura Quayle; John Robinson; Brenda Sawada; George Spiegelman; Rob Van Wynsberghe. 2005. "Recreating the university from within: Collaborative reflections on the University of British Columbia's engagement with sustainability," International Journal of Sustainability in Higher Education; Volume 6, No. 1, pp. 65-80(16); 1 January 2005.

Naditz, Alan. 2008. "Green IT 101: Technology Helps Businesses and Colleges Become Enviro-Friendly," Sustainability: The Journal of Record. October 2008, 1(5): 319-328.

Newport D.; Chesnes T.; Lindner A. 2003. "The "environmental sustainability" problem: Ensuring that sustainability stands on three legs," International Journal of Sustainability in Higher Education; Volume 4, No. 4, pp. 357-363(7): 8 October 2003.

Rappaport, Ann. 2008. "Campus Greening: Behind the Headlines," Environment, 50(1): 6-17.

Rojas, Alejandro; Richer, Liska; Wagner, Julia. 2007. "University of British Columbia Food System Project: Towards Sustainable and Secure Campus Food Systems," EcoHealth; Volume 4, No. 1, pp. 86-94(9): March 2007.

Rowe, Debra. 2002. "Environmental Literacy and Sustainability As Core Requirements: Success Stories and

Models," in Filho, Walter L. (ed.), Teaching Sustainability In Universities. New York: Peter Lang.

Savanick, Suzanne; Baker, Lawrence; Perry, Jim. 2007. "Case study for evaluating campus sustainability: nitrogen balance for the University of Minnesota," Urban Ecosystems; Volume 10, No. 2, pp. 119-137(19); June 2007.

Scherr, Sara J. & Sajal Sthapit. 2009.Mitigating Climate Change Through Food and Land Use. Worldwatch Report 179. Washington DC: Worldwatch Institute.

Sharp L. 2002. "Green Campuses: The Road from Little Victories to Systemic Transformation," International Journal of Sustainability in Higher Education; Volume 3, No. 2, pp. 128-145(18); 24 April 2002.

Sherman, Daniel J. 2008. "Sustainability: What's the Big Idea? A Strategy for Transforming the Higher Education Curriculum," Sustainability, v1n3 (June 2008): 188-195.

Shriberg, Michael. 2002. "Institutional assessment tools for sustainability in higher education: strengths, weaknesses, and implications for practice and theory," Higher Education Policy, Volume 15, Issue 2, June 2002, Pages 153-167.

Stringer, Elizabeth. 2008. Sustainability Smarts: Best Practices for College Unions and Student Activities. Association of College Unions International.

Thompson, Robert; William Green. 2005. "When sustainability is not a priority: An analysis of trends and strategies," International Journal of Sustainability in Higher Education; Volume 6, No. 1, pp. 7-17(11); 1 January 2005.

Troschinetz, Alexis M.; Mihelcic, James R.; Bradof, Kristine L. 2007. "Developing Sustainability Indicators for a University Campus," International Journal of Engineering Education; Volume 23, No. 2, pp. 231-241(11); March 2007.

Vann, John & Pedro Pacheco & John Motloch. 2006. "Cross-cultural Education for Sustainability: Development of An Introduction to Sustainability Course," Journal of Cleaner Production, 14 (2006): 900-905.

Velazquez, Luis; Munguia, Nora; Sanchez, Margarita. 2005. "Deterring sustainability in higher education institutions: An appraisal of the factors which influence sustainability in higher education institutions," International Journal of Sustainability in Higher Education; Volume 6, No. 4, pp. 383-391(9); 1 April 2005

Venetoulis, Jason. 2001. "Assessing the Ecological Impact of A University:The Ecological Footprint for the University of Redlands," International Journal of Sustainability In Higher Education, 2(2): 180-196.

Vezzoli, Carlo; Penin, Lara. 2006. "Campus: "lab" and "window" for sustainable design research and education: The DECOS educational network experience," International Journal of Sustainability in Higher Education; Volume 7, No. 1, pp. 69-80(12); 1 January 2006

Walton, Steve V; Galea, Chris E. 2005. "Some considerations for applying business sustainability practices to campus environmental challenges," International Journal of Sustainability in Higher Education (ISSN: 1467-6370); Volume 6, No. 2, pp. 147-160(14); 1 February 2005.

White S.S. 2003. "Sustainable campuses and campus planning: Experiences from a classroom case study at the University of Kansas," International Journal of Sustainability in Higher Education (ISSN: 1467-6370); Volume 4, No. 4, pp. 344-356(13); 8 October 2003.

Wright, Tarah S.A. 2002. "Definitions and Frameworks for Environmental Sustainability In Higher Education," Higher Education Policy, 15 (2002): 105-120.

Suzanne Benn, Dexter Dunphy, Andrew Griffiths 2008. Organizational Change for Corporate Sustainability: A Guide for Leaders and Change Agents of the Future (Understanding Organizational Change).

William McDonough. Leading Change Toward Sustainability: A Change-management Guide for Business, Government and Civil Society.

William McDonough, Michael Braungart, 2003. Cradle to Cradle: Remaking the Way We Make Things.

Stuart L. Hart. 2007. Capitalism at the Crossroads: Aligning Business, Earth and Humanity.

DC Esty, 2006. Green to Gold: How Smart Companies Use Environmental Strategy to Innovate, Create

Value, and Build a Competitive Advantage.

Marc J. Epstein 2008. Making Sustainability Work: Best Practices in Managing and Measuring Corporate Social, Environmental and Economic Impacts.

Bradley K Googins, Philip H Mirvis and Steven A.Rochlin. 2007. Beyond Good Company: Next generation corporate citizenship.

Andrew Kakabadse and Nada Kakabadse (Editors). 2007. CSR in Practice: Delving Deep.

Sandra Waddock, Charles Bodwell and Jennifer Leigh. 2006. Total Responsibility Management.

David Grayson and Adrian Hodges. 2004. Corporate Social Opportunity: Seven Steps to make Corporate Social Responsibility work for your business"

Ira Jackson and Jane Nelson .2004. Profits with Principles Seven Strategies for delivering value with values.

Ciulla, J.B. 2004. Ethics: The heart of leadership. London: Praeger For a shorter article Ciulla has a chapter by the same name in: T. Maak, & N.M. Pless (Eds), Responsible leadership. London: Routledge (2006).

Dunphy, D., Griffiths, A., & Benn, S. 2003. Organizational change for corporate sustainability. London: Routledge.

Ghoshal, S. 2005. Bad management theories are destroying good management practices. Academy of Management Learning and Education, 4, 75-91.

Henriques, A. 2005. CSR, sustainability and the Triple Bottom Line. In, A, Henriques & J, Richardson (Eds), The Triple Bottom Line, does it all add up?: Assessing the sustainability of business and CSR. London: Earthscan.

Ladkin, D. 2006. When deontology and utilitarianism aren't enough: How Heidegger's notion of "Dwelling" might help organisational leaders resolve ethical issues. Journal of Business Ethics, 65, 87-98.

Porter, M., & Kramer, M. 2003. The competitive advantage of corporate philanthropy. In H. B. School (Ed.), Harvard Business Review on corporate social responsibility. Boston: Harvard Business School Press.

Aguilera, R. V., Rupp, D. E., Williams, C. A., Ganapathi, J. 2007. Putting the s back in corporate social responsibility: A multilevel theory of social change in organizations, Academy of Management Review, 32(3): 836-863.

Basu, K., & Palazzo, G. 2008. Corporate social responsibility. A process model of sensemaking, Academy of Management Review, 33(1): 122-136.

Husted, B. W., & Allen, D. B. 2007 - Strategic corporate social responsibility and value creation among large firms: Lessons from the Spanish experience, Long Range Planning, 40(6): 594-610.

Jonker, J., & White, M. D. (Eds) 2006. The Challenge of Organising and Implementing Corporate Social Responsibility, Basingstoke, UK: Palgrave Macmillan.

McWilliams, A., & Siegel, D. 2001. Corporate social responsibility: a theory of the firm perspective, Academy of Management Review, 26(1): 117-127.

Porter, M. E., & Kramer, M. C. 2006. Strategy and society: the link between competitive advantage and corporate social responsibility, Harvard Business Review, 84(12): 78-92.

UNEP, Division of Technology, Industry and Economics, Energy & Environment, www.uneptie.org/energy/env/index.htm (accessed 23/04/03)

C. de Haan, H. Steinfeld & H. Blackburn. 1998. 'Livestock and the Environment: Finding a Balance' FAO, USAID, World Bank.

R.K. Heitschmidt, et al. 1996. 'Ecosystems, Sustainability, and Animal Agriculture,' Journal of Animal Science 1996: 74:1395-1405.

R. A. Brand & A. G. Melman, 1993. Energie inhoudnormen van de veehouderij; deel 2 proceskaarten.

TNO, 1998. Instituut voor milieu-en energietechnologie, Apeldoorn, The Netherlands. Cited in C. de Haan, H. Steinfeld & H. Blackburn.

P. Southwell & T. M. Rothwell. 1977. Analysis of Output/Input Energy Ratios of Food Production in Ontario. School of Engineering, University of Guelph, Guelph, Canada. Cited in C. de Haan, H. Steinfeld & H.

Blackburn.

World Watch Institute, 1994. The Price of Beef.

R. Goodland & D. Pimentel, 2000. 'Sustainability and Integrity in the Agriculture Sector,' Ecological Integrity: Integrating Environment, Conservation and Health, D. Pimentel, L. Westra, R. F. Noss (eds), Island Press.

Godfrey Boyle (Editor), 2003. Energy Systems and Sustainability, Oxford University Press.

能源與環境 energy and environment

Fay et al. 2002. Energy and the Environment. Oxford University Press.

Vaclav Smil. 2003. Energy at the Crossroads : Global Perspectives and Uncertainties. The MIT Press.

Asfahl. 2003. Industrial Safety and Health Management, Fifth Edition. Prentice Hall.

Donald R. Wulfinghoff. 2000. Energy Efficiency Manual. Energy Institute Press.

William H. Clark. 1997. Retrofitting for Energy Conservation. McGraw-Hill.

G.G. Rajan. 2002. Optimizing Energy Efficiencies in Industry. McGraw-Hill.

Albert Thumann. 2003. Handbook of Energy Audits. Fairmont Press.

Amy L. Vickers. 2001. Handbook of Water Use and Conservation: Homes, Landscapes, Industries, Businesses, Farms, Waterplow Press.

IEA, 2009. Key World Energy Statistics.

CSES. 2004. Geo-Heat Center, Klamath Falls, Oregon, LEED Certified and Silver buildings.

Lide, DR and HPR Frederikse, Eds, 1994. CRC Handbook of Chemistry and Physics. 75th ed. Boca Raton: CRC Press; Probstein, RF and RE Hicks, 1982. Synthetic Fuels. NY: McGraw-Hill; Flagan, RC and JH Seinfeld, 1988. Fundamentals of Air Pollution. Englewood Cliffs, NJ: Prentice-Hall.

中華民國環境保護署官方網站http://share1.epa.gov.tw/epalaw/

Carbon Dioxide Information Analysis Center, 2000. Trends Online: A Compendium of Data on Global Change. Oak Ridge: Oak Ridge National Laboratory.

UNFCCC 京都議定書http://unfccc.int/essential_background/convention/background/items/1348.php

替代能源 alternative energy

Howard S. Geller. 2004. Energy Revolution: Policies for a Sustainable Future.

Godfrey Boyle Editor, 2004. Renewable Energy, Oxford University Press.

Paul Komor, 2004. Renewable Energy Policy. Universe.

Hermann Scheer. 2003. The Solar Economy: Renewable Energy for a Sustainable Global Future.

Manwell et al. 2006. Wind Energy Explained: Theory, Design and Application. John Wiley and Sons.

Rifkin. The Hydrogen Economy. 2007.

Nat'l Energy Tech. Lab. 2005. Fuel Cell Handbook. Univ Pr of the Pacific.

Wuppertal Institute for Climate Environment Energy in the Science Centre North Rhine-Westphalia and Deutsche Gesellschaft fur Technische Zusammenarbeit (German Technical Cooperation GTZ). 2004. Towards Sustaniable energy Systems: Integrating Renewable Energy and Energy Efficiency is the Key. Discussion Paper for the International Conference 'Renewables 2004'

Jolley, Ainsley. 2006. Technologies for Alternative Energy. Climate Change Working Paper No. 7. Centre for Strategic Economic Studies Victoria University.

Source: Ainsley Jolley. 2006. Technology for alternative energy. Climate Change Working Paper No. 7.

太陽能

Solar Spectra: Standard Air Mass Zero. NREL Renewable Resource Data Center. 2006.

Earth Radiation Budget Earth Radiation Budget. NASA Langley Research Center. 2006.

Earth Radiation Budget. NREL: Dynamic Maps, GIS Data, and Analysis Tools - Solar Maps

National Renewable Energy Laboratory, US. 2006.

International Energy Agency - Homepage Liepert, B. G. 2002. Observed Reductions in Surface Solar Radiation in the United States and Worldwide from 1961 to 1990. GEOPHYSICAL RESEARCH LETTERS, VOL. 29, NO.

NREL - Solar Hot Water Heating History

EERE - Indirect Gain (Trombe Walls)

NREL - Transpired Air Collectors (Ventilation Preheating)

Horace de Saussure and his Hot Boxes of the 1700s. 2006.

Solar Cooking Plans. Retrieved on 2006.

IEA - Daylighting HVAC Interaction (pg 85)

DOE - Daylighting

ORNL - Solar Technologies Program

Effects of Daylight Savings Time on California Energy Usage

Ryan Kellogg; Hendrik Wolff. 2007. Does extending daylight saving time save energy? Evidence from an Australian experiment. CSEM WP 163. University of California Energy Institute.

http://www.technologyreview.com/read_article.aspx?id=17025&ch=biztech

http://www.regional-renewables.org/cms/front_content.php?idcatart=50 Regional Renewables.org. 2006.

World Sales of Solar Cells Jump 32 PercentViviana Jimenez, 2004 Earth Policy Institute. 2006.

Sun King Russell Flannery 27 March 2006. 2006.

Silicon Shortage Stalls Solar John Gartner, Wired News, 28 March 2005.

2005 Solar Year-end Review & 2006 Solar Industry Forecast Jesse W. Pichel and Ming Yang, Research Analysts, Piper Jaffray. 2006.

Solar Stirling system ready for production. 2006.

U.S. Department of Energy. 2006. New World Record Achieved in Solar Cell Technology. Press release.

Solar pond in Gujarat

Solar pond at University of Texas El Paso

K. Lovegrove, A. Luzzi, I. Soldiani and H. Kreetz. Developing Ammonia Based Thermochemical Energy Storage for Dish Power Plants. Solar Energy, 2003. http://engnet.anu.edu.au/DEresearch/solarthermal/pages/pubs/SolarEAmmonia4.pdf.

IsraCast: ZINC POWDER WILL DRIVE YOUR HYDROGEN CAR, Wired News: Sunlight to Fuel Hydrogen Future and Solar Technology Laboratory: SynMet.

New Scientist issue 2577, 13 November 2006 Take a leaf out of nature's book to tap solar power by Duncan Graham-Rowe Nov 2006.

J Murray. Investigation of Opportunities for High-Temperature Solar Energy in the Aluminum Industry, National Renewable Energy Laboratory report NREL/SR-550-39819 (USA).

NREL - Ocean Energy Basics.

Les Fours solaires.

DOE - Solar Basics.

Plataforma Solar de Almeria Concentrator Facilities.

Sandia - Concentrating Solar Power Overview.

Plataforma Solar de Almeria - Linear-focusing Concentrator Facilities.

Quaschning, Volker. 2003. Technology Fundamentals: Solar thermal power plants (Reprint). Renewable Energy World: 109-113.

Sandia - Concentrating Solar Power Overview.

Vaclav Smil - Energy at the Crossroads.

Environmental Aspects of PV Power Systems.

U.S. Climate Change Technology Program - Transmission and Distribution Technologies.

NREL Map of Flat Plate Collector at Latitude Tilt Yearly Average Solar Radiation.

DOE's Energy Efficiency and Renewable Energy Solar FAQ.

Renewable Resource Data Center - PV Correction Factors.

accessdate=2006-12-12 RRedC Energy Tidbits. NREL Renewable Resource Data Center, 2006.

History of World Solar Challenge The World Solar Challenge. 2006.

Panasonic World Solar Challenge 21-28 October 2007 The World Solar Challenge. 2006.

風能

Burton et al. 2001. Wind Energy Handbook. John Wiley & Sons.

European wind companies grow in U.S. http://www.ieawind.org/AnnexXXV/Meetings/Oklahoma/IEA%20SysOp%20GWPC2006%20paper_final.pdf IEA Wind Summary Paper, Design and Operation of Power Systems with Large Amounts of Wind Power, September 2006

Global Wind Energy Council (February 2, 2007). Global wind energy markets continue to boom - 2006 another record year (PDF). Press release. Retrieved on 2007-03-11.

Helming, Troy (February 2, 2004). Uncle Sam's New Year's Resolution. RE Insider. Retrieved on 2006-04-21.

Wind Power Increased by 27% in 2006. American Wind Energy Association (January 23, 2007). Retrieved on 2007-01-31.

BWEA report on onshore wind costs

http://www.eia.doe.gov/oiaf/ieo/pdf/0484(2006).pdf Energy Information Administration, "International Energy Outlook", 2006, p. 66.

Fact sheet 4: Tourism

Nuclear Energy Institute. Nuclear Facts. Retrieved on July 23rd, 2006.

Hogan, Jesse. "Fury over wind farm decision", The Age, 2006-04-05. Retrieved on 2006-08-18.

David Cohn. Windmills in the Sky. Wired News: Windmills in the Sky. San Francisco: Wired News. Retrieved on July 28, 2006.

Magenn Power Inc. corporate website. Retrieved on August 18, 2006.

European Wind Energy Association (EWEA) statistics.

Aslam, Abid (31 March 2006). Problem: Foreign Oil, Answer: Blowing in the Wind?. OneWorld US. Retrieved on 2006-04-21.

Wind Power Capacity. Retrieved on 2007-01-23.

Tapping the Wind - India (February 2005). Retrieved on 2006-10-28.

Watts, Himangshu (November 11 2003). Clean Energy Brings Windfall to Indian Village. Reuters News Service. Retrieved on 2006-10-28.

Suzlon Energy. Lema, Adrian and Kristian Ruby, "Between fragmented authoritarianism and policy coordination: Creating a Chinese market for wind energy", Energy Policy, Vol. 35, Isue 7, July 2007

Atlas do Potencial Eolico Brasileiro. Retrieved on 2006-04-21.

Eletrobras - Centrais Eletricas Brasileiras S.A - Projeto Proinfa. Retrieved on 2006-04-21.

Wind Energy: Rapid Growth (PDF). Canadian Wind Energy Association. Retrieved on 2006-04-21.

Canada's Current Installed Capacity (PDF). Canadian Wind Energy Association. Retrieved on 2006-12-11.

Standard Offer Contracts Arrive In Ontario. Ontario Sustainable Energy Association (March 21, 2006). Retrieved on 2006-04-21.

Call for Tenders A/O 2005-03: Wind Power 2,000 MW. Hydro-Quebec. Retrieved on 2006-04-21.

AeroTecture. "Energy Technology Center: Project Architectural Wind", AeroVironment Inc, 2006.

'Micro' wind turbines are coming to town, CNET , February 10, 2006, Martin LaMonica

Shashank Priya et al. "Piezoelectric Windmill: A novel solution to remote sensing", Japanese Journal of

Applied Physics, v. 44 no. 3 p. L104-L107, 2005.

Swift Turbines. Better Generation: Swift Rooftop wind energy system discussion.

Lucien Gambarota: Alternative energy pioneer, CNN, 16 April 2007.

http://www.windpower.org/en/stats/shareofconsumption.htm

http://www.windpower.org/composite-1172.htm

Archer, Cristina L.; Mark Z. Jacobson. Evaluation of global wind power. Retrieved on 2006-04-21.

Archer, Cristina L.; Mark Z. Jacobson. Evaluation of global wind power. Retrieved on 2006-04-21.

Global Wind Map Shows Best Wind Farm Locations. Environment News Service (May 17, 2005). Retrieved on 2006-04-21.

Cohn, David (Apr 06, 2005). Windmills in the Sky. Wired News. Retrieved on 2006-04-21.

http://www.ukerc.ac.uk/component/option,com_docman/task,doc_download/gid,550/ The Costs and Impacts of Intermittency, UK Energy Research Council, March 2006]

http://www.eirgrid.com/EirGridPortal/uploads/Publications/Wind%20Impact%20Study%20-%20main%20report.pdf ESB National Grid, "Impact of Wind Generation in Ireland on the Operation of Conventional Plant and the Economic Implications", 2004

Annual Energy Review 2004 Report No. DOE/EIA-0384(2004). Energy Information Administration (August 15, 2005). Retrieved on 2006-04-21.

Wind and the Mitigation of CO2 Emissions - The Global Picture.

http://www.eoearth.org/article/Energy_return_on_investment_EROI_for_wind_energy

Danish Wind Industry Association. Danis Wind Turbine Manufacturer's Association (December 1997). Retrieved on 2006-05-12.

Net Energy Payback and CO2 Emissions from Wind-Generated Electricity in the Midwest. S.W.White & G.L.Klucinski - Fusion Technology Institute University of Wisconsin (December 1998). Retrieved on 2006-05-12.

RENEWABLE ENERGY - Wind Power's Contribution to Electric Power Generation and Impact on Farms and Rural Communities (GAO-04-756) (PDF). United States Government Accountability Office (September 2004). Retrieved on 2006-04-21.

Wind energy Frequently Asked Questions. British Wind Energy Association. Retrieved on 2006-04-21.

Forest clearance for Meyersdale, Pa., wind power facility

Birds. Retrieved on 2006-04-21.

Lomborg, Bjorn (2001). The Skeptical Environmentalist. New York City: Cambridge University Press.

(18 June 2005) "Wind turbines a breeze for migrating birds". New Scientist (2504): 21. Retrieved on 2006-04-21.

Wind farms. Royal Society for the Protection of Birds (14 September 2005). Retrieved on 2006-04-21.

The negative effects of windfarms on birds and other wildlife: articles by Mark Duchamp

Developing Methods to Reduce Bird Mortality In the Altamont Pass Wind Resource Area

Royal Society for the Protection of Birds: Wind farm strikes at eagle stronghold

Caution Regarding Placement of Wind Turbines on Wooded Ridge Tops (PDF). Bat Conservation International (4 January 2005). Retrieved on 2006-04-21.

Arnett, Edward B.; Wallace P. Erickson, Jessica Kerns, Jason Horn (June 2005). Relationships between Bats and Wind Turbines in Pennsylvania and West Virginia: An Assessment of Fatality Search Protocols, Patterns of Fatality, and Behavioral Interactions with Wind Turbines (PDF). Bat Conservation International. Retrieved on 2006-04-21.

海域風能

OFFSHORE WIND ENERGY: FULL SPEED AHEAD. KROHN, Soren Danish Wind Turbine Manufacturers Association Copenhagen, Denmark

S.F. Lin, T.Y. Tang, S. Jan, and C.-J. Chen. Taiwan strait current in winter Continental Shelf ResearchVolume 25, Issue 9, June 2005, Pages 1023-1042.

Gareth P. Harrison, and A. Robin Wallace Climate sensitivity of marine energy Renewable Energy Volume 30, Issue 12, October 2005, Pages 1801-1817.

Cameron, A. 2005. Offshore account - European wind heads for the sea. Renewable Energy World, 8(5): 46-59.

Cameron, A. 2006. Offshore in the North Sea - An update on the Beatrice offshore wind farm. Renewable Energy World, 9(6):86-93.

Cameron, A. 2007. On the cusp? - An update of the state of the offshore wind market. Renewable Energy World, 10(2): 22-35.

Feld, T et al., (Denmark) Structural and economic optimization of offshore wind turbine support structure and foundation.

Hays, Keith. 2005. Southern success - European wind overcomes its north-south divide. Renewable Energy World, 8(4): 178-187.

Jeremy Firestone and Willett Kempton Public opinion about large offshore wind power: Underlying factors Energy Policy Volume 35, Issue 3, March 2007, Pages 1584-1598

Vries, E. 2005. Up, up and away. Stretching the boundaries -wind energy technology review 2004-2005. Renewable Energy World, 8(4): 100-113.

Vries, E. 2006. Forward thinking - future concepts for wind turbines. Renewable Energy World, 9(3): 98.

Vries, E. 2006. Market predictions - wind energy study 2006. Renewable Energy World, 9(3): 112-123

Vries, E. 2007. A solid foundation - technological developments from the DEWEKConference. Renewable Energy World, 10(1): 38-46.

Weisbrich, A.L., Rainey, D.L; Olson, P.W.; Gordes, J.N. 2000. Offshore WARPTM Wind Power with Integral H2-Gas Turbines or Fuel Cells: Leaving the Fossil Age at Warp Speed for a First Step to a Hydrogen Economy. Proceedings of the Offshore Wind Energy in Mediterranean & Other European Seas - OWEMES 2000 - Conference.

KROHN, Soren OFFSHORE WIND ENERGY: FULL SPEED AHEAD, Danish Wind Turbine Manufacturers Association

Elselskabernes og Energistyrelsens arbejdsgruppe for havmoller, "Havmolle-handlingsplan for de danske farvande", Danish Energy Agency, Copenhagen, 1997.

Elsamprojekt A/S, SEAS, LIC Engineering A/S, "Vindmollefundamenter i havet, slutrapport", Danish Energy Agency, Copenhagen, 1997.

Danish Wind Turbine Manufacturers Association web site, www.windpower.dk. The page http://www.windpower.dk/tour/econ/offshore.htm and the preceding calculator pages allow calculations of parameters variations and sensitivity analysis on these calculations.

Ib Troen, Erik Lundtang Petersen, European Wind Atlas, Riso National Laboratory, Riso, Denmark, 1989.

Magella Guillemette, Jesper Kyed Larsen, Ib Clausager, "Effekt af Tuno Knob vindmollepark på fuglelivet", Faglig rapport fra DMU nr. 209, Danmarks Miljoundersogelser, Copenhagen, 1997.

Soren Krohn, "The Energy Balance of Modern Wind Turbines", Wind Power Note no. 16, Danish Wind Turbine Manufacturers Association, Copenhagen, 1997. (Web: http://www.windpower.dk)

"Energy 21. The Danish Government's Action Plan for Energy", Ministry of Environment and Energy, Copenhagen, 1996. (Web: http://www.ens.dk)

"Danmarks Energifremtider", Ministry of Environment and Energy, Copenhagen, 1997.

Lars Henrik Nielsen (ed.), "Vedvarende energi i stor skala til el- og varmeproduktion", Risoe National Laboratory, Risoe, Denmark, 1994.

John Olav Tande (ed.), "Estimation of Cost of Energy from Wind Energy Conversion Systems", 2nd edition, IEA, Risoe National Laboratory, 1994.

水力

New Scientist report on greenhouse gas production by hydroelectric dams.

International Water Power and Dam Construction Venezuela country profile.

International Water Power and Dam Construction Canada country profile.

Tremblay, Varfalvy, Roehm and Garneau. 2005. Greenhouse Gas Emissions - Fluxes and Processes, Springer, 732 p.

Masters, Gilbert M. Renewable and Efficient Electric Power Systems. Hoboken, NJ, John Wiley & Sons, 2004.

Boyle, Godfrey. Renewable Energy. Oxford ; New York : Oxford University Press in association with the Open University, 2004.

Sorensen, Bent. Renewable Energy : Its Physics, Engineering, Use, Environmental Impacts, Economy and Planning Aspects. Bent Sorensen. San Diego, Calif.; London : Academic, 2000.

OECD. Environmental Impacts of Renewable Energy: the OECD COMPASS Project. Paris : Organisation for Economic Co-operation and Development, 1988.

Appropriate Technology for Alternative Energy Sources in Fisheries: Proceedings of the ADB-ICLARM Workshop on Appropriate Technology for Alternative Energy Sources in Fisheries, Manila, Philippines, 21-26 February 1981 ed. by R. C. May, I. R. Smith and D. B. Thomson.

Handbook of Renewable Energies in the European Union II : Case Studies of All Accession States. Danyel Reiche (ed.); in collaboration with Mischa Bechberger, Stefan Korner, and Ulrich Laumanns ; foreword by Gunter Verheugen. Frankfurt am Main ; New York : P. Lang, 2003.

Potts, Michael. The independent Home : Living Well with Power from the Sun, Wind, and Water. Post Mills, VT : Chelsea Green Pub. Co., 1993.

Potts, Michael. The New Independent Home : People and Houses that Harvest the Sun. White River Junction, Vt. : Chelsea Green Publishing, 1999.

Power Generation by Renewables / Organized by the Energy Transfer and Thermofluid Mechanics Group of The Institution of Mechanical Engineers (IMechE) ; co-sponsored by the Power Industry Division. Bury St. Edmunds : Professional Engineering Publishing, 2000.

The Real Goods Solar Living Sourcebook : the Complete Guide to Renewable Energy Technologies and Sustainable Living./ executive editor, John Schaeffer ; edited by Doug Pratt and the Real Goods staff. 1999.

Chambers, Ann. Renewable Energy in Nontechnical Language. Tulsa, Okla. : PennWell Corp., 2004.

Renewable Energy : Power for a Sustainable Future. edited by Godfrey Boyle. Oxford: Oxford University Press in association with the Open University, 1996.

Renewable Energy Resources. [text adaptation, Trevor Smith]. Mankato, MN : Weigl Publishers, 2004.

Renewable Energy Storage: Its Role in Renewables and Future Electricity Markets. organized by the Research and Technology Committee of the Institution of Mechanical Engineers (IMechE) Bury St Edmunds : Professional Engineering Pub. for the Institution of Mechanical Engineers, 2000.

Renewable Energy Systems : Design and Analysis with Induction Generators. M. Godoy Simoes and Felix A. Farret.

Renewable Resources for Electric Power : Prospects and Challenges. Raphael Edinger, Sanjay Kaul. Westport, Conn.: Quorum Books, 2000.

Wind Power : Renewable Energy for Home, Farm, and Business. Paul Gipe. White River Junction, VT : Chelsea Green Pub. Co., 2004.

加滿氫再上路科學人雜誌網站http://sa.ylib.com/read/readshow.asp?FDocNo=1011&DocNo=1599

海洋熱能

Emren, A. and Bergstrom, S. 1977. Salinity Power Station at the Swedish West Coast: Possibility and energy price for a 200 MW plant, In: Proc. Int. Conf. on Alt. Energy Sources, Miami Beach, December.

Gava, P. 1979. Energy from Salinity Gradients, European pre-study, Eurocean, Association, Europeenne Oceanique, Monaco.

Jellinek, H.H. and Masuda, H. 1981. Osmo-power: Theory and performance of an osmo-power plant, Ocean Engng., vol. 8, 2, 103.

Lee, K.L., Baker, R.W., and Lonsdale, H.K. 1981. Membranes for Power Generation by Pressure-retarded Osmosis, J. of Mem. Sci. vol. 8, 141.

Loeb, S. 1998. Energy Production at the Dead Sea by Pressure-retarded Osmosis: Challenge or chimera?, Desalination, 120, 247-262.

Metha, G.D. 1982. Further Results on the Performance of Present-day Osmotic Membranes in Various Osmotic Regions, J. of Mem. Sci. vol. 10, 3.

Burnham, L., Johansson, T.B., Kelly, H., Reddy, A.K.N. and Williams, R.H. (Eds.) 1993. Renewable Energy: Sources for fuels and electricity, Island Press.

Thorsen, T. 1996. Salinity Power, SINTEF Report STF66 A96001, SINTEF Applied Chemistry, Trondheim (in Norwegian).

地熱能

http://stu.spps.tp.edu.tw/~petter/08web/hot.htm

http://home.kimo.com.tw/energy_ksut/page/geothermal/common.htm

International Geothermal Association http://iga.igg.cnr.it/geo/geoenergy.php

Geothermal Energy Association - Washington, DC. 2007.

Allan Clotworthy, Allan. Response of Wairakei geothermal reservoir to 40 years of production, 2006. Proceedings World Geothermal Congress 2000.

All About Geothermal Energy - Current Use. Geothermal Energy Association. 2007.

How Geothermal Energy Works. Union of Concerned Scientists. 2007.

Armstead, H.C.H., 1983. Geothermal Energy. E. & F. N. Spon, London, 404 pp.

Axelsson, G. and Gunnlaugsson, E., 2000. Background: Geothermal utilization, management and monitoring. In: Long-term Monitoring of High- and Low Enthalpy Fields under Exploitation, WGC 2000 Short Courses, Japan, 3-10.

Barbier, E. and Fanelli, M., 1977. Non-electrical uses of geothermal energy. Prog. Energy Combustion Sci., 3, 73-103.

Beall, S. E, and Samuels, G., 1971. The use of warm water for heating and cooling plant and animal enclosures. Oak Ridge National Laboratory, ORNL-TM-3381, 56 pp.

Benderitter, Y. and Cormy, G., 1990. Possible approach to geothermal research and relative costs. In: Dickson, M.H. and Fanelli, M., eds., Small Geothermal Resources: A Guide to Development and Utilization, UNITAR, New York, pp. 59-69.

Brown, K. L., 2000. Impacts on the physical environment. In: Brown, K.L., ed., Environmental Safety and Health Issues in Geothermal Development, WGC 2000 Short Courses, Japan, 43-56.

Buffon, G.L., 1778. Histoire naturelle, générale et particulière. Paris, Imprimerie Royale, 651 p.

Bullard, E.C., 1965. Historical introduction to terrestrial heat flow. In : Lee, W.H.K., ed. Terrestrial Heat Flow, Amer. Geophys. Un., Geophys. Mon. Ser., 8, pp.1-6.

Combs, J. and Muffler, L.P.J., 1973. Exploration for geothermal resources. In : Kruger, P. and Otte, C., eds., Geothermal Energy, Stanford University Press, Stanford, pp.95-128.

Entingh, D. J., Easwaran, E. and McLarty, L., 1994. Small geothermal electric systems for remote powering. U.S. DoE, Geothermal Division, Washington, D.C., 12 pp.

Fridleifsson, I.B., 2001. Geothermal energy for the benefit of the people. Renewable and Sustainable Energy Reviews, 5, 299-312.

Fridleifsson, I. B., 2003. Status of geothermal energy amongst the world's energy sources. IGA News, No.52, 13-14.

Garnish, J.D., ed., 1987. Proceedings of the First EEC/US Workshop on Geothermal Hot-Dry Rock Technology, Ghothermics 16, 323-461.

Gudmundsson, J.S., 1988. The elements of direct uses. Geothermics, 17,119-136.

Hochstein, M.P., 1990. Classification and assessment of geothermal resources. In: Dickson, M.H. and Fanelli, M., eds., Small Geothermal Resources: A Guide to Development and Utilization, UNITAR, New York, pp. 31-57.

Huttrer, G.W., 2001. The status of world geothermal power generation 1995-2000. Geothermics, 30, 7-27.

International Geothermal Association, 2001. Report of the IGA to the UN Commission on Sustainable Development, Session 9 (CSD-9), New York, April.

Lindal, B., 1973. Industrial and other applications of geothermal energy. In: Armstead, H.C.H., ed., Geothermal Energy, UNESCO, Paris, pp.135-148.

Lubimova, E.A., 1968. Thermal history of the Earth. In: The Earth's Crust and Upper Mantle, Amer. Geophys. Un., Geophys. Mon. Ser., 13, pp.63-77.

Lumb, J. T., 1981. Prospecting for geothermal resources. In: Rybach, L. and Muffler, L.J.P., eds., Geothermal Systems, Principles and Case Histories, J. Wiley & Sons, New York, pp. 77-108.

Lund, J. W., Sanner, B., Rybach, L., Curtis, R., Hellstrom, G., 2003. Ground-source heat pumps. Renewable Energy World, Vol.6, no.4, 218-227.

Lund, J. W., 2003. The USA country update. IGA News, No. 53, 6-9.

Lund, J. W., and Boyd, T. L., 2001. Direct use of geothermal energy in the U.S. - 2001. Geothermal Resources Council Transactions, 25, 57-60.

Lund, J. W., and Freeston, D., 2001. World-wide direct uses of geothermal energy 2000. Geothermics 30, 29-68.

Lunis, B. and BreckenridgeE, R., 1991. Environmental considerations. In: Lienau, P.J. and Lunis, B.C.,eds., Geothermal Direct Use, Engineering and Design Guidebook, Geo-Heat Center, Klamath Falls, Oregon, pp.437-445.

Meidav,T.,1998. Progress in geothermal exploration technology. Bulletin Geothermal Resources Council, 27, 6,178-181.

Muffler, P. and Cataldi, R., 1978. Methods fhn regional assessment of geothermal resources. Geothermics , 7, 53-89.

Nicholson, K., 1993. Geothermal Fluids. Springer Verlag, Berlin, XVIII-264 pp.

Pollack, H.N., Hurter, S.J. and Johnson, J.R.,1993. Heat flow from the Earth's interior: Analysis of the global data set. Rev. Geophys. 31, 267-280.

Rfferty, K., 1997. An information survival kit for the prospective residential geothermal heat pump owner. Bull. Geo-Heat Cented , 18, 2, 1-11.

Sanner, B., Karytsas, C., Mendrinos, D. and Rybach, L., 2003. Current status of ground source heat pumps and underground thermal energy storage. Geothermics, Vol.32, 579-588.

Stacey, F.D. and Loper, D.E., 1988. Thermal history of the Earth: a corollary concerning non-linear mantle rheology. Phys. Earth. Planet. Inter. 53, 167 - 174.

Stefansson,V., 2000. The renewability of geothermal energy. Proc. World Geothermal Energy, Japan. On CD-ROM

Tenzer, H., 2001. Development of hot dry rock technology. Bulletin Geo-Heat Center, 32, 4, 14-22.

Weres, O., 1984. Environmental protection and the chemistry of geothermal fluids. Lawrence Berkeley Laboratory, Calif. , LBL 14403, 44 pp.

White, D. E., 1973. Characteristics of geothermal resources. In: Kruger, P. and Otte, C.,eds., Geothermal Energy, Stanford University Press, Stanford, pp. 69-94.

Wright, P.M., 1998. The sustainability of production from geothermal resources. Bull. Geo-Heat Center, 19, 2, 9-12.

http://stu.spps.tp.edu.tw/~petter/08web/hot.htm

http://home.kimo.com.tw/energy_ksut/page/geothermal/common.htm

International Geothermal Association http://iga.igg.cnr.it/geo/geoenergy.php

Geothermal Energy Association - Washington, DC (http). Retrieved on 2007-02-07.

RESPONSE OF WAIRAKEI GEOTHERMAL RESERVOIR TO 40 YEARS OF PRODUCTION, 2006 (pdf)

Allan Clotworthy, Proceedings World Geothermal Congress 2000. (accessed 30 March)

All About Geothermal Energy - Current Use. Geothermal Energy Association. Retrieved on 2007-01-25.

How Geothermal Energy Works. Union of Concerned Scientists. Retrieved on 2007-04-09.

ARMSTEAD, H.C.H., 1983. Geothermal Energy. E. & F. N. Spon, London, 404 pp.

AXELSSON, G. and GUNNLAUGSSON, E., 2000. Background: Geothermal utilization, management and monitoring. In: Long-term monitoring of high- and low enthalpy fields under exploitation, WGC 2000 Short Courses, Japan, 3-10.

BARBIER, E. and FANELLI, M., 1977. Non-electrical uses of geothermal energy. Prog. Energy Combustion Sci., 3, 73-103.

BEALL, S. E, and SAMUELS, G., 1971. The use of warm water for heating and cooling plant and animal enclosures. Oak Ridge National Laboratory, ORNL-TM-3381, 56 pp.

BENDERITTER, Y. and CORMY, G., 1990. Possible approach to geothermal research and relative costs. In: Dickson, M.H. and Fanelli, M., eds., Small Geothermal Resources: A Guide to Development and Utilization, UNITAR, New York, pp. 59-69.

BROWN, K. L., 2000. Impacts on the physical environment. In: Brown, K.L., ed., Environmental Safety and Health Issues in Geothermal Development, WGC 2000 Short Courses, Japan, 43-56.

BUFFON, G.L., 1778. Histoire naturelle, generale et particuliere. Paris, Imprimerie Royale, 651 p.

BULLARD, E.C., 1965. Historical introduction to terrestrial heat flow. In : Lee, W.H.K., ed. Terrestrial Heat Flow, Amer. Geophys. Un., Geophys. Mon. Ser., 8, pp.1-6.

COMBS, J. and MUFFLER, L.P.J., 1973. Exploration for geothermal resources. In : Kruger, P. and Otte, C., eds., Geothermal Energy, Stanford University Press, Stanford, pp.95-128.

ENTINGH, D. J., EASWARAN, E. and McLARTY, L., 1994. Small geothermal electric systems for remote powering. U.S. DoE, Geothermal Division, Washington, D.C., 12 pp.

FRIDLEIFSSON, I.B., 2001. Geothermal energy for the benefit of the people. Renewable and Sustainable Energy Reviews, 5, 299-312.

FRIDLEIFSSON, I. B., 2003. Status of geothermal energy amongst the world's energy sources. IGA News, No.52, 13-14.

GARNISH, J.D., ed., 1987. Proceedings of the First EEC/US Workshop on Geothermal Hot-Dry Rock Technology, Geothermics 16, 323-461.

GUDMUNDSSON, J.S., 1988. The elements of direct uses. Geothermics, 17,119-136.

HOCHSTEIN, M.P., 1990. Classification and assessment of geothermal resources. In: Dickson, M.H. and Fanelli, M., eds., Small Geothermal Resources: A Guide to Development and Utilization, UNITAR, New York, pp. 31-57.

HUTTRER, G.W., 2001. The status of world geothermal power generation 1995-2000. Geothermics, 30, 7-27.

INTERNATIONAL GEOTHERMAL ASSOCIATION, 2001. Report of the IGA to the UN Commission on Sustainable Development, Session 9 (CSD-9), New York, April.

LINDAL, B., 1973. Industrial and other applications of geothermal energy. In: Armstead, H.C.H., ed., Geothermal Energy, UNESCO, Paris, pp.135-148.

LUBIMOVA, E.A., 1968. Thermal history of the Earth. In: The Earth's Crust and Upper Mantle, Amer. Geophys. Un., Geophys. Mon. Ser., 13, pp.63-77.

LUMB, J. T., 1981. Prospecting for geothermal resources. In: Rybach, L. and Muffler, L.J.P., eds., Geothermal Systems, Principles and Case Histories, J. Wiley & Sons, New York, pp. 77-108.

LUND, J. W., SANNER, B., RYBACH, L., CURTIS, R., HELLSTROM, G., 2003. Ground-source heat pumps. Renewable Energy World, Vol.6, no.4, 218-227.

LUND, J. W., 2003. The USA country update. IGA News, No. 53, 6-9.

LUND, J. W., and BOYD, T. L., 2001. Direct use of geothermal energy in the U.S. - 2001. Geothermal Resources Council Transactions, 25, 57-60.

LUND, J. W., and FREESTON, D., 2001. World-wide direct uses of geothermal energy 2000. Geothermics 30, 29- 68.

LUNIS, B. and BRECKENRIDGE, R., 1991. Environmental considerations. In: Lienau, P.J. and Lunis, B.C.,eds., Geothermal Direct Use, Engineering and Design Guidebook, Geo-Heat Center, Klamath Falls, Oregon, pp.437-445.

MEIDAV,T.,1998. Progress in geothermal exploration technology. Bulletin Geothermal Resources Council, 27, 6,178-181.

MUFFLER, P. and CATALDI, R., 1978. Methods for regional assessment of geothermal resources. Geothermics , 7, 53-89.

NICHOLSON, K., 1993. Geothermal Fluids. Springer Verlag, Berlin, XVIII-264 pp.

POLLACK, H.N., HURTER, S.J. and JOHNSON, J.R.,1993. Heat flow from the Earth's interior: Analysis of the global data set. Rev. Geophys. 31, 267-280.

RAFFERTY, K., 1997. An information survival kit for the prospective residential geothermal heat pump owner. Bull. Geo-Heat Center , 18, 2, 1-11.

SANNER, B., KARYTSAS, C., MENDRINOS, D. and RYBACH, L., 2003. Current status of ground source heat pumps and underground thermal energy storage. Geothermics, Vol.32, 579-588.

STACEY, F.D. and LOPER, D.E., 1988. Thermal history of the Earth: a corollary concerning non-linear mantle rheology. Phys. Earth. Planet. Inter. 53, 167 - 174.

STEFANSSON,V., 2000. The renewability of geothermal energy. Proc. World Geothermal Energy, Japan. On CD-ROM

TENZER, H., 2001. Development of hot dry rock technology. Bulletin Geo-Heat Center, 32, 4, 14-22.

WERES, O., 1984. Environmental protection and the chemistry of geothermal fluids. Lawrence Berkeley Laboratory, Calif. , LBL 14403, 44 pp.

WHITE, D. E., 1973. Characteristics of geothermal resources. In: Kruger, P. and Otte, C.,eds., Geothermal Energy, Stanford University Press, Stanford, pp. 69-94.

WRIGHT, P.M., 1998. The sustainability of production from geothermal resources. Bull. Geo-Heat Center, 19, 2, 9-12.

生物能

T.A. Volk, L.P. Abrahamson, E.H. White, E. Neuhauser, E. Gray, C. Demeter, C. Lindsey, J. Jarnefeld, D.J. Aneshansley, R. Pellerin and S. Edick (October 15-19, 2000). "Developing a Willow Biomass Crop Enterprise for Bioenergy and Bioproducts in the United States". Proceedings of Bioenergy 2000, Adam's Mark Hotel, Buffalo, New York, USA: North East Regional Biomass Program. OCLC 45275154. Retrieved on 2006-12-16.

Oh, Chicken Feathers! How to Reduce Plastic Waste. Yahoo News, Apr 5, 2007.

European Environment Agency (2006) How much bioenergy can Europe produce without harming the environment? EEA Report no. 7.

Marshall, A. T. (2007) Bioenergy from Waste: A Growing Source of Power, Waste Management World Magazine, April, p34-37.

http://www.refuel.eu/biofuels/biomethanol/ Refuel.com biomethanol.

http://www.refuel.eu/biofuels/htu-diesel/ Refuel.com HTU diesel.

http://www.ieabioenergy.com/IEABioenergy.php.

http://ec.europa.eu/energy/energy_policy/doc/07_biofuels_progress_report_en.pdf

http://www.greenfuelonline.com.

Enrique C. Ochoa, The Costs of Rising Tortilla Prices in Mexico, February 3, 2007. http://www.zmag.org/content/showarticle.cfm?SectionID=59&ItemID=12030.

Financial Times, London, February 25 2007, quoting Jean-Francois van Boxmeer, chief executive.

潮汐發電

ASME (American Society of Mechanical Engineers), 1996. Hydro Power Technical Committee, Guide to Hydropower Mechanical Design.

ATPPB (Atlantic Tidal Power Programming Board), 1969. Feasibility of Tidal Power Development in the Bay of Fundy.

Bernshtein, L.B., Wilson, E.M. and Song, W.O., 1997. Tidal Power Plants, Korea Ocean Research and Development Institute, Seoul, Korea.

BFTPRB (The Bay of Fundy Tidal Power Review Board), 1977. Reassessment of Fundy Tidal Power.

BoFEP (Bay of Fundy Ecosystem Partnership), 1966-1. Sandpipers and Sediments, Shorebirds in the Bay of Fundy, Fundy Issues #3.

BoFEP (Bay of Fundy Ecosystem Partnership), 1966-2. Right Whales Wrong Places? North Atlantic Right Whales in the Bay of Fundy, Fundy Issues #6.

Boucly, F., and Fuster, S., (1984), Energie Marémotrice, Les conceptions françaises actuelles, Société Hydrotechnique de France, Comité Technique session No. 125, les 14 et 15 mars 1984, deuxième partie, "L'energie marémotrice en France", pp. 597-605.

Cheng, Xuemin, 1985. Tidal Power in China, Water Power and Dam Construction, February 1985.

Cheng, Xuemin, 1986. Tidal Power in China, an elaborated version of (Cheng 1985), not published.

Clark, R.H., 1993. Tidal Power, a chapter in Energy Technology and the Environment, Wiley Encyclopedia Series in Environmental Science Volume 4.

C.O.E.U.R. (Comité Opérationnel des élus et Usagers de la Rance), 1999. Rapport d'etape fin septembre 1999.

Daborn, G.R., 1985. Environmental implications of the Fundy Bay tidal power development, Water Power & Dam Construction, April 1985, 15-18.

Dadswell, M.J., Rulifson, R.A., Daborn, G.R., 1986. Potential Impact of Large-Scale Tidal Power Developments in the Upper Bay of Fundy on Fisheries Resources of the Northwest Atlantic, Fisheries, Vol. 11, No. 4, 26-35.

Dadswell, M.J., 1994. Macrotidal estuaries: a region of collision between migratory marine animals and tidal power development, Biological Journal of the Linnean Society 51: 93-113.

Gibrat, R., 1966. L'energie des marées, Presses Universitaire de France.

Gibson, A.J.F., Myers, R.A., 2002. Effectiveness of a High-Frequency-Sound Fish Diversion System at the Annapolis Tidal Hydroelectric Generating Station, Nova Scotia, North American Journal of Fisheries Management 22-770-784.

Godin, Gabriel, The Energetic Resources of Ungava Bay and its Hinterland, IEEE Internatiinal Conference on Engineering in the Ocean Environment ("OCEAN '74"), IEEE Publication '74 CHO873-O OCC, p. 378-383.

Haws, E. T., 1997. Tidal power - a major prospect for the 21st century (Royal Society Parsons Memorial Lecture}, Proceedings Institution of Civil Engineers, Water, Maritime & Energy, 1997, 124, pp. 1 - 24, Paper 11285.

Heaps, N.S., 1968. Estimated effects of a barrage on the tides in the Bristol Channel, Proc. Instn. Civ. Engrs. 40(4): 495-509.

Hillairet, P., 1984. Vingt ans apres La Rance, une expérience marémotrice, Société Hydrotechnique de France, Comité Technique session No. 125, les 14 et 15 mars 1984, deuxieme partie, "L'energie maremotrice en France" pp. 572-582.

Hoyt, Erich, 1984. The Whales of Canada, Camden House Publishing Ltd., Camden East, Ontario.

Kraus, S.D., Prescott, J.H., Turnbull, P.V. and Reeves, R.R., 1982. Preliminary notes on the occurrence of the North Atlantic right whale, Eubalaena glacialis, in the Bay of Fundy, Report of the International Whaling Commission, 28: 407-411.

TPC (Tidal Power Corporation, Halifax, NS, Canada), 1982. Fundy Tidal Power Update.

Van Walsum, Walt, 1999. Offshore Engineering for Tidal Power, Proceedings of the Ninth International Offshore and Polar Engineering Conference, Brest, France, Volume 1: 777- 784 (Published by ISOPE, Cupertino, CA, USA).

Whitehouse, Richard; Soulsby, Richard; Michener, Helen; 2000. Dynamics of estuarine muds, a manual for practical application, Thomas Telford Ltd., London, U.K.

Marine Current Turbines. 2005. EDF Energy powers Marine Current Turbine's First Commercial Prototype. http://www.marineturbines.com/home.htm.

Minakov. V, 2005. Transmission Line Project Linking the Russian Far East with the DPRK (Chongjin). http://www.nautilus.org/aesnet/Minakov_Niigata_2004_Peport.

Power Engineering International. 2006. China Operated Tidal Power Project. http://pepei.pennnet.com/Articles/Article_Display.cfm?Section=ARTCL&Category=PRODJ&PUBLICATION_ID=6&ARTICLE_ID=244908.

The United Kingdom Parliament. 2001, Appendix 6 - Wave and Tidal Energy. http://www.parliament.the-stationery-office.co.uk/pa/cm200001/cmselect/cmsctech/291/291ap07.htm.

Wilmington Media, International Water Power and Dam Construction. 2004. Barriers against Tidal Power. http://www.waterpowermagazine.com/story.asp?storyCode=2022354.

World Energy Council. 2001. 2001 Survey of Energy Resources - Tidal Energy. http://www.worldenergy.org/wec-geis/publications/reports/ser/tide/tide.asp.

燃料電池

Jin, H. & Ishida, M. 2000. A novel gas turbine cycle with hydrogen-fueled chemical- looping combustion. International Journal of Hydrogen Energy 25 (2000) 1209-1215.

Takahashi, S. 2003. Hydrogen internal combustion sterling engine. JSME International Journal Series B, Vol. 46, No. 4 (2003) 633-642.

Ingram, L.O. et al. 1999. Enteric bacterial catalysts for fuel ethanol production." Biotechnology Prog. 15(5):855-66.

Yen, T.J. et al. 2003. A micro methanol fuel cell operating at near room temperature. Applied Physics Letter, 83(19): 4056-4058.

Bellona Foundation. www.bellona.no.

EG&G Technical Services Under Contract No. DE-AM26-99FT40575 for U.S. Department of Energy. Fuel Cell Handbook 7th Edition. November 2004.

Department of Defense. www.dodfuelcell.com.

Fuel Cell Test and Evaluation Center. www.fctec.com.

Fuel Cell Today. www.fuelcelltoday.com.

Fuel Cell Handbook, 5th edition, 2000.

鄭耀宗等著，現場型磷酸燃料應用於大用戶之可行性研究，1995 年。

左峻德，燃料電池之特性與運用，2001 年。

H2 Nation vol1 issue 3 July/August 2004, p8-9.

U Montana. http://www.h2education.com/index.php/fuseaction/about.main.htm.

能源的單位

在討論能源的數量時，所面對的數字範圍可能會從很小很小到很大很大。因此以 10 的次幂（包含正次與負次）表達能源的數量，也就很常見了。而進一步縮減表達方法，靠的便是字首（prefixes）。在單位之前加上這些字首，便表示乘上該單位。表1所列為最常用的從大到小的字首。

表 1　字首

符號	字首	相當於乘上	等於是
E	Exa-	10^{18}	One quintillion　百萬兆
P	Peta-	10^{15}	One quadrillion　千兆
T	Tera-	10^{12}	One trillion　兆
G	Giga-	10^{9}	One billion　十億
M	Mega-	10^{6}	One million　百萬
k	kilo-	10^{3}	One thousand　千
h	hecto-	10^{2}	One hundred　百
da	deca-	10	Ten　十
d	deci-	10^{-1}	One tenth　十分之一
c	centi-	10^{-2}	One hundredth　百分之一
m	milli-	10^{-3}	One thousandth　千分之一
μ	micro-	10^{-6}	One millionth　百萬分之一
n	nan-	10^{-9}	One billionth　十億分之一
p	pico-	10^{-12}	One trillionth　兆分之一
f	femto-	10^{-15}	One quadrillionth　千兆分之一
a	atto-	10^{-18}	One quintillionth　百萬兆分之一

電力的基本單位是瓦特或瓦 (watt)，也就是每秒鐘轉換一焦爾（Joule, J）的能量的比率，亦即一瓦–小時 = 3.6 kJ。千瓦（kilowatt, kW）如今雖以廣用於發電機和馬達，但馬力（horsepower, hp）仍常用於汽車引擎。另外，迄今用於表達質量、長度、速度、面積、及體積仍常採用傳統的單位。以下表所列為在本書和其他許多能源相關文獻上，最常用到的單位之間的轉換因子。

表 2　能量

	MJ	GJ	kWh	toe	tce
1MJ =	1	0.001	0.2778	2.4×10^{-5}	3.6×10^{-5}
1 GJ =	1000	1	277.8	0.024	0.036
1kWh =	3.60	0.0036	1	8.6×10^{-5}	1.3×10^{-4}
1 toe =	42 000	42	12 000	1	1.5
1 tce =	28 000	28	7800	0.67	1

	PJ	EJ	TWh	Mtoe	Mtce
1PJ =	1	0.001	0.2778	0.024	0.036
1 EJ =	1000	1	277.8	24	36
1TWh =	3.60	0.0036	1	0.086	0.13
1 Mtoe =	42	0.042	12	1	1.5
1 Mtce =	28	0.028	7.8	0.67	1

表3　功率

比率	焦爾		每年千瓦-小時(kW-hr/yr)	每年油當量 oe/yr	每年煤當量 ce/yr
	每小時	每年			
1 W	3600 J	31.54 MJ	8.76	0.75×10^{-3} toe*	1.1×10^{-3} tce*
1 kW	3.6 MJ	31.54 GJ	8760	0.75 toe	1.1 tce
1 MW	3.6 GJ	31.54 TJ	8.76×10^{6}	750 toe	1100 tce
1 GW	3.6 TJ	31.54 PJ	8.67×10^{9}	0.75 Mtoe	1.1 Mtce
1 TW	3.6 TJ	31.54 EJ	8.76×10^{12}	750 Mtoe	1100 Mtce

*相當於 0.75 kg 石油或 1.1 kg 煤的能量

表4 其他的數量

數量	單位	相當於 SI	反算
質量	1 oz（央斯，ounce）	$= 2.834 \times 10^{-2}$ kg	1 kg = 35.27 oz
	1 lb（磅，pound）	$= 0.4536$ kg	1 kg = 2.205 lb
	1 ton（英噸）	$= 1016$ kg	1 kg $= 0.9842 \times 10^{-3}$ t
	1 short ton（短噸）	$= 972$ kg	1 kg $= 1.1021 \times 10^{-3}$ short ton
	1 t（公噸，tonne）	$= 1000$ kg	1 kg = 10-3 t
	1u（統一質量單位，unified mass unit）	$= 1.660 \times 10^{-27}$ kg	1 kg $= 6.024 \times 10^{26}$ u
長度	1 in（吋，inch）	$= 2.540 \times 10^{-2}$ m	1 m = 39.37 in
	1 ft（呎，foot）	$= 0.3048$ m	1 m = 3.281 ft
	1 yd（碼，yard）	$= 0.9144$ m	1 m = 1.094 yd
	1 mi（哩，mile）	$= 1609$ m	1 m $= 6.214 \times 10^{-4}$ mi
速度	1 km hr^{-1}（kph）	$= 0.2778$ m s^{-1}	1 ms-1 = 3.600 kph
	1 mi hr^{-1}（mph）	$= 0.4770$ m s^{-1}	1 ms-1 = 2.237 mph
	1 節（knot）	$= 0.5144$ m s^{-1}	1 ms-1 = 1.944 節
面積	1 in^2	$= 6.452 \times 10^{-4}$ m^2	1m^2 = 1550 in^2
	1 ft^2	$= 9.290 \times 10^{-2}$ m^2	1m^2 = 10.76 ft^2
	1 yd^2	$= 0.8361$ m^2	1m^2 = 1.196 yd^2
	1 英畝（acre）	$= 4047$ m^2	1m^2 $= 2.471 \times 10^{-4}$ 英畝
	1 公頃（hectare, ha）	$= 10^4$ m^2	1m^2 = 10^{-4} 公頃
	1 平方英哩（mi^2）	$= 2.590 \times 10^{6}$ m^2	1m2 $= 3.861 \times 10^{-7}$ mi^2
體積	1 in^3	$= 1.639 \times 10^{-5}$ m^3	1m3 $= 6.102 \times 10^{4}$ in^3
	1 ft^3	$= 2.832 \times 10^{-2}$ m^3	1m3 = 35.32 ft^3
	1 yd^3	$= 0.7646$ m^3	1m3 = 1.308 yd^3
	1 公升（liter, l）	$= 10^{-3}$ m^3	1 m3 = 1000 升
	1 加侖（gal, 英國）	$= 4.546 \times 10^{-3}$ m^3	1 m3 = 220.0 加侖
	1 加侖（gal, 美國）	$= 3.785 \times 10^{-3}$ m^3	1 m3 = 264.2 加侖(美國)
	1 布時爾（bushel）	$= 3.637 \times 10^{-2}$ m^3	1 m3 = 27.5 布時爾
力	1 lbf（1磅質量的力）	$= 4.448$ N	1N = 0.2248 lbf
壓力	1 lbf in^{-2}（或psi）	$= 6895$ Pa	1Pa $= 1.450 \times 10^{-4}$ psi
	1巴（bar）	$= 10^5$ Pa	1Pa = 10^{-5} bar
	1 ft lb（呎磅）	$= 1.356$ J	1 J = 0.7376 ft lb
能量	1 eV（電子伏特）	$= 1.602 \times 10^{-19}$ J	1 J $= 6.242 \times 10^{18}$ eV
	1 MeV（百萬電子伏特）	$= 1.602 \times 10^{-13}$ J	1 J $= 6.242 \times 10^{12}$ MeV
功率	1 HP（馬力，horse power）	$= 745.7$ W	1kW = 1.341 HP

索 引

七畫

十四畫

國家圖書館出版品預行編目資料

能源與永續／華健著. ＿＿初版.＿＿臺北
市：五南，2009．12
　面；　公分
　含索引
　ISBN 978-957-11-5854-9 (平裝)
　1.能源　2.能源安全　3.能源政策
400.15　　　　　　　　　　98023070

5E59

能源與永續
Energy and Sustainability

編　　著 — 華健 (498)　　吳怡萱 (63.5)

發 行 人 — 楊榮川

總 編 輯 — 龐君豪

主　　編 — 穆文娟

責任編輯 — 陳俐穎

封面設計 — 簡愷立

出 版 者 — 五南圖書出版股份有限公司

地　　址：106台北市大安區和平東路二段339號4樓

電　　話：(02)2705-5066　　傳　真：(02)2706-6100

網　　址：http://www.wunan.com.tw

電子郵件：wunan@wunan.com.tw

劃撥帳號：01068953

戶　　名：五南圖書出版股份有限公司

台中市駐區辦公室/台中市中區中山路6號

電　　話：(04)2223-0891　　傳　真：(04)2223-3549

高雄市駐區辦公室/高雄市新興區中山一路290號

電　　話：(07)2358-702　　傳　真：(07)2350-236

法律顧問　元貞聯合法律事務所　張澤平律師

出版日期　2009年12月初版一刷

定　　價　新臺幣620元